权衡

批判性思维的探究与应用（修订版）

AN INQUIRY APPROACH TO CRITICAL THINKING (SECOND EDITION)

REASON IN THE BALANCE

【加】莎伦·白琳（Sharon Bailin）
马克·巴特斯比（Mark Battersby）—— 著
仲海霞 —— 译

中国人民大学出版社
·北京·

译者序

我与《权衡》的缘分可以追溯到2011年，那时我在加拿大麦克马斯特大学读博士。这一年暑假，我作为co-instructor（联合讲授）与戴维·希契柯克教授共同为即将开始的冬季学期的批判性思维课程做准备。在选择教材的时候，我们挑选的是《权衡》英文版的第一版。后来，中国人民大学出版社的费小琳主任联系我，希望我能将其翻译成中文。这个中译本于2014年9月出版。2018—2019年，我受中国人民大学出版社邀请，在北京连续主讲了两届全国批判性思维与基础教育探究式学习研修班，与来自全国各地的教师一起探讨如何在各学科教学中融入批判性思维。在这个研修班上，我们采用的教材就是《权衡》的中译本。

在翻译《权衡》第一版的时候，我就感慨这本书的框架非常新颖，只是它所选择的案例均为来自加拿大社会的热点话题，而其中某些在中国读者中可能难以引起共鸣。当时我就希望能有一本借鉴《权衡》这本书的框架与方法，同时又能采用中国社会的案例、做到“中国化”的教材。现在，经过两位作者和人大出版社同仁的努力，这个面向中国读者的版本终于要问世了，我由衷感到高兴！

批判性思维的教学不同于其他学科的教学。教授批判性思维不仅是在传授某种知识，也是培养学生的思维方式。好的批判性思维教科书（或课程）应旨在：（A）激发学生思考的兴趣；（B）教给学生进行批判性思考的方法和工具；（C）有助于批判性思维的迁移。

《权衡》中提出的探究方法正是朝着这个方向的一种努力。它围绕六个指导性问题展开：

（1）这个问题是什么？

（2）这个问题中包含了什么样的断言和判断？

（3）对于这个问题的各种立场，其相关的理由和论证是什么？

（4）这个问题的背景是什么？

（5）各个论证的效力有多强？

（6）我们如何比较性地评价各种理由和论证，以得出一个有充分理由支持的判断？

大多数批判性思维教材的着力点主要集中在步骤（5），即对单个论证的分析和评估。这种方法试图教给学生各种批判性思考的工具（阶段 B），但是并没有花太多精力在激发学生的思考（阶段 A）和促进能力的迁移（阶段 C）上。《权衡》的与众不同之处正在于后两点。

激发思考的兴趣

教授批判性思维是要锻炼学生以某种方式思考。那么，一个先决条件就是让他们的头脑转动起来。好的批判性思维教材（和课程）应该具有“thought-provoking character”，即激发思考的特性。但是，很多批判性思维教材过于强调符号逻辑、谬误分析或对脱离语境的单个论证的评价。符号是远离学生的经验的，脱离语境的单个论证也是如此。有时候，即使采用了真实的案例（例如取材于当地报纸的文章），案例也通常没有得到充分描述，学生所知道的只是教材中呈现的孤立的片段，老师却要求学生分析评估这些论证。这种教学方式缺乏对思考的激发，因为案例脱离学生的生活，他们看不到跟自己有什么关系。

杜威在《儿童与课程》① 一书中指出，教学中有三种典型的弊病，是由教学内容“脱离”学生经验而导致的：（1）与学生所知、所感、所爱的东西缺乏有机联系，这使得教学内容沦为纯粹形式化和符号化的东西；（2）学生缺乏学习这些内容的动力；（3）只给学生原始材料的删减版或“简读”版，使其丧失了激发思考的特性。

《权衡》用探究方法来避免杜威提出的教学内容与学生经验相脱钩的问题。

---

① John Dewey, *The Child and the Curriculum* (Chicago: The University of Chicago Press, 1956).

探究的一个独特之处在于其问题意识以及强调理解问题背景的重要性。学生时代的学习，绝大多数时候不是在学习，而是信息的暂时获取。获取信息的外在目的——考试一旦消失，这些信息也就烟消云散。为什么学生没有能把信息的获取转化成学习？究其原因，很大一部分是因为缺乏问题意识。

问题是什么？问题是引领知识建构的引擎。信息需要通过一个心理化的过程，形成一个结构而为我们所掌握。没有问题，一堆散乱的信息就缺乏贯穿其中的主线。探究方法起始于问题，正是要扭转这种局面，用问题引擎为知识的构建提供动力。

问题提出来之后，探究途径要求从三个方面对问题的背景进行调查：问题的现状，争论的历史，以及相关的思想、社会、政治和历史背景。这迫使探究者去深入挖掘，从语境中建构出这个问题对“我”的意义。由此，教学内容才不是纯粹形式化和符号化的，而是与“我”相关的。越是深入探讨某个问题，就越能看到其中的联系和相关性，思维也就越能够被激发出来。《权衡》的风格不是蜻蜓点水地不断变换讨论的案例，而是鞭辟入里，力求彻底研究一个问题（例如，第八至十章专门讨论关于死刑的废留问题）。依据我的经验，这一步骤对于弥合学生和案例之间的鸿沟非常重要。当学生感知到案例与自身的相关性从而参与进来，我们就朝避免杜威所说的脱钩问题迈出了一大步。

一个视野更广阔的批判性思维概念

接下来，让我们审视一下应该教给学生什么样的批判性思维概念。正如非形式逻辑的创始人之一布莱尔教授（Blair，2006）所说，许多人将逻辑导论课或非形式逻辑课与批判性思维课混为一谈[①]。然而，如果我们对批判性思维的理解是“为相信什么或做什么而进行的理性的反省思维”，那

---

① J. Anthony Blair, “Informal Logic's Influence on Philosophy Instruction,” *Informal Logic* 26, No. 3 (2006): 259 - 286.

么，“很明显，无论是形式化的还是非形式化的论证逻辑，都无法涵盖进行批判性思维所需的标准、程序和策略”。

从上面列出的探究的六个步骤中我们可以看出，《权衡》的探究方法并不局限于论证分析和评估，而是拓宽到任何能够根据标准进行判断的领域。比如，我们能够对电影（第二章）或艺术品（第十四章）进行批判性思考，而这些通常被认为是“感性”的话题，是被大多数批判性思维教科书排除在外的。

《权衡》在批判性思维概念上的拓展也反映在其辩证层面。根据这种方法，探究者不仅要有支持己方观点的证据，而且要有意识地去搜集和解释他不一定同意的论据和观点。本书的书名“权衡”正是这一点睛之笔：权衡各方证据和论点后得出判断。第九章关于死刑问题的“正反双方论证表格”，就是对此的精彩呈现。可不要小看了这种表格，它是突破我们思维误区的有效工具。我们常常听到“尽可能客观无偏见地考虑问题”这样的要求，可是这种口号在实际操作中是无效的，人们仍然会坚持既有的信念。这被称为“信念固着”。根据戴维·迈尔斯《社会心理学》① 里介绍的研究，“要求从对方的角度进行解释”是唯一一个可以纠正我们的“信念固着”的有效手段。

更难得的是，《权衡》并没有回避最困难的部分：就一个复杂的现实问题做出基于充分理由的判断。“辩证”不等于和稀泥，也不是简单地“一分为二看问题”，而是在综合考虑各方因素的前提下、基于现有的证据做出可以得到理性辩护的判断。

新版的改进

本书最大的变化是案例的重新整合。其中的案例要么是全新的，要么是增添了大量来自中国社会的素材。在选择案例的时候，我与两位作者进行了长达八个月的素材搜索过程，案例也是几易其稿。我还记得在为第十

① 戴维·迈尔斯．社会心理学．侯玉波，等译．北京：人民邮电出版社，2006.

一章搜集案例的时候，先后考虑过化工厂污染、转基因食品、“996”工作制等多个话题，都被一一否决，因为两位作者希望这个案例的呈现场景是委员会式的正式机构，而不满足于一般的网络讨论或者家庭讨论。这可难倒了我，因为这种委员会在我们的社会还是挺稀缺的。经过反复斟酌，最后将这一章的案例敲定为广场舞噪声污染，以小区业委会讨论的形式出现，才算是通过。

本书作者之一白琳教授在剧本写作方面有丰富的经验，她同时也是一位研究创造性思维的专家。本来是坐而论道的理论话题，经过她的匠心独运，成为构思精巧的苏格拉底式对话。她在构思对话的过程中展现出的对中国文化的创造性运用，让我大为叹服。我相信你在阅读本书中的对话时，一定能看到自己以及周围人的影子，也一定会惊讶这居然是出自一位只会说“你好”“谢谢”两句中文的加拿大教授之手!

花这么大功夫搜集案例和编写对话，也是本书为解决迁移难题所做的努力。所谓“迁移难题”，就是怎样让学生把在课堂上学到的技能运用到生活中的方方面面。作者们深深明白，思维的培养从来不是一个理论问题，而是要融入日常交流的点滴之中，正如书中的角色在对话中所例示的那样。通过日复一日的优游涵泳，使批判性思维成为学习者的第二天性。

如何使用本书

本书的第一至十一章可谓核心部分。如果是一门专门的批判性思维课程，建议能够覆盖所有这些章节。第十二至十五章的内容是探究方法在各个学科的应用，可以视时间允许而有选择性地讲解。

如果你是某个具体学科的教师，那么可以借鉴第十二至十五章与你的学科内容最接近的部分，了解探究方法在具体学科中的应用。然后依据具体情况，将第一至十一章的各个知识点的细节穿插到学科教学中去。

如果你是对批判性思维感兴趣的自学者，那么可以随着你的兴趣、困扰你的疑惑去阅读。正如前文所述，当我们为着自己而不是某个外在目的而读书的时候，问题应该是我们最好的引领。

无论是以何种身份、何种目的阅读本书，关键在于能够把握住探究的精髓，秉持面对复杂问题的全局性视角，始于问题，按照探究的步骤深入，将各类思维工具和概念融入其中。

如果我们关心的是培养学生（或者我们自己）的思维方式，而不仅仅是了解一些思维工具或术语，那么《权衡》中所展示的探究方法就值得尝试。对有志于推进批判性思维的教师来说，本书是一本值得采用的教材；对希望了解批判性思维的读者来说，本书不会辜负你的时间。

仲海霞

2020 年 9 月 12 日

导　读

内容简介

《权衡》旨在成为一本适用于在各种情境下教授批判性思维的教材。本书所采用的途径是一种探究方法，学生通过有序而系统的学习来考察实际问题，以便对该问题做出有充分理由支持的判断。本书第一、第二章说明了探究的性质并介绍了探究的指导性原则；第三至六章重点讨论单个论证；第七至十一章则详细说明了探究过程的各个方面，包括识别问题、考察相关背景、理解相互竞争的立场以及在其中进行比较性判断。在每一章中，我们通过围绕社会现实问题的对话来展现探究的特定方面，在正文部分对这些方面进行理论说明，在末尾则提供了相应练习。本书第十二至十五章进一步展示了探究途径在特定学科领域中的应用。

本书的不同使用方式

高等院校批判性思维课程

本书可以用作高校批判性思维课程的教科书。与批判性思维领域的大多数教材不同，《权衡》超出了对单个论证进行分析和评判的范围，而着重考察对复杂问题做出有充分理由支持的判断所必需的各个方面。学生可以自己阅读并在教师的帮助下理解各章内容。每章末尾都提供了针对该章所介绍的探究方面的练习。教师需要鼓励学生积极参与并强调该方面的探究活动（请参阅下文“教学法”）。

本书第十二至十五章中的各章供教师自己选择是否在课堂上讲授。教师并不需要在一个学期的课程中涵盖所有这些章节，重要的是涵盖其中某些章节，以了解在各个学科领域中对实际复杂问题的应用。未在课上讲授的章节也可以作为学生独自或分组探究的素材。

学科教学

本书也可用于基础教育和高等教育的学科领域课程，以将探究途径带入学科领域的教学。通过围绕问题组织教学，教师可以将批判性思维融入学科课程中，同时仍然对学科知识进行充分的介绍。第二章介绍了探究的指导性原则；第七至十一章（特别是第八章和第九章）可以帮助学生学习探究的各个方面，然后将其应用于特定学科领域的探究；第六章中有关评估信息来源的说明在某些领域也可能有价值；第十二至十五章展示了特定学科的探究，可以为相应学科领域内的探究提供很好的示例。

基础教育领域案例：板块构造理论（或大陆漂移学说）

地理学科常常通过要求学生死记硬背来考核学生。本书第十二章展示了如何用探究方法重新审视教学，通过考察地质学家的探究来回答这个重要的问题：我们如何解释各块大陆一开始似乎是连接在一起的事实？与传统教学方法一样，学生阅读材料并进行有关大陆漂移理论的研究。但是他们通过以下指导性问题来组织材料（这些是探究的指导性原则的应用；参见本书第二章和第七至十一章对探究的指导性原则的介绍）：

- 地质学家试图解决的问题是什么？
- 该问题的背景是什么？
- 有哪些相互竞争的理论？
- 支持两种不同理论的证据和论证是什么？
- 对这些论证有何异议？
- 科学家们一开始是如何评估这些证据和论证的？他们在通过新的研究获得其他证据后又是如何评估的？

学生们可以利用第八章介绍的论证表格来列出相互竞争的立场、论证和证据，并进行总结和评估。

通过以探究的形式来重新组织这个教学单元，学生将以一个有意义的、促进批判性思维和主动学习的方式来获取有关大陆漂移的必要知识，因而知识留存率更高。不仅如此，他们还将学习科学发现的本质，了解科学家如何根据“与观察一致”和解释力等标准来判断相互竞争的论断并做出有充分理由支持的判断。

基础教育或高等教育领域案例：评估自然科学和社会科学中的断言

探究途径可以用来调查在传统媒体和社交媒体上常见的各种自然科学和社会科学的断言是否有充分根据、是否值得相信。例如，学生可以探究不同食物、物质或做法对健康有利还是有害（例如生姜预防感冒、转基因食品有害人的健康等），确定它们的可信度。他们可以使用第八章中介绍的论证表格列出相信或不相信某一断言的理由，然后研究支持或反对该断言的证据，最后根据综合评估做出一个有充分理由支持的判断。这一过程需要结合特定学科的知识、第六章中关于评估信息来源可信性的知识、第十二至十三章中评估因果断言的知识，以及自然科学和社会科学中的断言的知识。

高等教育领域案例

如上所述，高等院校各学科的教师可以用探究来组织学科知识教学。除此以外，探究途径的另一种使用是案例研究。我们可以通过探究方法来考察特定领域中的实际案例。例如，法学院的学生可以使用探究方法来调查对一个具体案例的两种不同主张，评估双方的论证、反驳和回应，基于评价得出他们认为最合理的判断。

写作

语言类课程

探究法是指导学生写作的绝佳方法（如本书第八至十章中关于死刑的探究所展示的，学生以一篇文章来总结他们的探究成果）。这对于各类语言课程的教师特别有用。

高考作文

近年来，高考越来越强调考察学生的理性思辨能力。探究途径是培养学生该方面能力的一个重要工具。

学生写作文常见的做法是一上来就确立一个中心论点，然后寻找甚至拼凑各种材料来支持该论点。这种写作的结果往往是一篇观点肤浅、结构零散的文章。反之，通过本书中详细阐述的探究过程的各个方面，学生学会系统地探究问题，审视问题的各个方面，评估各方面的论证并做出一个有充分理由支持的判断。这样写出来的文章质量更高，表现出更深入的分析和批判性思维。本书中的对话所涉及的主题，例如学校禁止使用手机、素食主义、学生的学业负担、电子游戏成瘾或其他类似的有争议性并引起学生兴趣的问题是练习撰写探究性文章的理想题目。

教学法

参与探究

探究途径旨在帮助学生锻炼在实际情况中做出理性判断的能力，以及适当而一贯地进行理性思维的习惯。通过开发基于探究的课堂教学可以最好地实现这一目标。这意味着课堂活动的重点应该是让学生参与探究过程。这可以通过多种方式实现：

- 在课堂上和线上讨论一个问题。
- 创建小组进行课堂讨论。
- 简短的探究并着重练习探究的某个方面：书中的许多练习都是要求进行简短的探究或训练相应章节中所考察的探究的某一特定方面。这些可以单独或分组完成，也可以在课堂上或作为课后作业来完成。

独自探究

让学生至少进行一个完整的探究会很有帮助。一个有效的方法是让学生在整个学期中随着各个章节的学习逐步展开，使用探究的指导性问题来组织结构，并着重锻炼各章所强调的技能。

小组探究

这些探究可以是针对学生自己选择的问题，也可以是本书第十二至十五章中所涵盖的特定领域之一。学生不只是简单地聚在一起完成任务，而是相互协作、共同思考。让学生们不断地讨论想法，建设性地进行质疑，并在同伴的想法的基础上进行改进和提高，最终完成探究。

有组织辩论

小组内的学生进一步分为两个小组。每个小组都针对一个问题的某个立场提出论证。然后他们交换立场再进行这样的练习。最后，全组所有成员在此基础上试图做出一个有充分理由支持的判断。

创建一个探究型学习社区

要培养探究思维的习惯，就需要一个以学生互动为中心，学生进行辩论、提问、质疑和评价的氛围。他们共同协作，对别人的工作提供反馈，一起从事项目，共同进行探究。在教室中创建这样的社区应该鼓励开放和公正的交流、对别人要求严格但同时保持尊重、有意义的参与和建设性互动。下面是创建探究型学习社区的一些建议。

让学生有很多互动的机会

让学生以小组形式协作尤为重要（即使在人数很多的班级中，学生也可以与周围的其他学生结成对子或分成小组学习）。

教师示范

教师必须表现出探究精神的各个方面：思想开放、公正、尊重学生的想法、鼓励学生提问并对其加以认真考虑。

期望

教师应该明确表达出对学生的期望，并且从一开始就让学生明白这些期望很重要：需要他们表现出对理性探究和相关的思维习惯的承诺。

考核

对探究的考核，重点应放在学生进行理性探究的能力上。

考核有两种不同类型：总结性评估（summative assessment）和形成性评估（formative assessment）。

总结性评估是指在活动或作业结束时判定成绩，以总结学生的技能熟练程度。传统的测试和考核可能适合评估论证的某些方面，但不适用于评估学生在探究的各个方面的熟练程度。为此，需要评估学生对探究过程各个方面的掌握程度，例如他们对探究问题的表述、论证表格的绘制、最终个人完成的完整探究。这些评估应基于一系列明确的标准，这些标准要让学生从一开始就明确知道。

形成性评估则是持续进行的，其目的是提高学生的表现能力，并帮助学生改善思维。形成性评估的核心是来自教师和同伴的反馈，这类反馈基于明确的标准，以帮助学生完善他们的作业。制订详细的评估细则非常重要。只有在学生有机会通过他人的反馈完成对作业的修改以改善其思维方式之后，才能进行形成性评估。

目录

Contents

第一章　探究的本质和价值

学习目标

在读完本章之后，你应该能够：

- 解释探究的特质
- 识别出可以进行探究的场合
- 理解探究的本质以及它与对话的关系
- 领会探究的价值
- 识别出探究精神的构成要素

素食主义

现在是午饭时间。林畅、苏芳菲、宋俊涛、郑鑫和沈佩珊这五位同学一起来到了食堂，想看看中午可以吃些什么。

林畅：啊！黑椒牛排——我的最爱。我要一个大份的——再加双份炒面。

沈佩珊：恶心！

林畅：嗯，不错——双份炒面可能是有点多了。

沈佩珊：不是炒面……我说的是——肉！还是红色的肉！你怎么能吃得下那样的东西？

林畅：这有什么大不了的？

宋俊涛：你还没听说吗？我们的沈佩珊变成一位素食主义者了。

郑鑫：不是吧！什么时候吃斋念佛了？

沈佩珊：我就是不懂你怎么能吃得下另一个生灵。残忍……而且非人道！

宋俊涛：可是动物也吃其他的动物呀。这就是自然。

郑鑫：而且，肉吃起来味道这么好。想想咬上一大口肥厚多汁的牛排……啧啧啧。

沈佩珊：呸！

林畅：每个人都吃肉——至少是每个普通人。那不过是头不会说话的牛罢了。

沈佩珊：你小心被动物传染上疾病。还有，吃红肉可能让你得心脏病而死。

郑鑫：话不能这么说。你看我天天吃肉，还不是活蹦乱跳的。

苏芳菲：我听说，那些养来用于食用的动物的饲养条件非常糟糕。

宋俊涛：你听到什么就相信什么？这可不像你呀，苏芳菲。那些尽是动物权益狂热分子的宣传。

沈佩珊：你们这些人简直就是一伙……食人族！

郑鑫：我说，她不是要趾高气扬地规定我们应该吃啥、不应该吃啥吧？

沈佩珊：哎，芳菲——我们到别的桌子上去。我没法坐在这里……这伙麻木不仁的野人！

林畅：请便！至少现在我们可以耳根清净地吃肉了。来份牛排……

你可能曾经遇到过上面这样的场景，还可能经常遇到。遗憾的是，这种情景是很典型的。大家对一个问题存在意见分歧，且双方都带有非常强烈的情绪。这种分歧升级为指名道姓的谩骂以及强烈的情绪发泄，并以双方的误解告终。

不过，这个谈话也可以以一种完全不同的方式展开。

素食主义——第二次尝试

林畅：啊！黑椒牛排——我的最爱。我要一个大份的——再加双份炒面。

沈佩珊：我要一份素面。

郑鑫：怎么，今天不吃牛排了？

宋俊涛：你还没听说吗？我们的沈佩珊变成一位素食主义者了。

郑鑫：不是吧！施主何故如此呢？

沈佩珊：哦，我只不过是最终认识到，我是在吃另外一个动物、另外一个生灵，而那好像不对。

宋俊涛：可是动物也吃其他的动物呀。这就是自然。

郑鑫：而且，肉吃起来味道这么好。

苏芳菲：这我赞同。不过，我听说吃肉对健康不利，它有可能导致糖尿病和心脏病。

林畅：这我可不确定……话说回来，那不过是一头不会说话的牛罢了，不是吗？它并不像人这样具有思想感情，对吧？

宋俊涛：我很确定动物是能感受到疼痛的。当我的狗的尾巴被门夹住的时候，它肯定会叫。

林畅：好吧，那么鱼呢？它们好像没有那么多感觉。

沈佩珊：我的一些素食主义的朋友确实吃鱼。关于这一点我也拿不定主意。

苏芳菲：我听说，那些养来用于食用的动物的饲养条件非常糟糕。人也可能因为吃了不安全的肉而生病——想想那些食品安全方面的丑闻吧。

宋俊涛：我想知道，那究竟是真的呢，还是多半是那些动物保护主义者的宣传？

苏芳菲：我并没有真正查证过……

郑鑫：而且，有些动物生活得很好。比如说那些“走地鸡”，它们可以到处跑，有很多谷子吃，过着正常的鸡的生活——事实上可能比很多鸡过得都好——一直到要被宰杀的时候。如果是这样的话，那么吃这些“走地鸡”就是可以的啰？

沈佩珊：这仍然是杀掉另外一个生灵来满足我们的私欲。我们为什么应该认为人类有权力这样做呢？

林畅：不过，这让我觉得很不解，那些人那么操心我们怎么对待动物，却不顾世界上还有很多人在受苦受难。难道这不是更重要的事情吗？

苏芳菲：就像那些明星抗议虐待动物，可是对全世界发生的那些不人道的行为却不闻不问。

沈佩珊：吃肉还会对环境产生影响。饲养动物需要很多的土地和水，也是温室气体的主要来源之一。

林畅：真的吗？这话怎么说？

沈佩珊：很显然啊，牛喷出甲烷，这是一种主要的温室气体。

林畅：这我之前没有听说过。我很想了解一下。

郑鑫：好家伙——我们显然提出了很多问题，不过好像没有多少答案。

苏芳菲：我说……或许我们可以找到某种方式，来试图回答部分问题。我们肯定不是第一个思考这些问题的人。所以，我们不妨查一下，看看已经有些什么样的想法和信息在那里了。我确定有关于吃肉对健康和环境的影响方面的研究。

沈佩珊：也肯定有关于动物的饲养条件方面的信息。

宋俊涛：我想看看这方面的研究——不同的动物是否可以感到疼痛，甚至是其他方面的感受。

林畅：而且我打赌，其他人肯定思考过关于对待动物和动物权益方面的道德问题。我想看看他们对这个问题都是什么看法。

宋俊涛：我可不指望他们都有一致的意见。

林畅：不错，不过那至少可以提供给我们一些思路。

宋俊涛：以及评价。

苏芳菲：我想这值得尝试。我不清楚我们最终是否能达成一致，可能会，不过，就算不能，我们至少还可以在更扎实的信息基础上思考这个问题，而且我们也可以理解其他人的观点源自哪里。

沈佩珊：那就是进步！

这两个场景开始于同样的问题：沈佩珊的素食主义。关于这个问题，很多同学都有自己的观点，并且有时候带有强烈的情绪。不过，这两个场景很快就分别朝两个不同的方向发展了。

你怎么想？

列举出这两个场景的一些不同之处。

在第一个场景中，同学们情绪化的反应从一开始就主导了谈话。对于他们所反对的意见，同学们并不想了解更多，也不准备认真地思考其他观点。相反，他们互相奚落和抨击。他们没能找到一种途径来解决存在的分歧——事实上，这一分歧升级为不欢而散。最后，没有一个人是赢家，没有人获得对这个问题或对方观点的深入理解。每个人都输了，都有受到伤害的感觉，甚至可能导致友谊的破裂。

第二个场景开始于同样的起点，同学们关于素食主义持有不同的立场。但是，一个关键的不同之处是，第二个场景中同学们抱有开放的心态，希望了解那些他们所不同意的其他同学的观点。他们为自己的立场提供理由，了解他人的理由，参与到真正的对话中去。同学们对自己原初的立场同样持有强烈的情绪和坚持，而这可能是完全适当的。他们不再那么固执地拒绝那些他们不乐意听到的意见；相反，他们表现出了对他人观点的尊重，并且乐于倾听和考虑他人的想法。同学们想要抓住问题的要点，寻找额外的信息和想法，并给予它们严肃而批判性的思考。他们开始走向了**探究**的过程。

当然，第二个场景中所描绘的情形是一个理想的状态。不过，它是值得我们努力去追求的。因为在探究的过程中，我们可能收益颇多。同学们可能获得新的知识和理解，既关乎这个问题本身，也关乎其他相关的问题。他们将会带着更具批判性的眼光思考这个问题，在更为充分的信息基础上做出经过深入思考的判断。他们将找出一种方法来理解他们之间的分歧，用一种合理的方式来解决它，并且相互之间用一种更加文明的、互相尊重的方式进行交流，即使分歧仍然存在。此外，通过参与这种共同的探究，他们也会从团队工作和学习中获得满足感。

什么是探究？

我们说过，在第二个对话中，同学们开始参与到一个探究的过程中。然而，“探究”究竟意味着什么呢？我们用“探究”这个词特指批判性的探究，即这样一个过程：仔细地考察一个问题，从而得出有充分理由支持的判断。下面让我们更为切近地来分析这一定义。

聚焦于一个问题

第一个要注意的方面是，探究关注一个**问题**。这可能是一个政治争议、一个伦理判断、一个科学辩论、一个在某一特定学科领域中的疑难问题，或者是在日常生活中需要做出的一个决定、有待解决的一个问题。关键是有一些挑战、争议或者不同的观点。上文的第一个对话确实是围绕着一个问题而展开的，即一个人是否应该吃肉。然而，这个对话并没有表现出探究的其他方面的特征。

对这一问题进行仔细的考察

第二个要注意的方面是，探究包含了对问题的细致**考察**。当我们参与到一个探究中时，我们并不只是接受我们的既定观点而不做任何质疑，就像第一个对话中的同学们那样。我们也不是简单接受其他人所说的或者我们所读到的东西。相反，我们进行调查，从而为自己找出最佳的立场或者行动方式。探究包含了对于知识和理解的主动寻求。

在第二个对话中，我们可以看到，参与对话的同学们通过质疑他们最初提出的一些想法而开始这一过程。他们表达出一种想要进行调查或者探索的意愿。例如，郑鑫问沈佩珊为什么要成为一个素食主义者；林畅提出了动物是否有感受的问题；宋俊涛和苏芳菲认识到有必要调查一下动物的饲养环境；沈佩珊和林畅则开始提出关于吃肉的道德方面的问题，苏芳菲和沈佩珊还提出了吃肉对健康和生态环境造成的影响。同学们还意识到，在调查这些问题的时候，他们可以寻求其他一些资源，从而并不满足于自己未经反思的观点，或是不加批判地依赖别人的观点。他们能够进行探究。

一个有充分理由支持的判断

需要注意的第三个也是最为重要的方面是，探究需要得出一个有充分理由支持的判断（reasoned judgment）①。调查并不仅仅只是从不同的来源

---

① 有充分理由支持的判断，正如下面对这一术语的定义所表明的，是一个基于对相关信息和论证的批判性评价之上的判断。这里，reasoned 之所以不翻译成“合理的”，是为了强调理想状况与实际状况之间的区分。我们的理想是，我们所做出的判断都是合理的，但是实际上，我们无法保证这一点。我们能够保证的是，尽可能地发掘尽量多的证据和信息，在此基础上做出判断。所以，“有充分理由支持的”这个译法强调的是我们去发掘信息和证据、进行充分的探究、将我们的判断建立在理性基础之上的努力，而这也正是本书所要强调的一种核心精神。——译者注。本书各章脚注均为译者注，章末注为原作者注，以下不再一一说明。

收集信息。相反，它有一个目的：关于该问题得出（或者力图得出）一个判断。实际的探究并不总是会得出一个所有人都一致同意的判断。讨论可能会以一个合理的、互相尊重的分歧而告终，而这完全可能是适当的。实际上，对于某些探究，比如哲学中的，问题得到彻底解决的可能性是很小的；相反，它的目标是达到一个有充分理由支持的立场。虽然如此，这里需要强调的是，探究并不仅仅只是一个收集信息的练习，还包括评价和力求得出判断。在第二个对话中，同学们着手收集信息，但是他们还需要评价他们所找到的信息和论证，从而力求得出某些关于素食主义这个问题的判断。

这里的核心是，这个判断是一个**有充分理由支持的判断**。探究力求得出的判断并不是任意的：不是一个没有经过反思的意见，也不是不加批判地采纳他人的说法。相反，得出一个有充分理由支持的判断包含了**批判性评价**。批判性评价也是探究的核心。我们需要评价我们所找到的信息和论证，这是因为，并不是所有的观点都同样有效。有些观点比其他观点更有根据，能得到更充分的理由的支持。

为了得出一个有充分理由支持的判断，其中所包含的批判性评价并不只是针对单个的论证或者零碎的信息，还包括对这些论证和信息的有力和薄弱之处进行对比，以及权重分配，从而从整体角度判断什么样的观点是最好的。

批判性评价是基于一些**标准**，这些标准提出相关的考虑，从而成为一个判断的基础。我们一直都在基于标准而做出判断，尽管我们可能并不总是明确地意识到自己所使用的标准。但是，如果思考一下，我们通常可以找出它们。

你怎么想？

如果你想要购买一辆汽车，你可能会用什么样的标准来决定要买哪辆车呢？

当人们考虑购买一辆汽车的时候，通常所使用的标准是经济承受能力、节油性能、舒适性、安全性、外观等。这些标准中的某一些，比如节油性能，是对买车来说所特有的，而其他的一些，比如经济承受能力、外观，是购买其他东西时也会考虑的。

标准通常是指出一个对象——在这个例子中是一辆汽车——对于某一方面的考虑所必须满足的条件。例如，对大多数人来说，“经济承受能力”在买车的时候是一个要考虑的问题，而一个更为精确的承受标准则可能是“价格不超过30万元人民币”。当不那么严格地使用这些词语的时候，我们可以说，在某些标准上我们可以做出让步。例如，我们可能为一辆极其省油的车（节油性能更好）付更多的钱（承受起来更为吃力）。

重要的是需要认识到，为做出一个有充分理由支持的判断，所依据的标准必须是大家都会考虑的。尽管个人的喜好可以为一个人做某些事情提供理由，然而，当涉及在公共领域做出一个有充分理由支持的判断时，它却不能提供这样的标准，因为别人可能并不同意。例如，宋俊涛喜欢吃肉，这可以成为他吃肉的一个理由，但是对沈佩珊来说这并不构成一个理由。为了就是否吃肉这个问题做出一个决定，大家都会考虑的因素包括营养价值、肉类生产对于环境的影响、对待那些被食用动物的方式，以及人类宰杀其他动物以供食用所涉及的道德问题。

很多标准是特定的领域所特有的。就一个社会议题做出决定，所包含的标准包括：对那些受到影响的人所带来的益处大于害处、成本效益、对那些受到牵连的个人的权利的尊重。对一部推理小说的评价标准包括：情节之间的连贯性、悬念的数量、人物的可信度。评价一个科学断言的标准包括：解释证据的能力、跟现有理论之间的关系。

针对复杂问题达成一个有充分理由支持的判断还包括对大量的论证进行评价。这样的评价要求对推理进行评价的标准包括：所提供的理由必须跟结论相关、不应该有任何逻辑错误或者弱点（谬误）。这些标准并不是任何一个特定领域所特有的，而是对所有可以进行推理的领域都适用。

批判性评价是探究的核心。在第二个对话中，同学们着手寻求信息和论证，然后根据适当的标准评价他们所找到的资料。这样，他们就参与到探究的过程中了。让我们看看这是如何进行的。

对待动物太残忍？

在对吃肉的问题做了一些研究之后，同学们又在一间咖啡厅里相聚。

苏芳菲：嗯，我去了一趟图书馆，还上网搜索了，我觉得我只说对了一件事：我们并不是第一个思考这些问题的人。

沈佩珊：你算是说对了。关于被食用动物的饲养条件，我找到了各种各样的信息。

宋俊涛：当然还有很多文章是关于动物有没有感受的。最近有好些很有趣的研究，是说很多动物有高度发达的认知能力和情感，很像人类[i]。

林畅：那算什么！你们知不知道，有人用一生来思考这个问题：人吃其他动物的肉在道德上可以被允许吗？

苏芳菲：还有很多关于吃肉对健康造成的影响。

沈佩珊：以及对环境的影响。

宋俊涛：那我们从哪儿着手呢？

郑鑫：我们何不从这一点开始，他们是怎样对待那些被食用的动物的？这在我看来非常重要。

沈佩珊：呃……关于这方面，我查到了一些很令人担忧的情形。我在网上看到了一些视频[ii]，是关于一个工业化农场怎样对待（或者我应该说，是怎样虐待）那些用来做我们都觉得很美味的炸鸡块的鸡的。上面有些令人揪心的片断：鸡被饲养在很不卫生的、拥挤不堪的养殖场里，受着各种各样的折磨，脚断了、被头下脚上地倒挂着、喙被砍掉了，而且它们都没办法站立，因为它们被饲养得那么肥。

郑鑫：听起来很恐怖！

沈佩珊：在一个网站上，影片展示小牛的角是怎么被割去或烧掉的，它们的生殖器官被割去，还被喂了药，上千只牛挤在一起。还有养猪场，猪受到的虐待我简直不想描述。

郑鑫：你是在什么网站上找到那个的？

沈佩珊：PETA 的亚洲网站——善待动物组织。

宋俊涛：那是一个著名的保护动物权益的团体——不能说是一个没有偏见的信息来源。

郑鑫：你为什么这么说呢？

宋俊涛：因为他们显然有一个宗旨——推进动物权益，批判虐待动物的行为。他们的网站上说，“PETA Asia 及其关联机构致力于建立和保护所有动物的权利。我们奉行简单的原则：动物不是供我们实验、食用、穿戴、娱乐或以其他任何方式虐待的”[iii]。所以，我不知道他们对所有这些信息是否给出了一个公平的描述。你有没有看看其他一些不是那么热衷于动物权益的网站上的说法？

沈佩珊：没有——我倒没有想过要这么做。我原先以为要找关于如何对待动物的信息就应该去动物权益组织的网站上找啊。

宋俊涛：当然，他们说的可能是真的。不过，在放弃我的美味鸡翅之前，我还想从其他的来源得到一些另外的支持。

苏芳菲：那个视频在我看来很煽情。它想要煽动起人们的情绪，这样他们就不会停下来批判性地思考他们所看到和听到的东西。

郑鑫：我说，很多著名的电影明星、歌星、运动员都反对吃肉，主张素食。我在北京机场看到一张关于姚明的海报：“姚明对鱼翅说‘不’。”PETA 的亚洲网站上还有一个“亚洲最性感素食艺人”榜单。谭维维、王力宏和刘德华都当选过“亚洲最性感素食艺人”呢[iv]。还有啊，《权力的游戏》（*Game of Thrones*）中波隆的扮演者杰罗姆·弗林（Jerome Flynn）说过，这些动物都既聪明又敏感，可是却饱受折磨。而且这样的做法并不是个别情况，而是现在通行的做法。

林畅：仅仅因为明星说过，可不能让它就成为真的，即使他们很性感。我也不觉得杰罗姆·弗林可以成为一个可靠的信息来源，仅仅因为他是个著名影星，可不能让他成为动物行为方面的专家。

苏芳菲：他们在视频和网站中所说的可能是真的，但是在做更多的研究之前，我们并不确定。我们还是得进一步了解下这种做法是否普遍。可能这只是个别的情形。

沈佩珊：从我读到的所有材料来看，这是相当普遍的。不过我同意需要进一步的调查。

苏芳菲：我读到的好几篇文章说，在世界上很多地方（尤其是欧洲）有法律规定应该如何对待动物，而且情形正在逐渐好转。在中国，关于农场动物的福祉在立法方面显然有了一些改善。现在人道屠宰的法规仅仅适用于猪，但是关于动物福祉的一般性原则正在企划当中[v]。

郑鑫：其他一些我觉得不妥的地方是，一些动物权益保护者描述鸡在自然条件下生活的那种语气——形成友谊，热爱它们的小鸡，充分地享受生活，等等。这是假设动物就好像人类一样，可是这里的一个主要问题就是它们是否果真如此。我的意思是，我们怎么能够知道什么对鸡或者牛来说才是一个好的生活呢？

宋俊涛：不错，子非鱼安知鱼之乐……即使是农场里的“走地鸡”，生活也未必是像郊游野餐一样，还有狐狸什么的呢。

苏芳菲：我看到一篇特别有意思的关于动物福祉和工业化农场的文章，是由联合国粮农组织发布的。这篇文章的作者是一位大学教授，他好像在这个领域具有一些专业知识[vi]。

林畅：听起来好像是更为中立和可靠的来源。

郑鑫：好吧，他听起来好像确实比杰罗姆·弗林具有更多的专业知识。只不过，我们为什么应该相信他是中立的呢？联合国粮农组织难道不会也有一个宗旨吗？

苏芳菲：我想这有可能。不过，联合国粮农组织并没有对这篇文章的观点给予支持——他们说这是这个作者的观点。而这位教授也并不只是做一些空洞的断言。这就使其更足以采信。他从各个方面分析了这些论证，并且提供了很多研究来支持他的论证。在此基础上，他说，实际情形比很多动物权益保护主义者所声称的要更为多样化。关于动物在工业化农场中是如何被对待的，相关的研究其实很少，而这些仅有的研究显示了多样化的价值和实践。他认为，我们不应该笼统地指责工业化农场；相反，我们应该直接针对动物福祉的问题，确保动物不受到饥渴、不适、恐惧以及疾病的威胁。

沈佩珊：我注意到这篇文章是2005年写的。我还没有看到更新的持同样观点的文章。

林畅：我们要看看有什么证据可以证明他的断言。

沈佩珊：可是，他有没有考虑这种可能，真正解决问题的方法是停止吃肉？

苏芳菲：实际上……没有，他并没有这么说。他说他接受这一事实，素食主义并没有真正为大家所接受，而且也显得不大可能。所以，他是基于人们将继续吃肉这一假设而寻求最好的解决方法。

郑鑫：我找到了一些持相同观点的文章。它们的结论是肉类是蛋白质的重要来源，而且在全世界范围内将继续如此。

林畅：我倒是找到了不少反对素食主义的文章。其中一篇否认动物是有感觉的。另外一些认为成为一个素食主义者不过是赶潮流，而动物权益保护运动不过是一种奢侈的宣传[vii]。

沈佩珊：他们似乎在攻击素食者，而不是考察对素食主义的论证。

林畅：不过另外一些论证在我看来是更有力的。比如说，在中国这样经历过饥荒的发展中国家，动物为人们提供了重要的食物来源。过于注重动物权益会减缓经济发展速度，而经济发展对于人民生活幸福是至关重要的。

苏芳菲：我在一个博客上看到的一篇文章说明了工业化农场的正反两方的论证[viii]。这是一个个人财经博客，所以也要注意它有没有一个宗旨。但是它确实给出了两方的论证，我觉得这点很棒！

宋俊涛：另外大家不要忘了，中国人有史以来就是吃肉的——有些人还吃狗肉呢。

沈佩珊：你也别忘了佛教和道教传统要大家爱护生灵。佛教徒不是吃素嘛。

苏芳菲：哎，我说，我们找到了很多信息和论证，也有不少很有意思的讨论——不过，所有这些对我们关于这个问题的思考起到什么作用呢？

林畅：在我看来，对于被食用动物是如何被饲养的这个问题，我们似乎并没有一个清晰而简单的答案。我们从各种地方看到很多断言和论证，其中一些是带有偏见的，另一些没有。我们需要做更多的研究来检查其中一些断言的准确性，从而找出虐待动物的情形究竟有多普遍。

宋俊涛：我认为，这个讨论表明了我们需要更仔细地思考动物福祉究竟意味着什么这个问题。而且，我们之前那个关于动物是否有感受的问题不也很重要吗？

郑鑫：好像确实可以用一种更为人道的方式来饲养动物，那样的话，被食用动物就不用处于那些可怕的条件下。

沈佩珊：即使如此，我仍然认为吃它们是不对的，不论它们是怎样被饲养的。

苏芳菲：被食用动物是怎样被饲养的这个问题显然比我们所意识到的要更为复杂。我不觉得它可以一劳永逸地得到解决。不过，我们还是取得了一些进步。而且，即使这个问题真的解决了，我们还有食肉给健康和环境造成的影响问题，以及人们究竟有没有权利吃其他动物这个道德问题。

林畅：关于那个问题我有很多资料！不过要细说的话又要说上一天了。

这个过程进行到这里，同学们积极地从书上和互联网上寻求信息，从而对他们的问题进行调查。不过，他们意识到并不能就这样接受他们所听到或者读到的东西，尤其是因为很多信息和论证是互相冲突的。他们需要对所找到的东西进行评价。

你怎么想？

描述一下你在同学们找到的材料中所看到的问题。

评价的一个方面包括对于他们所找到的信息的来源进行考察，从而决定他们可以在多大程度上依赖这些信息。同学们很快就意识到，PETA 这个组织有强烈的倾向性，因而可能是不加批判地传播一个立场。他们必须意识到这些信息带有**偏见**（不加批判地偏向于某个立场）的可能性，从而必须保持谨慎，不要不加批判地接受它们。另外，联合国粮农组织发布的那篇文章看起来是一个中立得多，也没有那么多偏见的信息来源。联合国粮农组织是一个颇受尊敬的国际组织，并没有什么明显的要推进某一种观点的倾向性（同学们也意识到粮农组织并没有明确地支持那篇文章），而其网站上所提出的论证考虑问题全面，其得到了相关研究的支持也证实了这一点。同学们意识到，关于工业化农场中的动物饲养问题，一个从事农产品问题研究的大学教授比一个大众明星更为专业。

同学们还开始评价他们所找到的材料中的论断。他们意识到，需要有证据来为这些论断提供实质性的支持，同时还需要为他们的发现找到其他的支持。他们认识到，不应该因为存在某些可能虐待被食用动物的例子就对所有的工业化农场做出评价。需要找到更多的证据和研究以了解一个更大范围内的情形是怎样的。

此外，同学们还开始评价他们找到的文章中所提供的理由和论证。论辩（argumentation）就是提供论证或者理由来支持一个结论的过程。同学们开始认识到一些**谬误**（一些常见的论证效力薄弱，却具有相当大说服力的论证模式），并且看出它们是如何弱化了论证的效力。例如，沈佩珊指出，一些对素食主义的指责实际上是诉诸人身，因为它们是攻击吃素的人而不是他们的论证。苏芳菲则注意到一些视频是怎样用煽情的场景取代论证的。林畅认识到电影明星作为关于如何对待动物这一问题的信息来源是不适当地诉诸权威。郑鑫则注意到，一些动物保护主义者关于动物在自然环境中生存条件的描述假设了动物跟人类很相似，而这却是一个有争议的问题（这是**循环论证**的谬误，我们将在第四章详细讨论）。

同学们认识到，评价的一个核心方面是需要考察一个辩论的双方（或者多方），而不是仅仅对一方的论证进行批评。由此，他们意识到对这样一些断言找出**反例**（一个断言的例外情况）是很重要的：动物在野外的生活是田园诗般的，所有的工业化农场都虐待动物，等等。针对工业化农场，他们既考察支持的观点，也考察反对的观点。

同学们还意识到检查各种不同观点背后的假设的重要性，并且要弄清楚论辩中各个词语的意义。在这方面，宋俊涛看到，为了就如何对待被食用动物做出一个判断，需要更加清楚地知道“动物福祉”意味着什么，并且要理解各个论辩者所假设的动物福祉是什么。

同学们还意识到评价的另一个重要方面——考察这个问题的背景。这个问题的背景包括中国人食肉的文化传统、关心动物福祉的精神传统（佛教和道教等)，以及支持工业化农场的社会-经济条件。

除了评价他们所发现的信息和论证之外，同学们还开始了探究的另外一个重要方面：就其中的一些问题，形成自己的论证。

最后，同学们继续考虑他们所感兴趣的问题——吃肉是否适当。他们一开始很明智地将考察范围缩小到农场动物的饲养条件上，但是也意识到，关于饲养动物方面的考虑如何才能适应于“吃肉是否适当”这个更大的问题。如果他们想要继续推进这个探究，那么就需要考察跟吃肉相关的生态和跟健康相关的问题，以及人类是否有权利吃动物这样的道德问题。他们需要比较不同的立场，权衡它们的有力和薄弱之处，从而对吃肉这个问题达到一个有充分理由支持的判断。

在这个对话中，我们看到，为了调查这个问题，达成一个有充分理由支持的判断，同学们是如何开始评价断言和论证的。我们考察了他们所使用的一些标准，包括信息来源的可靠性及专业性，支持以及进一步证实断言的证据、论证和理由的强度，还有对于问题全方位的考察。本章对断言和论证的评价仅仅只是做一个简要的介绍，目的是让你对探究的主要特征有所认识。在接下来的各章中，我们将会更为细致地讨论用来评价断言、信息和论证的标准，既有在一般意义上的应用，也有在特定领域中的。

进行探究的场合

我们已经讨论了探究是什么。然而，一个探究可以发生在什么时候、什么样的场合中呢？阅读下面的场景描述，判断它们中的哪些是进行探究的场合。

你怎么想？

下面哪些是进行探究的场合？

(1) 宋俊涛有一份历史课作业，要求写一篇关于鸦片战争起因的论文。

(2) 叶文洁博士正在研究一个关于某些特定的星系是怎样形成的天体

物理学问题。

（3）王茵茵正试图决定应不应该让她的孩子吃含糖的东西。

（4）宋鹏和李月兰在尝试解决他们之间关于小区是否允许居民跳广场舞这一问题的意见分歧。

（5）钟惠、沈建国和苏向前正在考虑关于如何处理小区内狗伤人事件的问题。

（6）沈佩珊和姜瑶关于是否可以在网上下载电影这个问题进行辩论。

（7）苏芳菲和林畅关于死刑的问题展开辩论。

（8）江琪和同事们正在为艺术画廊的一个新展览选择作品。

（9）徐逸飞想要决定应该买哪款手机。

它们中哪些是进行探究的场合呢？如果你的回答是"全部都是"，那么你就说对了。探究是对一个问题进行仔细考察，从而得出一个有充分理由支持的判断。所有这些场景都呈现出一些这样的问题：它们或者是有争议的，或者令人困惑，或者带有挑战性，或者存在分歧，它们也都是可以用一种理性的方式来考察的。不过，并非所有观点上的不同都可以进行探究。比如，看一看下面这些场景：

（10）姜瑶试图说服林畅苦瓜很好吃。

（11）徐逸飞和刘宇轩关于电台播放的歌酷不酷有不同意见。

（12）郑鑫想去打球，而宋俊涛更想要去看电影。

尽管在这些场景中，人们对于某些事情存在分歧，但这些分歧却并不是可以用一种理性的方式来考察的。相反，它们是个人喜好的问题。最终，双方可能商议出一种行动方案，或者接受他们之间的分歧。探究在这样的情形中是不能提供什么帮助的。

你可能已经注意到，上面（1）～（9）的情形之间有些不同。一方面，它们所处理的问题是不一样的：历史学难题、天文学研究、跟健康相关的实际的决定、邻里之间的纠纷、政治议题、伦理两难、实际事务上的决定，以及对于艺术作品的评价。如你所见，可以促使人们进行探究的问题涵盖了很多不同的类型，如谜题、问题、决定、两难处境、论辩、意见分歧以及评价等。它们既可以发生于科学和学术领域，也可以发生于社会和实践领域。探究也可能以不同的形式发生。探究可能是一次非正式的谈话、一个研究报告或者一个正式的决定过程。

另一方面，探究的参与者也有很大的不同。一个探究可能包含两个或者多个参与者，也可以（甚至经常）只由一个人自己来进行。探究者可能是朋友、亲属、熟人或者陌生人。他们可以用一种非常友好的方式来进行探究，也可能始于严肃的分歧。但是，不管他们的起点以及原初的立场是什么，一旦他们开始一个探究，那么其任务就是投入这个过程中，真正地考察和评价各种不同的观点，从而达到一个有充分理由支持的判断。

探究的本质

上面我们讨论了探究的诸多方面的特征以及它发生的语境。现在让我们走近一点，查看一下探究的本质，更为细致地考察探究意味着什么。正如我们在本章先前所看到的，那些针对素食主义问题进行辩论的同学发现，为了得出一个有充分理由支持的判断，应该更为深入地、批判性地看待这个问题。不过，他们发现，对于他们的问题并没有一个清楚的、直截了当的回答。相反，他们找到了支持各种各样观点的证据、论证和理由。这并不令人吃惊，作为探究起点的问题本身就包含了某些争议、难题或者理解上的挑战。这意味着探究是在不断进行着的讨论或者辩论中发生的。

探究这一方面的一个影响是，只评价支持某一立场或者观点的理由或论证是不够的。相反，我们必须考察一个问题的全部，至少是很多方面，评价支持不同立场的理由和论证，掂量它们相对的强度（就像在“对待动物太残忍?”这个对话中同学们所做的那样）。我们在探究过程中所形成的判断，就是基于这样一种**比较性**评价得出的。

重要的是意识到这些来自可以进行探究的场合的辩论，并不是一下子冒出来的。当一个问题被提出异议或产生争议时，讨论和争辩可能已经存在一段时间了。很多一度被认为是事实的想法——例如，原子是最小的物质颗粒，或者哥伦布发现了美洲大陆，或者女人不具备进行选举投票的智商——都在新的证据和论证的支持下被推翻了。历史上的一些持续性的讨论，导致了现在关于各种问题的想法。对于那些现在仍然存有争议的问题，我们的辩论还将继续下去。

因此，具备关于一个问题的争论历史方面的知识是很重要的。为了理解导向现有观点的那些论辩，从而能够做出探究所要求的那种比较性的判断，这样的知识是至关重要的（我们将会在第九章和第十章中进行更为细致的考察）。

认识到我们的知识状态是在不断进化的，对于投入一个探究过程也是非常重要的。各个学科中的观点、社会中一般性的观点都在不断地被比较、测试、修改，有时候甚至是被推翻（正如上面那些例子中所显示的），而这是通过不断进行的探究产生的。通过探究，我们获得知识，并使知识不断得到完善。

因为我们所知道的东西总是在不断变化的，所以我们从来都不能确定我们是否已经掌握了真理。因此，我们的判断也总是暂时的。新的信息可能被发现，新的论证可能被提出来，从而给予我们新的理由修正或者改变我们的观点。这可以发生在社会的层面，比如现在我们认为奴隶制度是不道德的；也可以发生在学科的层面，比如天文学家拒绝了宇宙的地心说（认为地球是宇宙的中心的理论），而认同日心说（认为太阳是宇宙的中心的理论）。它也可以并且也应该发生在个人的层面。我们每个人在自己的探究中需要力图做出一个有充分理由支持的判断，但是，我们同样需要认识到，我们的判断可能是错的。我们需要认识到我们是可错的（这种对于判断的暂时性的认识被称为**可错主义**）。这种认识会使我们抱有一种谦虚的态度、开放的胸怀，并严肃地考虑跟我们的观点相左的意见。

尽管我们所有的知识都是可错的，然而，对于不同问题的确信程度或者可能得到的确信程度，还是存在着一些差异。一些问题已经被解决了，比如血液是否在身体中循环、地球是否绕太阳运动。其他一些则仍然是继续探究的主题，比如宇宙的起源，或者克隆哺乳动物在伦理上是否说得通。还有其他一些问题——诸如“正义是什么”这样的哲学问题——已经存在了上千年，而且几乎不大可能被彻底解决。而且，就算是对于一些已经解决的问题，也总是存在着修正的可能性。比如，尽管胃溃疡是由压力导致的这样的观点已经被细菌学说取代，但现在又有解释认为压力仍然可能是胃溃疡的另外一个原因性因素（causal factor）（关于“原因性因素”的解释，参见第十三章）[ix]。

某些关于确信程度以及修正的可能性方面的差异，是跟探究所处的特定领域相关的。由于所采取的方法不同，物理科学在其领域的专家之间所取得的某种程度的共识，在人文学科的大多数问题中都是不可能取得的（我们将在本书的第十二至十五章中考察这些差异）。尽管如此，就衡量一个问题的重要性而言，可以获得的确信程度上的差异并不总是一个重要的标准。人文领域的很多问题——例如伦理学中的——对人类生活来说是极其重要的，但是我们却经常难以达到高度的确信和一致。

尽管我们的目标是不断增进我们的知识，然而意识到这一点同样重要，即在历史上知识并不总是以线性的、进步的方式演化的。例如，一些古老的文化中关于女性地位的观点，我们现在看来会觉得比后来的欧洲文明中的观点更为进步[x]。个人有时候也会采取这样的立场，它相较于其之前所采取的立场而言并没有得到那么好的辩护。从而，**批判性评价**至关重要。

认识到我们是可错的，意味着我们需要仔细地考虑对自己的每个判断具有多大程度的确信。我们对于一个特定判断的理由有多充分？我们所获得的相关信息有多少？我们的理由是足以让我们做出一个自信的判断，还是只是一个试探性的判断？或者，对于一个问题的任何一方都缺乏足够有说服力的证据，因而我们需要悬置判断？

探究是不断进行和不断演化的，这一事实与其说值得担忧，不如说是值得我们高兴的。有人觉得批判性思考是枯燥乏味、缺乏创造性的。这种观点是不准确的。事实上，探究是一项包含了创造性和想象力的事业，就像它需要逻辑和推理一样。这两个方面是紧密交织在一起的。探究包含了对信息、理由和论证的评价，但它同样也包含对替代性方案和反驳的思考、想象反例以及构造出自己的观点。通过探究这个手段，我们的知识得到增进。这一过程是鲜活有趣、激动人心的，我们每个人都可以成为其中一个主动的参与者，而不仅仅是一个被动的旁观者。

探究和对话

你会注意到，在这一章中我们使用了一些对话。在接下来的章节中我们将会继续这样做，而且你也会参与到编写对话的过程中来。这样做的原因是，正如我们之前提到的，围绕着作为探究主题的那些问题存在着很多辩论、很多不同的立场和观点，因而探究并不只是对争论中的一个观点或者一方进行评论，而是包含了考察一个问题的双方或者多方立场。从而，探究具有对话的特质，有着很多可以互相进行交流的观点和立场。

真实生活中的探究通常是以两个或多个人之间的对话形式展开的。但是，即使当人们作为个体独自进行探究的时候，他们也需要考虑问题不同方面的观点，从而需要进行一种“内在的”对话。出于这些原因，我们相信，对话是用来呈现探究过程的一个非常好的方式。

当然，并非人们之间的所有对话都是探究性对话。有时候人们只是闲谈，相互交流新闻或者小道消息，聊聊他们的生活。有时候一个对话看起来像是一个探究，实际上却只不过是不同观点之间的对抗，而并没有真正努力去寻求和发现最好的立场。在第一个“素食主义”对话中就是这样的。探究中包含的对话是独特的，因为它的目标是得出一个有充分理由支持的判断。

探究的价值

我们的知识状态总是不断在变化的，这一想法对某些人来说可能是一件值得担忧的事情：“如果我们今天相信的东西明天就会发生改变”，他们可能会想，“那么进行探究的意义又是什么呢?”这个意义就是，探究使得我们在现有信息的基础上，得出一个我们所能达到的最好的判断。我们可以力求将我们的信念和行动建立在这个可能得到的最好的理由之上（这被称为**辩护**）。基于很好的理由而坚持一个观点，这比起基于坏的理由，或者根本没有理由来，要好很多!

从而，因为有很好的理由而相信一些东西，这要远远好过不加批判地相信，或者仅仅因为一些有权有势的人如此说而相信，或者仅仅因为周围的人都相信而相信。比如，人们曾经相信吸烟是一件很酷且无害的事情，但是科学研究给予我们很好的理由来相信吸烟可以导致癌症。这个知识可能已经挽救了无数人的生命。同样，自从人们开始普遍地意识到蓄奴的做法并不值得捍卫，人类社会进步了很多。尽管有其不确定性，但探究仍然是寻求真理的最为可靠的方法（一些人可能会说是唯一的方法）——尽管我们从来不能完全确定我们已经找到了它。

力图寻求真理并不是探究的唯一目的。探究的一个中心目标是对世界获得一个更好的理解——一个可以使得我们的生活更为丰富、更有效率的理解。我们所希求的并不仅仅只是理解现象的本质，我们还想要理解学者、艺术家以及科学家们是怎样阐释世界的。我们想知道那些进行探究的人是怎样确立他们的理论和判断的，他们是怎样将他们的发现编织到知识的巨幅织锦中去的。

探究还提供了一种使我们变得更为**自主**的方式。作为一个有思想的公民和负责任的个体，关于我们所面临的复杂问题，我们需要一个对它们进行批判性思考的方法。否则，我们就面临着被商家玩弄于股掌、被政客的说辞鼓动或者被那些整天在我们耳边狂轰滥炸的坏论证左右的危险。基于理由而进行判断的能力，对一个成熟、独立、有责任的人来说是至关重要的。

阅读材料

著名哲学家康德，在他的文章《答复这个问题："什么是启蒙运动？"（1784）》中探讨了自主性的重要性：

"启蒙就是人类脱离自己所加之于自己的不成熟状态。不成熟状态就是不经别人的引导就对运用自己的理智无能为力。当其原因不在于缺乏理智，而在于不经别人的引导就缺乏勇气与决心去加以运用时，那么这种不成熟状态就是自己所施加于自己的了。……然而，对于这种启蒙并不要求别的，除了自由之外；而这种自由是所有自由里面最无害的，也即，公开地在所有事务上使用理性的自由……"①

① 译文参考：康德．答复这个问题："什么是启蒙运动？"（1784）//历史理性批判文集．何兆武，译．北京：商务印书馆，1996.

参与一个以探究为核心的对话，这作为一种“文明讨论”的方式，同样也是有价值的。探究性对话是一种特别的对话方式，它关注推理，对其他参与者的观点保持尊重，并给予这些观点严肃而仔细的思考。从上面关于素食主义的对话的两个版本中，可以轻易地发现基于探究过程进行对话的好处。在第一个对话中，同学们受情绪的支配，最后不欢而散，交流失败。第二个对话则是以尊重、开放和对理由的认真考虑为特征。从而，同学们之间的讨论不再是吵架，而是建设性的交流。探究性对话可以让我们以一种更为合理的方式来处理相互之间的分歧。有时候探究会解决分歧，而其他一些时候，参与者可能还是继续保持分歧。然而即便如此，探究仍然是有价值的。探究的过程可以使我们对自己以及他人的理由的认识更为清楚，也可以帮助我们更好地理解分歧的深层根源。

探究使得我们以一种更为文明的、相互尊重的方式交流，即使在我们不同意对方的时候。以尊重的态度考虑他人的观点并不意味着我们必须同意那些观点。当一个探究结束的时候，我们可能仍然不同意其他人的观点，甚至还可能是激烈地反对。然而，尊重他人是一个基本的道德原则，而一个人的信念自由则是一个民主社会的核心准则。与他人一起参与探究，使得我们可以一起学习，并且建立起一个更富有成效的、更为丰富的共同体。

探究的精神

正如我们在前文中所看到的，探究是一项非常特别的事业，具有特定的目的和特质。探究的首要目的是找出针对一个问题最好的观点或者立场。探究并不仅仅是找出其他人论证中的错误。它并不是要赢。它尤其不是要说服他人采取你的意见或者观点。相反，它关注的是真正去寻求那种最好地被辩护的立场或观点。它的目的是力图得出一个有充分理由支持的判断。正因如此，探究要求其参与者具备一定的倾向或者态度，我们称之为“探究的精神”。在最基础的层面上，探究的精神意味着承诺将我们自己的信念和行动建立在探究的基础上。

阅读材料

苏格拉底（公元前 469—公元前 399 年）[xi]

苏格拉底是一位古希腊哲学家，他对于真理的执着追求，他对批判性思考的卓越运用，以及他鲜明生动的人生经历，使得他成为所有后来西方哲学家的典范。他生活中的大部分时间是在跟雅典的青年们自由交谈，敦促他们检查未加质疑的观点和流行意见。不像当时的诡辩论学者，苏格拉底拒绝为他的教导收取费用。不过，尽管（或者可能是因为）他不屑于功名利禄，有很多学生忠实地追随他，但是这些学生的家长却很不满意他带来的影响，而他早些时候与当时希腊民主政权的反对者的关系也使得他成为一个有争议的政治人物。

最后，苏格拉底因为不敬神和腐蚀青年的罪名而接受审判，并被判处喝毒酒的死刑。他从容地接受了这一判决，饮下毒酒而亡。他在对他自己的审判中所做的演讲，被认为是对一个经过审视的生活的价值所做的捍卫。

探究的精神可以表现为某些特定的态度。第一个维度是**开放**。由于我们意识到自己是可错的，从而我们必须真正对那些跟自己相反的观点、对我们观点的质疑、跟我们的观点不符的证据保持开放的态度。事实上，探究的精神要求我们找出任何可能的反驳或者相反的证据。而且，如果有更好的论证被提出来，那么我们应该愿意修正自己的观点，并且承认那个最能得到充分论证的立场。

探究的精神的第二个维度是围绕着**公正**而展开的。公正意味着我们不仅愿意考虑相反的观点，而且对这些观点做出不偏不倚、公正无私的判断。这要求我们在描述那些我们所不同意的观点时是公平的，不要刻意曲解或矮化它们以使它们更容易被驳倒［这被称为稻草人（straw person）的谬误，我们将在第四章中加以讨论］。

尽管我们都想要追求开放性和公正性，然而人的本性中一些常见的情感、社会和认知的自然倾向会很容易地给我们的思考带来偏见，会成为企及开放性和公正性的障碍。一个常见的认知偏差叫作**确认偏误**（confirmation bias）。比如，沈佩珊承认，除了她所支持的动物权益保护组织的观点之外，她没有想到还要去查阅代表其他观点的网站，这就是一个确认偏误的例子。确认偏误是指只注重寻找那些可以确证自己观点的信息和证据，而未能寻求反对自己观点的信息和证据的倾向。对确认偏误有所了解，并且意识到我们可能犯了这样的偏误，可以在某种程度上帮助我们实现探究的精神（我们会在第十一章中更详细地探讨确认偏误以及推理中的其他一些偏误）。

探究的核心特征之一是对于理性的尊重，它可以通过多种方式展现，比如：对事物有好奇心；关心真理和准确性；欣赏人类通过理性取得的成就；愿意跟随论证和推理的引导，不论它们将我们带到什么地方；希望基于理由而行动；接受不确定性作为探究的一部分。

探究的精神的最后一个核心方面是，尊重探究过程的其他参与者。它意味着不能侮辱和操纵他人，也意味着严肃地对待他人的观点（我们将在第十一章中更为详尽地讨论探究的精神，以及怎样实现这样的精神）。

阅读材料

德尔斐报告

1987 年，在美国哲学学会的支持下，彼得·法乔恩（Peter Facione）教授领导了一场由 46 位哲学家和心理学家组成的对批判性思维和批判性思维测评现状的系统性探究。探究的结果是一个题为《批判性思维：以教育评估和教学为目的的专家联合声明》（Facione，1990）的报告，简称为"德尔斐报告"（Delphi Report）。该报告列出了作为本科低年级批判性思维课程目标的批判性思维能力和倾向。报告是这样描述探究的精神的："理想的批判性思维者充满好奇，充分掌握信息，相信理性，思想开明，头脑灵活，公正地进行评价，诚实地面对个人偏见，谨慎做出判断，愿意重新考虑，明确问题所在，有条理地处理复杂事务，勤于寻求相关信息，合理选择标准，专注于探究，在探究的问题和环境允许的情况下坚持不懈地寻求尽可能准确的结果。"[xii]

检查你的理解

- 探究的主要特征是什么？对每一项进行解释。
- 什么使得一个判断成为一个有充分理由支持的判断？

- 当评价一个断言或者论证的时候，你应该注意哪些主要的方面？
- 什么样的问题可以提供进行探究的机会？
- 我们为什么需要考察一个问题的各个方面？
- 什么是可错主义？
- 为什么我们的判断总是暂时的？
- 一个探究型对话不同于其他类型的对话或者交谈的地方在哪里？
- 探究为什么是有价值的？
- 探究的精神具有什么样的特质？

练习

1. 列出你在做出以下各项决定的时候会使用的三条标准。

（1）是否去听某个歌手的演唱会。

（2）买什么样的手机。

（3）看什么电影。

（4）支持学生会主席候选人中的哪一位。

（5）是否应该相信你在一个采访中看到的，某人声称吸烟不会导致肺癌。

2. 列出你在决定要选哪门课的时候会使用的标准。将它们按照重要性排序，把最重要的放在第一个。对于每一个标准，解释它为什么是重要的，它们又是如何影响了你关于这学期选些什么课的决定。

3. 思考一下你这学期选的另一门课，或者以前上过的一门课。试着列出在那个学科中用来确立和评价断言的主要标准。

4. 在“素食主义”对话中，学生们认为需要做更多的研究，以判断工业化农场的做法是否属于虐待动物，以及达到什么程度。帮助他们就这个话题进行研究。

（1）找出四个独立的、有助于做出这个决定的信息来源。

（2）评价这些来源的可靠性，并为你的评价进行辩护。

5. 下面的练习涉及这样一个问题——牛是否像人类一样。完成如下任务：

（1）列出你认为牛跟人类相似的地方，以及不同的地方。

（2）找出可以帮助你以一种更深入的方式处理这个问题所需要的信息的细节。

（3）找出可以帮助你处理这个问题的三个不同的信息来源，列出它们的主要论证。

（4）根据你自己原初的观点以及你所发现的信息和论证，就“牛是否像人类一样”这个问题写一篇简短的文章。

6. 考虑素食主义的问题：

（1）列出所有你能想到的支持或反对素食主义的理由。

（2）几个同学合成一组，把你们的理由汇总在一起。

（3）上网试图找出更多你尚未考虑过的理由。确保你列出了正反双方的论证。

（4）将你的理由以对话的形式向同学们做口头表达，不同的学生表达不同的理由。

7. 对于以下各个情形：

（1）说明它们是不是适合于探究的情形。

（2）解释为什么是或者不是。

a. 宋俊涛和林畅关于他们学校是否应该涨学费存在分歧。

b. 温妮喜欢去自然景区旅游，郑鑫喜欢在城市里旅游。

c. 姜瑶和苏芳菲关于她们班上的男生长得帅不帅有不同意见。

d. 钟惠在试图决定是否投票支持政府的某项政策。

e. 沈佩珊在想是否要对她发酸的膝盖采取一种新的草本疗法。

f. 徐逸飞在为他的音乐欣赏课写一篇文章，他想要论证的是谁对西方古典音乐做出了更为重要的贡献：莫扎特还是贝多芬？

8. 描述你的生活中三个可以作为探究的情形，既包括你在学校中的学习，也包括日常生活中的。就什么使其成为探究的情形进行讨论。

9. 想出三个以前被社会接受、后来因为新的证据和论证而被修正或者被推翻的观点。什么样的证据或论证导致了对它们的修正？

10. 对于下面的每个微型对话，指出对话者们体现或者违背了探究精神的哪个方面，并解释其体现或者违背的方式。

（1）沈佩珊：我知道工业化农场中的动物受到非常残忍的虐待。

郑鑫：但是并非所有用来食肉的动物都受到虐待。有些动物可以自由地走动，还吃有机谷物呢。

沈佩珊：说得有道理——我之前没有考虑过这一点。

（2）苏芳菲：你应该看看由绿色和平组织发布的材料。他们针对一些物种的灭绝提供了很有趣的论证。

宋俊涛：我从来不看那些“生态恐怖分子”说的东西。

（3）林畅：我真的觉得一个人有不止一个妻子是错的。我觉得那应该在法律上被禁止。

徐逸飞：你不是真的认为一个人因为有不止一个老婆就应该去坐牢吧！不过可能那并不是你的观点。你是不是想要论证，一夫多妻的婚姻不应该得到法律的承认，还是说，一夫多妻的人应该去坐牢？我得先弄清楚你的观点，之后才能进行评价。

（4）刘宇轩：你真的相信你在跟宋俊涛的那个辩论中所说的话吗？吃肉应该被视为违法？

郑鑫：当然不是啦——不过我赢了那个辩论，不是吗？

（5）苏芳菲：我的这篇论文现在有了很大进展。我论证学校应该禁止使用手机。现在我只要再看一看那些反对禁止的人的论证就好了。

林畅：你干吗还要看那些反对你自己观点的论证呢？这没有什么意义。

（6）温妮：我听说很多工业化农场虐待动物。所以，在我决定是否继续吃肉之前，我想要调查一下看看这是不是真的。

姜瑶：那么麻烦干什么？那听起来挺费劲的。而且不管怎样，那也没有真正影响到我的生活。

11. 把问题10（6）中温妮和姜瑶的对话继续进行下去。姜瑶对花费精力去调查工业化农场虐待动物是否值得这个问题感到怀疑。温妮试图就探究的价值说服她。

12. 比较本章一开始的两个对话，“素食主义”以及“素食主义——第二次尝试”，完成以下任务：

（1）分成几个小组，列出这两个对话趋向不同的方向的地方。

（2）对于每一个要点，讨论每个对话以什么样的方式体现了或者未能体现一个探究型对话的特质。

（3）对于每个对话，讨论每个参与者是否展现了探究的精神。

注释

［ⅰ］Frans De Waal，*Mama's Last Hug：Animal Emotions and What They Tell Us About Ourselves*（New York：W. W. Norton，2019）.

［ⅱ］BBC，"The Truth Behind My Fried Chicken-BBC Stories，" https：//www. youtube. com/watch? v = 0ScKWkzp6Ow；Dominion，https：//www. dominionmovement. com/（2018）.

［ⅲ］PETA Asia，"About PETA，" https：//www. petaasia. com/about/（2020 年 1 月 14 日访问）.

［ⅳ］PETA Asia，http：//www. petaasia. cn/media/tan_wei_wei_2017_asia_sexiest_veg_celeb/.

［ⅴ］World Animal Protection，https：//api. worldanimalprotection. org/country/china（2020 年 1 月 14 日访问）.

［ⅵ］David Fraser，"Animal Welfare and the Intensification of Animal Production：An Alternative Interpretation，" in *FAO Corporate Document Repository*，http：//www. fao. org/docrep/009/a0158e/a0158e00. htm（2009 年 9 月 13 日访问）.

［ⅶ］Zhao，N.（2002），"The Essence of the Animal Rights Arguments is Anti-humanity（in Chinese），" http：//shss. sjtu. edu. cn/shc/article021007/dongwuql. htm. For more on this debate，see Li，Peter J.（2006），"The Evolving Animal Rights and Welfare Debate in China：Political and Social Impact Analysis，" in Jacky Turner，Joyce D'silva，*Animals，Ethics and Trade：The Challenge of Animal Sentience*（London：Earthscan，2015），113－114.

［ⅷ］Crystal Ayres，"13 Factory Farming Pros and Cons，" https：//vittana. org/13-factory-farming-pros-and-cons.

［ⅸ］A. Zuger，"Cases：When Stress Enters the Germ Equation，" *New York Times*，February 16，1999，http：//query. nytimes. com/gst/fullpage. html?sec=health&res=9904E1DA133AF935A25751C0A96F958260.

[x] 例如，参见 *Women in World History*，"Writers of the Heian Era," http：//chnm. gmu. edu/wwh/modules/lesson2/lesson2. php?s=0（2010 年 4 月 23 日访问）。

[xi] *Philosophy Pages*，"Socrates," http：//www. philosophypages. com/ph/socr. htm（2010 年 4 月 23 日访问）；Bio，"Socrates Biography," http：//www. biography. com/articles/Socrates-9488126（2010 年 7 月 12 日访问）.

[xii] Peter A. Facione，*The Delphi Report*，*Critical Thinking*：*A Statement of Expert Consensus for Purposes of Educational Assessment and Instruction*（Milbrae CA：California Academic Press，1990）.

第二章　介绍探究的指导性原则

学习目标

在读完本章之后，你应该能够：

- 开始应用探究的指导性原则，包括以下方面：
  - 识别出一个问题
  - 识别出在该问题中包含什么样的断言和判断
  - 列举出该问题的各个方面相关的理由和论证
  - 考察围绕该问题的背景的相关方面
  - 判断各个论证的效力有多强
  - 比较性地评价各种理由和论证，得出一个有充分理由支持的判断

关于好电影的争论

苏芳菲和林畅刚刚看完了金马奖颁奖典礼。

苏芳菲：真是太棒了，《我不是药神》[①] 获得了最佳新导演、最佳原著剧本、最佳男主角三项大奖！我实在是太兴奋了！

林畅：你是说，你真的喜欢那部片子？

苏芳菲：何止是喜欢——我简直爱——死——它——了！它是那么……令人震撼！

林畅：我觉得它也就还可以吧——有点小幽默，也有点小感动。不过

---

① 《我不是药神》是2018年在中国上映的一部现实主义题材剧情片，由文牧野执导，宁浩、徐峥担任监制，徐峥、周一围等主演。影片改编自2015年发生的陆勇案，讲述一名“印度神油”店的老板从印度走私代购一种用于治疗慢性粒细胞性白血病的药物“格列宁”的仿制药的经历。影片获得包括第55届台湾电影金马奖最佳新导演奖、最佳原著剧本奖、最佳男主角奖，第38届香港电影金像奖最佳两岸华语电影等在内的多个奖项。

没有什么惊险刺激，也没有什么特效。我是说……谁喜欢看一部关于什么人得了癌症要死的电影？

苏芳菲：可是它是那样激动人心，既充满幽默又感人至深……而且是这样一部现实主义题材作品。前半段惹得你哈哈大笑，后半段又让你泣不成声。我简直都不想让它结束。

林畅：我觉得你不如看看《侏罗纪世界 2》[①] ——那才是一部令人震撼的影片！那些效果逼真的恐龙横冲直撞，无坚不摧。它在票房上很成功，可是在各大影展上却连个提名都没有。

苏芳菲：《侏罗纪世界 2》——你不是认真的吧？说它给你带来一些惊险刺激当然没问题，但是说到真正的……

林畅：好了，好了，我们别在这争论了，我懒得争。还是刷刷抖音吧。

苏芳菲和林畅刚刚展示的是一个非常典型的关于电影的意见分歧：他们相互交换了意见，对于各自的观点做出反应，然后便转移到其他事情上去了。关于电影（或者音乐等）的意见分歧经常以这样的方式告终：尊重双方的分歧、保留各自的意见。但是他们并不一定要这样。这种意见分歧，就像很多其他类型的分歧、问题、困惑一样，可以成为探究的对象。我们可以通过进一步的探索和更为细致的分析，评价其中的想法，最终可能得出一个有充分理由支持的判断，并获得某种程度上的一致。

不过，即便我们最终没有达成一致，即便你继续钟爱《我不是药神》，而我力荐《侏罗纪世界 2》，我们还是可以通过这一过程学到一些东西。我们可以注意到影片中那些我们之前没有注意到的方面，在关于这些电影以及哪些元素使得它们成为好电影这方面变得更有鉴赏力，并且能够以一种新的、更为丰富的方式来欣赏这些电影和其他电影。

你怎么想？

想一想苏芳菲和林畅可以怎样继续他们的讨论，开

---

① 《侏罗纪世界 2》是胡安·安东尼奥·巴亚纳执导，克里斯·帕拉特、布莱丝·达拉斯·霍华德等主演的科幻片，于 2018 年 6 月在中国大陆上映。它是 2015 年电影《侏罗纪世界》的续集，也是侏罗纪公园系列电影的第 5 部作品。

始关于这些电影的优点的探究。列出他们可以问自己哪些问题，从而有助于他们的探究。列出他们可以用来帮助自己进行探究的资源（比如人、地点、事物）清单。

为了开始他们的探究，苏芳菲和林畅可以运用很多资源。首先，他们都有各自的意见和反应，这是一个很好的起点。他们可以这样开始：问一问自己，究竟为什么喜欢或者不喜欢一部电影，特别是他们认为哪些地方拍得好或者不好。试着回想一下影片中的镜头会很有帮助。

不过，除了他们自己之外，他们还可以寻求其他一些资源。探究常常是一个交互的过程，所以，寻求朋友或者熟人关于这些电影的意见（特别是用来支持他们观点的理由），可以集思广益，从而形成探究的基础。

此外还有其他的一些资源。在网上可以很容易地找到很多电影评论。苏芳菲和林畅可以参考关于《我不是药神》和《侏罗纪世界 2》的评论，看看影评人和观众做出了什么样的判断，以及针对这些判断提出了什么样的理由。

这些资源可以为苏芳菲和林畅提供很多意见、想法以及论证方式，他们可以把这些加到他们最初的评判中去。不过这只是一个开始。我们的两位电影爱好者所需要的是某种思考和评价所有这些信息的方法。他们需要一些指导性原则来为他们的探究建立框架，从而就这两部影片得出一些有充分理由支持的判断。我们在本书中就是要提供这样的指导性原则。在本章中我们先初步介绍这些原则，在接下来的章节中我们会对它们进行详细讨论。

探究的指导性问题

探究的指导性问题包括：

- 这个问题是什么？
- 这个问题中包含了什么样的断言和判断？
- 对于这个问题的各种立场，其相关的理由和论证是什么？
- 这个问题的背景是什么？

● 各个论证的效力有多强？

● 我们如何比较性地评价各种理由和论证，以得出一个有充分理由支持的判断？

这个问题是什么？

在开始探究之前，我们需要非常清楚自己想要探究的问题或疑难究竟是什么。这可能看起来很明显，然而当我们进行更为细致的考察时，可能会发现这里确实有好几个不同的问题，而且，对这些不同的问题的回答可能也不尽相同。或者，对一个问题的回答并不能直接给出关于另外一个问题的答案。

苏芳菲：呃，我说，我们实际上是在争论好几个不同的问题。第一个问题是，《我不是药神》应不应该得这些奖。可是，我们还争辩《我不是药神》究竟是不是一部好电影。不过，并非总是最好的影片（甚至是好的影片）会得奖——有时候，一部片子得奖，只不过是因为人们觉得它的导演到了应该得到承认的时候了。或者，一部电影本身可能是好的，但那一年中可能还有更好的电影，因而更有资格拿奖。

林畅：或者是一部真正的好片子——就像《侏罗纪世界2》——却连个提名都没有！

苏芳菲：我同意你的观点（不过并不一定是你的例子）。

林畅：不要忘记了，我认为《侏罗纪世界2》比《我不是药神》更好——所以我们还有这样一个问题，即哪部电影更好。

苏芳菲：好的——那么这样如何，我们关注这两个问题：《我不是药神》和《侏罗纪世界2》究竟哪一部更好？《我不是药神》应该得那些奖吗？

林畅：我们还得记住，即便认为《我不是药神》是一部更好的电影（我对此很怀疑），那也不能说明它应不应该得那些奖。

苏芳菲：不错。不过我觉得最好把我们的探究范围再缩小一点。我们为什么不就讨论这一个问题呢：哪部电影更好——《我不是药神》还是《侏罗纪世界2》？

为了使他们的探究顺利开始，苏芳菲和林畅进行了很多步骤。这些步骤包括：

（1）弄清楚在这个探究中要关注的问题或者疑难是什么。

（2）如果有多个问题的话，那么将不同的问题区分开。

（3）弄清楚这些不同的问题之间的关系。

在决定到底要探究哪些问题的时候，林畅和苏芳菲很明智地决定将这一范围缩小，只关注两部电影之间的比较。在提出一个问题的时候，重要的是保持一定的聚焦度，避免过于宽泛的表述。否则，对问题的处理就难以达到足够的深度（我们将在第七章中更为深入地讨论这一点）。

这个问题中包含了什么样的断言和判断？

林畅：我说，苏芳菲，关于这整个过程我还是有一些疑惑。哪部电影更好——这难道不是一个个人喜好的问题吗？我的意思是，这不像是问“《我不是药神》的制片人是谁”或者“评论家关于《我不是药神》说了些什么”这样的问题。对于这些问题，我们可以找出它们的答案。可是，现在我们所有的都只是人们的主观意见。

苏芳菲：我觉得并不尽然。当然，对于一部电影，我可能只是给出第一印象或者直观的反应。但是在那之后，我也可以给出一些理由来支持我的反应，甚至指出电影中的一些我认为好的或者不大好的特定情节。这样，可能我的反应就不再只是一个主观的意见了，而更像是我的艺术课教授所说的审美判断。

林畅：可是，我又怎么知道我关于这个电影的审美判断是否比你的审美判断更好呢？

苏芳菲：根据我的教授的观点，审美判断可以根据一些标准来评价，就像关于事实的判断可以根据标准来评价一样。只不过审美判断的标准跟关于事实的判断的标准是很不一样的。

林畅：所以我想我们的任务之一就是找出用什么样的标准来评判一部电影。

澄清问题的一个重要方面是弄清楚我们将要进行的某个特定的探究中究竟包含什么类型的判断。在很多情形中，我们所寻求的是关于事物的判断。基站的信号辐射是否有害健康？为什么一些星系是弧形的？喝姜茶对于治疗我的感冒有帮助吗？这些问题需要的是关于事实的判断，或者说事实性判断。

在上述关于电影的例子中，所考察的并不是关于事实的判断，而是关于什么是有价值的或者值得的判断，即评价性判断。评价性判断可以有不同的种类，包括关于对错的判断（道德判断或伦理判断，比如，老师对刘宇轩特别照顾是不公平的，从网上下载电影是不道德的）以及关于有用性和实用性的判断（工具性判断，比如，在考试中得到好成绩的最好方法是做很多模拟测试）。

在对《我不是药神》和《侏罗纪世界 2》进行评价的时候，我们要处理的是一个这样的评价性判断，即哪些因素使得某个事物在审美上是好的，也就是一个审美判断。这是艺术中很常见的判断。比如，一幅名画为什么被认为是好的，对于一个音乐篇章哪个版本的诠释是更好的，或者一部特定的电影是否应该得某一奖项，都需要审美判断。艺术中经常出现的、与同学们关于《我不是药神》的讨论相关的另一种判断是诠释性判断，它关注的是某事物意味着什么。在接下来的对话中，当苏芳菲说《我不是药神》是关于生命的悲剧和尊严时，她是在做出一个诠释性判断。审美判断和诠释性判断将是第十四章的中心话题，在那里我们将要考察在艺术领域内的探究（在第七章中我们还会看到另一类评价性判断，即关于价值的比较性判断）。

重要的是弄清楚我们的探究中所包含的判断的类型，因为不同类型的判断可能依据不同的标准，从而以不同的方式来评价。比如，对评价电影来说，一个标准可能是原创性，但是，当我们对一个庭审中证词的真实性进行评价的时候，原创性就并不是我们所要寻求的了。另外，对评价庭审证词来说，“跟其他的事实相一致”可能是重要的，但是这对评价诸如电影这样的艺术创作来说却没有什么意义。

当进行探究的时候，一个中心任务就是要找出对我们的特定探究所包含的那种评价来说什么样的标准是相关的。尽管对于各种情形中的各个标准的重要性及权重，人们有时意见不一，不过，对于特定问题的评价，标准还是指出了哪些考虑通常是相关的。在第七章我们将会更为详细地考察各种不同类型的判断，以及用来评价它们的标准。

你怎么想？

列出你可能用来评价电影的标准。

对于这个问题的各种立场，其相关的理由和论证是什么？

林畅：我知道豆瓣上有很多电影评论。关于每一部电影，上面都有非常多的评论，既有影评人的，也有观众的，还有各种各样关于该电影其他方面的信息。有意思的是，评论并不是一边倒的。每一部电影都既有正面的也有负面的评价（尽管我必须承认，对《我不是药神》的正面评价居多）。这些评论者也并不只是给电影一个好评或者差评，而是确实为他们的判断提供各种理由。所以，围绕着这些电影有真正的辩论，而不仅仅只是直观的反应！

苏芳菲：正如我所想的那样。

林畅：那么让我们看看大家关于这两部电影都说了些什么。天啊！评论这么多，看完是不可能的！也许我们应该试着总结一下其中的要点。

苏芳菲：好的。那我先说对《我不是药神》的评价。好家伙，现在有 1 212 434 个人为这部电影打了分，有 365 427 条短评！而且绝大多数评论都是正面的。现在的评分高达 9.0，使其成为 2018 年豆瓣评分最高的华语电影。人们为其观点提供了不同的理由，不过一些大的主题被反复提到。大多数评论者说，这部电影既幽默又令人心碎，完美地将笑声和泪水结合在一起。他们认为剧本写得非常巧妙，有杰出的讲故事技巧。电影前半部分充满黑色幽默，这反而更加烘托出后半部分沉重而黑暗的色彩。台词感人至深而非流于表面的煽情。很多评论者认为这部片子中演员贡献出了其巅峰演技。从演技担当徐峥、周一围，到后起之秀王传君，再到惊鸿一现的龚蓓苾，每个人的表演都可圈可点，层次分明。主演徐峥在这部片子中的表演与以往的形象相比有了很大突破，而各个配角形象也塑造得很立体，性格逻辑都很扎实，是近年来最好的群像表演。这部电影的另外一个强项是其现实主义题材。它直面中国底层生命的苦难和尊严，也没有逃避对医疗制度和天价药品的拷问，这在当下的中国电影中十分难得。它讨论的是悲剧、生命的尊严、赎罪、不屈抗争这样永恒的人类主题，而且如此真实感人。

林畅：好吧……不要忘记也说说负面的评论。

苏芳菲：知道——如果我们要进行一个公正的探究，那就不能只提赞成的理由。让我来总结一下负面的评论（不过只有2%的评价是负面的）。一些评论者认为，这部电影只呈现了事实的一面，道德倾向太过明显，而且也有跟韩国电影一样用力过猛、太过煽情的毛病，缺乏深度。还有一些人认为程勇从小人物到救世主的角色被拔得太急、太高了。

林畅：现在轮到我了。好吧，我必须得承认，大多数对《侏罗纪世界2》的评论至少可以说没有那么……热烈。它的豆瓣平均分是6.7。评论者们确实说了它是一部充满惊险刺激的娱乐片。相比前作典型的怪兽冒险电影，这部电影类型杂糅得厉害，影像风格很哥特式，特效的精细程度和大量夜戏的质感都是好莱坞一流水平。它的概念是侏罗纪系列最新的一部："岛"不复存在，代之以古堡惊魂，最后是人和恐龙共存的大结局。好几个评论都提到腕龙站在码头哀号的场景太令人痛心了。总体来说它是一部很成功的恐怖惊悚融合商业动作的科幻冒险片！

苏芳菲：那么负面的评价呢？

林畅：嗯，好吧……确实有不少负面评价。评论者批评《侏罗纪世界2》在具体情节上相当地套路化、干硬，缺点密集、无逻辑。诸多角色过于脸谱化，缺乏内在动机，看过即忘，反派更经不起任何考量。有个评论甚至说这部电影成功地把恐龙变得无聊了。电影对于"克隆和生命"这一伦理问题的讨论也浅尝辄止，据说这是在为第三部做铺垫，使得这部电影更像是《侏罗纪世界3》的加长预告片，沦为一件牺牲品。另外，《侏罗纪世界2》中有多处对斯皮尔伯格版的致敬，然而过度的致敬反而会令人觉得十分刻意。比如火山爆发中恐龙逃亡奔跑的场景、暴龙仰天长啸的场景等，这些方面令观众隐约感觉到这就是一部升级版的《侏罗纪公园》，而并非全新的重启，缺乏原创性。总体来说只能算是一部肤浅的爆米花影片，利用恐龙这一形象不停捞钱。

林畅和苏芳菲发现，关于两部影片事实上有很多不同的观点，而这些观点都得到各种理由和论证的支持。在给出这些不同的观点和立场的时候，他们必须既关注支持他们那一方的理由和证据，也关注对于这些理由的反驳，以及对于反驳的回应——如果有的话。重要的是，这个分析应当是公正的，关于《我不是药神》和《侏罗纪世界 2》，既应包括对它们的正面评价，也应包括负面评价（他们必须当心，不要只看那些他们所同意的观点）。详细地列出这些理由和论证，对评价这些观点来说是必要的准备工作。

这个问题的背景是什么？

问题通常都不是存在于真空中的，总是有一个跟这个问题相关的信息和考虑所构成的背景。如果这个问题确实是有争议的，那么就会有一个由论证和争辩、正反方观点、各种思想以及替代性的观点所构成的历史。在进行探究的时候，重要的是列出一些这样的背景和历史，从而查看什么方面跟做出一个有充分理由支持的判断相关。

苏芳菲：关于背景，我注意到的是一些关于《我不是药神》的评论将它置于中国电影工业的背景下进行评价。他们说中国因为特殊的国情，影视作品大多还停留在娱乐层面。也正因如此，《我不是药神》才显得难能可贵，能过审更是实属不易。在鱼龙混杂的电影行业，其黑色幽默下包裹的厚重的现实主义题材是一朵瑰丽之花。

林畅：我注意到的一件事情是，评论者把《我不是药神》和其他很多现实主义题材的电影放在一起比较，比如《搜索》《亲爱的》《二十二》《嘉年华》等。他们认为这些电影所取得的好口碑预示着中国观众对这类很难处理的社会题材电影的逐渐认可。

苏芳菲：不过，他们也将《我不是药神》跟其他一些同类型质量上乘的韩国电影进行比较，比如《熔炉》，还有美国电影《达拉斯买家俱乐部》。很多评论说这些电影对中国电影来说值得借鉴，而《我不是药神》是一个好的开始。它并不完美，但是是中国电影应该努力的方向。

林畅：还有一些评论把《我不是药神》跟徐峥之前的一些电影进行比较，比如《泰囧》《催眠大师》，以及宁浩导演的电影，比如《疯狂的石头》《无人区》《心花路放》等。他们认为《我不是药神》的前半部分的戏谑和欢快有非常浓厚的宁浩风格，而徐峥的表演突破很大。如果说他过去的表演还有匠人气，那么在《我不是药神》中他已开始朝一个更高的境界精进。

苏芳菲：说到跟其他电影比较，评论者认为《侏罗纪世界2》是在一个系列中为新的续集服务，而且就这点也做得不好。它的很多情节都可以猜到，缺乏原创性，很多老套的致敬场景，即使跟前面几部比起来，它也显得平庸。

林畅：嗯，我得承认这部电影确实是更想要用侏罗纪这个系列的名气赚更多的钱，而不是要拍一部好电影。

苏芳菲：而且，我还在想，社会背景是一个很重要的方面，这点对《我不是药神》来说尤为重要。它根据真实事件改编，触碰的是“医药制度”“天价药”这样非常现实的问题。这部电影上映后引发舆论热议，甚至国家领导人都引用《我不是药神》做出批示，要求有关部门加快落实抗癌药降价保供等相关医疗改革措施。

林畅：《侏罗纪世界2》也提出了各种伦理问题，比如基因干涉、克隆，甚至是气候变化。

苏芳菲：可是它对这些问题提出了引发思考的洞见了吗？

林畅：呃……好吧，我得承认没有。

评价一个问题可能涉及各种各样的背景。其中的一方面我们称之为现状，它是指关于该问题现在的情形。例如，在研究素食主义的时候，当下工业化农场中动物的饲养状况是一个需要了解的很重要的背景。另一方面是这一争论的历史，这一历史导向了现在的实践和思考。例如，理解对待动物的观点是如何变化的将有助于素食主义的探究。此外，很多问题的根源可以在一些关于人类本性、社会、现实以及整个世界的某些特定的思想和哲学中找到。从而，了解一个问题所涉及的社会、政治以及历史等方面的背景，也将有助于理解和评价它（这些不同的背景将会在第八章得到详细阐述）。

苏芳菲和林畅找出了一些跟他们的探究相关的背景。一个背景就是中国电影工业的现状以及其他类似的影片。例如，针对重要社会问题的现实主义题材在中国电影中非常少见，这使得《我不是药神》显得尤为突出。而针对《侏罗纪世界 2》做出一个判断，其中的一个方面包括将它跟之前的侏罗纪系列影片对比。这一对比使得这部侏罗纪影片相形见绌。这部影片是一个卖座系列里的一部，这一事实也提出了商业利益如何跟审美考虑相协调的问题，从而，经济方面的背景也被纳入讨论范围。

社会背景对《我不是药神》的评价起到重要作用。该影片所关注的医疗话题本身在当代中国的现实意义增加了这部电影的分量和影响。对一个问题背后的思想和社会背景有所了解，可以帮助我们更好地理解它，并且为我们提供评价可能需要的重要信息。

各个论证的效力有多强?

林畅：现在我们有了关于这两部电影的这么多观点，那从中能得到什么呢？我是说，它们并不都互相一致。不然的话事情就会简单一些。

苏芳菲：但是大多数评论者确实更加喜欢《我不是药神》。

林畅：所以我猜那就是结论了。好吧。

苏芳菲：呃……我倒不是那么确定。一部电影的质量真的可以用流行观点来决定吗？假如这些人里面有些对电影一无所知而只是随便做个评判呢？不行……我想我们真正需要注意的是人们为他们的判断所提供的理由，而不仅仅只是数字。

林畅：可是相当多的评论者都是经验丰富的影评人，他们对电影了解很多——那难道不够有说服力吗？

苏芳菲：唔……至少在某种程度上好像是这样。可是究竟以什么样的方式呢？我们不能仅仅因为他们是影评人就接受他们的观点。我们可能应该特别注意一下他们的判断，尤其是他们的理由以及他们所使用的标准。

林畅：好主意！我们之前说过，我们的任务之一就是找出用什么样的标准来评价电影。影评人的评价是这些标准的一个很好的信息来源。

苏芳菲：那么，我们何不尝试列出这些评论中所使用的主要标准，看看这两部影片符合它们中的哪些呢？现在我们有点眉目了。

林畅：同意。似乎对所有的评论者来说，演技都是一个重要的标准。他们几乎都认为，《我不是药神》的演员演技精湛，对人物刻画深刻。而对于《侏罗纪世界 2》中的表演，他们倒是没有太多正面的评价。

苏芳菲：原创性呢？大多数评论者认为，《我不是药神》在很多层面上都是极具原创性的。他们认为《侏罗纪世界 2》跟其他的侏罗纪系列影片基本差不多。

林畅：还有一个大多数评论者都使用的标准是故事讲得好不好——情节是否连贯，结构是否有戏剧的张力。评论者们非常喜欢《我不是药神》前后对照的结构，这方面恐怕是《侏罗纪世界 2》望尘莫及的。

苏芳菲：台词和对话也是很多评论者使用的标准，在这方面《我不是药神》仍然得到非常正面的评价。

林畅：《侏罗纪世界 2》在台词方面得到的一些评论是“灾难性的”。

苏芳菲：不过就电影特效来说，《侏罗纪世界 2》得到很多赞誉。

林畅：关于《我不是药神》，也有一些对其勇敢的现实主义写实拍摄手法的赞誉。

苏芳菲：还有一点是，《我不是药神》探讨了一个重要的人类主题，它在情感层面富于感染力——《侏罗纪世界 2》则很难说得上。它确实提出了一些伦理问题，但是并没有深入处理。

我们如何比较性地评价各种理由和论证，以得出一个有充分理由支持的判断？

你怎么想？

基于苏芳菲和林畅所列举出来的理由，关于这两部电影相对而言的优点，你将做出什么样的判断呢？

林畅：好吧，考察了所有这些方面之后，《我不是药神》是要好很多。《侏罗纪世界2》确实有一些强项——主要是它具有娱乐性、惊险刺激，还有一些很好的特效。

苏芳菲：可是你得承认，一个灾难性的剧本，缺乏内在连贯性的情节、过目即忘的角色以及缺乏原创性，这些都是相当严重的问题，可不能仅仅通过一些尖叫刺激来弥补。

林畅：确实如此。话说回来，现在当我回想《侏罗纪世界2》，我确实也觉得那些动作片段和效果显得有些重复。

苏芳菲：而在我们考察了《我不是药神》之后，我发现这个电影中还有很多内容是我没有意识到的。我真是爱它！

林畅：嘿，苏芳菲——我们何不再看一遍《我不是药神》？我真的想对它有一个不同的观感，看看当我更加了解它之后又做何感想。不过，我可不确定是否会更喜欢它一点。

苏芳菲：了解。你可以在认识到一部电影为什么是好的之后仍然不喜欢它。

林畅：或者是意识到，一部电影虽然不是世界上最好的艺术作品，但是仍然觉得它很有趣？要不我们也看一下《侏罗纪世界2》吧？

苏芳菲：太好了！只是，我们还没讨论《我不是药神》应不应该得那些奖项呢。要讨论这个，我们需要将《我不是药神》跟所有其他的提名影片进行对比。那么，这里就有一个问题：对想要选出最好的电影来说，这些奖项是不是一个好的方式？那肯定会很有趣！

林畅：歇歇吧！今天做了太多的探究了。快看电影吧！

林畅和苏芳菲投入探究过程最后的——可能也是最重要、最难的——一个阶段：关于这一问题做出一个有充分理由支持的判断。这包含了比较性地评价各种各样的理由。如果一个问题确实是有争议的，争议的各方可能都会有一些有说服力的理由以及一些可被质疑之处。这里的挑战是权衡它们的有力和薄弱之处，从而得出一个将所有这些都考虑在内的总体评判。这常常包含评估不同标准的相对重要性，以及在各种考量之间取得平衡（就好像苏芳菲认识到一些惊险情节加上特效并不能弥补情节上的不连贯和角色的缺陷）。这个最终的判断可能是决定支持某一方，也可能是抱持处于两者之间的某个立场，甚至可能不同于任何一个原初的立场。在第十章，我们将细致地考察这一比较性评价的过程，以及如何权衡有力和薄弱之处，在各种考量之间取得平衡。

你怎么想？

在下面所引述的关于《霸王别姬》的评论中，影评人使用了什么样的标准？

阅读材料

影评人实际上所经历的就是这样的过程：对于一部电影做出一个有充分理由支持的判断。下面是一个例子。

电影《霸王别姬》①

在20世纪90年代多重的文化挤压之下，在喧沸而寂寞的文化（商业、市场）的旋涡深处，在为特定的现实政治所造成的历史失语症的阻塞之中，香港畅销书作家李碧华的小说为陈凯歌提供了一段涉渡的，或者不如说是漂流的浮木。凭借着李碧华的故事，陈凯歌颇不自甘地将对中国历史的繁复情感，将对似已沉沦的、想象中的中国文化本体的苦恋固化为一种物恋的形式。不复是对于历史的舞台、空间化的象喻，而是京剧舞台造型的呈现，一处“瑰丽莫名”的东方景观，一份在锣鼓喧天、斑斓绚丽之间的清悠寂寥；不再是无尽而绝望的死亡环舞与杀子情境，而是对一出韵味悠长的历史剧目的执着——《霸王别姬》，一个末路英雄的悲慨与传奇，一份情与义，一个勇武的男人和一个刚烈凄艳的女人。一幅古老中国的镜像，一幅因刚烈的殉情与勇武的赴死而完满了的镜像，一个古老中国的人生训诫、“做人的道理”：“人得自个儿成全自个儿。”而原作“带着陈旧的迷茫的欢喜，拍出的人家的故事”，则召回了第五代导演曾失落在历史迷宫中的人生故事与时间链条。

① 节选自：戴锦华．经典电影十八讲．北京：中信出版社，2014.

伴随着一段戏梦人生的复现，年代——一段可辨认的历史，一段为“陈凯歌们”所欲罢不能的历史，从莽莽苍苍的空间中清晰地浮现出来。舞台，作为一个物恋化的历史空间，《霸王别姬》作为其中不变的剧目，成了这段悠长的历史故事中的标点与节拍器。事实上，在影片《霸王别姬》的故事中，这段真切清晰的现当代中国编年史的句段，只是酷烈跌宕的悲剧人生得以出演的一幅景片，它不复意味着对某种权力话语的消解或重建，而只是戏梦人生间的一个不甚了了的索引，只是结构人物间恩怨情仇的一个借口般的指涉。这段对陈凯歌及其同代人有着切肤之痛的现当代中国历史，在影片中只是景片般地映衬出一个绝望的“三角恋爱”——经典的情节剧的出演。每一个可以真切指认、负载中国人太过沉重的记忆的历史时刻，都仅仅作为一种背景放映，为人物间的真情流露与情感讹诈提供了契机与舞台，为人物的断肠之时添加了乱世的悲凉与宿命的苦涩。诸如日寇纵马驶入北京之时，只是程蝶衣一赠佩剑的背景，侵略者的马队，成功地阻断了段小楼追赶程蝶衣的脚步，而菊仙得以借此刻掩起院门，将丈夫遮在身后，将程蝶衣关在门外；而段小楼冒犯日军被捕，则使程蝶衣得到了迫使菊仙“出局”的砝码。日军枪决抗日志士的场景，只是以连发的枪声、狂吠的警犬、炫目的探照灯、憧憧阴影，为遭唾弃的程蝶衣提供了一处迷乱、狰狞的舞台。而解放军进入北京，却成了程蝶衣二赠佩剑的景片（直到在“文化大革命”那个酷烈的情境中，菊仙才得以把佩剑掷还给程蝶衣）。面对狂喜的腰鼓队和布衣军人风尘仆仆的队伍，陈凯歌安排了段小楼、程蝶衣与张公公的重逢。两人分坐在张公公的身边，在为一座石阶所充任的观众席上，目击了这一现当代中国历史的关键时刻。缕缕飘过的烟雾，遮断了画面的纵深感，将这幅三人全景呈现为一幅扁平的画面。仿佛在这一历史剧变的时刻，旧日的历史不仅永远失去了它伸延的可能，而且被挤压为极薄且平的一页：昔日显赫一时的公公与永恒的“戏子”，此时已一同被抛出了新历史的轨道，成为旧历史间不值一提的点缀。

于是，空间化的历史形象（舞台）以及《霸王别姬》剧目所负载的历史的惰性与固置了的表象和年代，与呈现在编年史之中的，跨越了旧社会、新世界的人生故事，便并置于影片的叙事结构之中，而“年代”所指涉的政治及权力话语、所暗示的超载的记忆——政治场景和“泥足深陷的爱情”畸恋——性爱场景便同时于影片中出演。这作为特定的意识形态魔环而互相对立、互为缺席者的二项对立式便在并置中彼此消解。这双重并置，同时成功地消解了曾为陈凯歌所代表的大陆影坛第五代导演所遭遇的文化困境；继张艺谋之后，《霸王别姬》在这双重并置所实现的双重消解中再度宣告了20世纪80年代、第五代导演文化英雄主义的沉沦与终结。在双重成功的缝合中，陈凯歌不能自已的历史控诉与历史反思的文化立场，一度魔咒般缠绕着陈凯歌及其同代人的现实政治使命感，便在这双重消解里溶化于一个悲欢离合的故事之中，舞台不再负载对旧社会死亡环舞的既恨且怨且沉迷的繁复情感。1937年、1949年、1966年也不再被指称为血、泪、污斑所浸染的记忆。一如翩然翻飞的斑斓戏衣，这一切仅仅作为中国（东方）诸多表象的片段，连缀起一个西方权威视点中的东方景观，一个奇异且绚烂、酷烈且动人的东方。当空间化的历史、历史的本真与时间化的历史、政治及权力话语在并置中彼此消解之时，它们便失落了其特定的中国文化语境中的所指，而成了"空洞的能指"，并共同建构起一个西方视点中的"神话符码"：中国。影片中所呈现的一切，太过清晰地指称着中国，但它既不伸延向中国的历史——真实或谎言，也不再指涉中国的现实，一切只是这幅东方景观、东方镜城中的斑驳镜像而已，只是陈凯歌所狂恋的戛纳菜单上一份必需的调料。

在做出这类评价的时候，一个重要的任务是找出跟一个特定的探究相关的标准。一些标准可能是相当一般化、适用于很多领域的，比如逻辑上的健全性，或者一个理由跟论证的相关性。而其他的一些标准则是所探究的领域特有的。原创性、演技、戏剧张力、聚焦度以及情节连贯性，这些是电影这个特定的领域中所特有的一些标准。

有时候，对一个论证的评价需要对该论证的来源进行一些判断。例如，这个来源是否具有足够的专业知识从而可以被视为一个权威，以及这种专长是否的确跟这个问题相关。当苏芳菲和林畅讨论是否应该依赖影评人作为评判电影的权威的时候，这正是他们所思考的问题。

得出一个大家都一致同意的判断，其重要性可能随着语境的不同而有所不同。在一些情形中，例如，当立法者需要就一项法律进行表决的时候（就像后文要讨论的狗伤人的案例一样），得出一个某种程度上大家都同意的判断是至关重要的。在另外一些情形中，比如前文电影评论的例子，达成共识则并不是那么重要，因为并没有什么关系重大的决定依赖于这一结果。相反，进行探究可能仅仅是为了获得一个更好的理解。

必须要注意的是，正如苏芳菲和林畅提到的，认为一部作品具有较高的审美价值、对其获得更好的理解并不必然意味着喜欢那部作品。个人的好恶可以解释你为什么喜欢或者不喜欢一部电影（比如，“我觉得恐怖片让人不适”），但是它并不提供理由来支持对那部电影所做的判断。尽管如此，你可能继续喜欢一部作品，即使你知道它“并不是世界上最好的艺术作品”。对于欣赏艺术作品，既存在主观的方面，也存在客观的方面。不过通常情况是，对某部作品获得一些理解将会影响我们如何看待它，并且可能会为我们欣赏它开启一扇门。

探究的指导性原则：应用

那些危险的狗

星期五的早上，苏向前和其他两位小区业委会委员沈建国、钟惠一起聚集在小区的中心花园讨论一个紧急的问题。

苏向前：微博上又有一则狗咬人的视频在疯传，就发生在我们市。看看那些转发和评论吧！解决养狗造成的问题已经刻不容缓。小区里狗粪到处都是，狗整夜叫唤吵得邻居睡不好觉，不牵绳的狗扑倒小孩子，还有这么多狗伤人的事件！上周才刚刚发生过一起。这已经是今年第六起了！市民们担心被狗咬，这种担心不是多余的。就看看社交媒体吧。狗咬人的视频疯传，民众需要政府有所作为。我们有责任采取行动保护市民免受恶犬攻击。

钟惠：那你认为我们应该对此采取什么行动呢？

苏向前：我认为我们也应该像其他很多城市那样，将一些危险的犬种列入禁养的名单。比如北京把东城区在内的八个区列为重点管理区；在重点管理区内，每户只准养一只犬，不得养烈性犬、大型犬。《上海市养犬管理条例》明确规定，上海市禁止个人饲养獒犬、狼犬、斗牛犬等烈性犬只。广州禁养犬种名单多达 36 种，连中华田园犬都属于禁养范围。深圳也禁养 27 种犬只。其他二三线城市也都有类似的规定。

沈建国：您这话说得可有点太过了。狗主人都很爱狗。你叫那些正好养了这些狗的主人怎么处置他们的狗？我们不能只是限令他们把狗“处理掉”。这样完全不讲理，也是不公平的。而且，对狗来说也太残忍了。

苏向前：这么说，你认为人们被狗攻击就是可以的？你认为人们在满是狗粪的街道上走、被狗吵得整夜不得安宁就是可以的？何思雨，我女儿苏芳菲的一个好朋友，几个月前被一条松狮犬吓得不轻。这孩子留下了心理阴影。现在狂犬病这么严重，政府有义务保护市民免受攻击。禁养烈性犬只是一个普遍接受的做法。

沈建国：我承认这是一条常见的法规，但是常见并不代表它就是好的政策。我到目前为止还没有看到什么真正的证据表明这些犬种是特别危险的，或者它们造成了特殊的威胁。事实上，我没有看到任何统计数据表明狗咬人的问题有多严重。我知道它们有很高的曝光率，但是媒体报道常常会夸大问题的严重性。

苏向前：好，你至少承认这是个问题。看看那些实施非常严格的养狗条例的城市吧。比如说，杭州实施“最严”养狗令，早 7 点至晚 19 点禁止遛狗，遛狗不牵绳最高可罚 1 000 元，无证养狗最高可罚 10 000 元。

沈建国：是的，但是不要忘记公众对此的反应。执法人员强行牵走那些狗，甚至还有虐狗、棍棒打狗等暴力行为。还对狗进行大规模的扑杀，非常过分。这件事不仅令养狗人士愤愤不平，也激起了舆论热议。

苏向前：你不要忘了，激起“舆论热议”的狗主人还包括这个新闻里的——《男子遛狗不拴绳，还把保护孩子的妈妈按在地上打！》[i]。

沈建国：我当然不支持这名男子的行为。狗主人要为他们养的狗负责。但是我们不应该责令狗主人处理掉他们的狗，或者通过一些匪夷所思的法规，规定这些狗必须一整天都被关在屋子里。

苏向前：你家的狗是什么品种？沈建国，鉴于你的个性，我觉得你养的是松狮犬，或者可能是藏獒。

钟惠：好了，二位，我们对事不对人！关于狗和狗的行为有很多是需要我们去考察的，但是我们当前的首要任务是怎么处理狗攻击人的问题。我们当然可以跟其他城市一样，禁养某些品种的狗。但是沈建国提出的问题是值得考虑的。是不是真的有证据表明某些品种的狗更加危险从而实施这样的禁令是有效的措施？我们应该尽我们的职责找出事实的究竟，再讨论要不要颁布这样的禁令。是否有其他因素导致狗攻击人？是不是还有其他的管理措施，比如我们应该采取更严格的养狗管理条例？在决定应该做什么之前，我们需要调查一下这些问题。

政治论辩是纷争的沃土，这也使得它们自然地成为探究的领域。在这个例子中，业委会的委员们面临着一个复杂的、掺杂着情绪化反应的问题，他们试图决定怎样处理狗攻击人的问题。不过他们意识到，基于第一反应草率做出一个决定是不恰当的。在他们能够得出一个合理的、有说服力的决定之前，他们有必要进一步探究这个问题。

你怎么想？

思考一下，委员们可以怎样推进他们的辩论。列出他们可以问一问自己，从而有助于其探究的问题。在决定应该做什么之前，他们需要知道什么？列出他们可以用来帮助自己进行探究的资源（人、地点以及事物）。

在“关于好电影的争论”例子中，同学们通过审视他们自己的反应开始了这一探究，这是有道理的，因为人们对于艺术作品的反应确实跟审美判断具有一定的相关性（但是下面这一点对讨论电影的人来说也是同样重要的，即他们要超越自己的主观反应，进而考察他们的理由）。然而，在犬类管制的问题上，委员们的反应却并不起到同样的效果。沈建国是否喜欢松狮犬、钟惠是否喜欢她的沙皮狗，或者苏向前在读到一起狗攻击人的报道时特别气愤，诸如这些因素可能反映在委员们的观点中，但是，这些并不能真正帮助他们做出适当的公共政策决定。那么，他们需要什么呢？

让我们将探究的指导性问题应用到这个例子上：

- 这个问题是什么？
- 这个问题中包含了什么样的断言和判断？
- 关于这个问题的各种立场，其相关的理由和论证是什么？

- 这个问题的背景是什么？
- 各个论证的效力有多强？
- 我们如何比较性地评价各种理由和论证，以得出一个有充分理由支持的判断？

这个问题是什么？

钟惠：在能够做任何进一步的事情之前，我想我们应该澄清一下问题。这里主要的问题是如何减少和防止狗攻击人。我们先要看看沈建国提出的问题：狗攻击人是否构成一个严重的问题，以至于要求我们必须采取行动？

苏向前：毫无疑问我们应该禁养某些品种的狗。这些狗是一种威胁。

沈建国：这真是荒谬。人们可以养各种各样的狗做宠物。只要狗的主人是负责任的，狗就不会造成任何问题。我们要关注的是那些不负责任的狗主人，而不是某些特定品种的狗。

钟惠：我们还要判断跟其他城市一样禁养某些犬种是否有很好的理由，有没有其他的措施，比如加强狗主人的责任心以及提供培训，以帮助达成我们的目标？

就像在电影评论的例子中那样，探究的第一步是弄清楚问题究竟是什么，因为我们要采取什么行动（或不采取行动）取决于我们要解决什么样的问题。委员们认识到，这里有好几个不同的问题，最主要的问题是如何减少和防止狗攻击人。他们也意识到，在这之前，先要搞清楚狗攻击人是否构成一个足够严重的问题，以至于他们必须采取行动。还有一系列的子问题要处理，包括某些个别犬种是否特别有攻击倾向、是否应该禁养某些烈犬、在犬种之外是否还有其他因素起作用。理解这些问题之间的关系是很重要的。比如，即使委员们发现某些特定的犬种更具攻击性，这也不足以回答它们是否应该被禁养的问题。另外，怎样尽量减少狗攻击人事件的发生则超出了某个特定品种是否凶恶的范围。而如果委员们认为处理犬类攻击事件并不是政府的责任，那么所有其他的问题都不必考虑了。

这个问题中包含了什么样的断言和判断？

钟惠：要回答这些问题，我们先要知道一些事实。我建议休会，我们去做一些关于这个问题的研究。

苏向前：我同意要做一些研究。

钟惠：首先，我们要看一下犬类攻击这个问题究竟有多严重。

沈建国：我们需要知道某些特定的犬种是否比其他犬种更具有攻击性。

钟惠：关于训练某些狗的行为所带来的效果可能也有一些研究，而且我也有兴趣了解一下禁养某些犬种这一条例的有效性。

苏向前：除了犬种，跟犬类攻击问题相关的可能还有其他一些因素。

沈建国：不过我们也应该认识到，有些问题不是根据事实就能够解决的。比如限令狗主人处理掉他们的宠物，对那些负责任的狗主人和不攻击人的狗是否公平。还有我们可能采取的任何措施，从动物福利的角度来说是否人道。这些是伦理问题，仅仅根据事实是不足以解决这样的问题的。

苏向前：这点我赞同！

钟惠：我同意沈建国的观点，这里的问题归根结底是一个评价性问题，是不能仅仅根据事实就可以决定的。不过，了解相关的事实肯定有助于做出一个更为合理的决定。让我们星期一早上带着研究结果再来开会吧。现在散会。

这个讨论表明，委员们处理的是一个复杂的政策性问题，它包含了很多不同种类的子问题。例如，它包含了不同品种的狗的攻击性是否有差异这个事实性问题，也包含了一些评价性问题，比如，是否应该人道地对待动物、对那些不攻击人的狗和狗的主人是否公平、一个问题需要达到何种严重的程度才需要政府介入。而且，关于各种政策的有效性和可操作性，还需要做出相应的工具性判断。最终，委员们进行探究的目的是做出一个评价性的判断：政府应该做什么。不过，在做出最终的判断之前，他们需要考虑包含事实性断言在内的很多断言（在第七章，我们将会更详细地讨论各种类型的判断以及它们如何得到辩护）。

关于这个问题的各种立场，其相关的理由和论证是什么？

小区中心花园，星期一的早上。

钟惠：大家都做了一些关于犬类攻击的调查了吧？让我们看看都有哪些资料。首先是犬类攻击这个问题究竟有多严重。这个问题可不容易回答，因为我们国内关于这方面的信息很少。我读到一篇文章说，在中国，关于犬类咬伤小孩几乎没有什么系统性研究[ii]。台湾地区和香港地区报道过，在急诊室接收的动物性咬伤病例里面，由狗造成的高达90%，而孩童是最易受攻击的群体[iii]。还有一个研究是关于狂犬病在中国的泛滥程度。中国报告的狂犬病病例数量居世界第二；过去10年中平均每年报告2 000多例死亡。据卫生部2009年的统计资料，中国每年接种1 200万～1 500万剂次的狂犬病疫苗，中国因此成为全世界接种狂犬病疫苗最多的国家[iv]。这意味着在2009年，至少有1 200万～1 500万中国人被动物咬伤（其中主要是被狗咬伤）。实际的数字可能还会更高，因为有些人可能被咬了却没有打狂犬疫苗。

苏向前：所以这些证据支持我的结论——狗咬人是一个很严重的问题。狂犬病的高发病率就是一个促使我们采取行动的公众健康问题。

钟惠：即使承认这一点，我们还是得看一下应该采取什么样的行动。很多城市都有禁养某些犬种的条例，一种意见是我们也应该照做。可是要决定那是不是一个有效的策略，我们需要确定某些特定犬种是否具有攻击人类的强烈倾向。如果确实如此，那么这些犬种有哪些。如果确定了某些特定犬种，我们还要问一下这种倾向有多大，这些犬种比其他犬种的危险性是要大得多，还是只是稍微危险一点。不过这个问题很难回答，因为我国很少有哪个犬种要为犬类攻击负责这方面的统计数据。

苏向前：我看了其他一些国家的信息。其中一个是1982年至2008年美国和加拿大的犬类攻击致死致残方面的报告。比特犬在犬类攻击致死案件中占43%，居第一位。第二位是罗威纳犬，占到21%[v]。而根据Dogs-Bite.org这个网站的报告，比特犬和罗威纳犬在2014年致命性犬类攻击事件中总共占到64%[vi]。

钟惠：不过这些数据是基于媒体的报道，而不是统计调查。

苏向前：是的。我在《美国兽医协会杂志》上也找到一些数据，证实致命的犬类攻击事件涉及某些品种尤其是比特犬和罗威纳犬的概率较大[vii]。

钟惠：另外，根据加拿大医院报告伤害及预防系统（CHIRPP）[viii]在1996年所做的一项研究，通常在咬人事件中出现的品种有德国牧羊犬，英国可卡犬、罗威纳犬、金毛寻回犬——这里没有提到比特犬。不过这些研究都没有特别关注在中国更为常见的一些犬种，比如松狮犬、狼犬或者藏獒。

沈建国：我看到的研究表明这类数据普遍存在一些问题。关于犬类攻击，很难得到一个精确的统计数据，因为很多咬人事件都没有被报告，除非受害者去寻求医治[ix]。在犬类攻击事件中，还有一个困难是核实狗的品种。犬类攻击的大多数信息都是来自急诊中心的记录和媒体报道，而对核实实施攻击的狗的品种来说，这两者都算不上准确的信息来源。事实上，在一项关于犬只咬人致死的研究中，80%的案例中涉事犬只的品种无法得到可靠证实。此外，还有确定每个犬种的攻击比例方面的困难。因为要确定这个比例，你就得知道那个品种的狗的总数。

苏向前：我找到的一些研究表示，比特犬以及其他一些特定的犬种天性凶猛。比特犬原初是培育成斗犬的，而这要求力量和攻击性[x]。还有，因为它们特殊的力量、韧劲及攻击方式，比特犬的攻击更可能导致严重的伤害[xi]。松狮犬对陌生人尤为警惕，如果它们认为陌生人对它们的主人造成了威胁，就会进行致命攻击。藏獒被认为是世界上最凶猛的犬种，它们性格刚毅，力大勇猛，可以轻易咬死一个成年人。

沈建国：但是一些研究者也指出，一个犬种内部也存在相当大的差异，这使得仅仅依靠犬种来预测狗的攻击性显得不太严谨[xii]。而且统计数据也表明，任何一个品种的狗都可能导致伤害。所以这里就有一个问题，在预测一只狗是否具有危险性的时候，训练和调教相对于狗的品种来说是否更为重要。很多养狗团体声称，没有什么狗或者犬种是天生凶恶的——完全取决于训练和环境。他们指出，未经良好照顾及训练的狗（例如，被置于室外、一直都用链子拴着的狗）是特别容易攻击人的，而且任何品种的狗都可以被训练得具有攻击性[xiii]。我先前提到的一些关于犬类攻击致死的研究也支持这些结论。大多数案件都是狗主人疏于管理的结果。这个研究所指出的导致伤害的因素中并不包括犬只品种。

钟惠：这里有一个问题，那些把他们的狗训练得凶恶的主人，是否倾向于养一些特别的品种。这可能是一种恶性循环，那些想要训练出具有攻击性的狗的主人，可能对那些通常被认为凶恶的狗更感兴趣，然后又加强训练它们的攻击性。

苏向前：我读到的很多文章都说禁养某些特定犬种的规定是有效的，因为它禁养了那些最可能牵涉恶性攻击案件的犬种。

钟惠：我看到的一些文章则说，禁养某些特定的品种是无效的，因为这并没有处理由其他一些听来并非特别危险的犬种以及那些被训练得凶恶的狗所带来的问题。这样，禁养某些犬种可能给人们造成一种安全的错觉，而真正的问题尚未得到处理[xiv]。

沈建国：另外一个问题是，禁养某些特定品种对负责任的狗主人来说是不公平的。有证据表明，几乎每一个犬种都可能涉及严重的攻击，那么只禁养某些犬种合理吗？

钟惠：我们要记住首要问题是，如果必须采取什么措施的话，那么我们应该采取什么样的措施来处理犬类攻击的问题。所以，我们不应该只关注禁养某些犬种，还应该关注其他方面的措施。

沈建国：我同意。很多人认为我们应该着重关注那些有历史问题的狗，而不是任何一个特定的品种[xv]。我们也应该注意那些不负责任的主人。城市宠物管理应该主要针对宠物主人而不是宠物。

苏向前：一些城市出台了非常严格的犬只管理条例，比如钟惠之前提到的，在特定时段限制狗在公共区域活动。

沈建国：这些规定是完全不合理的。我们并不需要更多的规定，我们已经有很多关于狗必须牵引的规定了。我们需要的是执法力度。

苏向前：但是很多人并不知道这些规定，而且有很多养狗的人抗议过度执法。

钟惠：也许我们应该关注对狗主人的教育和培训，以及更大的宣传力度。这也有助于解决其他由养狗带来的问题，比如狗排泄物造成的污染、犬吠扰民以及不牵引的狗惊吓路人，等等。

沈建国：我看到一个研究探讨犬类攻击案件的其他原因。似乎大部分的攻击都是针对小孩子，其中很多小孩没有大人在身边，而且也缺乏犬类安全方面的教育[xvi]。另外，那些更易受攻击的小孩也更倾向于冒险和做出危险行为[xvii]。这些文章的作者呼吁更多公众健康方面的教育[xviii]。

钟惠：犬类攻击带来的最大威胁是狂犬病。我读到的研究表明，大规模的犬类接种疫苗可以有效降低狂犬病的发病率[xix]。那意味着养狗证和疫苗应该是我们优先考虑的问题。

如何处理犬类攻击性事件是一个热点话题，各种立场都有一定的论证和证据的支持。委员们需要认识到这些支持各方立场的观点、证据和论证，从而评价各种可能的行动方案。

这个问题的背景是什么？

钟惠：谢谢大家所做的研究。这显然是一个非常复杂的问题。要做出一个决定，我们需要一些更为仔细的考虑。

苏向前：但是我们不能拖得太久。最近这些狗咬人事件已经成为公众聚焦的热点问题。比如上次那个孕妇被狗攻击后出现流产征兆的新闻一出，公众舆论谴责声一片。相关微博和公众号下面的评论都是要求政府立即出台政策进行管制的。

沈建国：但是在社交媒体上养狗的人也对某些地区的过度执法感到愤怒。他们觉得他们的宠物受到了威胁，认为这些措施太过激进，缺乏合理性，无法真正解决问题。

钟惠：需要注意的是现在我们的处境是非常两极化的。饲养宠物是中国近年来才兴起的现象，很多人养狗、爱狗，但也有很多人怕狗甚至憎恶它们。

苏向前：所以才有“异烟肼倒逼论”和“神犬教吧”这样的对抗行为。

钟惠：但是我们不能迫于压力仓促做出决定。在决定采取何种行动之前，我们需要仔细地考虑所有相关事实，权衡正反双方的观点。各方观点都有很多支持性的理由，我们都要综合考虑。

这里很重要的一点是，这个问题的背景是一件受到公众高度关注的狗攻击人事件以及非常两极化的处境。政策的出台通常是由此类情形促发的，公众和社交媒体对有关部门施压，要求他们采取行动。但是这样一个高压环境也可能导致仓促的决定，致使决策者未能仔细考察事实或对立双方的不同观点。

我们在案例中也可以看到政治背景和价值观的不同所带来的影响。沈建国似乎更关注对宠物主人的公平待遇和对狗的人道处理方式，他对任何对狗主人不公平或者残忍对待狗的措施持保留意见。苏向前则支持政府在规范行为方面的立法作用，以保护市民免受伤害。

各个论证的效力有多强？

钟惠：让我们看看现在我们都有哪些结论。关于第一个问题，我们达成了一致，犬类攻击确实构成一个严重的问题，尤其是鉴于狂犬病高发的危险，我们应该采取某些措施。

苏向前：同意。

沈建国：我也认为这说得过去。

钟惠：所以我们要决定应该采取什么样的行动。禁养某些犬种是不是最有效和最适当的做法？我们先前提到的那些研究似乎表明某些品种的狗在犬类攻击事件中占有更高的比例。但是，鉴于缺乏这些犬种跟其他犬种相对比的总数方面的信息，我们不能确定这些犬种是否具有更高攻击性。而且，还存在同一犬种内部的差异和难以获得准确数据的问题。

沈建国：似乎关于特定犬种的攻击性的数据是非常模糊的。我还提到一个研究表明，几乎任何犬种都可以被训练得具有致命的攻击性。那么，为什么死盯着某几种不放呢？

钟惠：关于禁养某些犬种的有效性问题，美国兽医协会这么总结："并没有证据表明一些针对特定品种的禁令可以减少社区中犬类伤害的比例或严重性。"[xx] 不仅如此，这项研究的作者反对禁养特定犬种，还因为这种做法不切实际。我们怎么能只挑出一个特定的品种来立一项法令？除非这种狗是纯种狗。

苏向前：但是我们必须做点什么，尤其是鉴于狂犬病高发的情况。

沈建国：那么你就建议禁养所有的狗？

苏向前：你觉得我会建议这么荒谬的做法吗？

钟惠：好了两位……我们得有些结论。关于其他可能的措施，我们看到有加强犬只管理的，有加大对养狗和安全方面宣传教育力度的，有关于现有法律执行力度方面的，有针对养狗证和疫苗加大管理力度的。我们最终的决定要考虑到这些诸多的可能性。

苏向前、沈建国：同意。

钟惠：让我们看看能否找到一个解决办法。在审查了所有这些研究之后，我来试着总结一下我们在某种程度上已经确信的观点：(1) 犬类攻击已经成为一个严重的问题，我们确实需要对此采取某种行动；(2) 我们有一定的理由认为，某些品种的狗具有更大的恶性袭击的危险，尽管数据并非没有争议，尤其是存在犬种内的差异和统计数据的可靠性问题；(3) 任何品种的狗都可能有攻击性行为，狗主人的行为对狗的行为来说是一个决定性因素；(4) 关于对特定品种的狗进行管制，在处理犬类攻击这样的实际问题时存在可行性和有效性方面的问题；(5) 还有其他一些可能的措施也得到文献的支持。我们对于这些要点能达成一致吗？

苏向前：总结得很好，钟惠。我同意所有这些要点。

沈建国：是的，没有问题。

我们如何比较性地评价各种理由和论证，以得出一个有充分理由支持的判断？

你怎么想？

在这个情形中，你将做出什么样的决定？基于委员们所列出的理由和论证，你将如何处理危险的狗的问题？

钟惠：那么，我们该怎么办呢？禁养某些特定犬种在中国大多数城市是常见的做法。但是，我们发现并没有足够的证据表明可以对犬种的攻击性进行总结以支持这样的法规，也没有证据表明这样的禁令是有效的。这让我们处于一个非常困难的境地。

苏向前：我要说，如果我们不出台禁令恐怕难以平息民怨。

沈建国：我们得有勇气坚持自己所确信的东西。我们不能制定一个既没有证据表明有效，也不公平，甚至可能有害的政策。我们应该向公众说明为什么我们将要采取这样的措施。

苏向前：那我们应该采取什么措施呢？

钟惠：我认为应该着眼于犬只管理和公众教育。我建议应该重新考察我们的犬只管理规定，进行必要的修改。例如，我们应该制定更为严格的养狗证管制政策，规定狗必须注射疫苗，如果违规则须加大惩罚力度。我们还需要更严格的狗的牵引法规，并加强执法力度。这些措施可以让我们把目标锁定在那些不负责任的主人以及那些已经表现出攻击性行为的狗上面，而不是针对所有的犬种、负责任的主人和那些没有问题的狗。

沈建国：任何新的法规应该是合理和公平的。我们要避免过于苛刻的法规，比如像有些城市那样禁止白天在公共场所遛狗。

钟惠：同意。

沈建国：执法过程也需要适当，要避免过度执法，诸如大规模扑杀狗之类。

苏向前：我们也需要确保公众清楚这些条例。应该组织一些活动来教育狗主人怎样负责任地养狗。

钟惠：还得有教育公众尤其是小孩子如何安全跟狗相处的宣传措施。这些措施无法解决所有问题，但是它们至少有望在一定程度上解决问题。

苏向前：在我看来，这些措施合乎情理且在一定程度上有助于解决犬类攻击的问题以及其他由养狗带来的矛盾。

沈建国：对那些负责任的狗主人和狗来说也是公平的。我支持！

钟惠：我将准备一个正式的议案。不过，让我们先初步表决一下。所有人都赞成？

苏向前、沈建国、钟惠：赞成！

为了就犬类攻击的行动方案达成共识，委员们考察了相当多的信息和研究。这个过程带来了一些挑战，因为他们原先可能希望这些研究可以直截了当地得出一个清晰的结论，然而事实并非如此。困难之一是那些涉及攻击事件的犬种的信息缺乏可靠性，从而难以收集到每个犬种在咬人事件中的比例方面的准确数据。尽管如此，委员们还是意识到，基于已有的研究，有理由相信对狗的训练以及主人的行为至少是跟犬种一样重要的因素，或者更为重要。这一信息帮助他们重新聚焦于真正的问题，即怎样防止狗攻击人，以及怎样将立法目标锁定在那些已证明能有效地防止犬类攻击的措施上。因此，尽管这些研究不是决定性的，委员们还是能基于系统收集到的信息和论证得出一个有充分理由支持的判断。在这种批判性评价的基础上做出一个决定，要远远好过仅凭个人印象而做出决定，因为那可能是带有偏见或者缺乏信息支持的，也好过基于媒体报道而做出的决定，因为那可能是一边倒的、感性的。

这个问题还具有一个规范性的维度。委员们的审议不仅要考虑到事实，还要考虑到伦理方面的问题，诸如对那些没有问题的狗的主人是否公平、如何保障狗主人的自由以及如何人道地对待动物。在做出最终决定的时候，这些考虑跟事实性的考虑互相作用。

为了做出一个有充分理由支持的决定，其中一个重要环节是钟惠指出了他们可以在某种程度上确定的几点共识，尽管这些结论并非决定性的。她注意到委员们可以对这些要点达成一致，尽管他们仍存在其他分歧。这一进展使得委员们可以达成最符合他们所发现的事实和探究的目的的决定。在这个关于犬类伤人的辩论中，基于这一过程，委员们成功地达成了一个大家都同意的决定——一个共识。然而，在其他一些情形中，这样的过程最终可能无法达成共识。如果是那样，那么大多数人赞同的观点将成为最终的决定。

我们还看到政治背景在委员们的考虑中是如何起作用的。大多数城市回应犬类攻击的措施就是禁养某些品种的狗，而禁养并不是一个有效的措施，这就将委员们置于一个困难的境地。公众对有关部门施压要求他们采取行动，而他们有责任为其采取不同的措施进行辩护。

应用探究的指导性原则

在本章中，我们看到了两个探究的例子，它们在很多方面都不一样。它们处理了不同的主题：第一个是关于艺术的，第二个是关于社会政策的。它们包含了不同的参与者：第一个是两位朋友之间友好的讨论，第二个则是一群人要做出一个正式的决定。它们的目的也不尽相同：关于电影的讨论是为了增进理解，小区业委会的辩论则是要做出一项决定。

尽管有这些差异，它们之间还是存在一些根本的相似性：两个例子都开始于一个问题或者分歧，其意见分歧都伴随着对特定立场的情绪化的反应和承诺（至少对某些参与者来说）；通过探究，参与者们都超越了他们原初的分歧；探究的过程都包含提出同样的指导性问题。

然而，关于如何将这些问题应用到这两个情形中，还是存在一些不同之处。首先，因为这两个探究关注不同领域的问题，因而包含不同类型的断言和判断。电影的例子关注的是审美判断，犬类管制的例子处理的则是事实性判断以及伦理上的争议。不过，在电影的例子中，一些事实性的判断也是相关的。其次，因为领域以及判断类型的不同，所提出的理由类型以及它们的评价标准也不尽相同。再次，在每个例子中，起作用的背景不同。在电影的例子中，其他相关电影是背景的一个重要方面，而在犬类管制的例子中，政治社会文化背景则是核心的。最后，因为两个探究的目的不尽相同，这个比较性评价的过程以及结果也是不同的。关于电影的讨论目标在于相互理解，参与者并不一定要达成共识，而小区业委会的辩论目标则是做出一个决定，因而探究必须导向某种大家所认同的行动（可以是一个共识，如果未能达到的话，也可以是大多数人认同的意见）。

两个探究共同具备的，也是一般性探究过程的核心要素，是探究的精神（参见第一章和第十一章）。在两个探究中，参与者都必须愿意超越他们原初的承诺和情绪化的反应。他们的思想必须是开放的，愿意考虑那些他们一开始并不同意的观点，并且愿意公正地考虑它们。他们还必须愿意跟随证据和论证的指引，并且在必要的时候改变他们的观点。此外，尊重其他的参与者——即使在不同意其观点的时候——是探究精神的一个重要特征（尽管我们的某些参与者需要努力提升这一方面）。

这里所展现的例子只是两类探究，而探究可能以很多其他形式在很多其他背景中发生。探究可能在很多领域中发生，包括自然科学，历史、哲学、伦理学等社会科学，交叉学科以及日常生活中。参与者的类型也可能各不相同，可以是两个人进行辩论，可以是一群人商讨决策，也可以是一个人思量问题。探究的目的也不尽相同：它们可能包括解决一个分歧、做出一个决定、思考一个难题或者困惑、寻求某种理解、进行一项正式的研究。我们将在接下来的章节中看到这些不同种类的探究的例子。

在本章中，我们概要地介绍了指导性原则，它们可以被应用于很多不同领域的探究。在接下来的章节中，将会就此进行详细的阐述。我们也将通过例子来分析这些元素中的每一个在实践中是如何应用的。在本书的最后一部分，我们将细致考察在特定领域内的探究，以揭示这些指导性原则如何在不同领域内得到运用。

检查你的理解

- 探究的六个指导性问题是什么？
- 为什么定义我们想要对之进行探究的问题是重要的？
- 为什么弄清楚我们的探究中所包含的判断的类型是重要的？
- 关于好电影的争论中包含了什么类型的判断？
- 小区业委会委员们关于犬类管制的辩论中包含了什么类型的判断？
- 哪方面的背景对于电影的辩论是重要的？
- 哪方面的背景对于犬类管制的辩论是重要的？
- 对评判电影来说，什么样的标准是相关的？
- 对形成一个处理犬类伤人问题的政策来说，什么样的考虑是相关的？
- 本章的两个探究之间存在哪些差异？
- 本章的两个探究之间存在哪些共同点？

练习

1. 关于是否应该立法禁止开车的时候使用手机，找到一个跟你在该问题上意见不一致的同学、朋友或者家人，完成以下任务：

（1）讨论关于这个问题你们为什么持有各自不同的观点。

（2）列出你们各自为自己的判断提供的理由。

（3）提供证据和论证来支持你的判断。

（4）想一想你用来做出判断的标准，并列出这些标准。

2. 从报纸或者网上找一篇关于你最近看的一部电影的评论。仔细阅读那篇评论，然后完成以下任务：

（1）列出这个评论者用来评价这部电影的标准。

（2）使用跟这个评论者同样的标准，给出你对这个电影的评价。

（3）列出任何其他你认为相关而这个评论者没有提到的标准（如果有的话），根据这些标准补充其他的评价。

3. 根据下面的每一个对话，完成如下任务：

（1）识别出其中的问题（提示：要求详细、具体并以问题的形式阐述）。

（2）识别出对这个问题的回答中包含什么类型的断言或者判断。

（3）找出双方所提供的理由。

a. 沈佩珊和林畅刚刚看了一则针对儿童的电视广告。

沈佩珊：这真是可怕——针对儿童做广告。

林畅：那有什么可怕的？正是小孩子才对玩具感兴趣呢。

沈佩珊：但是广告只是促使他们想要得到他们看到的任何东西，这些广告在操纵小孩子。他们并不知道好坏。

林畅：小孩子怎么着都会要玩具的。这些广告不过是让他们知道有些什么样的玩具罢了。

沈佩珊：那是让他们小小年纪就变成了一个消费者，而这正是这些公司想要的。我觉得这不能被允许。

林畅：你那就是审查！

b. 姜瑶和温妮在看手机。

姜瑶：看我今天新发现的这个星座运程 App！我今天在课上有个测验，让我来测一下我会考得怎么样。

温妮：你不是真的相信这些事吧，亲？我说，那些用来娱乐一下也就罢了，但是……

姜瑶：我为什么不能相信它们？它们往往说得很准！

温妮：那不过是因为，你只注意到那些说对了的事情，而忽略了那些没有说对的事。无论如何，它们说得这么模糊，你可以随便怎么解释。

姜瑶：但是占星是基于星星的运动和排列来得出结论的——这是很科学的。不是吗？

温妮：我不觉得占星里面有什么真正的科学根据。

c. 江琪和王茵茵在讨论当地艺术馆新近购买的一件价值 50 万元的艺术作品。

王茵茵：那真是太过分了！

江琪：你为什么这么说呢？

王茵茵：花那么多的钱买那样的东西！它看起来就像是一堆垃圾！

江琪：但那是一位杰出艺术家的重要作品，它就我们现在的消费社会做出了深刻的表达。

王茵茵：可能你们这些搞艺术的可以从中看出这些来。但是把纳税人的钱花在在我们看来像是一堆垃圾的东西上面，实在是无法接受。在这之前应该征求一下公众的意见。

江琪：关于艺术的决定权不能留给公众，而应该由具备专业知识的人做出选择。

4. 设想你在考虑买一部手机，而且某款手机看起来挺对你的胃口。对此进行一个探究，以决定根据你的情况它是不是最值得买的手机（这将需要对不同的手机做一些研究）。用下面这些问题来指导你的探究：

（1）我要关注什么样的问题？是否存在一个以上的问题？如果是的话，哪个是最为重要的？我怎样把这个问题清楚地表述出来？

（2）我需要做出什么样的判断？为了做出一个判断，我需要考虑什么样的断言？

（3）我做出这一判断的背景是什么（包括我自己的状况以及其他周围的状况）？

（4）对于购买这款特定的手机，支持和反对意见分别是什么？

（5）各方的理由和证据的效力如何？

（6）我怎样将所有收集到的信息汇总起来，以就是否应该买这款手机做出一个有充分理由支持的判断？

5. 你的老师将为同学们放映一部电影。在看完这部电影之后，两人为一组对这部电影做出评价。遵照下面这些指导来完成这一任务：

（1）回答探究的六个指导性问题。

（2）以你对这些问题的回答作为指引，撰写一个探究性对话。将你的对话读给全班同学听。

注释

[ⅰ] 央视新闻客户端．男子遛狗不拴绳，还把保护孩子的妈妈按在地上打！警方通报．（2018－11－06）．http：//m. news. cctv. com/2018/11/06/ARTIOToXXaxCdFTM2tDIkWGn181106. shtml.

[ⅱ] Shen，J.，Li，S.，Xiang，H.，Pang，S.，Xu，G.，Schwebel，D. C.，"A Multisite Study on Knowledge，Attitudes，Beliefs and Practice of Child-Dog Interactions in Rural China，" *International Journal of Environmental Research and Public Health* 10（2013）：950－962.

[ⅲ] Hon，K. E.，Fu，C. A.，Chor，C.，Tang，P. H.，Leung，T.，Man，C. Y.，Ng，P.，"Issues Associated with Dog Bite Injuries in Children and Adolescents Assessed at the Emergency Department，" *Pediatric Emergency Care* 23，No. 7（2007）：445－449.

[ⅳ] World Health Organization，http：//www. wpro. who. int/china/mediacentre/factsheets/rabies/zh/.

[ⅴ] Merritt Clifton，"Dog Attack Deaths and Maimings，US & Canada，September 1982-January 1，2008，" *Scribd*，http：//www. scribd. com/doc/11249213/Dog-Attack-Deaths-Maimings-US-Canada-September-1982-to-January-2008（2009 年 9 月 28 日访问）.

[ⅵ] DogsBite. org，"2014 Dog Bite Fatality Statistics，" http：//www. dogsbite.

org/dog-bite-statistics-fatalities-2014. php (2015年7月16日访问).

[vii] Jeffrey J. Sacks, Leslie Sinclair, Julie Gilchrist, Gail C. Golab, and Randall Lockwood, "Breeds of Dogs Involved in Fatal Human Attacks in the United States between 1979 and 1998," *Journal of the American Veterinary Medicine Association*, 217 (2000): 836 - 840.

[viii] Vanessa, "Preventing Dog Bites: Media Asked for Helpby HSC," *Humane Society of Canada Website*, Feb. 13, 2005, http: //humanesociety. com/news-releases/130. html.

[ix] Amy Cheung, "Aggression and Biting in Dogs," *Pets. ca*, http: //www. pets. ca/articles/article-dog-aggression. htm (2009年9月28日访问).

[x] Susan Thompson, "Pit Bull Breed Profile," *Rescue Every Dog*, http: //www. rescueeverydog. org/pitbull_breed. html (2009年12月26日访问).

[xi] Wikipedia, "Pit Bull," http: //en. wikipedia. org/wiki/Pit_Bull (2009年12月26日访问).

[xii] Duffy, DL., Hsu, Y. Serpell, JA., "Breed Differences in Canine Aggression," *Appl Anim Behav Sci*, 114 (2008): 441 - 460.

[xiii] National Companion Animal Coalition, "Reducing the Incidence of Dog Bites and Attacks: Do Breed Bans Work?," *Canadian Veterinarians. net*, http: //canadian-veterinarians. net/Documents/Resources/Files/59_Public_Do-Breed-Bans-Work. pdf (2009年12月26日访问).

[xiv] Safia Gray Hussain, "Attacking the Dog-Bite Epidemic: Why Breed-Specific Legislation Won't Solve the Dangerous Dog Dilemma," *Fordham Law Review*, 2847 (2006).

[xv] 同 [xiii].

[xvi] J. Shen, S. Li, H. Xiang, S. Lu, D. C. Schwebel, "Antecedents and Consequences of Pediatric Dog-Bite Injuries and Their Developmental Trends: 101 Cases in Rural China," *Accident Analysis and Prevention*, 63 (2014): 22 - 29.

[xvii] 同 [ii].

[xviii] 同 [ii].

[xix] 同 [iv].

[xx] American Veterinary Medical Association, *The Role of Dog Breed in Dog Bite Risk and Prevention*, May 15, 2014.

第三章 论证以及论证的结构

学习目标

在读完本章之后，你应该能够：

- 识别出演绎论证和归纳论证的结构，并对其进行标准化
- 识别出一些基本的有效论证的形式
- 在评价演绎论证的时候应用有效性的概念
- 辨别出论证中的隐含前提和假设
- 在评价演绎论证的时候应用必要条件和充分条件的概念

减负（一）

王茵茵和她的女儿张熙怡正准备要去补习班。

王茵茵：快点，怡怡。你的英语拔尖班要迟到了。

张熙怡：妈，我好累。我们请一次假吧？

王茵茵：什么？不去补习班？没门儿！

张熙怡：可是我好累啊。

王茵茵：你知不知道要想进市重点高中，就得上补习班，就得刻苦？再说你看周围哪家孩子不上补习班？你看隔壁的宋阳……

张熙怡：我为什么要去市重点高中？三中不是很好吗？离家又近。

王茵茵：不进市重点你怎么上好大学？现在考“985”“211”竞争这么激烈！要想上好大学，你就必须努力学习，好好上补习班，争取进市重点。所以，努力学习、好好上补习班是你现在的头等大事。

张熙怡：上好大学有这么重要吗，搞得我现在像生活在地狱？

王茵茵：宝贝，跟你说过多少遍了，你的整个未来都取决于它啊！那些上了好大学的人都很有出息。你看你黄叔叔，名牌大学毕业，现在年纪

轻轻就功成名就。

张熙怡：可是，要是我去补习，我就得在补习回家后做所有的功课。第二天我就会太累，上课不能专心听讲，那样我在学校上课表现就会很差劲。可是我在学校上课表现出色是学习成功的关键。所以，不去补习班才更有利于我的学习。

王茵茵：你得更加努力一点啊。

张熙怡：我觉得现在我已经够努力了，我没法儿更努力了。

王茵茵：怡怡，这话我跟你说了多少次了？你要是进不了年级前一百名，你就进不了重点高中；你进不了重点高中，就进不了重点大学；进不了重点大学，就找不到好工作；你找不到好工作，你的朋友也不想跟你来往，将来你连孩子都养不起。那就是你想要的生活吗？

张熙怡：妈，你又来了……

王茵茵：我知道所有这些功课让你压力很大，可是你也需要学会应对压力啊。将来你工作了，还会面临更大的压力呢，你的成功就取决于你处理工作压力的能力。所以说，现在努力学习是为将来应对压力打好基础。

张熙怡：但是压力太大了！我严重缺觉，也不做任何运动。你看我都发胖了！我的神经一直都绷着，也没有时间跟朋友们在一起。

王茵茵：我为你付出这么多——这么多钱花在你身上，还有我的时间和精力，为你的学习我操碎了心！你这孩子一点都不知道感恩！

张熙怡：妈，这是两码事！我只是觉得我太辛苦！也没得玩！也没有生活！

王茵茵：这么说，你是觉得你不用做任何功课，不用付出任何努力，就整天跟你的朋友们耗在一起嘻嘻哈哈，还是可以很成功？天底下有这么便宜的好事吗？

张熙怡：你知道那不是我的意思！而且，你自己也说，任何有助于我将来取得成功的因素对我都有好处。拥有更多优质时间对我来说是件好事。所以说，拥有更多优质时间将有助于我将来取得成功。

王茵茵：这个逻辑听起来好像不对劲。

张熙怡：无论如何，所有这些补习都是没有必要的。其他国家学生的学习时间不如我们长，可他们的学习成绩也一样好。我看过一些报道，加拿大的学生在功课上花的时间比我们少得多，可是他们在阅读和科学学科方面的成绩排名更高，在数学方面的排名也跟我们差不多。实际上，没有哪个国家的学生比我们中国的学生做的功课更多了，可是他们反而成绩更好。

王茵茵和她的女儿张熙怡会在下一章继续这个对话。现在让我们仔细考察一下她们的论证以及论证与探究的关系。

论证和探究

在这个对话中，王茵茵和她的女儿张熙怡关于学生减负的问题展开了一系列的论证。目前我们所看到的所有探究中，论证都起到关键的作用（上面的对话并不是在探究的层面展开的，如果加上其他一些努力以及对话双方的良好意愿，它可以成为一个探究）。在我们关于探究的指导性问题里面，有两条是关注论证的，包括列举和评价一个问题的各个方面的相关理由与论证。在这个意义上，论证是探究的基本材料。但是直到现在为止，我们还没有在任何细节层面上真正讨论过论证的本质。所以，在考察关于探究的指导性原则的各个方面之前，我们需要花一些时间来关注单个论证的本质，以及对于它们的分析和评估。

论证的结构

一个论证究竟是什么呢？“论证”这个词有很多种含义，我们将在本书中使用其中的几种。你可以放心，那种脸红脖子粗的高声争辩不是本书的关注点，虽然有时候我们对话中的人物可能会变成那样。第二章中沈建国和苏向前关于犬类管制问题的对话，恐怕确实接近这个意义上的“论证”。不过，在这本书中，我们主要考虑的是作为一组断言的**论证**。一个论证的目的是为相信一个断言提供理由。所以，一个论证至少是由两个断言组成的：一个前提，一个结论。为支持这个断言所提供的理由称为**前提**，被支持的断言称为**结论**。

标准化论证

在读到或者听到一个论证的时候，第一个任务是弄清楚在立论者的陈述中究竟哪些是论证的结论，哪些是其前提。从而，我们可以对论证做出概述，这一概述应该清楚地揭示这个论证的结构。对一个论证进行概述的过程就是**标准化论证**的过程。

例如，我们可以将王茵茵的一个论证标准化如下：

(1) 那些上了好大学的人都很有出息。

(2) 黄叔叔名牌大学毕业。

结论：这是他现在年纪轻轻就功成名就的原因。

这个论证跟伟大的古希腊哲学家亚里士多德用来教授逻辑学的那个著名论证非常相似：

(1) 所有的人都会死。

(2) 苏格拉底是一个人。

结论：苏格拉底会死。

阅读材料

亚里士多德（公元前384—公元前322年）是一位古希腊哲学家，他是柏拉图的学生、亚历山大大帝的老师。和柏拉图、苏格拉底（柏拉图的老师）一样，亚里士多德是西方哲学最为重要的奠基性人物之一。亚里士多德因为对形式逻辑的早期研究而受到称颂。直到19世纪末，他关于逻辑的概念一直是西方逻辑的主导形式。

标准化以及善意原则

很多论证都可以有多种解读方式。当一个人解读一个论证的时候，必须使用**善意原则**（principle of charity）。善意原则指的是，一个人在理解实际论证内容的基础上对其选择最为善意的解释。这个解读原则的真正意图是防止解释论证时的**不公正性**。它通过鼓励我们趋向善意的解读方向，防止由于我们跟某人观点不同而导致我们对其立场或者论证做出不公平或者不准确的解读。善意原则并不是说，当诠释一个论证的时候，你总是试图将它解释成一个好的论证。当仅仅是标准化一个论证的时候，你并不需要那样善意。例如，假设某人做出这样一个陈述："中国人是勤劳的。"这听起来像是一个全称概括（"所有的中国人都是勤劳的"）。关于这个断言的一个善意的解读是："很多甚至大多数中国人都是勤劳的。"尽管它是老生常谈，但仍然可能不是真的。但是这个解读可能更加接近说话者想要表达的意思。如果某人反对这个论断，说："那你怎么不看看华小军——也不上班，快三十岁的人了还在家里啃老?"这个说话者可能会回答："我并不是真的说'所有'。我只是说，勤劳是中国人的一个普遍的特征。"

还记得对话中的这个论证吗?

张熙怡：妈，这是两码事！我只是觉得我太辛苦！也没得玩！也没有生活！

王茵茵：这么说，你是觉得你不用做任何功课，不用付出任何努力，就整天跟你的朋友们耗在一起嘻嘻哈哈，还是可以很成功？天底下有这么便宜的好事吗?

张熙怡：你知道那不是我的意思！

王茵茵的回应显然违背了善意原则，而张熙怡适当地回应了"你知道那不是我的意思!"

你怎么想?

你觉得我们在诠释论证的时候为什么要采用善意原则呢?

在诠释论证的时候，我们为什么要采用善意原则呢?

- 这通常来说是一件很得体的事情，尤其是在对话之中。
- 它有助于将对话保持在理性的轨道上，因为通过这层善意的诠释，每个人都试图尽量公正地听取另一方的意见。
- 它将帮助我们避免一个被称为稻草人的常见谬误（参见第四章）。当你对对方的论证做出过于简单化或者扭曲的解读，并在此基础上批评它时（就像王茵茵所做的那样），那么你就犯了稻草人的谬误。这个谬误是很常见的，因为当我们不同意某人的观点时，我们会倾向于错误地表述他们的立场。

这个典型的家庭内部争论表明了这种倾向。

> 妻子：我真希望你记得把你的臭袜子扔到洗衣机里去。
>
> 丈夫：好吧，你又在说我是一个彻头彻尾的懒汉，就好像我从来不帮忙做家务一样。

- 当你对某人的论证做出最为善意的解释，而仍然可以找出它的弱点或者谬误的时候，那么，相较于批评一个没有经过善意解读的论证，你就做出了一个更为有效的批评。

图表化论证：连锁型论证和汇聚型论证

除了对论证进行概述，我们还可以通过图表来对其进行标准化。这样的图表经常可以帮助我们看出哪些断言是用来支持（主论证中）结论的前提，而哪些断言是在一个子论证中为主论证中的前提提供进一步支持的。它们还表明了连锁型论证和汇聚型论证之间的区别。

当我们对论证进行评价的时候，知道一个论证是连锁型的还是汇聚型的，将会很有帮助。在一个**连锁型论证**中，如果前提中的任何一个可以被表明是假的或者不可信的，那么整个论证的效力都将被推翻。在连锁型论证中，前提并不为结论提供直接的、独立的支持，而是像一个锁链那样一起工作。同时，和锁链类似，连锁型论证的效力取决于最弱的那个环节（或者最弱的那个前提）。当我们证明一个环节的前提是薄弱的或者是假的时，就摧毁了整个论证对于其结论的支持。

阅读材料

孔子及其弟子子路的如下对话中包含的是一个典型的连锁型论证：

子路曰："卫君待子而为政，子将奚先？"

> 子曰："必也正名乎！"
>
> 子路曰："有是哉，子之迂也！奚其正？"
>
> 子曰："野哉，由也！君子于其所不知，盖阙如也。名不正，则言不顺；言不顺，则事不成；事不成，则礼乐不兴；礼乐不兴，则刑罚不中；刑罚不中，则民无所措手足。故君子名之必可言也，言之必可行也。君子于其言，无所苟而已矣。"
>
> ——《论语·子路》

在一个**汇聚型**论证中，每个前提都独立地支持结论。证明任何一个特定的前提是薄弱的、假的，或者仅仅是不可信的，并不必然弱化全部前提对于结论的整体支持。对于这种支持，可以打一个比方：一个屋顶是由很多柱子来支撑的，其中一根柱子缺乏支撑力，并不意味着屋顶不能从其他柱子那里得到很好的支撑。

为了表明这一点，我们以上面关于苏格拉底的简单论证为例。它是一个连锁型论证，可以图表化为如图 3－1 所示。

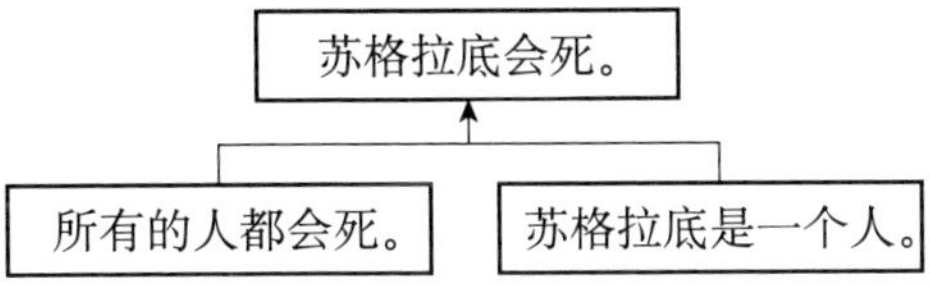

图 3－1　关于"苏格拉底会死"的论证

这个图示表明，两个前提联合起来支持结论。

我们可以将这个论证跟下面对话中包含的汇聚型论证进行对比：

张熙怡：妈，你又来了……

王茵茵：我知道这些功课让你压力很大，可是你也需要学会应对压力啊。将来你工作了，还会面临更大的压力呢，你的成功就取决于你处理工作压力的能力。所以说，现在努力学习是为将来应对压力打好基础。

张熙怡：但是压力太大了！我严重缺觉，也不做任何运动。你看我都发胖了！我的神经一直都绷着，也没有时间跟朋友们在一起。

我们可以将张熙怡的论证标准化如下：

结论：我的压力太大了！

（1）我严重缺觉。

（2）我也不做任何运动。

（3）我都发胖了！

（4）我的神经一直都绷着。

（5）我也没有时间跟朋友们在一起。

我们可以将这个汇聚型论证用图 3－2 表示如下：

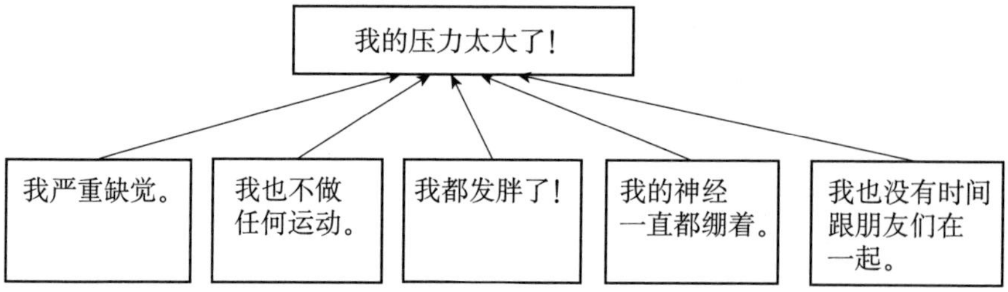

图 3－2　关于“我的压力太大了！”的论证

注意，这里的五个前提为结论提供了独立的支持，而不是连锁的支持。它与上文关于苏格拉底的论证的区别在于，在关于苏格拉底的论证中，两个前提是联合起来支持结论的。

为了看出这两种不同的论证支持形式的重要性，我们来看张熙怡的论证（见图 3－3）：

张熙怡：可是，要是我去补习，我就得在补习回家后做所有的功课。第二天我就会太累，上课不能专心听讲，那样我在学校上课表现就会很差劲。可是我在学校上课表现出色是学习成功的关键。所以，不去补习班才更有利于我的学习。

这里，前提还是连锁型的，因为它们中没有一个为结论提供了独立的支持，但是当它们联合在一起时，则确实提供了某种支持。正如人们常说的，木桶能装多少水不是取决于最长的那块木板，而是最短的那块。如果一个前提是薄弱的，那么整个论证的效力都将弱化。

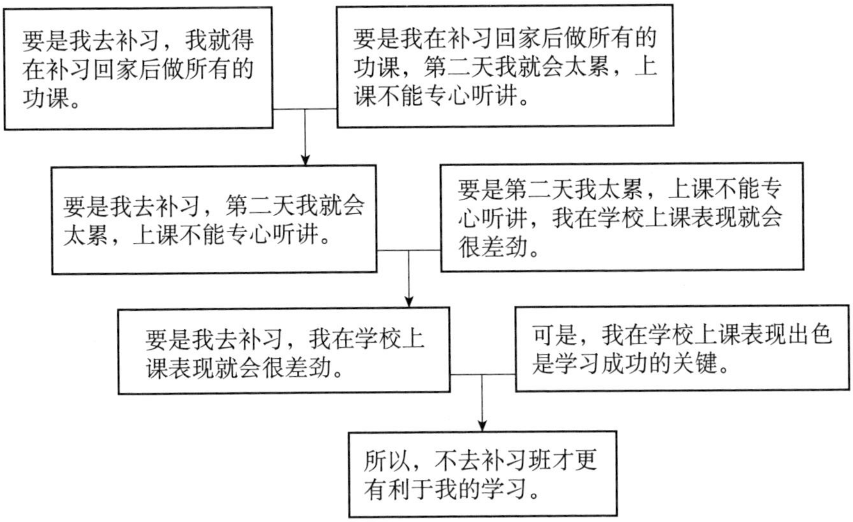

图 3-3　关于"不去补习班才更有利于我的学习"的论证

子论证

论证很少直截了当地由一串用来支持结论的前提组成。前提自身可以而且通常应该得到进一步的支持。如果我们更仔细地考察王茵茵的第一个论证，我们将看到它包含**子论证**：

王茵茵：我知道所有这些功课让你压力很大，可是你也需要学会应对压力啊。将来你工作了，还会面临更大的压力呢，你的成功就取决于你处理工作压力的能力。所以说，现在努力学习是为将来应对压力打好基础。

我们可以将王茵茵的论证标准化如下（见图 3-4）：

结论：现在努力学习对你自己是好的。

1. 现在努力学习是为将来应对压力打好基础。

1.1　现在努力学习给你带来很大压力。

2. 你需要学会应对压力。

2.1　将来你工作了还会面临更大的压力。

2.2　你的成功就取决于你处理工作压力的能力。

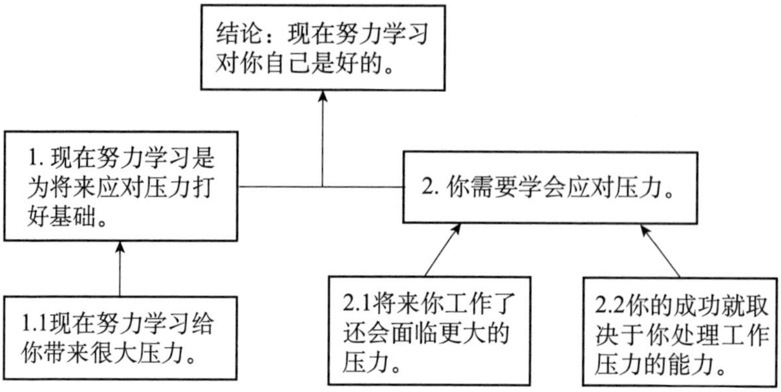

图 3-4　子论证如何为前提提供支持

图 3-4 使我们更清楚地看到，子论证是怎样为前提提供支持的。正如你可以从这个论证的标准化形式中所看到的，前提可以得到进一步支持，甚至支持性的前提也可以再次被支持。对前提的支持便叫作**子论证**。长一些的论证基本上都是建立在用子论证进行支持的基础上。当我们考察一个完整的探究时，会看到有很多论证、用来支持论证的论证等。为了看出篇幅较长的论证的结构，我们经常需要先忽略子论证，而关注那些主要的前提。不过，我们总是可以再“深入”到子论证中去，如果必要的话。

两种类型的论证：演绎和归纳

除了连锁型论证和汇聚型论证的区分，还有另外一个关于论证类型的根本性区分，那就是演绎论证和归纳论证。这两者之间的区别在于前提为结论提供的支持的确定性程度。

如果一个论证是连锁型论证，并且论证者认为前提之为真确保了结论为真[①]，则这个论证是**演绎**的。当然，并不是每个想要确保其结论为真的论证都成功地做到了这一点。成功的那些，就像是上面那个关于“苏格拉底会死”的论证，叫作**有效的演绎论证**。有效的演绎论证是指，如果它的前提为

① 这里作者将演绎论证的定义建立在论证者的意图之上，这种定义并不常见。更为通常的定义是，一个论证是演绎的，如果其前提为真，那么其结论必然为真。

真，那么结论必然为真。在一个有效的演绎论证中，前提和结论之间的这种关系被称为**蕴涵**。一个断言 X 蕴涵另一个断言 Y，如果 X 为真，那么 Y 必然为真。例如，“姜瑶有一个姐姐叫姜琼”这个断言蕴涵了“姜琼有一个妹妹”。

归纳论证的前提和结论之间的关系相对较弱。**强归纳论证**（strong inductive argument）[①] 是指，如果前提是真的，那么很可能结论也是真的。在具有真前提的强归纳论证中，前提并不蕴涵结论，它们只是为结论提供了支持。

让我们看张熙怡的论证：

张熙怡：无论如何，所有这些补习都是没有必要的。其他国家学生的学习时间不如我们长，可他们的学习成绩也一样好。我看过一些报道，加拿大的学生在功课上花的时间比我们少得多，可是他们在阅读和科学学科方面的成绩排名更高，在数学方面的排名也跟我们差不多。实际上，没有哪个国家的学生比我们中国的学生做的功课更多了，可是他们反而成绩更好。

加拿大的学生在功课上花的时间更少，却在标准化测试中成绩更好（如果属实），这一前提确实提供了一个很好的理由来怀疑是否中国学生需要做很多功课才能考好标准化考试。但是，这一前提并不能证明“所有这些补习都是没有必要的”。例如，中国的高考可能与国际标准化测试中使用的测试类型完全不同。尽管张熙怡的说法（如果属实）提供了一个理由使人们认为中国学生做那么多功课可能没有必要，但这并不能“蕴涵”或保证其结论为真。这种归纳论证将是本书讨论的重点。

尽管演绎论证在日常生活中并不是特别普遍，它却是数学和计算机科学中的主要推理形式。它不仅为表明论证形式这个概念提供了有用的例子，也有助于解释如何辨别隐含假设。

在描述演绎论证的时候，我们通常使用“路径”的比喻。就是说，一个论证引领读者到达它的结论。当描述演绎论证的时候，这个比喻特别适

① 注意，不要将“强归纳论证”的“强”与形容一个断言的“强”混淆起来。当形容一个论证“强”时，意味着这一论证相对而言比较充分有力。而当形容一个断言“强”时，比如“这是一个很强的概括”，则意味着，在这句话可以被接受之前，需要较多的证据支持。

用，因为演绎将我们不可避免地引向某个结论。我们也可以看到，演绎论证如何提供了锁链，将结论和前提链接起来。事实上，所有的演绎论证都是连锁型论证，尽管并非所有的连锁型论证都是演绎论证。比如：

进好大学就像是比赛得胜。所有那些在比赛中得胜的人都经过了艰苦训练。所以，你必须刻苦学习才能进好大学。

这是一个类比论证（在第五章将会讨论）。它是一个连锁型论证，但并非演绎论证。这个论证的结构是这样的：

（1）进好大学就像是比赛得胜。

（2）所有那些在比赛中得胜的人都经过了艰苦训练。

结论：你必须刻苦学习才能进好大学。

下面是一个连锁型论证，也是演绎论证的例子：

王茵茵：不进市重点你怎么上好大学？现在考“985”“211”竞争这么激烈！要想上好大学，你就必须努力学习，好好上补习班，争取进市重点。所以，努力学习、好好上补习班是你现在的头等大事。

（1）最重要的是要上好大学。

（2）要想上好大学，你就必须努力学习，好好上补习班，争取进市重点。

结论：努力学习、好好上补习班是你现在的头等大事。

这是一个有效的演绎论证的例子，王茵茵所提供的前提蕴涵其结论。这里重要的是理解，一组前提导向或者蕴涵一个结论，并不能证明那个结论为真。说一个论证是演绎有效的，我们只是说如果前提为真，那么结论必然为真。当然，我们既关心有效性，也关心结论为真。具有真前提的有效论证，因而具有真结论，被称为**健全的论证**（sound argument）[①]。一个

① 在批判性思维领域，sound 用来形容一个具有真前提的有效演绎论证。也有人将 sound 翻译成“可靠的”。但是，为了跟数理逻辑中的“可靠性”（soundness）这一术语相区分，这里采取“健全”这一译法。另外，关于这几个修饰论证的术语，目前国内批判性思维领域尚无统一译法。为避免混淆，这里将本书所采用的译法总结如下：

强论证（strong argument）、有效的论证（valid argument）、健全的论证（sound argument）、令人信服的论证（cogent argument）。

健全的论证是一个前提为真的有效论证。当然，在一个有效论证中，如果前提为真，那么结论也必须为真。

王茵茵的前提可能并不为真。正如张熙怡所指出的，上补习班可能会适得其反。如果是那样的话，王茵茵的论证就并非健全的论证，但仍然是一个有效的论证。我们这里所展示的是，使得一个论证有效的并非其内容，并非其前提的真假，而在于其**形式**。这样的论证形式是**有效的论证形式**：如果用真的陈述充当它的前提，则结论必然为真。一个论证形式不是有效的论证形式，如果用真的陈述充当其前提，则结论为假。

你怎么想？

你怎么看下面这个论证？

每个进好大学的人都上了补习班，而所有进了好大学的人都获得了成功，因此很明显，要想成为成功的人，你就必须上补习班。

这个论证不是有效的论证。标准化如下：

(1) 每个进好大学的人都上了补习班。

(2) 所有进了好大学的人都获得了成功。

结论：要想成为成功的人，你就必须上补习班。

我们可以用字母来代替其中的词项，以便识别其论证形式：

U：进了好大学的人。

T：上了补习班的人。

S：成功的人。

(1) 所有 U 都是 T。

(2) 所有 U 都是 S。

结论：所有 S 都是 T。

要明白这个论证形式为什么是无效的，我们可以看下面这个论证，它具有同样的结构，但是它从两个为真的前提推出了一个假的结论：

（1）所有的乌鸦都是鸟。

（2）所有的乌鸦都是黑的。

结论：所有的鸟都是黑的。

你怎么想？

你觉得下面这个论证是有效的还是无效的？

（1）所有的乌鸦都是鸟。

（2）所有的鸟都是绿色的。

结论：所有的乌鸦都是绿色的。

这个论证是有效的！这个奇怪的论证提醒我们关于有效的演绎论证的两个关键之处：

（1）一个论证的有效性独立于其前提是否为真。

（2）一个论证的有效性依赖于其基本的论证形式。

所以，一个论证是否有效，依赖于它是否例示了一个有效的论证形式，而不依赖于它的前提或者结论是否为真。如表 3－1 所示。

表 3－1　关于“乌鸦都是绿色的”的论证

论证形式	关于乌鸦的论证
所有 A 都是 B	所有的乌鸦都是鸟
所有 B 都是 C	所有的鸟都是绿色的
结论：所有 A 都是 C	结论：所有的乌鸦都是绿色的

你可以将有效的论证形式想象成一个计算器。正如俗话所说，“错进错出”（garbage in，garbage out），如果你输入了错误的数字，而得到了一个错误的答案，那么这个计算器的有效性并没有因此而被破坏。计算器所保证的是，如果你输入了正确的数字（以及运算符号），你将会得到正确的答案。这对于将陈述句填入一个有效的论证形式来说也是一样。

但是，并非所有看起来像是演绎论证的论证都是有效的。下面的论证包含了两个真前提，却有一个假的结论。这表明了它不是一个有效的论证。没有哪个具有这样形式的论证可以是有效的。

(1) 所有的乌鸦都是鸟。

(2) 所有的乌鸦都是黑色的。

结论：所有的鸟都是黑色的。

这个论证具有这样的形式：

(1) 所有的 A 是 B。

(2) 所有的 A 都是 C。

结论：所有的 B 都是 C。

我们可以用欧拉图来表示这个论证，它是由 19 世纪著名的数学家莱昂哈德·欧拉（Leonhard Euler）发明的。这些图表后来由约翰·韦恩（John Venn）进一步发展成为著名的韦恩图。注意，在这个图中，A 既被包括在 B 中，也被包括在 C 中，从而无法保证所有的 B 都被包含在 C 里面（见图 3-5）。

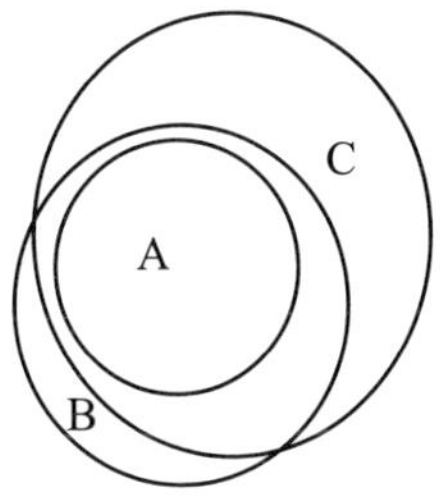

图 3-5 欧拉图

到目前为止，我们考察了包含"范畴陈述"（categorical statements）的论证，即这样的断言：一个个体或者群体属于某种范畴。比如，"苏格拉底是一个人"（即，是"人"这个范畴的一个成员），或者，"猫是有皮毛的东西"（即，猫是"有皮毛的东西"这个范畴的成员）。很多范畴陈述包含了所谓的全称概括或者"所有"陈述。因为大多数这样的概括性陈述都是假的（比如，"所有的天鹅都是白色的"一度被认为是真的，直到人们发现了黑天鹅），所以我们对于这种断言的反驳并不需要一个相反的概括句，只需一个反例即可。如果你想要反驳某人的概括，你并不需要提出一个你自己的概括。一个概括句的矛盾式（它的否定）仅仅是提出某个反例。只要发现一只天鹅不是白色的，那么就可以否定"所有的天鹅都是白色的"这个概括句。你并不需要说“没有天鹅是白色的”。

形式逻辑简介

在19世纪后期，研究演绎论证形式的另一种方式开始发展起来。这个方式就是大家所熟知的形式逻辑，后来成了计算机中使用的逻辑的基础。相较于我们在前面使用的标准化演绎论证的方式，形式逻辑通常更适用于日常语言的论证。所以，学习它可以帮助我们进行日常的推理。让我们看一看如下论证：

(1) 如果这辆车可以开，那么它有油。

(2) 它可以开。

结论： 它有油。

这个论证显然是有效的。如果它的前提为真，那么它的结论必为真。

这个论证是一种被称作**肯定前件**的论证，是非常常见的论证形式。它可以被符号化为表3-2中所显示的那样。

表3-2 肯定前件的论证

肯定前件（MP）的例子	论证形式
如果这辆车可以开，那么它有油	如果P，那么Q
它可以开	P
结论：它有油	Q

使用关于有效性的测试——如果前提都为真，那么结论必为真——我们可以看到，具有肯定前件这个形式的论证，如上面的关于车的论证，显然是有效的。注意，这辆车当然可能是一辆电动车。如果是那样的话，前提(1)就不为真，从而结论也为假。有效性只是保证了当前提都为真的时候，必然有一个为真的结论。

让我们看一看一个类似的但却无效的论证形式：肯定后件的谬误（the fallacy of affirming the consequent）。这里的“后件”是指以“那么”为开头的那个从句（从句就是像句子一样的陈述，它是一个更大的句子的一部分）。如表 3－3 所示。

表 3－3　肯定后件的谬误

肯定后件的谬误的例子	论证形式
如果这辆车可以开，那么它有油	如果 P，那么 Q
它有油	Q
结论：它可以开	P

我们可以看到，这个论证不是有效的。很多时候一辆车确实有油，但可悲的是它就是不能开动。这里的错误是，将车开动的必要条件，即有油，误认为是一个充分条件。

必要条件和充分条件

有效性这个概念可以帮助我们理解另外一组对于理解断言和评价论证至关重要的概念：必要条件和充分条件。

看一下这个论证：

（1）如果有火，那么有氧气。

（2）有火。

结论：有氧气。

这是肯定前件这一有效形式的另外一个例子。

（1）如果 P，那么 Q。

（2）P。

结论：Q。

任何处于 P 的位置的从句（叫作**前件从句**）表达了一个使得 Q 从句（叫作**后件从句**）为真的**充分条件**。“如果有火，那么有氧气”这一断言是说，火的存在是氧气存在的一个充分条件。

“如果有火，那么有氧气”这个断言同时表明，有氧气是有火的**必要条件**。显然，有氧气并不是有火的充分条件，因为氧气到处都是，而幸运的是我们并没有总是处于熊熊烈焰之中。但是我们知道，火需要氧气的存在，所以有火的时候肯定有氧气。这使我们看到另外一个有效的论证，如表 3－4 所示。

表 3-4　否定后件的论证

否定后件（MT）的例子	论证形式
如果有火，那么有氧气	如果 P，那么 Q
没有氧气	并非 Q
结论：没有火	并非 P

我们可以轻易地看出为什么这个论证是有效的：第二个前提断定的是 P 的一个必要条件没有出现——没有氧气，当然没有火。

所以，如果说 X 是 Y 的**必要条件**，那么没有 X 就不可能有 Y；如果 Y 是 X 的**充分条件**，则如果 Y 存在，那么 X 也必然存在。一旦我们理解了在诸如“如果……那么……”的句子中后件陈述了前件的一个必要条件，那么我们就可以看到，任何表明后件中的条件没有得到满足的论证（比如，没有油或者没有氧气），都是有效的论证。这个论证形式被称为**否定后件**的论证，如表 3-5 所示。

表 3-5　否定后件的论证

否定后件（MT）的例子	论证形式
如果这辆车可以开，那么它有油	如果 P，那么 Q
它没有油	并非 Q
结论：它不能开	并非 P

我们在日常生活中经常会应用它，例如：

● 如果郑鑫来参加聚会，那么他现在就应该在这里了。但是他不在这里。因此，他没有来参加聚会。

● 如果玲玲真的爱小陈，她就不会跟其他人约会。但是她确实跟其他人约会了。所以，她并不真的爱小陈。

当王茵茵对张熙怡说“你必须上一所好大学才能取得成功”时，她实际上是在说进入一所好大学是成功的**必要条件**。我们可以将其标准化为：如果要取得成功，那么必须进入一所好大学。

但是她可能还会争辩说，进入一所好大学是成功的**充分条件**。我们可以将其标准化为：如果你进入一所好大学，那么将来就会取得成功。

总的来说，在具有“如果 P，那么 Q”这种形式的句子中，P 表达的是

Q的**充分条件**，而Q表达的是P的**必要条件**。我们知道，无论什么时候什么事情发生了，不管是有火燃烧还是发动一辆汽车，所有的必要条件（包括汽油和氧气）都必须满足。毕竟，如果它们真的是必要条件，那么就不可能在缺乏它们的情况下发生相应事件。而一旦所有的必要条件都满足了，它们将足以使得这个事件发生。

必要条件和充分条件并不只是单纯地引起一件事发生，而是侧重于发生的条件。以毕业的情况为例，在你读大学时，你需要修满一定的学分（比如说120个学分）以及完成某些必修课程（比如修完一门语言课或者数学课）后才能毕业。所有这些条件在你毕业之前都必须满足，从而，它们都是必要条件。毕业的充分条件则是满足所有这些必要条件。

让我们再来看张熙怡的如下论证：

张熙怡：你知道那不是我的意思！而且，你自己也说，任何有助于我将来取得成功的因素对我都有好处。拥有更多优质时间对我来说是件好事。所以说，拥有更多优质时间将有助于我将来取得成功。

王茵茵：这个逻辑听起来好像不对劲。

这个论证可以标准化如下：

(1) 如果一件事是有助于我将来取得成功的，那么就对我有好处。

(2) 拥有更多优质时间对我来说是有好处的。

结论：拥有更多优质时间有助于我将来取得成功。

王茵茵之所以觉得这个逻辑听起来不对劲，是因为这确实不是一个有效的论证。张熙怡犯了**肯定后件**的谬误。换句话说，她是将“对张熙怡有好处”看作“有助于成功”的一个充分条件，然而她妈妈的意思却相反，即“有助于成功”是“对张熙怡有好处”的充分条件。仅仅是稍微调换了一下论证的顺序，却造成了一个有效的论证和一个无效的论证之间的差别。

这里是其他一些典型的否定后件论证：

(1) 如果你要玲玲爱你，那么你就要一直尊重她。

(2) 呃，我确实希望她爱我，但是有些时候她说的都是一些最愚蠢的事情，我只是要告诉她它们有多么愚蠢。

结论：我认为她不会爱你。

(1) 如果你是一个素食主义者，那么你会对动物很好。

(2) 你对动物不好。

结论：你必定不是一个素食主义者。

上面这些都是我们熟悉的有效的论证，不过还有另外一种看起来很相似但并非有效的论证形式：

(1) 如果你是一个素食主义者，那么你会对动物很好。

(2) 你不是一个素食主义者。

结论：你肯定对动物不好。

它看起来跟之前的论证很像，然而它并不是有效的。实际上，它犯了否定前件的谬误（the fallacy of denying the antecedent，见表 3-6)。“前件”就是在前面的那个，在这里，前件是指“如果……那么……”结构中位于前面的那个从句。

表 3-6　否定前件的谬误

否定前件的谬误	论证形式
如果这辆车可以开，那么它有油	如果 P，那么 Q
它不能开	并非 P
结论：它没有油	并非 Q

同样地，我们大家都知道，没有油是车不能开的一个理由（一个充分的理由)，但是我们却不能从这辆车不能开而确定地推断出它没有油（比如，它可能是没有电池)。即使所有的素食主义者都对动物好，也显然不能根据某人不是素食主义者的事实就推断出他不会对动物好。

隐含前提和假设

“假设”这个词的字面意思是指任何没有得到支持而做出的断言，也就是任何仅仅是被假定的断言。在这个意义上，在一个论证中，任何没有得到子论证支持的前提都是假设。但是，我们还在另外一个意义上使用“假设”这个词，即当我们说“我想你假设了……”的时候。在这个意义上的假设是一个**隐含假设**，即未被明确表述但又是一个论证的必要组成部分的断言。这就是我们在本书中要使用的“隐含假设”一词的意义。

我们辨别假设的一个主要方式是，将一个人的论证重构（标准化）为一个演绎论证，再加上一个缺失的前提——假设。来看一个简单的例子：你得还钱，你答应过的。

我们将这个论证标准化如下：

(1) 你答应过你要还钱的。

(2) ……

结论：你得还钱。

如果我们加上这个前提“你必须还那些你答应过要还的钱”，或者更为一般性的“你需要信守你的承诺”，那么这就是一个有效的演绎论证。我们怎样知道它们是恰当的缺失了的前提呢？因为两者中任何一个都足以使得这个论证有效。例如：

(1) 你答应过你要还钱的。

(2) 你需要信守你的承诺。

结论：你得还钱。

注意，在这个情形中，假设是一个基本的道德方面的概括或者原则。这样基本的假设通常是暗含在我们的道德推理后的，而且常常是值得考察的。比如在这个例子中，断言是你应该信守承诺。它是一个很好的道德原则，但并非总是为真。有时候，一些重要的因素可能会对它造成影响。例如，一个跟某人吃饭的承诺由于你的家人需要紧急送医而被取消，而这是合理的。

假设也可以是事实性的。看一看下面这个论证：

王茵茵：隔壁的宋阳学习非常刻苦，他将来一定会上好大学。

这个论证可以被标准化如下：

(1) 宋阳学习非常刻苦。

(2)（隐含假设）一个人刻苦学习就可以上好大学。

结论：宋阳将来一定会上好大学。

我们如何知道王茵茵做了前提（2）中的假设呢？因为前提（2）使得她的论证成为一个有效的演绎论证。所以，在这个情形中，我们可以对她说："你假设了一个人刻苦学习就可以上好大学。"我们可以合理地推断出她使用了这个前提，因为这个断言对于使她的论证成为一个有效的演绎论证来说是必需的。辨别出这样的假设是很有意义的。因为，尽管它在直觉上是有道理的，它却可能并不为真。上好大学当然需要刻苦学习，可是除此之外还需要很多其他方面的因素，比如一个人的学习能力、环境条件等，所以仅仅刻苦学习可能并不是充分条件。

可疑的假设

让我们看一下王茵茵的如下论证（将会出现在下一章的对话中）：

王茵茵：要是美国的教育真有那么好，那为什么还有那么多校园枪击案呢？

你怎么想？

在做出上面的论证的时候，王茵茵进行了什么样的假设？

这个论证可以被标准化如下：

(1) 美国校园中有很多枪击案。

(2)（隐含假设）好的教育系统不应该有校园枪击案。

结论：美国的教育系统并不是很好。

在这个论证中，王茵茵似乎是假设了好的教育系统就应该防止校园枪击案的发生。但这是一个**可疑的假设**。在美国学校中，校园枪击问题似乎更有可能是美国枪支文化的产物，而不是美国教育体系的问题。一个论证所需要的假设是某些使得该论证有效的概括型陈述，但是这样的假设并不总是为真或者可信。在这些情形中，我们把它们叫作**可疑的假设**。一个可疑的假设即这样的断言，它对论证来说是必需的，但它自身是很可疑的。

实际上，日常生活的对话和探究中的论证很少是演绎的，所以我们不再花更多的时间来讨论这个方面。大多数论证都是归纳的。在归纳论证中，前提至多给予我们很好的理由来相信其结论，而并不蕴涵结论。我们将在下一章转向评价归纳论证。

检查你的理解

- 论证在探究中起到什么样的作用？
- 本书中所使用的“论证”的首要意义是什么？
- 解释善意原则。
- 给出我们在解释论证的时候应该采取善意原则的四点理由。
- 解释连锁型论证和汇聚型论证的不同之处。从对话中找出分别属于这两种论证类型的例子。
- 解释演绎论证和归纳论证的不同之处。从对话中找出分别属于这两种论证类型的例子。
- 什么是有效的演绎论证？
- 什么构成了强归纳论证？
- 什么是健全的论证？
- 解释必要条件和充分条件之间的区别。
- 什么是假设？
- 是否所有的假设都是可疑的？

练习

1. 将下面的论证标准化，或者为其画出图表（如果必要的话，加上遗漏的前提）：

（1）有很多理由来说明我们为什么应该少开车，而更多地利用公共交通。首先，这有助于减少碳排放，从而有利于保护环境。其次，它也有助于节约我们日益减少的石油资源。最后，它也将帮助我们缓解路上的交通拥堵。

（2）我认为人们不应该吃肉。被用来肉食的动物的生存条件极其糟糕，而且我们知道动物是可以感知痛苦的。饲养动物来作为肉食也过多地消耗了世界上的资源。此外，我并不觉得人类有为了自身自私的目的而宰杀其他生物的权利。

（3）《侏罗纪世界 2》并不是一部很好的电影。它的情节编得不好，缺乏内在的凝聚力，而且还有很多重复，部分情节甚至可以预测得到。

（4）最近频繁发生的狗攻击人事件敦促我提出这样的议案：政府应该禁养这些犬种。众所周知，某些犬种天生凶猛，因为它们最初是为了斗犬或攻击的目的而培育的，而这要求力量和攻击性。因为它们具有攻击的倾向和行为，所以这些犬种的袭击是最有可能导致严重伤害的。政府有责任保护民众免受这些危险动物的袭击。

（5）课后补习班并不是一个好主意，原因有很多。一方面，它在学生已经承担了沉重学业负担的情况下对他们提出了额外的要求；另一方面，对很多家庭来说它花费巨大，因此收入较低的家庭就负担不起送孩子去补习的费用。这又扩大了贫富之间的差距。

2. 给出一个可以反驳下面这些概括的例子（例如：**概括，**松狮犬都是非常危险的狗；**反例，**我朋友的松狮犬就很好啊）：

（1）那些玩电子游戏的小孩都沉迷于电子游戏。

（2）上补习班的学生都进了重点高中。

（3）老师们都是很通情达理、很体谅学生的。

（4）纪录片总是很沉闷的。

（5）吉娃娃不是好宠物。

3. 对于下面每一个演绎论证，说明其是否有效以及原因：

（1）徐逸飞：苏芳菲跟我们一起去吗？

姜瑶：她感冒了，还跟我说如果她感觉好一些的话就跟我们一起去。

徐逸飞：她来了！

姜瑶：我想她感觉好一些了。

（2）郑鑫：我们要在聚会上准备一些素食。沈佩珊是个素食主义者。

温妮：你为什么那么认为呢？

郑鑫：哦，素食主义者都是软心肠，看不得动物受苦。沈佩珊就是那样的。

（3）林畅：如果这场比赛在17点结束，那时路上就会有很多车，那样我们聚会就会迟到了。

苏芳菲：可是这场比赛应该会在16:30结束的。

林畅：那我们准时参加聚会就不会有什么问题。

（4）郑鑫：你说你不相信任何超过30岁的人。

林畅：可是那个推销员才28岁。

郑鑫：那样我们就可以相信他了。

（5）沈佩珊：如果每个人都隔一天才开一次车，那么对于治理全球变暖的问题会有很大帮助。

苏芳菲：你觉得有可能让全球的人都那样做吗？

沈佩珊：这样的话，我想我们的地球就有麻烦了。

4. 用日常语言构造出具有下列形式的论证，对每一个形式都构造三个论证：

（1）所有A都是B。

X是一个A。

所以，X是一个B。

（2）所有A都是B。

所有B都是C。

所以，所有A都是C。

（3）如果P，那么Q。

Q。

所以，P。

（4）如果 P，那么 Q。

并非 Q。

所以，并非 P。

5. 假设张熙怡问她妈妈晚上是否可以跟朋友一起出去看电影，她妈妈说如下的话：

（1）“只有你把那套数学模拟卷子做完了才能去看电影。”

或者

（2）“只要你把那套数学模拟卷子做完了就能去看电影。”

张熙怡对于每种条件应该如何回应？应用“充分条件”和“必要条件”来解释你的回答。

6. 将下列论证标准化，在每个论证中补上任何遗漏的、将使得这个论证有效的前提或者结论：

（1）姚阳是一个篮球运动员，所以他必然很高。

（2）屋子里有灯光，家里必然有人。

（3）他们飞得越高，就越难落下来。刘宇轩飞得很高。

（4）藏獒是危险的狗，所以我们应该禁养它们。

（5）你的狗必定很危险——毕竟，它是一只藏獒。

（6）贾强这么年轻就开着一辆法拉利，他必然是富二代。

（7）如果嫌疑人当时开着一辆吉普车，那么警察应该在尸体附近发现轮胎印。但是警察在犯罪现场没有找到任何车辆轧过的痕迹。

第四章　归纳论证和谬误

学习目标

在读完本章之后，你应该能够：

- 将“强的”和“令人信服的”等概念应用于归纳论证
- 将“初步评价”这一概念应用于论证
- 对论证进行初步评价
- 识别出下列常见谬误：
  - 虚假的支持谬误
  - 不可接受的前提谬误

减负（二）

在上一章里，我们看到了王茵茵和她的女儿张熙怡之间关于学生学习负担问题的对话。这个对话在下面继续进行。

王茵茵：其他国家的所作所为与我们无关。我们中国的教育有自己的特色。

张熙怡：但是我们为什么不借鉴其他国家好的经验呢？

王茵茵：因为我们得走自己的路。

张熙怡：为什么我们要走自己的路呢？

王茵茵：因为我们跟他们不一样。我们要以自己的方式做事。

张熙怡：我知道美国的教育体系很不错。

王茵茵：你这话听起来就像那些崇洋媚外的人，我真不应该让你看那么多网络上的视频……要是美国的教育真有那么好，那为什么还有那么多校园枪击案呢？

张熙怡：……可是教育部也同意我的想法啊。他们不是刚出台了新政策，要减轻学生学业负担吗？

王茵茵：那是个馊主意。

张熙怡：为什么？

王茵茵：因为这不是什么好事。我认识的所有家长都这么认为。

张熙怡：他们知道什么？我周围所有同学都觉得我们学生太辛苦了。

王茵茵：要么让学生努力学习通过考试，要么听之任之让他们最终考试一塌糊涂。你觉得哪个更好些？

张熙怡：我觉得还有其他可能性。如果老师们让课堂变得更有趣一点，而不总是要求背背背，那么我们实际上可以学到更多的东西。我的同学张翔告诉我，西方国家一些中学老师用戏剧的方式教历史，用游戏的方式教数学。如果我们老师也那样……

王茵茵：亏你还说张翔……你觉得他的话能信吗？整天玩电子游戏，考试总是全班倒数几名。

张熙怡：张翔人很诚实的……

王茵茵：无论如何，没有什么能代替努力学习。你还记得李阿姨的女儿柳馨吗？柳馨读书的时候就不好好读，回到家什么作业都不做，补习班也不好好上。高考考得一塌糊涂，在一个普通大学上了四年，毕业了也找不到一份好工作，现在干脆在家里失业啃老了。日子过得一团糟。

张熙怡：可是，无论你多么努力学习，也没有办法保证高考一定能考好，一定能找份很好的工作啊。

王茵茵：话不是这么说。你没看微信上《请不要给我的孩子减负》那篇文章吗？它里面说，幸亏他们当年有一个非常好的班主任，督促他们刻苦学习。那些小县城、小镇、农村出来的贫困中学生一个个专心地学习，现在个个功成名就。如今有的成了香港的大学讲师，有的在上海浦东从事金融行业，有的在国外从事 IT 业。当年的班主任现在也当上学校副校长了。

张熙怡：可是教育部说，我们需要的不是更多的课业学习。我们需要素质教育，比如艺术啦体育运动什么的，以发展我们的个性和创造力。

王茵茵：你怎么不早说！我可以帮你报个艺术课程啊！你是喜欢画画还是跳舞？你好好学，考个证书，等你申请重点高中的时候都可以加分呢！

我看你周四的数学一对一班之后，还可以安排一节艺术类课程。如果我们稍微抓紧一下时间，在你周三放学后还可以上一节羽毛球课，然后再去英语辅导班。

张熙怡：不要啊，妈！这不是素质教育的意思。素质教育不是意味着更多的课、更多的学习和更多的压力！素质教育是让学生有一些自己的业余时间，促进个人的全面发展！

王茵茵：哦……你就是说娱乐和游戏。但我绝不会浪费你的宝贵时间。

张熙怡：妈，我才 13 岁，我好难受。我只想要稍微开心一点。难道这也过分吗？

王茵茵：宝贝，你现在还小，你不懂，真正的幸福是实现目标后的满足感，知道吗？

张熙怡：我觉得幸福是有时间读读自己喜欢的书、跟朋友一起聊聊天，而不是一直被压得喘不过气来。

王茵茵：你知道吗？真正努力工作并实现目标的人比那些随随便便贪图安逸的人更快乐。

张熙怡：我没有看到什么证据表明事实如此。

王茵茵：也没有什么证据表明事实并非如此，所以这证明了我的观点。

张熙怡：我们教音乐的杨老师认为，素质教育可以培养学生在今后的生活中取得成功所需要的各种技能。

王茵茵：你不能相信那个话。这样的老师就是以支持素质教育为名，鼓动学生去兴趣班多上点课，老师就可以赚外快。

张熙怡：妈，你说这话不公平。杨老师很在乎我们的教育。

王茵茵：我们不要在这里废话了。最重要的是你的考试要考好。

张熙怡：我听说可以看看其他学生的答案，在考试中获得一些“帮助”。我的同桌考试总是排名前三。

王茵茵：住嘴！我的女儿绝对不许作弊！你必须通过自己的努力考好！

张熙怡：我为什么不能呢？其他人都这样做。

王茵茵：如果其他所有人都跳悬崖，你也跟着跳吗？

张熙怡：那你为什么不让熙文（张熙怡的弟弟）去上数学补习班，单单让我去？

王茵茵：好吧，他应该上，但是放学后他有羽毛球训练，所以我们不能让他参加数学补习。

张熙怡：反正这些考试完全没用。它们并不真正考察你的知识。考的都是死记硬背，而不是真正的学习。他们应该把这些考试通通取消。这样我们就不需要那么辛苦了。

王茵茵：别在这胡说八道了。每个人都知道，考试是应试教育中检验学生水平的最好手段。只有不明事理的人才会宣称我们应该改革一个有效运行了这么多年的系统。

在本章中，我们主要讨论归纳论证，它是在日常生活的对话和探究中最常见的一类论证。一个归纳论证的前提并不蕴涵其结论。归纳论证是很常见的，因为我们很少看到那种前提为真以确保其结论为真的论证。从天气预报是否准确到我最喜爱的导演的下一部电影会不会很好，我们的前提最多只是为支持结论提供了可信或有力的理由，而不能确保结论为真。

归纳论证

归纳论证中最重要的概念是**支持**。一个**强归纳论证**是这样的，如果它的前提为真，那么就给了我们很好的理由来相信其结论也为真。一个**令人信服的归纳论证**是一个带有可信前提的强归纳论证。它与一个健全的演绎论证是类似的。

为了理解一个好的归纳论证的标准，我们需要记住论证的关键性功能。论证的作用是提供理由（证据、数据、原则），从而使得结论可信（可以成为一个合理的信念），或者至少是跟这个论证被提出来之前相比更为可信。为了做到这一点，一个论证的前提必须比结论更为可信，以增加结论的可信性。

一个令人信服的归纳论证的标准包括：

（1）具有可以支持结论的前提，也就是说，如果其前提为真，那么这将使得结论更加可能或者更可采信。

(2) 这些前提自身是可信的（言之有理的/可以接受的），或者前提至少比结论更为可信。

由此可知，对于一个论证的评价过程是，首先暂时接受它的前提，然后问一问：如果这些前提为真的话，那么它们能否为结论提供很好的支持？它们是否提供了很好的理由来使得结论可信？

阅读材料

真理与可信性

真理与可信性是两个不同但又相互联系的概念。当评价论证和论断的时候，我们关心的当然是找出真理，即找出真的断言，不管是前提还是结论。如果我们说一个断言是可信的，我们既是说这个断言值得相信，也是说它很可能为真。断定一句话是真的，基本上就是断定了它正确地描述了其对象。说一个论断是可信的，涉及的是我们的信念基础，即对于这个断言有很好的证据。尽管我们关心的是追求真理，但如果一个断言有很好的证据，那么它为真的可能性就很大。因为我们关注论证和证据，所以我们将首先考察前提和结论的可信性。这意味着我们认为，相应证据的存在使得相信这一断言是理性的。然而，作为可错主义者，我们也认识到，有些可信的断言可能并不为真（在接下来的章节中，我们将会给出关于可信性的更为细致的解释）。

单个的归纳论证是一个**论述**[①]的基本材料。一个**论述**就是指一个问题中的一系列论证（正反双方或多方面的），从而最终为一个立场提供支持。在本书的后面部分，当我们关注导向一个有充分理由支持的判断的探究时，我们将会考虑所有相关的论证，并且评价它们为一个断言提供了多少支持或者反驳。不过，在这一章中，我们关注的是单个的归纳论证，以及怎样

① “论述”对应的原文是 case，但是这里 case 一词特指围绕着某一特定问题提出事实、理由和论据，从而为一种立场进行辩护的整个过程。它与一般意义上的“案例分析”有所不同。在这里，它强调的是给出理由和论证来为一种观点辩护、面对复杂的情形做出一个有充分理由支持的判断，这也被称为 make a case。依据中文习惯，将这一意义上的 case 翻译成“论述”更为适当。对于“论述”的强调与本书的“探究”型风格是一致的，二者均强调了超越单个孤立的论证，而对一个复杂的问题做出综合而全面的评判。

评价它们。

判断一组特定的前提是否为结论提供了强有力的支持，通常要求比在单个的论证中提供更多的信息。尽管如此，我们还是可以找出一些基本的评价标准和评价论证的方法，以便对一个论证的强度做出初步的评判。对于任何一个论证，我们都要提出这两个基本问题：

（1）如果它的前提为真，那么它们是否给了我们很好的理由来相信其结论也为真？

（2）这些前提可信吗？

即使一个论证给了我们很好的理由来相信其结论，我们仍然应该暂时悬置关于其结论的判断，直到我们完成了相应的探究。因为，可能有其他的论证或者反面的考虑，最终使得结论不值得相信。这就是为什么通常要在一个探究的背景下来评价论证。不过，在完成我们的探究之前，有时候我们可以对一个论证的质量做出初步的判断。

初步评价

prima facie（“初步”）是一个拉丁词，意思是“表面上看来”或者“乍看起来”。这个概念源自法律领域，被用来描述在控方将案子提交法庭以令被告应诉之前，必须有足够的初步证据［必须是一个“有初步证据的案子”(a prima facie case)］。

初步的判断总体来说就是预备性的判断。说一个人做出了初步的判断，就是承认其评判的预备性本质。也就是说，一个人可以对一个断言或者论证做出一个合理的初步评价，并同时承认该评价只是预备性的，是可以根据后面的信息或者其他的考虑而修改的。

对一个论证做一个初步的判断通常是很有意义的，尤其是当这个论证是一个具有误导性或者谬误的论证时。尽管关于一个论证令人信服的程度，我们的初步判断不是决定性的，但我们还是经常可以对一个论证中的谬误进行确定的判断。比如，面对下面的情形，我们可以做出自信的初步判断——2＋4＋7＋3＋6＝4 是假的，而不必将这些数字都加起来。然而，要知道正确的答案是 22，我们就要进行计算。通过下面所讨论的那些谬误，我们将会看到，经过初步的考察，我们可以判断一个断言是否存在谬误——尽管对于没有谬误的论证，我们还需要进一步的调查才能评价它们的效力。

承认一个判断是初步的判断，跟对所有的判断都采取可错主义的态度，这两者之间具有程度上的区别。尽管我们需要认识到我们所做的任何判断在原则上都可能是错的，然而它们中的很多是被我们自己或者文化中大量的证据所证实或支持的。对一个人的观点采取可错主义的态度，并不意味着这些观点没有得到很好的支持。而初步的判断则是在没有进行深入调查的基础上做出的初步观察。不过，仍然有些初步的判断是我们可以自信地做出的（当然，这种自信也是可错的），比如在一个错误一看就很明显的情况下。

正如上面所说的，在对一个论证做出评价的时候有两个关键的问题，它们对初步评价也是适用的。第一个问题是，如果前提为真的话，那么它们对结论的支持程度有多大？令人吃惊的是，这种支持经常很少甚至没有。正如我们在下面将要看到的，很多论证类型（谬误）看起来有说服力，但是实际上为它们的结论提供了很少的证据，甚至没有。在这之后，我们将考察第二个问题：如果前提看起来确实为结论提供了某些合理的支持，那么应如何评价前提的可信性？

谬误

谬误是一种常见的效力很弱的（甚至是极其糟糕的）论证，然而却具有相当大的说服力（persuasive power）[①]。回顾王茵茵的这一论证：

王茵茵：无论如何，没有什么能代替努力学习。你还记得李阿姨的女儿柳馨吗？柳馨读书的时候就不好好读，回到家什么作业都不做，补习班也不好好上。高考考得一塌糊涂，在一个普通大学上了四年，毕业了也找不到一份好工作，现在干脆在家里失业啃老了。日子过得一团糟。

---

① 在讨论谬误时，“说服力”特指并非通过证据和理性论证，而是通过修辞或者诉诸情感等而产生的说服力。在下文中，作者将其等同于“说服效果”。

你怎么想？

你怎么看待王茵茵的这个论证？

这是一个谬误推理的典型例子。王茵茵用一个例子来过度概括那些没有好好学习的人。注意，我们并不是说一个人的个人经验与理解这个世界无关。这里的谬误是，基于极其有限的一点证据——经常是个人经验（主观上是有力的，而且经常是很有说服力的），认为它好像强到可以支持一个普遍概括。

这种论证被称为**逸闻证据**的谬误（the fallacy of anecdotal evidence）。所谓逸闻就是一则故事。这个谬误是用一个故事（一个例子）来为一个概括进行辩护。人们通常容易被自己的经验或者听说的别人的经验所说服。我们都有这样的倾向，即假设我们自己的经验是典型的，因此基于它们可以进行适当的概括[i]。但是稍微想一下就可以知道，一个学生上学的时候没有好好学习文化课程，后来生活（暂时）遇到困难，这并不代表所有上学的时候不好好学习的人今后都会生活艰难。尽管如此，我们还是倾向于过度概括我们自己的经验。这种论证的问题是，它的说服力——我们可以将其称为**说服效果**（persuasive effect）——极大地超出了它的逻辑效力。一个论证的说服效果就是指论证依靠证据价值之外的因素说服别人使其相信。

律师和法官们会谈论一个论证或者证据的**证据力**（probative value），也就是一个证据所具有的法律分量或者证据价值。具有高证据力的证据包括 DNA 和指纹，具有低证据力的证据包括传闻和在光线很差的条件下做出的观察。

我们可以用证据力这个概念来重新定义一个带有谬误的论证：一个带有**谬误**的论证是说服力远远超出了证据力（证据价值）的论证。

因为谬误具有两方面的要素——逻辑上的薄弱之处以及说服效果，所以在下面讨论谬误的时候，我们将从这两个方面进行识别。有些时候，说服效果仅仅是转移话题，从而将我们领向偏离论证的方向。另一些情形下，这一效果可能是使我们相信一个断言，即便并没有什么有效的证据。还有些时候，这个效果是更为模糊的，诸如产生跟某种特定观点的负面联系。接下来，我们将努力帮助你来识别出这些说服效果，从而使你保持警惕，避免被那些证据力薄弱的论证欺骗。

注意，我们并不是说所有谬误的产生都是有意的，因而我们不将这些带有谬误的修辞方式说成“修辞策略”。当然，它们可以而且经常可能是有意为之的。不过，我们也常常不知不觉地进行谬误推理。谁没有过仅仅基于一次经验就以偏概全呢？“你说那个馆子啊？我才不去呢！那里的卫生实在是太差劲了。我上次点了一个宫保鸡丁，结果吃出一只苍蝇！”

非形式化的谬误

评价归纳论证的第一个标准是，它的前提是否支持其结论。这也是为什么我们在开始评价一个论证的时候，总是先假设它的前提为真，看这样一来它们能否为结论提供合理的支持。令人吃惊的是，相当多的论证都未能满足这一标准。事实上，许多论证提供的前提与它们所应支持的结论完全无关。这些论证不仅不能支持结论，而且实际上分散了读者的注意力，而这正是它们的目的。其他一些论证，比如逸闻证据，其前提只提供了一些很微弱的理由以支持其结论，但是却非常有说服力。这属于虚假的支持谬误，即论证的前提并不能提供充分的理由让人合理地相信其结论，但是很容易说服别人相信。

虚假的支持谬误

我们接下来的分析先假设论证的前提为真，再来看前提是否为结论提供了合理的支持。如果一个论证在假设其前提为真的情况下，尽管前提有一些说服力，但实际上对结论提供的支持很少甚至几乎没有，那么这一论证就存在虚假的支持谬误。这些前提甚至可能是完全不相干的，它们只是转移了整个论证的关注点，分散我们的注意力。当前提实际上不能为结论提供什么支持的时候，我们说它们是不相关的。一个前提跟结论不**相关**①

① 在本书中，有两个关键概念都翻译成“相关”——relevance 和 correlation。relevance 是在一般性的评价论证的语境中使用的，其定义是，一个前提跟结论不相关，当它的真假并不影响结论的真假时。correlation 是在评价因果关系的语境中使用的（参见第五章），其定义是，当两个事物发生共变的时候，它们之间存在相关。如果一个事物增长，另一个事物也增长，那么它们之间存在正相关；如果一方增长，而另一方减少，那么它们之间存在负相关。

（relevant），当它的真假并不影响结论的真假时。

最经典也是最常见的一种不相关的形式是转移话题（red herring）。这个词语的直译是“红鲱鱼”，据说源自英国的猎狐运动。反对猎狐的人士将一条腐烂的红鲱鱼拖拽着掠过狐狸的踪迹，从而混淆猎犬的嗅觉，使它们找不到狐狸。这种形式在论证中的作用是，将辩论者的注意力从当前讨论的问题转移到其他话题上。这种策略在政治性场合经常会用到。《孟子·梁惠王下》里有个典故叫“王顾左右而言他”，是说齐宣王在被孟子问到一个使他难堪的问题时，便环顾周围的大臣，把话题扯到其他事情上去。这就是典型的转移话题。王茵茵母女的对话中也有一个例子：

张熙怡：但是压力太大了！我严重缺觉，也不做任何运动。你看我都发胖了！我的神经一直都绷着，也没有时间跟朋友们在一起。

王茵茵：我为你付出这么多——这么多钱花在你身上，还有我的时间和精力，为你的学习我操碎了心！你这孩子一点都不知道感恩！

王茵茵显然不想处理张熙怡关于学习负担产生的负面影响的论证，而是把话题转移到父母为她的教育所做的牺牲上面。

转移话题（改变关注焦点）

辩论者犯了**转移话题**的谬误，他们引入了不相关的问题，从而造成偏离正在讨论的问题（或者将关注点转移开）的效果。

说服效果：转移话题的谬误转换了讨论的关注点，通常是从辩论的一个薄弱环节入手，分散听众对于正在讨论的问题的注意力。

逻辑错误：通过转移关注焦点，所提供的理由和论证就是针对另一个不同问题的了，对于找出原来那个问题的真相不起什么作用。

下面是另一个典型的转移话题的例子：

记者：女士，请问本届政府对于亟待处理的金融危机做了哪些工作？

政府官员：正如你所知道的，前一届政府忽视了这个问题，这是我们现在要面临这样一个烂摊子的原因。如果他们在适当的时间采取了适当的措施，那么我们的处境就会好很多。所幸的是，他们败选了，而我们现在主持政府的工作。

很多谬误都有值得进一步识别的子类，因为它们包含了特别的说服效果。转移话题的一个最有效的形式是**诉诸人身**（ad hominem），它将关于问题的讨论转移到提出论证的人身上。

阅读材料

我们为什么要记住这些谬误的名称？

在本章中，我们所关注的是那些为人们所熟知的谬误中的一小部分——我们认为最常见的那些。了解这些谬误的名称和例子，将帮助我们识别和抵制错的推理。一般来说，具有一个丰富的概念系统，可以提高我们理解和辨别周围事物的能力。那些只具有"常青树木"和"落叶树木"这样的概念的人，就很难辨别出他们周围各种各样的树（雪松、铁杉、枫树、桤木等）。那些缺乏关于谬误的丰富概念的人，也就很难识别出他们所遇到的论证的误导性本质。

诉诸人身（攻击提出论证的那个人）

如果辩论者拒斥一个论证是基于对立论者本人的批评而非针对其论证，那么就犯了**诉诸人身**的谬误。这个谬误试图通过对对方进行人身攻击这种不相关的方式，来破坏其论证或者断言。需要弄清楚的是，并不是每一个针对个人的攻击都犯了诉诸人身的谬误。只有利用对立论者本人的批评来驳斥其论证的时候，才是犯了这个谬误。

说服效果：诉诸人身的谬误通过攻击立论者的背景以及行为，将论证从正在讨论的问题转移到立论者身上。这样的转移经常导致立论者因捍卫其个人行为或者背景而无法始终关注正在讨论的问题。诉诸人身对于进行一个对话是特别有害的，因为它不仅使人将注意力从正在讨论的问题上转移开，而且会煽起一个人的情绪。

逻辑错误：一个人的背景或行为在很大程度上跟其论证的逻辑效力是无关的。论证的逻辑效力应该是基于论证的优劣而非立论者的个人品质来决定的。

如果立论者声称，基于一些关于他自己的事实，我们应该接受这个论证——比如说他是这个领域的专家——那么情形又将很不一样。在这样的情况下，评价该论证的来源就变成相关因素了（正如我们在第六章将会看到的）。因此，并不是说关于立论者的事实总是与论证本身无关，而是说，当我们评价一个论证的时候，不应该给予这样的因素太多的分量。诉诸人身的谬误，其论证的说服力强过其证据力。

这是另外一个诉诸人身的谬误的例子：

> 我们甚至都不需要听柳馨关于学习的论证，她是个啃老族，有什么资格对学习问题发言。

你怎么想？

> 试图想出另一个诉诸人身的谬误的例子。

这个谬误具有多种形式，其中最有名的是人身攻击（abusive ad hominem）[①]。**人身攻击**是用对立论者的恶意攻击来拒斥其论证或者立场。它通常导致将关注的焦点从正在讨论的问题完全转移到提出这个观点的个人身上。这里是一个例子：

> 张熙怡：我的同学张翔告诉我，西方国家一些中学老师用戏剧的方式教历史，用游戏的方式教数学。如果我们老师也那样……
>
> 王茵茵：亏你还说张翔……你觉得他的话能信吗？整天玩电子游戏，考试总是全班倒数几名。

这种谬误的一个火药味稍微轻一点却非常有说服力的形式是**背景性人身攻击**（circumstantial ad hominem）。这种形式并不是恶意地攻击立论者，而是提出关于这个立论者的背景或者可信性方面的事实，用它们来拒斥其论证和论断，即使这些事实跟这些论证或者论断实际上并无真正关联。比如说，王茵茵的如下论断：

---

① 有译者将 ad hominem 直接翻译成“人身攻击”，这似乎并不妥当。因为作者在谈论 ad hominem 的时候，也认为可以有对 ad hominem 适当的使用，而中文里的“人身攻击”一般来说总是贬义的。所以，这里将 ad hominem 翻译成“诉诸人身”，而将 abusive ad hominem 翻译成“人身攻击”。

张熙怡：我们教音乐的杨老师认为，素质教育可以培养学生在今后的生活中取得成功所需要的各种技能。

王茵茵：你不能相信那个话。这样的老师就是以支持素质教育为名，鼓动学生去兴趣班多上点课，老师就可以赚外快。

你怎么想？

上面王茵茵的论证有什么问题？

对此有一个**重要的限定**。并不是所有针对立论者包括其人品的指涉都是错的。只有当这些评价被用来拒斥这个人的论证时，才犯了这一谬误。例如，如果一个人说“相信我，李伟是个贼”，而说话者说谎是出了名的，那么指出其惯于说谎这一事实，就是适当的。当一个断言的可信性依赖其立论者的可信性的时候，批评者就可以合理地提出关于立论者的可信性的质疑。

阅读材料

指出某人是说谎者不同于证明其所说的某句话是谎言。

我们可以通过《狼来了》这个故事看到这一点。小男孩说了很多次“狼来了”，当人们跑过去时却发现他其实是在撒谎。他最后一次喊“狼来了”的时候，每个人都把他当成说谎者，但是狼却真的来了。

更为复杂的是，对大多数论证来说，我们接受一个人的论证或者前提的原因之一是我们相信不会被误导。如果我们有理由认为自己可能会被误导（比如，我们接受某个论证可以帮助立论者获得经济利益），那么我们确实有理由对其表示怀疑。但是需要注意，有理由进行怀疑，并不代表有理由拒斥一个论证。如果一个人为支持他的结论提出了可信的理由，那么必须根据论证本身的优劣对它进行评价，而不论立论者的偏见。例如，如果一位在课后补习班上授课的老师主张学校课堂上不要讲太多对学生来说偏难的知识点，那么他表面上的偏见并不能使我们拒斥他的论证或者否定他的结论。不过，我们可以而且也应该使用我们对一个人所具有的偏见的了解来评价其论证。

因为关联而有错

因为关联而有错（guilt by association）是一个这样的谬误：一个人拒斥某个断言，因为它是那些不受欢迎的人所持有的立场。这里是本章开场对话中的一个例子：

张熙怡：我知道美国的教育体系很不错。

王茵茵：你这话听起来就像那些崇洋媚外的人，我真不应该让你看那么多网络上的视频。

你怎么想？

描述一下这个因为关联而有错的例子的说服效果，并解释其逻辑错误。

这个论证的模式是这样的：

不受欢迎的人或者坏人相信 P。

所以，P 是假的，或应该被拒斥。

说服效果：因为关联而有错为所讨论的问题创造了一种情绪上负面的联想，从而使人拒绝这个观点。

逻辑错误：一个观点被一些不受欢迎的人持有，这一事实跟这个观点是否为真或者是否可信没有任何关系。毋庸置疑，每个具有一定数学知识的坏人都相信 2＋2＝4。这些人的邪恶显然不能给予我们任何理由来质疑这道加法题结果的正确性。

稻草人

稻草人的谬误包含了攻击一个被错误表述的论证或立场。当辩论者把一个并非对方的观点归于对方，并通过驳斥那个被错误表述的论证或立场来反驳对方的观点时，他们就犯了稻草人的谬误。

说服效果：稻草人的谬误通常发生在一个人通过使用诸如夸大的概括、荒谬的非黑即白的对比等，来总结对方观点或者对其做出推论的时候，即使听众并不知道立论者的立场是什么，他们也可以被说服，认为立论者持有的观点是荒唐的。

逻辑错误：批评一个并非真正被讨论的断言或者论证，不能为反驳对方实际的观点提供任何基础。在批评你的对手的立场之前，通过仔细、善意地理解其立场，可以避免无心地犯下这个谬误，在对话中，你应该向对方核实，看看对其立场是否做出了正确的描述。

下面是一个很好的例子，王茵茵完全错误地呈现她女儿的想法，这样的刻意虚夸和不实呈现对方观点会让讨论难以进行下去。

张熙怡：妈，这是两码事！我只是觉得我太辛苦！也没得玩！也没有生活！

王茵茵：这么说，你是觉得你不用做任何功课，不用付出任何努力，就整天跟你的朋友们耗在一起嘻嘻哈哈，还是可以很成功？天底下有这么便宜的好事吗？

当对某一观点持批评态度的人告诉你一个论证的时候，常常很难看出他是否公正地表述了该论证。一个好的策略是，如果该批评者对这一论证的描述使得它听起来很荒谬，那么就要怀疑其中可能包含了稻草人的谬误。

不相关的标准

如果辩论者批评一个政策或项目没有达成某个目标，而这个目标是该政策或项目从未期望要达到的，那么，辩论者就犯了**不相关的标准**（irrelevant standard）的谬误。这通常也是稻草人的谬误的一种形式——强加给对方一些对方并未坚持的标准。例如：

研究哲学没有任何意义——它从来不能解决所有生活中的问题。（可是显然没有人说它能做到。）

张熙怡：我知道美国的教育体系很不错。

王茵茵：你这话听起来就像那些崇洋媚外的人，我真不应该让你看那么多网络上的视频……要是美国的教育真有那么好，那为什么还有那么多校园枪击案呢？

说服效果：不相关的标准的说服效果是，借由一些政策或项目不能达成一些显然不可能达成的目标，而阻碍人们对这些政策或项目的接受。这个策略的效果是基于这样的事实，即如果这个强加于该政策或项目的标准是不相关的，那么，显然该政策或项目将永远也不能达到那个标准。这一谬误的说服效果是使得该政策或项目显得彻底无效。

逻辑错误：这里的问题是，这个目标是不相关的，因为所设定的标准（通常是一些绝对的标准）是被夸大了的，也并非这个政策或项目所期望达成的目标。

两者皆错

两者皆错（two wrongs）的谬误有两个版本。一是通过声称自己受了委屈来试图为错误辩护。“是他先打的我”，这是在学校操场上常见的这一谬误的例子。二是声称其他人也犯了同样的错误而并未受到惩罚，因而自己也应该被赦免。“刘睿昨天也迟到了，却没有人计较。”

你怎么想？

解释一下，在上面的论证中有什么地方不对。

说服效果：两者皆错的谬误使得听众关注其他人的错误行为，或者制造一种受委屈的感觉来为某个行为辩护。它也使得一个论证听起来像是在合理地诉求正义。

逻辑错误：他人的错误行为应该接受惩罚，但是应通过法庭等机构对其做出惩罚。而如果将法律掌握在自己手上，并且通过使用一个两者皆错的论证为自己的错误行为进行辩护，就是声称报复在道德上是合理的。这严格来说可能不是一个逻辑错误，而是一个道德推理上的错误。

这个论证的另一种形式是：“你不应该批评我，因为他们也这样做了，而你却并没有批评他们。”同样，这表面上是对正义的诉求（同样的情形必须受到同样的对待），而实际上其目标并不是获得正当的惩罚，而是从错误中逃脱，因为其他人也逃脱了。例如：

你没有权利因为我回家晚而对我生气。昨天晚上，玲玲也回来晚了，你却几乎没有注意。（回答：好吧，我们应该注意到玲玲，但是那并不意味着你就没有犯错。）

为什么我得了罚单？那些车也都超速了。（回答：我希望我能抓住所有超速的人，但是我们只能做我们能做到的，而现在我抓住你了。你当然不能说你没有超速。）

张熙怡：那你为什么不让熙文（张熙怡的弟弟）去上数学补习班，单单让我去？

王茵茵：好吧，他应该上，但是放学后他有羽毛球训练，所以我们不能让他参加数学补习。

在世界范围内，一个错误（比如暴力袭击）是否可以成为另一个错误（对这一袭击的报复）辩称自己合理的理由，则更为复杂。没有什么超越一切的权威可以对错误行为进行惩罚，因而以恶制恶看上去似乎具有合理性。所以，毫不奇怪，这样的推理导致了国际上长期存在的某些局部冲突。

流行性

流行性（popularity）的谬误有两种形式。一种形式是，以很多人都相信某一观念为根据来为该观念辩护；另一种形式是，以很多人都采取某个行为为根据来为该行为辩护。后一种形式（有时候被称为**不恰当地诉诸通常做法**）可以看作两者皆错的谬误的一种推广形式。这里辩论者试图通过引证其他人所广泛采取的错误行为来为一个立场进行辩护（比如，在个税申报中作假，“可是每个人都这么做”）。看下面张熙怡与王茵茵的辩论：

张熙怡：我听说可以看看其他学生的答案，在考试中获得一些“帮助”。我的同桌考试总是排名前三。

王茵茵：住嘴！我的女儿绝对不许作弊！你必须通过自己的努力考好！

张熙怡：我为什么不能呢？其他人都这样做。

王茵茵：如果其他所有人都跳悬崖，你也跟着跳吗？

你怎么想？

为什么通过诉诸被广泛采取的信念或者行动来为一

个人的信念或者行动辩护是有问题的？

一个做法或者信念是广为流传的，这一事实具有一些初步的相关性。我们很多人的信念都是基于常识的。那些否定通常为大家所相信的东西的人，一般来说具有举证责任。当然，很多流行的信念并没有得到什么支持，除了未加反思的“集体思维”之外。

这种谬误的另一种形式是**诉诸传统**。一个信念或者做法或许被相信了好几个世纪，然而这一事实并不能使它为真。有太多古老的信念，从地球是宇宙的中心到男人比女人更优越而应该得到不同的对待，都是曾经被广泛持有的传统信念，而现在都被明智地抛弃了。传统之所以成为传统，并不是因为它们是对的，有时只是因为人们道德上的软弱，或者自我放纵，或者是延续了可疑的惯例。例如，很多国家因为传统上对于腐败的默认而导致腐败现象泛滥。我们可以看出诉诸通常做法在逻辑上是多么地无力，很多极其恶劣的压迫，比如种族压迫、性别压迫，都曾经是非常普遍的现象，而且它们现在仍然被广泛接受。

都市传说是本身错误却被广泛相信的典型例子。它们经常在互联网上流传，在相互信任的朋友之间传递。比如下面这些常见的都市传说：

在某些火锅餐馆中，火锅底料中添加了罂粟以增强风味。

一些海带是塑料做的。

说服效果：流行性的谬误利用了人们的这一倾向，即不加质疑地相信被广泛接受的断言，或者如果他们的行为跟其他人的行为一致，就觉得它是正当的。跟下面要讨论的**轻率概括**（hasty generalization）一样，诉诸流行性通常是偏见的来源。

逻辑错误：流行性只是信念的一个初步基础，它从来不能成为一个断言真正的证据。使得一个观点或者断言值得相信的基础是其为真，或至少得到了合理的证据的支持，而不是被广泛接受。

轻率概括

如果辩论者仅凭很少的一些例子（有时甚至没有）就做出概括，则其犯了**轻率概括**的谬误。有时，即使确实存在相关的例子，这样的概括也仍然是以偏概全的，超出了证据所能支持的范围。

> 我不觉得吸烟会致癌。我爷爷一辈子抽烟，活到九十多岁。
>
> 我们两次去杭州，两次都下雨。我真不明白为什么杭州是一个受欢迎的旅游胜地。

说服效果：这个谬误利用了我们从自己的有限经验中做出概括的自然倾向。一般来说，人类进行概括的能力和倾向是一个优势，这个能力使得我们能够从过去的经验中学习。但是，在我们所生活的这个复杂而多样的世界中，我们的很多概括是不能提供可靠的信息的。遗憾的是，我们太倾向于概括，而注意不到我们只有很少的证据，甚至没有证据来支持我们的概括。我们自己或朋友的经验都是非常有限的。需要记住的是，我们自己的生活经历并不能作为代表人类生活经验的适当样本。所以，我们自己的经验很少能支持一般性的概括。

逻辑错误：轻率概括的谬误忽视了概括需要有相当多的支持才能是合理的。一个关键的原则是，一个断言的概括程度越高，就越是需要实质性的证据来支持。这个错误通常是源于我们没有认识到，在生活中的很多领域里我们自己的经验实际上非常有限。

逸闻证据

轻率概括最常见的形式是基于**逸闻证据**（anecdotal evidence）或者个人经验进行概括。

你怎么想？

以我们自己的经验作为证据，有什么样的局限呢？

当然，讲述一个可以阐明某人观点的故事，或者使用一个可以支持某一结论的例子，这并没有什么错。然而，当一个辩论者试图用一则逸闻证据来支持一个宽泛的概括时，就产生了谬误，因为它至多只是一个例子——一个非常小的样本。

下面是两个例子：

王茵茵：宝贝，跟你说过多少遍了，你的整个未来都取决于它啊！那些上了好大学的人都很有出息。你看你黄叔叔，名牌大学毕业，现在年纪轻轻就功成名就。

张熙怡：可是，无论你多么努力学习，也没有办法保证高考一定能考好，一定能找份很好的工作啊。

王茵茵：话不是这么说。你没看微信上《请不要给我的孩子减负》那篇文章吗？它里面说，幸亏他们当年有一个非常好的班主任，督促他们刻苦学习。那些小县城、小镇、农村出来的贫困中学生一个个专心地学习，现在个个功成名就。如今有的成了香港的大学讲师，有的在上海浦东从事金融行业，有的在国外从事 IT 业。当年的班主任现在也当上学校副校长了。

说服效果：经验和故事都是极其鲜活的，也很容易把我们引向结论。它就像根据第一印象来判断人，或者根据在一个大城市的一周生活体验来判断一个国家。你可能是对的，但是这并不足以作为一个很有力的证据。

逻辑错误：相信逸闻证据的错误是将一个概括建立在少数几个经验或者故事之上，而相信自己的经验可靠地“代表了”其他人的经验。

当然，通过某些经验或者从他人那里了解的东西试探性地推出的断言也可能是真的。然而，为了避免仓促地得出结论，辩论者应该更为弱化地、使用适当的限定修饰来表述断言，比如“在我看来似乎……”“基于我所掌握的证据……”“可能是……”“基于我有限的经验……”“我感觉……”等，我们有无数种方式来表达关于断言的不确定性，当我们没有足够的证据表明一个更为肯定或自信的立场时，我们应该使用它们。以试探性的方式发表个人意见也是鼓励对话的一种方式。用诸如“我坚信……”或“我才不会相信……”之类的强硬语气进行表述会阻止其他人发表意见，而这违背了探究精神。

个人经验以及故事并不是轻率概括的唯一来源。有局限性的或者带有偏见的研究，即使是由专业研究者做出的，也会导致其缺乏很好的支持。在第十二章和第十三章关于科学的探究中，我们将更为深入地看到什么可以作为支持一个概括性断言的适当证据。显然，一个研究越是全面、执行得越是仔细，它的结果就越不大可能是一个轻率概括。

循环论证

当辩论者所使用的前提跟他们的结论等同时，他们就犯了**循环论证**（begging the question）的谬误。循环论证的另一种方式是假设一个处于争议焦点的断言为真。

王茵茵：其他国家的所作所为与我们无关。我们中国的教育有自己的特色。

张熙怡：但是我们为什么不借鉴其他国家好的经验呢？

王茵茵：因为我们得走自己的路。

张熙怡：为什么我们要走自己的路呢？

王茵茵：因为我们跟他们不一样。我们要以自己的方式做事。

王茵茵这个论证的问题在于，她想要论证的结论"我们中国的教育有自己的特色"是建立在"我们跟他们不一样"这个假设基础上的，而这个假设却恰恰是这个论证要证明的。

有时，这也叫作循环推理，即一些论证试图仅仅通过重复其结论作为证据来得出结论。这是对话中的一个例子：

张熙怡：……可是教育部也同意我的想法啊。他们不是刚出台了新政策，要减轻学生学业负担吗？

王茵茵：那是个馊主意。

张熙怡：为什么？

王茵茵：因为这不是什么好事。

你怎么想？

解释一下王茵茵的论证中有什么样的问题。

你并不能通过重复说"因为这不是什么好事"来证明一个想法或措施是不好的。

说服效果：这个谬误造成了这样一个假象，即好像已经提供了证据来支持结论，而事实上前提只不过是用一种稍微不同的方式来表述结论罢了。

逻辑错误：这里所包含的错误是忽视了关于前提的一个关键性标准：前提必须通过提供不同于结论而且更为可信的支持性断言，来为接受结论提供另外的理由。

诉诸无知的论证

当一个人基于没有什么证据可以反驳某一立场而论证该立场是正确的时，他就犯了**诉诸无知的论证**（argument from ignorance）谬误。例如：

> 既然他们从来没有证明宇宙中没有其他有智慧生物，那么就可以说这样的生物是存在的。

你怎么想？

上面这个论证中存在什么样的错误？

宇宙中可能有其他的智慧生物，也可能没有。但是我们不能仅仅根据我们没有能力证明，就论证其存在。这里，一个有用的概念是**举证责任**[burden of proof，也叫作**负担**（onus）]，即举出相应的证据为自己的观点进行辩护的责任。这是源自法学领域的一个概念。我们都听过刑事案件中的“无罪推定原则”：在被证明有罪之前，嫌疑人是无辜的。其另外一种表达方式是举证责任在于控方。在没有适当证明的情况下，默认的观点是被告无罪。在法庭系统之外，举证责任一般归于那些提出令人吃惊的立场或者是要改变一个既定观点的人（例如，那些论证存在神农架野人或者论证要改变一个既定的通常做法的人具有举证责任——如果他们不能为其立场提出很好的论证，那么我们将延续既定的观点或者做法）。但是在很多问题上，并没有什么明显的默认观点，因而也就没有明确的举证责任。在这样的情形中，将某人的观点看作默认观点，从而将缺乏反对这一观点的证据看作证明它是对的，这就是诉诸无知的论证的谬误。

在这样浩瀚的宇宙中，很难说其他的星球上就不会存在智慧生物，但是，我们并没有任何证据表明它们确实存在。所以，我们只能说我们不知道。在这样的情形中，证据的缺乏只能被合理地用来表示我们对此不确定或者缺乏知识，而不是为一个观点进行正面的辩护。

这是来自对话中的另一个例子：

王茵茵：你知道吗？真正努力工作并实现目标的人比那些随随便便贪图安逸的人更快乐。

张熙怡：我没有看到什么证据表明事实如此。

王茵茵：也没有什么证据表明事实并非如此，所以这证明了我的观点。

说服效果：通过使用诉诸无知的论证，论辩者似乎将举证责任推给了对方，并且认为，对方未能为其观点提供证据，就等于是为己方立场进行了辩护。

逻辑错误：做出诉诸无知的论证的人，似乎认为举证责任应归于另一方，而实际上举证责任的归属并不明显。在缺乏证据的时候，唯一合理的立场是承认无知。

“缺乏证据并不是（某事物）不存在的证据”（absence of evidence is not evidence of absence），这一说法很好地说明了不能用缺乏证据来证明一个观点。需要注意的是，如果有明确的举证责任，那么“缺乏证据”就可以为（某事物）不存在进行辩护①。然而在关于宇宙中智慧生物的例子中，并没有明显的举证责任。这个情形中证据的缺乏仅仅意味着我们不知道。而在其他一些情形中，当做了适当的调查之后，仍然未能发现关于存在某种效果的证据，那么就可以说明没有效果。例如，高纤维食物据称可以降低结肠癌的发病率，然而，一个规模很大的样本调查研究并未发现，那些吃了高纤维食物的人和没有吃的人在癌症发病率上有任何区别[ii]。因此，这一研究结果就提供了强有力的证据说明吃高纤维食物并不能降低结肠癌的发病率。在第十二章，我们将会更为深入地讨论拒斥以及证明一个因果断言的复杂性。

滑坡论证②

当论辩者驳斥一个行为，称其长期影响将是灾难性的，却不能提供足

---

① 这里的意思是，如果举证责任不在论证“不存在”的一方，那么，“缺少证据”就可以成为“不存在”的证据。比如，在刑事案件中，因为存在无罪推定原则，那么缺乏嫌疑人罪名成立的确凿证据，就可以为嫌疑人没有犯罪进行辩护。

② 原文中，作者还给了“滑坡论证”另外一个名字——“幽灵论证”(argument by spectre)。这是作者为了强调滑坡论证所描述的那种可怕的后果。然而，因为这一提法并不常见，为了避免混淆，译文回避了这一名称，而采用更为常见的“滑坡论证”这个名称。

够的证据来表明其假设的后果有可能发生时，他们就犯了**滑坡论证**（slippery slope）的谬误。比如：

> 王茵茵：怡怡，这话我跟你说了多少次了？你要是进不了年级前一百名，你就进不了重点高中；你进不了重点高中，就进不了重点大学；进不了重点大学，就找不到好工作；你找不到好工作，你的朋友也不想跟你来往，将来你连孩子都养不起。那就是你想要的生活吗？

说服效果：滑坡论证是基于对一个不可避免的可怕后果的恐惧，而迫使对方放弃某种行为或者政策。"滑坡"这个名字强调了如果你向某个方向采取某个行动，那么将不可避免地滑向不好的后果。这类论证的说服效果通常是通过突出那个可怕的后果达成的。人们的恐惧是很容易被唤起的，所以，如果一个提出论证的人可以使听众关注到尽管不大可能发生却非常可怕的后果，那么听众将不会问这种可怕后果真正发生的可能性有多大。

逻辑错误：说一个事件或决定将会不可避免地导致一个接一个的事件，直到某个灾难性的后果发生，这一断言要求相当多的证据。这里的逻辑错误是，没有能够提供可信的证据来支持这个假定的后果可能发生。未来是不确定的，无论是民众还是政府都会经常改变言行的方向。所假设的因果链条的每一个环节都需要支持和证据。这个谬误通常只看到了一个行动可能产生的负面后果，而非产生这一后果实际的可能性或者这一行动有益的方面。合理的决策要求既考虑后果，也考虑其可能性。

偷换概念

论证中的**偷换概念**（equivocation）是指，作者故意误导性地在两种不同的意义上使用同一个词。偷换概念是一个谬误，因为它涉及词义的转换，而这对于一个论证的有效性或效力是非常关键的。

让我们看看下面这个演绎论证的例子：

> 向日葵是黄色的。
> 黄色的东西是下流的。
> 所以，向日葵是下流的。

“黄色”这个词的意义在前两句话中显然是不同的，因此，尽管这个论证表面上看形式有效，实际上却是无效的。

大多数麻烦的偷换概念的情形出现在更长一点的论证中，特别是当某人通过改变词的意义来为一个断言进行辩护的时候。

这里有一个例子：

A：我从团队协作中意识到，总是有人会成为团队的领导。

B：我倒没这样的体会。昨天晚上，俱乐部的会议时间超过一个小时，为什么也没有人来主持？我们就是那样自发地讨论。

A：哦，那样的话，整个团体就变成了领导。

偷换概念的一个著名例子是声称进化论只是一个“理论”的论证。这一问题将在第十二章得到更为详细的讨论，不过我们在这里可以给出它的概要。这个论证是这样的：

（1）进化论是一个理论。

（2）理论就是试探性的、不确定的假说。

结论：进化论是一个试探性的、不确定的假说。

但是，“理论”在第一种意义上意味着进化论是一种科学观点，和“量子理论”或者“原子理论”一样。而在第二种意义上，“理论”在一个更为通俗的意义上被使用，意味着某个东西比直觉稍微可信一点，就像说“那只是你的理论”。这两种意义有本质上的区别。因此，这个论证犯了偷换概念的谬误。

说服效果：通过在不同的意义上使用同一个词，辩论者让人们觉得他好像做出了有效的论证。很多意义的转换通常是微妙的、难以发现的，这意味着这样的转换有时候是很有说服力的。

逻辑错误：大多数词具有多种意义。我们通常可以借助语境分辨作者在哪一种意义上使用该词。但是，故意在两种不同的意义上使用同一个词，就好像意义没有发生变化一样，这就违背了逻辑的融贯性，也就破坏了那种表面上的形式有效性。

不可接受的前提谬误

到目前为止，我们关注的都是一个论证在推理方面的质量，即如果前提为真的话，那么它们能否为结论提供初步的支持。我们已经看到了一系列的谬误，其中前提只能为结论提供很少的支持，甚至不能提供支持，却常常是有说服力的。现在，我们想要考察一下这样的情形，即前提（如果为真的话）确实为结论提供了支持，而我们需要判定的是前提本身是否可信或者是否为真。既然我们只愿意相信那些为真的断言，我们自然想要真的前提。但是，我们通常所能够知道的只是前提是值得相信的（可信的）。一个好的论证会依靠前提的可信性来支持结论，从而使得结论也可信。

我们首先需要区分一个前提的**可信性**（credibility）和**可接受性**（acceptability）。如果任何一个知情的、明白事理的人都会相信某个前提，那么它是可信的。如果一个特定的人或者听众可以将某个前提视作真的，那么它对于他而言是可以接受的。一个既不可信也不可接受的前提，叫作**有问题的前提**。

当然，你、我或者任何一个人是否相信一个前提，这并不决定它的真假。究竟什么使得一个断言为真，这是一个复杂的哲学问题。不过，对事实性判断而言，使得一个断言为真的是它正确地描述了事实。乌鲁木齐离北京的直线距离比东京离北京的距离还要远，这确实是真的。然而，一些人可能觉得这个断言是不可接受的，因为他们不能想象一个中国城市离北京的距离比一个外国城市还要远。虽然如此，这个断言仍是真的，即使一些人并不觉得它是可接受的。

我们不能假定，如果一个断言是真的，那么任何特定的听众都认为它是可以接受的。如果你想要实现理性的说服，比如在一个对话中或者在你做出某个论证的时候，那么你不仅需要考虑你所提出的前提是否可信或者为真，还要考虑听众是否会认为它们是可以接受的。

一方面，当评价一个论证的时候，你必须评判一个论断对你来说能否接受。我们只会接受那些可信的断言（被理性的、充分知情的人所相信的）。当然，你关于一个断言的可接受性的判断将会受到你的偏见、经验以及知识水平的影响。因此，你判断可接受性的方式将是，“这个对我来说可信吗？我相信它吗?”这是完全合理的，因为简单地承认或者接受一个你并不认为可以接受的前提，就等于放弃了你做出一个有充分理由支持的判断的理智自主性和能力。作为一个有能力评判论证和信息的人，你当然有权利要求作者提供对你来说可以接受的前提。

另一方面，你不能要求所有的前提都得到证明。这样的要求将导致一个无限倒退。这样，我们就无法开始一个对话或者提出一个论证了，也就没有什么基础来做出一个有充分理由支持的判断。既然我们不能说所有的前提都是不可接受的，那么接受或拒绝一个前提的标准又是什么呢？为了避免无限倒退，我们必须认为，一个要拒绝某个前提的人负有弱的举证责任。也就是说，他并不需要一个强有力的理由来质疑一个前提，不过他需要为拒绝接受该前提提出一些理由。

你需要有某些理由来进行怀疑——你不能仅仅只是声称一个前提是不可接受的，因为它没有得到支持。永远都存在没有得到支持的前提。但是，如果你是基于自己的经验、见闻或者提出某个断言的人惯于欺骗，而认为该断言是可疑的，那么你就有合理的基础进行质疑。你可以基于下面这种初步的怀疑来要求对某个前提提供支持：“我从来都没有听说过这件事。”“天哪，那真是很令人吃惊！你是怎么知道的?”“小张很喜欢吹牛，我不能就这样接受他的说法。”这样，你并没有断定那句话是假的，你只是说，在提出进一步可信的证据之前，它是不可接受的。

此外，如果一个特定的前提为结论提供了关键性的支持，即该前提是这个论证的核心，而这个前提看起来可疑，哪怕只是一点点，那么听众就有权要求为它提供证据。对一个论证至关重要的前提需要有更大的可信度。

让我们来看张熙怡的论证：

张熙怡：反正这些考试完全没用。它们并不真正考察你的知识。考的都是死记硬背，而不是真正的学习。他们应该把这些考试通通取消。这样我们就不需要那么辛苦了。

这个论证可以标准化如下：

（1）这些考试完全没用。

a. 它们并不真正考察你的知识。

b. 考的都是死记硬背，而不是真正的学习。

结论：他们应该把这些考试通通取消。

前提（1）a 和前提（1）b 对张熙怡的论证来说都是关键性的，虽然它们可能是真的，却远远不是明显为真的。鉴于考试的重要性，这里的两个前提都需要很强的额外支撑。

我们还需要记住，做出一个论证的目的是提供一些理由来支持结论，并且这些前提需要比结论更为可信。那些并不比结论更为可信的前提是不可接受的。例如，看一下这个例子：

王茵茵：别在这胡说八道了。每个人都知道，考试是应试教育中检验学生水平的最好手段。只有不明事理的人才会宣称我们应该改革一个有效运行了这么多年的系统。

王茵茵所说的"每个人都知道"是无法接受的，因为，即使是教育部门，也一直在考虑对中考、高考等进行改革。还有她说不明事理的人才会宣称应该改革教育系统，除了有人身攻击之嫌，也是非常有争议的，它也并不比应该改革教育系统这个结论更为合理。

前提的可接受性标准

如果一个前提满足以下任何一项，那么它是初步**可接受**的：

（1）它是**可信**的，或者被广泛认为是真的。比如：中国的首都是北京。

（2）它得到了**可信的来源**的支持。比如：世界卫生组织报告，肺癌是世界上最常见的一种致命性癌症。

（3）它是**试探性地提出**的，用来衡量它对于论证的意义。比如：我认为北极熊面临灭绝的危险，而且，如果真是这样，那么它将为全球变暖的灾难性后果提供更多的证据。

如果一个前提符合以下任何一项，那么它是**不可接受**的：

（1）它是**不可信**的，是一个有理性的人无需更多的证明就不会接受的观念。比如：登月行动是假的。

（2）它**比结论更加不可信**，因而对听众来说显然是不可接受的。想象某人试图通过“任何杀人的行为都是错的”这个前提来说服听众认同“死刑是错的”。显然，任何接受这个前提的人都已经会是反对死刑的了，从而不需要被说服。另外，这个前提远远比“死刑是错的”这个结论更有争议。

（3）该前提**在提出的时候没有得到进一步的支持，而且它对论证来说是关键性的，且并非明显可信的**。比如：考试一无是处，应该被取缔。

说服效果：使用不可接受的前提的谬误就好像是打麻将时的诈和。如果说话者言之凿凿，人们通常会错误地相信一个没有什么根据的断言。

逻辑错误：这里的错误是这些前提未能达到可接受的标准。如果前提要为结论提供支持，那么必须比结论更为可信。而且，如果听众都是可以被理性地说服的，那么这些前提对他们来说必须是可接受的。

虚假的两难

对于有问题的前提，一个修辞上颇为有力的谬误是**虚假的两难**（false dilemma）。虚假的两难是试图迫使人们只考虑两个选择，而其中一个通常是令人反感的。如果人们接受这个两难困境，那么他们只能选择另外一个作为结论。

下面是本章对话中的一个例子：

王茵茵：要么让学生努力学习通过考试，要么听之任之让他们最终考试一塌糊涂。你觉得哪个更好些？

其他一些例子：

你要么制造问题，要么解决问题。

你要么跟我们在一起，要么跟恐怖分子在一起[iii]。（乔治·布什总统 2001 年在美国国会发表的演讲）

我们要么去香格里拉享受完美假期，要么待在家里受苦受累。

它们的论证形式是这样的：

（1）你要么制造问题，要么解决问题。

（2）（**隐含假设**）我不想制造问题。

结论：我应该解决问题。

（1）我们要么去香格里拉享受完美假期，要么待在家里受苦受累。

（2）（隐含假设）我不想受苦受累。

结论：我们应该去香格里拉。

说服效果：虚假的两难的说服效果是，迫使人们只考虑两个选择，而其中一个通常是令人反感的，因而他们必须选择另一个。因为只有两个选择，人们必须选那个不那么令人反感的。

逻辑错误：这个错误是，当决定应该相信什么或者做什么的时候，只假定有两个选择。这也被叫作非黑即白的错误，即当一个人思考应该相信什么或者做什么的时候，面对一个非常狭隘的替代方案，在没有进行充分反思的情况下就接受了。

在下一章中，我们将探讨可用来为结论提供归纳性支持的几种关键的论证类型。

检查你的理解

- 什么是强归纳论证？
- 什么是令人信服的归纳论证？
- 为什么一个论证的前提必须比结论具有更大的可信性？
- 什么是初步的判断？
- 解释什么是谬误。
- 列举出五种虚假的支持谬误，描述每一种谬误的逻辑错误和说服效果。
- 在什么样的条件下，我们认为一个断言是可信的？
- 在什么样的条件下，我们认为一个前提是可以接受的？
- 什么是有问题的前提？
- 在什么样的情况下，一个断言是初步可接受的？
- 在什么样的情况下，一个前提是有问题的？

练习

1. 针对下列事例，完成以下任务：

（1）对论证进行标准化。

（2）找出其中的谬误。

（3）解释这个论证为什么是有谬误的。

a. 一些人认为松狮犬是危险的狗，所以应该被禁养。但是这并不是真的。松狮犬通人性、吃苦耐劳，可以成为极好的伴侣。要说它的危险性，因为被狗咬而去急诊室的人比因为骑自行车摔伤而去的人还要少呢。

b. 在每个有着宽松的网络政策的地方，都有大量的网络犯罪的问题。更多的审查并不是解决问题之道。唯一的解决办法是更严厉的互联网法规。

c. 我刚刚发现，写这些关于全球变暖文章的记者开着一辆大排量的越野车。我以后肯定不会再关注他关于温室效应的论证了。

d. 当然可以利用那些税收漏洞了——每个人都那么干。

e. 我们公司应该推行员工生二胎可以优先晋升的政策。那些反对这个政策的人不过是自私狭隘罢了。他们看不得别人的生活比他们好。

f. 姜茶对预防感冒来说是极佳的。每个人都应该每天喝一点。我的朋友姜瑶每天都喝，她极少感冒。

g. 我一直都挺相信小李告诉我的事情，因为她是很值得信赖的消息来源。她亲口这么跟我说的。

h. 我并不支持素食主义。我才不是那些软心肠的动物保护主义者呢。

i. 那些说中国房地产市场有泡沫的人显然是错误的。这么多年我们对房地产市场实施了这么多政策和限制措施，房价仍然很高。所以说，房地产市场没有泡沫。

j. 你不应该相信你所听到的那些关于虐待动物的事情。那些都是动物权利狂热分子的宣传。

k. 一些人这么操心我们怎么对待动物是没有道理的。全世界还有那么多的人在被虐待，甚至被杀害。

l. 你怎么能相信那些有钱人所谓“减轻学生的负担”的言论？他们早就把自己的孩子送到国外上学去了！

m. 你不能指望大学生准时准点地工作。有一个学生在帮我做事，而她总是迟到。

n. 你说我们不应该禁养那些危险的犬种？那么你是觉得小孩子和大人被那些恶犬攻击是没问题的了？

2. 阅读下面的段落，完成如下任务：

(1) 找出这个段落中的谬误。

(2) 用 (a) 说服效果、(b) 逻辑错误对每一个谬误进行分析。

某居民小区贴出了“不准养狗的专项通知”：

> 各位居民：
>
> 近期居民连续举报，仍有部分居民在家中养狗，并且已经连续发生多起宠物犬伤人事件，严重影响了居民的人身安全及正常生活。
>
> 物业办再次告诫居民：各小区居民住户一律不得在家中、车库内养狗。已经养狗的住户，必须在三日内清理出去。逾期不清理的，物业办将采取措施处理，情节严重的报公安机关处理。

对此有人评论说：

> 谁家狗有问题找谁，一部分人不牵绳，凭什么让我们背锅？我交了物业费，我有狗证，我牵好自己的狗、处理好粪便就够了，我没有义务去帮助物业管别的狗。
>
> 而且，这告示的思路非常荒唐。照此逻辑，我也可以说近日出现多起交通事故，限定人们三日内把车卖掉，这像话吗？还什么通报公安机关，应该是养狗主人先报警才对。
>
> ……我觉得这个问题引申出来的话题就是：因为这世界上有犯罪分子，所以应该灭绝全人类。

3. 对于以下各项，通过编写一个犯了某种谬误的简短对话，给出该谬误的例子：

(1) 诉诸人身

（2）逸闻证据

（3）稻草人

（4）滑坡论证

（5）流行性

（6）有问题的前提

（7）转移话题

（8）偷换概念

注释

［i］由 Amos Tversky 以及其他一些人所做的大量关于“代表性假设”的研究支持这一论断。人们期望自己的经验是有代表性的，正如他们期望掷骰子的结果是随机分布的一样。参见 Tversky，et al.，*Judgment Under Uncertainty*：*Biases and Heuristics*（Cambridge：Cambridge University Press，1982）。

［ii］Arthur Schatzkin，et al.，“Dietary Fiber and Whole-grain Consumption in Relation to Colorectal Cancer in the NIH-AARP Diet and Health Study，” *Am J Clin Nutr* 85，No. 5（2007）：1353－1360.

［iii］George W. Bush，“Address to a Joint Session of Congress and the American People，” http：//georgewbush-whitehouse. archives. gov/news/releases/2001/09/20010920－8. html.

第五章　主要的论证类型

学习目标

在读完本章之后，你应该能够：

- 识别和使用归谬论证策略
- 识别和评价类比论证
- 运用论证和解释的区别评价断言和论证
- 将最佳解释论证原则用于评价解释性断言的可信性

校园中禁用手机

刘睿和他的朋友王韫以及他们各自的妈妈章敏菁、李妍在数学补习课开始前闲聊。

刘睿：王韫，你怎么不回我短信啊？我这一整天都找不到你。

王韫：因为我手机不在身边。我们老师把手机收走了。

刘睿：不是吧！你们老师真这么做？

王韫：他说手机分散注意力，我们上课都不听讲了，都在玩手机。所以我发不了短信了。还有，我也跟不上《绝地求生》的进度了。

刘睿：同情你。

王韫：你不觉得这很蠢吗？我下课时发几条短信，玩一点游戏，又不耽误我上课认真听讲。一张一弛文武之道！

李妍：我很怀疑你能做到。我听说课堂上使用手机会导致学生难以记住讲的知识，学习成绩下降。有很多研究都这么说。

王韫：但是手机不就跟篮球足球是一样的吗？我也没听说学校禁用篮球足球，干吗要禁用手机？

章敏菁：我也不赞同收走学生的手机。这要有个急事咋办啊？家长要找孩子也找不到。

刘睿：正解，老妈！

章敏菁：再说了，手机可以作为一个学习工具，就像书一样。学校显然不会没收学生的书，那为什么要没收手机呢？

王韫：我听说隔壁七中管得更严。那些违规带手机到学校的学生，手机不仅被没收了，还被老师当众砸了。

刘睿：这真是太过分了！我们还可以用纸和笔玩游戏呢！学校是不是也要把纸和笔没收了啊？

章敏菁：你记不记得，王韫妈，我们上学的时候学校多么担心在教室里安装电视和电脑？可是现在电视和电脑都成了很好的教学工具。或许手机也是一样？

李妍：我可不这么认为。学生们可容易分心了。我觉得课堂上绝对不能有任何让他们分心的东西。手机也好，电视也好，电脑也好，都统统收走。眼睛就得看着老师。

王韫：这也太过了吧，妈？你知道课堂上什么最容易导致分心吗？是其他同学！所以按照你的逻辑，我们应该把学生也给没收了。这也太搞笑了吧？

李妍：别跟我耍嘴皮子。我是真的担心手机带来的负面影响，尤其是玩那些游戏。现在小孩近视的这么多，而且这还浪费时间。你们知不知道学习的时间多宝贵啊！更不要说浪费钱去买那些游戏装备，简直跟赌博一样。那些学生窝在角落里玩游戏，也不出去跟别的孩子交往，学习更是抛到九霄云外。还有那些游戏那么暴力，“三观”不正。你说给孩子造成了什么样的影响啊！

王韫：妈，别这么说。你看我视力可好了，而且还有不少网上认识的朋友呢——刘睿不就是在这个补习班的微信群里认识的吗？

李妍：我听过对一个反互联网团体的采访，他们说网络游戏是“电子鸦片”。它给小孩子带来的诱惑就像是鸦片对人的诱惑一样。你知道这危害有多严重了吧？

刘睿：还有这种说法？

李妍：还有，世界卫生组织说，视频游戏就像可卡因或者赌博那样是可以上瘾的。那些玩游戏的人完全沉迷于游戏，生活一塌糊涂。听说最近要禁掉几个臭名昭著的游戏，我举双手赞同。那些让人上瘾的毒品，我们一概严令禁止，那么，对这些同样令人成瘾、带来负面影响的电子游戏为什么不禁掉呢？

刘睿：这倒让我想起了我们班上的于文旭。他好像就是玩游戏上瘾了！这样就可以解释他为什么那么抑郁消沉，功课一落千丈。他就想整天在手机上玩游戏。

王韫：我倒不是很确定。于文旭我也认识，他现在确实整天盯着手机玩游戏，可是我记得他好像很久之前就郁郁寡欢。他的成绩在沉迷游戏之前就已经一落千丈了。

章敏菁：我认识那孩子的父母。他们两口子整天忙工作和应酬，也没时间管儿子，家长会常常缺席。他学习不好我不觉得奇怪。

王韫：不管怎么说，我不明白他们怎么会认为玩电子游戏和吸鸦片或者海洛因上瘾是一样的。你可以玩电子游戏却不上瘾啊。只要自己稍微注意一点，玩玩游戏也没有什么坏处，还可以消遣娱乐。海洛因可不是这样——你一旦沾上就完了。

李妍：我承认这话倒也不错。

王韫：我可以自己掌控好节奏。我喜欢玩一点游戏，给朋友发点信息，上网看一会儿。可是现在想也是白想！我只想要我的手机回来！

在这个对话中，他们做出了很多不同类型的论证。

有类比论证：

王韫：但是手机不就跟篮球足球是一样的吗？我也没听说学校禁用篮球足球，干吗要禁用手机？

有因果论证：

刘睿：这倒让我想起了我们班上的于文旭。他好像就是玩游戏上瘾了！这样就可以解释他为什么那么抑郁消沉，功课一落千丈。他就想整天在手机上玩游戏。

这是两种常见的论证类型。我们将在本章深入考察它们。

归谬论证

在开始学习这些论证类型之前，我们需要注意另外一种在对话中常见的反驳对方的策略——**归谬论证**。看王韫与他妈妈的对话：

李妍：我可不这么认为。学生们可容易分心了。我觉得课堂上绝对不能有任何让他们分心的东西。手机也好，电视也好，电脑也好，都统统收走。眼睛就得看着老师。

王韫：这也太过了吧，妈？你知道课堂上什么最容易导致分心吗？是其他同学！所以按照你的逻辑，我们应该把学生也给没收了。这也太搞笑了吧？

这里王韫就是使用了这个策略。归谬（拉丁文 reductio ad absurdum，意思是“归为荒谬”），是要表明一个被提议的行为或者原则将会导致一个荒谬的情形，从而应该被拒绝。它是一个有用的论证策略。正如王韫的论证所展示的，归谬论证就是要表明，沿着对方观点中的逻辑将得出一个荒谬的结果。这种论证的有力之处在于，它可以使得对方放弃他们的观点，因为他们也会看到其观点有一个荒谬的结果。使用这种论证的危险是会犯稻草人的谬误——所归谬的并不是对方实际上所坚持的观点。例如，李妍可以说：“我当然不是说所有的学生都要没收。我说的是任何令人分心的科技产品都要没收。”她只要指出王韫在做归谬论证的时候犯了稻草人的谬误即可。

下面是另一个归谬论证[①]：

① 在所引用的这段孟子与告子的对话中，孟子是在试图进行归谬论证。换句话说，他是试图显示告子的观点可以从逻辑上推导出明显荒谬的结论（人的本性跟狗的本性、牛的本性是一样的）。根据孟子的哲学观点或者一般人的看法，人的本性显然跟狗、牛等动物的本性是不一样的。可是这样就预设了首先要接受孟子或一般人对人性的理解，而这点恰恰是告子不会同意的。在告子说“生之谓性”的时候，他用“性”这个词指的是诸如吃饭和性欲这样的动物本性（“食色性也”）。既然如此，他也就会认同在这个意义上，人性和狗、牛的本性是一样的。所以孟子所认为的荒谬结论对告子来说并不是荒谬的，这样也就不具有反驳告子的力量了。

告子曰："生之谓性。"

孟子曰："生之谓性也，犹白之谓白与？"

曰："然。"

"白羽之白也，犹白雪之白，白雪之白，犹白玉之白与？"

曰："然。"

"然则犬之性，犹牛之性，牛之性，犹人之性与？"

——《孟子·告子上》

在我们下面将要学习的类比论证中，我们也会看到对于归谬策略的运用。

类比论证

一般意义上，有两种类比论证——先例类比和因果类比。

先例类比

李妍：那些让人上瘾的毒品，我们一概严令禁止，那么，对这些同样令人成瘾、带来负面影响的电子游戏为什么不禁掉呢？

李妍的这个论证就是一个先例类比。她把电子游戏和成瘾的毒品进行类比，而毒品是被严令禁止的，这就可以为禁止电子游戏进行辩护。不管是出于公正还是出于逻辑，都要求我们在判断上保持一致。例如，如果一个人因为携带一定分量的可卡因而被法庭宣判三年的监禁，那么另一个携带同样分量可卡因的人也应该被判三年的监禁，除非在两个案子之间存在一些法律上的重要差异。事实上不管是法庭还是我们自己在判断上都不是始终保持一致的，但是适当的一致性仍然是所有理性的人所追求的目标。

阅读材料

注意，不一致性跟改变你的想法并不一样。不一致性是指做出相互矛盾的判断，而且对此没有什么好的理由。一个常见的前后不一致的例子是，当人们使用数据来证明其论断的时候，如果数据跟他们自己的结论不符，他们就说："哦，你可以用数据来证明任何事情。"

另外，如果你注意到新的事实或者进一步的反思使你认为你原来的观点是错误的，那么你应该改变你的想法。基于证据和反思合理地改变想法是批判性思维的应有之义。

诉诸先例原则是英美法系推理中的根本原则，也是在中国逐渐被采用的原则。当律师辩论某个先前的案例对正被讨论的案子来说是一个适当的先例时，他们并不怀疑先例是做出决策的一个关键性因素。引用其他的案子作为一个先例是类比论证的一种形式。这种论证基本上是这样的：

在案件 A 中，法庭判决 X。

现在手头上的案子跟 A 在某些相关方面是类似的。

结论：法庭在这个案子上也应该判决 X。

这就是一个**先例类比**论证，它在法庭之外的情形中也被广泛应用。这里，提出论证的人试图在这一基础上确立一个结论，即手头上案子的情形跟另一个案子的情形是类似的。假设我们同意关于另一个案子的结论，那么我们对于手头的案子也应该接受这个结论。这个论证的关键是，这些案子在某些**相关**方面是非常类似的。假如一个犯罪嫌疑人很高而另一个犯罪嫌疑人很矮，则并不能用来证明这些案子的相似性，因为身高对这个问题而言是不相关的因素。

让我们来看一下李妍的论证，它可以表示为表 5－1 的形式：

表 5－1　关于"电子游戏应该被禁止"的类比

先例		正被考虑的问题
吸食毒品会上瘾	类似	玩电子游戏会上瘾
毒品被禁止了	通过类比	电子游戏也应该被禁止

你怎么想？

你觉得李妍的类比论证是一个好论证吗？解释原因。

我们在下面将讨论怎样评价类比论证。值得注意的是，即便李妍的类比是一个好的类比，它对禁止电子游戏来说也只是一个初步的论证。也许玩电子游戏是会上瘾，但是把这样一个普遍流行的，尤其是深受年轻人欢迎的东西一禁了事，可能会使很多人偷偷摸摸地使用，那可能会带来比容忍它更坏的结果。

因果类比

并不是所有的类比论证都是先例类比。先例类比具有评价性的结论，而其他的类比论证可以是事实性的，例如因果类比。

因果类比通过将一个现象跟另外一个现象进行比较，试图对其进行理解。这种论证的一个常见形式是**历史类比**，即通过对一个先前事件的理解，来预测如果现在我们采取类似行动的话，将会发生什么。

这个论证意味着，现在的一个事件或情形跟先前的事件或情形是类似的，因此，那时所发生的事情现在也可能发生，那时有效的东西现在也可能有效。例如下面的论证，它可以表示为表 5－2 的形式。

章敏菁：你记不记得，王韫妈，我们上学的时候学校多么担心在教室里安装电视和电脑？可是现在电视和电脑都成了很好的教学工具。或许手机也是一样？

表 5－2　关于“手机可能成为有用的教学工具”的类比

可以比较的情形或者事件		正被考虑的问题
我们上学的时候，学校担心电视和电脑对学生的影响	类似	我们现在担心手机对学生的影响
结果表明电视和电脑是有用的教学工具	通过类比	手机也可能成为有用的教学工具

你怎么想？

对章敏菁使用历史类比为允许学生使用手机进行论证，你怎么看？

并不是所有的因果类比都是历史性的。很多类比推理是应用于科学中的。一个典型的例子是，老鼠被用来做各种各样的医学测试，特别是用来测试一种物质会不会导致癌症（致癌物质）。一个因果类比是这样的论证：因为两个现象（或者实体）具有类似的性质，所以其中一个的因果属性也会跟另一个类似。如表 5-3 所示。

表 5-3　关于"某种物质致癌"的类比

可以比较的情形或者事件		正被考虑的问题
老鼠在 18 个月内吃下了相当大剂量的某种化学物质	类似	人长期吃少量的类似物质
接受实验的老鼠得了癌症	通过类比	食用这一物质的人也将得癌症

评价类比论证

类比论证是很难评价的。几乎任何事情都可以跟另外的任何事情进行类比。它们可以在某些方面类似，而在其他方面不同。这里的问题是，这两个被用来进行比较的事物，即**类比项**，在某些相关方面是可以比较的。所谓相关方面，是指可以为从一个到另一个推理提供支持的方面。人类跟老鼠显然是非常不同的，但是出于测试致癌物这样的科学目的，二者可能是可以进行类比的[i]。手机和电视有些相似之处（两者都有屏幕，都有一些影音娱乐功能），但是在下列这些方面是不同的：交互性、便携性、手机为个人所有、分散注意力的程度，以及作为教学工具在程度上的差异。鉴于这么多差异，我们难以确定章敏菁的论证在多大程度上能够成立。

如果我们试图比较非常不一样的事件或者事情，则将更加棘手。当律师们寻找先例来支持他们的案子时，他们要寻找相似度非常高的案子。在法律术语中，这样的先例被称为"完全适用判例"（precedent on all fours）。显然，你的案子跟另一个越是类似，你的论断就越有力，即前面的判决（先例）也适用于这个案件。因果类比同样如此。老鼠跟人类在解剖学的某些特定方面似乎是很好的类比，因此，它们对于很多医疗测试和实验都是有用的模型。不过，如果健康问题是牵涉眼睛的，那么兔子就会被认为是一个更好的模型。另外，如果我们要考察社会行为，那么老鼠跟人类就相差太远了，因而也不再具有任何真正的解释或者预测价值。

正在被考虑的事情与其类比项越是相似，该类比项为评价正在考虑的事情所能提供的支持就越强。这对于因果类比和先例类比都成立。

因为一些类比所包含的类比项是非常不同的，我们可以对它们提出一个初步的反驳。这并非基于这一类比的特定方面，而是因为这两者之间的**类比距离**太大，从而无法评价。类比距离是一个比喻，它是指被比较的两者之间的差异程度。例如，如果拿一个城市跟北京进行类比，相较于乌鲁木齐，上海具有更小的类比距离。因为中国的城市根据其人口、经济规模等一般分为一线城市、二线城市等，上海和北京同为一线城市，它们的类比距离相对来说比较小。而对历史类比来说，相较于新近的事件，很久以前的事件跟今天的事件之间的类比距离就要大得多。

在使用动物的因果类比中，如果某种动物跟人类在基因上更为相似，那么类比距离就更小。

在先例类比的情形中，被用来比较的两个问题或者事件所具有的事实类型的相似度越高，类比距离就越小。

类比距离是一个有用的概念，因为一个过大的类比距离将会使得评价变得非常困难，以至于我们无法进行合理的评估。下面是用来评价类比论证的策略：

（1）检查在被比较的事项之间是否存在相关的可比较的方面。

（2）将这个论证进行推广，看看它是否会导致荒谬的后果（构造一个归谬论证）。

（3）构造一个替代性的类比，它跟原来的类比一样好甚至更好，但是却具有不同的后果。

（4）提炼出其中的根本原则，对它进行批评。

为了理解怎样评价类比论证，让我们来考察下面这个类比论证。下面是两个人关于是否应该要求航空公司为那些过度肥胖的人提供两个座位的辩论：

可能我们应该用对待吸烟者的方式来对待那些过度进食的人。现在，没有人同情吸烟的人，因为人们认为吸烟者都很清楚吸烟的后果，而且他们也有能力自己去戒烟。你要变胖的话，那就变胖好了，不过不要指望得到什么特殊照顾。

另一个人对此做出回应，很好地使用了上面关于评价类比论证的第二条策略，即做出一个归谬论证：

我同意我们应该像对待吸烟者那样来对待过度进食的人。我们要立法禁止电视上所有那些令人垂涎三尺的广告，不管它们多么有趣。而且，我们得禁止在公共场合进食，比如在工作场所或者大街上。

第一个人的论证可以被重构为如表 5-4 所示。

表 5-4 关于“过度进食的人应该为自己的习惯负责”的类比

先例		正被考虑的问题
吸烟者	类似	过度进食的人
我们认为吸烟者要为他们自己的习惯负责	通过类比	我们认为过度进食的人应该为他们自己的习惯负责

第二个人是这样回应的，如表 5-5 所示。

表 5-5 关于“不应该像对待吸烟者那样对待过度进食的人”的类比

先例		正被考虑的问题
吸烟者	类似	过度进食的人
我们禁止香烟广告，且禁止在公共场所吸烟	通过类比	我们应该禁止电视上的食品广告，且应该禁止在公共场所进食
		但这是荒谬的
	结论	不应该像对待吸烟者那样对待过度进食的人

你怎么想？

这两个类比中你认为哪个更好？为什么？

比较下面两个类比论证：

学生在手机上查找信息。手机可以作为一个学习工具，就像书一样。学校显然不会没收学生的书，那为什么要没收手机呢？

手机分散注意力，就像以前的言情、武侠小说一样。言情、武侠小说在当时被统统没收，那么为什么我们现在不能没收学生的手机呢？

你怎么想？

上面两个类比论证中的类比项之间有哪些类似之处？又有哪些不同之处？

下面是另外一个关于死刑的类比论证。它被用来反驳一个很典型的反对死刑的论证，该论证的基础是，它将不可避免地导致一些无辜的人被执行死刑。

所有的人类活动有时候都会导致一些无辜的旁观者受害，但是我们仍然进行那些活动。比如，相较于对无辜的人错误执行死刑，更多无辜的人在车祸中丧生，但是我们从来不认为我们不应该使用汽车。

你怎么想？

你对上面这个类比论证怎么看？（为了对它进行评价，你得考察一下被比较的两种做法之间相关的类似之处以及不相似之处。）

这一论证可以表示为如表 5-6。

表 5-6 关于“不应废除死刑”的类比

先例		正被考虑的问题
无辜的人在车祸中丧生	类似	无辜的人被错误执行死刑
没有人认为我们不应该使用汽车	通过类比	不应该认为应废除死刑

这是一个很棘手的类比论证，因为它做了很多类比论证所做的事情——它转换了这个问题的**框架**。这个论证诱导读者将对无辜的人执行死刑归因于一个社会实践的必要缺陷，而不是对个体权利根本性的侵犯。我们可以用上面建议的第一个策略来回应这个类比，即指出这个类比中不可比较的

方面，如表 5 - 7 所示。

表 5 - 7　关于“车祸身亡”与“被执行死刑”的不可类比性

先例	不能类比，因为	正被考虑的问题
在车祸中，（无辜的）人们是被意外地撞死的	并不像	在死刑中，（无辜的）人们是被国家有意地执行死刑的
无辜的人被意外撞死，他们的权利并没有受到有意的侵犯	并不像	无辜的人被执行死刑，他们的权利受到了有意的侵犯

因为这个论证中涉及的是框架的转换，上面的批评对于回应原初的论证可能不太有说服力。处理这个类比的最好方式不是直接针对该类比的适当性进行评价，而是使用前文提到的第四条策略，提炼出其中的根本原则，并针对这个原则的适用性进行论证。正方要论证的原则是，我们接受，而且应该接受由有益的社会实践所导致的意外伤害。反方的原则是，国家什么时候都不应该冒严重侵犯人权的危险做出决策（如对无辜的人执行死刑中对受害者权利的有意侵犯）。解决这样的原则性的冲突，并且就这个话题得出一个有充分理由支持的判断是非常复杂的。我们这里不再展开论述。不过，这个论证确实表现出了类比论证在讨论一个有争议的话题时的突出能力。我们将会在第十章回到这一问题（在那里，除了考察其他问题，我们还将讨论原则之间的冲突，以及如何权衡它们）。

论证和解释

人类所进行的最根本的活动之一就是试图理解这个世界。理解世界的能力使得我们既可以预测什么将会发生，也可以按照我们的目的来改造世界。理解世界上所发生的事情，涉及适当的解释。然而，尽管一些解释是正确的，但其他一些则是听起来合理、实际上却是错误的，还有另外一些纯粹就是错的。对一个现象做出错误的解释，意味着我们将不能进行准确的预测或是完成我们预想的那些改变。比如，医疗中的巨大进步，就来自我们不断增长的关于人体工作原理的理解。以前，因缺乏对疾病的理解，导致了如放血这样对人体有害的实践。为了从我们的理解能力中获益，我们需要知道如何辨别可信的解释，以及什么可以构成针对这种解释的好的证据。不过，首先我们需要澄清论证和解释之间的重要区别。

论证和解释之间的区别

论证和解释通常看起来很像，尽管它们在一些关键的方面并不一样。通常，在一个解释中我们是要考察**为什么**某件事情会发生，而在一个论证中我们是要知道应不应该相信某个特定的断言。解释通常是关于原因的，而论证则是关于信念的。使得这个问题更为复杂的是，我们可以对一个解释进行论证。这或许可以通过一个例子来说明。

如果我们在一个聚会上找玲玲，我们可以问别人："玲玲在哪儿?"他们可能会说："她回家了。"我们可以问他们是怎么知道的，他们可能会回答："我到处都看不到她，而且之前我看到她往门口走了。"这就是对"玲玲回家了"这个断言的一个论证。

可将其标准化如下：

(1) 我到处都看不到玲玲。

(2) 之前我看到她往门口走了。

结论： 她回家了。

我们接着可能会问："玲玲为什么离开聚会呢?"这里，我们是在要求一个解释，并且在我们的问题中已经假设她确实走了。这个答案可能是："她走了，是因为她身体不舒服。"注意，这里的"因为"并非给出一个理由来确证她的离开，而是解释她为什么离开。

尽管解释并不是论证，然而却可以而且经常应该给出论证来为某个特定的解释进行辩护。在玲玲离开聚会的例子中，可以给出一个论证来使人们相信，她的身体不舒服导致了她的离开："她的脸色看起来很苍白，并且她说了她觉得不舒服，想要回家。"

这个论证可以标准化如下：

(1) 玲玲的脸色看起来很苍白。

(2) 玲玲说她觉得不舒服。

(3) 玲玲说她想要回家。

结论： 玲玲回家了，因为她觉得不舒服。

这里关键的区别是，在这个论证中，我们是要论证玲玲离开了，而在解释的例子中，我们是假设她离开了，并为此找一个解释。不管是论证还是解释，它们都具有不确定性。玲玲可能是身体真的不舒服，但也可能是到楼上去了，根本没有离开。或者，她是离开了，但实际上是因为跟小陈吵架了，而她声称身体不舒服只不过是要掩饰罢了。

一般说来，解释有两种形式：**理由解释**和**因果解释**。

理由解释

理由解释，有时候也叫作目的解释或意图解释，指的是我们通常如何解释人类行为。当我们理解了人们的理由或者目的时，就可以理解为什么他们会有某种特定的行为，而且通常也就可以预测他们将会做什么。在前科学的社会中，人们倾向于用他们理解其他人的方式来理解自然界——通过给出关于理由和目的的解释。例如，古代中国人对于打雷的解释是，天上有个雷公，雷公打雷是为了惩恶扬善。人如果做了坏事或违背誓言，就有可能遭五雷轰顶而死去。多亏了科学上的成就，我们现在可以对很多事情给出因果解释。我们现在理解了，正负极两种带电云层碰到一起时，就会发出闪电，同时又释放出很大的热量，使周围的空气受热膨胀。瞬间被加热膨胀的空气会推挤周围的空气，引发强烈的爆炸式震动，这就是雷声——而不是因为雷公在惩恶扬善。

此外，我们还使用理由解释来解释很多人类甚至是动物的行为。例如："小陈为什么要去面包房？""他要买些面包。"这样的回答通过给出理由解释了他为什么想要去商店。另一个例子是："狗为什么在抓门？""因为它想要出去。"这里通过给出一个理由解释了狗的行为。

因果解释

当探索物理世界的时候，**因果解释**提供了最好也是最有用的解释。"为什么管子破裂了?”“因为那里面有水，而水冻起来了。”“为什么小王得了溃疡?”“并不是因为神怪罪于他，而可能是因为他的肠道受到了幽门螺杆菌的感染。”这种解释的一个优势是，它给予我们很有力的工具来改变环境。一旦我们理解了溃疡通常是由细菌导致的，我们就可以用抗生素来对付它。理解就是力量。

因果解释就是用先前的事件来解释它导致什么事情发生。大多数因果解释都是物理学范畴的，就像下面的这些例子：

> 腐蚀导致了管子破裂。
>
> 风刮倒了树。
>
> 在标准大气压下把水加热到100摄氏度导致它沸腾。

我们也用原因来解释人类的感觉：

> 她的回绝导致他很消沉。
>
> 你的美言让我乐开怀。

在这些情形中，之前的事件仍然是原因。不过，并不是这些事件的物理性质使得它们成为原因，而是它们的意义或者对心理的影响。例如，毒品的物理性质可以成为导致人类行为或者情绪变化的原因，但是，父母的离异以及其他影响心理的事件也可以导致这样的结果。

我们如何判断一个被提出的解释是真的或可信的呢？让我们来看一个简单却熟悉的例子。你试图打印你的作业，但是打印机一点动静都没有。打印机为什么不工作呢？是不是打印机哪里坏了？打印机开着吗？它的接口处有没有连好？电脑有没有装好？是软件的问题，还是硬件的问题？应该怎么办呢？

你怎么想？

你将怎么找出你的打印机不能打印作业的原因？

为了弄明白你的打印机为什么不工作，你可能想测试一下我们刚才所列举的各种不同的假设。如果你的打印机具有自我检测的功能，那么你可以用打印机打印一张测试页。如果可以打印，那么似乎就不是打印机的问题了。这样你就取消了“打印机假设”。让我们再来检查一下接线。连上了吗？如果连上了，那么可能也不是接线的问题。我们可以通过用另外一个不同的程序来打印，从而排除由特定程序所导致的问题。如果还是不行的话，我们可以重启电脑，等等。

注意，我们是通过排除法来为这个问题寻找原因的。这个过程是产生假说（“是打印机导致的”）、想出测试假说的方法（“打印一张测试页”），然后排除错误的假说（“不是打印机的问题，因为它成功打印了一张测试页”），直到我们找到一个不能被排除的原因。我们在生活中不断地使用这一方法，它也是科学研究中所使用的方法——**最佳解释论证**。最佳解释论证是一种用来确立因果断言的推理方法。它通过指出其他的解释跟事实不符，表明某个特定的解释比其他任何解释都更好。

通过测试来排除相竞争的假说，正如我们在打印机这个问题中所做的那样，是为一个最佳解释论证进行辩护的首要方式。如果所有其他的解释都被排除了，而只有一个解释通过这个办法不能排除，那么我们就有了很好的理由来相信那就是正确的解释。

在考察最佳解释的标准之前，我们需要指出，通常解释有两个主要的类型：特定的和一般的。

特定的解释是针对诸如此类的情形：“为什么这个打印机不工作了？”“怎么解释于文旭沉迷于电子游戏？”即为什么某个特定的人或者事物会有某种行为方式？**一般性的解释**针对的是诸如此类的问题：“电脑是如何使打印机打印的？”“什么导致了溃疡？”这类问题并不是针对某个个体或者某个特定的事件，而是更为一般性的“为什么”的问题。

评价特定的因果解释

尽管对于特定和一般的因果断言的解释包含了一些不同的挑战，我们还是可以用很多相同的标准来评价所有被提出的解释。

下面这些指导性的问题适用于评价特定的因果解释。

这个所声称的原因发生在结果之前吗?

对一个事件的因果解释，要求我们找出一个之前（早先）发生的事件。但是在很多情形中，很难知道一个事件是不是真的发生在另一个事件之前。确立这一点对一个因果断言的可信度来说是至关重要的。于文旭是在他玩电子游戏之前就开始抑郁了，还是在那之后？如果他在开始玩电子游戏之前就已经抑郁了，那么这意味着玩电子游戏并不是导致他抑郁的原因[ii]。

但是，要注意**以时间先后为因果的谬误**（post hoc fallacy）。它指的是仅仅因为一个事件在另一个事件之前发生，就错误地推论前者导致了后者的跳跃性推理。我们有时候把这个谬误当作一个笑话来说。比如："今天当然是好天气了，因为我带了伞。""我"其实是在说笑，"我带伞"导致"今天是个好天气"。这个谬误也表现在我们用因果关系来解释巧合。我们看到了一个老朋友，说："多神奇啊，我昨天还想到你来着。我想我具有超能力。"迷信无疑总是存在的，因为我们倾向于把两个不相关的事件看作是有因果关联的，比如戴着幸运符和在考试中取得佳绩。但是，即使这些事件具备像原因和结果那样的先后关系，也没有什么可信的因果联系把两者关联起来。

存在可信的因果关联吗?

我们一直都会问到这个问题。在第一个例子中，我们使用它来限制需要考虑的可能原因的范围。我们并不会认为"我的打印机不工作，可能是因为我今天早上没有吃早饭"，尽管我们可能会正确地认为"我现在觉得累，可能是因为我今天早上没有吃早饭"。在后一种情况下，我们知道在没有吃饭和疲倦之间有一种因果联系，而并非只是凭两个事件之间的先后顺序来支持因果断言。

科学家们用模型（比如 DNA 的双螺旋模型）或者理论来描述因果关联这个观念。很多科学分支都着眼于开发这样的模型，它们可以作为一种图景，来帮助我们认识这个世界是怎样运作的。DNA 双螺旋结构（见图 5－1）就是一个典型的例子。其他的例子还有，用一种微观的太阳系模型来说明原子，以及关于全球变暖的“温室效应”模型。我们将在关于科学的章节（第十二章和第十三章）更细致地讨论模型。不过，即使是在打印机的例子中，关于信号是怎样被送到打印机从而使其工作的，我们还是可以有一个大致的模型，以形成一些关于它为什么不工作的假说。

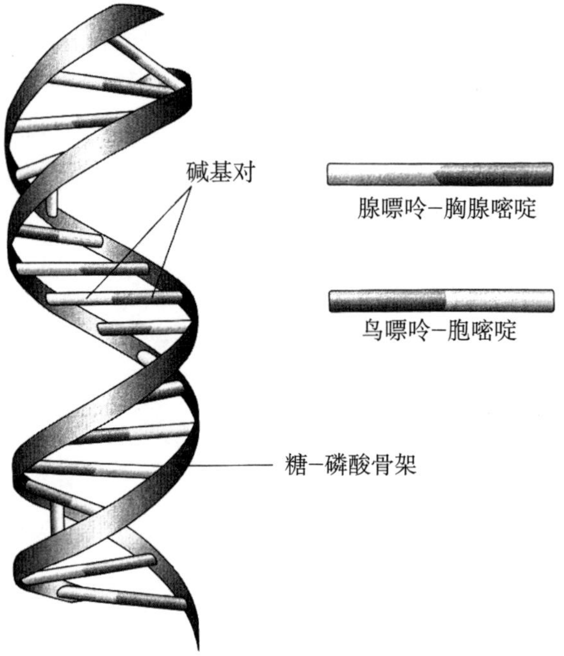

DNA是一个由碱基对排列连接在一个糖–磷酸骨架上的双螺旋结构

图 5－1　DNA 双螺旋结构

有没有其他跟事实相符的、言之有理的替代性解释？它们能够被消除吗？

回顾打印机的问题。我们提出了很多替代性的解释，它们每个都可以解释打印机为什么不能打印作业。在那个例子中，我们可以用实验来测试各种假说，消除某些可能的解释。在打印机不连接电脑的情况下打印了一张测试页之后，我们知道打印机本身是工作的。因此，“是打印机的问题”这个解释跟事实不相符。

然而，在很多特定情形中，实验是不可能的。没有什么实验可以帮助我们发现第二次世界大战的原因，或者于文旭为什么抑郁。如果回顾一下对话中关于于文旭抑郁的讨论，我们就可以看到，王韫和刘睿的解释都是合理的。由玩电子游戏导致的抑郁和由环境导致的抑郁看起来都是有道理的[iii]。尽管在很多情形中进行实验是不可能的，但我们常常还是可以通过表明某些解释不符合事实来将其消除。如果于文旭是在他玩电子游戏之前就抑郁了，那么玩电子游戏导致他变得抑郁（至少就最初而言）的想法就与事实不符了。

哪一个是最简单的解释？

有时候，即使那些相互竞争的解释都跟事实相符，它们中的一些也可以被消除，因为它们是过分复杂或者冗余的。将一个好天气归因于我带了一把伞，这是很容易被摒弃的，因为它没有什么道理。如果说打印机里有个小精灵在捣乱，会怎么样？这可能看起来也是荒谬的，而且，有一个有用的原则可以解释为什么我们可以排除打印机不工作是因为小精灵在捣乱。这个原则也可以用于在更为可信的替代性理论之间进行抉择。它就是**奥卡姆剃刀**，（在应用于当代的实践中时）它可以被表述为："其他条件相同的情况下，选择最简单的解释。"

换句话说，只有在通常可以被接受的（或者更简单的）理论不能解释现象的时候，才考虑那个不大为人们所接受的或者更复杂的理论。对于你考试考得好，当我们有一个更简单的解释——你努力复习备考时，就可以拒绝用你的幸运符来解释它。

阅读材料

奥卡姆的威廉

奥卡姆的威廉（1285—1349年）是圣方济各会的修士，他提出了现在我们所知的"奥卡姆剃刀"原则：如无必要，勿增实体。奥卡姆所关心的是砍掉那些对一个解释没有什么必要的复杂实体（通常是指天使）。这经常被重新表述为这样的原则：我们提供的解释（或者实体）应该是精简的（加以节制的）。当一个简单的解释已经适用的时候，就不要提供复杂的解释。

“奥卡姆剃刀”这一想法的基础在中世纪思想中已经被很好地确立了，但是奥卡姆明确地表述出了这个原则，并且使其得到了大量的应用，因此这一原则就以他的名字命名。

这些因果解释的标准也可以用来评价理由解释。例如，小陈说，他要去面包房买些面包，但是我们知道他的女朋友在那个店里工作，我们也注意到她正好那个时候下班。他想要见他女朋友似乎更符合事实。如果我们注意到冰箱里还有面包，那么我们就有理由拒绝他的解释，而相信他想要见女朋友的解释。这个解释也可以做出一个预测，比起仅仅买个面包所需要的时间，他会在那里待得更久一些。

评价一般性的因果解释

到目前为止，我们只是将辨别最佳解释的指导性原则应用到特定的论证上。现在，我们将把它们（以及其他的一些原则）应用到一般性的解释上。这里新增的关键性标准是两个因素之间是否相关。为了理解这一点，让我们来考察一下玩电子游戏是否导致抑郁这个问题。

阅读材料

腌菜谬误

很少有人意识到腌菜可怕的致命性危害，它会危害人们的健康，甚至使人丧命。腌菜跟我们身体的所有主要疾病都存在相关性。它们跟大多数飞机失事相关，车祸也常常是由腌菜引起的，在犯罪波动率和吃腌菜之间也存在正相关。如果你不相信这些，那就看看这些数据吧：

- 99.9％死于癌症的人都吃过腌菜。
- 99.7％的在飞机失事或者车祸中丧生的人都在事故发生前的14天之内吃过腌菜。
- 93.1％的青少年犯罪来自那些经常吃腌菜的家庭。
- 在所有生于1860年、后来吃过腌菜的人中，死亡率达100％。

● 所有出生于1881—1901年且吃腌菜的人皮肤都变皱了，极少有人还有牙齿，他们的骨骼易碎，视力衰退——如果吃腌菜的毛病还没有导致他们死亡的话。

相关

当两个事物发生**共变**的时候，它们之间存在**相关**（correlation）。一方面，如果一个事物增长，另一个事物也增长，那么它们之间存在**正相关**。例如，在吸烟和肺癌之间有很强的正相关。另一方面，如果一方增长，而另一方减少，那么在它们之间存在**负相关**。一个负相关的例子是做运动和体重之间的关系。你做的运动越多，你就越可能变瘦。

但是，这里有非常重要的一点：为了确立两个事物之间的相关，你需要与**对照组**进行对照。例如，如果我们知道，4%的吸烟者患有肺癌，我们并不能判断在吸烟和肺癌之间有没有相关。要确立它们之间的相关，我们需要知道在不吸烟的人中肺癌的发病率（实际上它接近于0.01%）[iv]。

你怎么想？

什么使得腌菜谬误成为一种错误的论证形式？

如果不考虑相关的对照，就会导致腌菜谬误——在没有进行适当对照的情况下就断定存在相关。腌菜只有在这种情况下才能被认为会造成健康问题，即经常吃腌菜的人发生健康问题的比率比不吃腌菜的人要高。如果缺乏适当的对照，那么就缺乏关于相关的证据。

需要注意的是，相关并不等于因果关系。两个事物是相关的（共变的），并不说明其中一个导致了另一个。花白的头发和使用老花镜毋庸置疑是相关的，但是花白的头发并不导致老花眼。一个城市里医生的数量跟抢劫案的数量也是相关的，但并不是医生导致了犯罪，而是因为两者都是城市人口的一个函项。

从相关到因果关系

对一般性的因果断言来说，相关是其必要条件，但不是充分条件。从表明相关的证据中直接得出两个事物之间有因果关系，就跟在关于特定事物的断言中以时间先后为因果的谬误是等价的。对于一般性的断言，我们使用**“有问题的原因谬误”**这个表述，来指任何对于一个因果解释没有提供适当初步证据的论证。当然，一个一般性的因果断言可以被表明是假的，或者是未得到证实的，但却不是谬误。我们将继续用“谬误”这个概念特指在初步评价和推理中识别出来的明显的错误。下面所列出的指导性问题表明了在评价一般性因果断言的证据时我们所需要考虑的问题。

即使在玩电子游戏和抑郁之间存在相关，这种相关也不足以表明玩电子游戏导致抑郁。我们如何确定玩电子游戏是否导致抑郁呢？让我们看这个例子。新加坡的一项实验在两年内跟踪 3 000 个学生，记录他们玩游戏的习惯以及他们的学习成绩和精神健康状况[v]。让我们应用评价一般性因果断言的指导性问题来分析这个例子：

（1）在所声称的原因和结果之间是否存在相关？这项研究确实发现在抑郁和玩电子游戏之间存在相关。

（2）原因发生在结果之前吗？这个问题是很复杂的。很多玩电子游戏的学生在大肆玩电子游戏之前就已经抑郁了。但是这项研究也发现，随着他们玩电子游戏越来越多，抑郁程度也在增加。

（3）存在可信的因果联系吗？这项研究并不认为存在使游戏玩家变得抑郁的精神机制。

（4）有没有其他跟事实相符的、言之有理的替代性解释？它们能够被排除吗？相互竞争的理论是，抑郁的年轻学生容易受电子游戏的吸引，以此作为抗压或逃避的手段。研究者们承认这是事实，但他们也发现，随着玩电子游戏的时间增多，抑郁程度也在加深。而在学生不玩电子游戏之后，抑郁程度也减轻了。

（5）哪一个是最简单的解释？最简单的解释可以是，患有抑郁的学生被电子游戏吸引，以逃避抑郁。但是这个案例中的证据表明玩电子游戏会加深抑郁程度。这项研究表明最简单的解释并不总是正确的。不过，可以合理地假设最简单的解释是最佳解释，直到证据表明其他解释更合适。

评价理由解释

上面对于解释的说明都是关注因果解释的，不过，我们一开始说过，用来为一个解释性断言进行辩护的方法，即最佳解释论证，也适用于理由解释。下面就是用来评价理由解释的指导性问题：

（1）这个行动者所想的理由是在他的行动之前的吗？

（2）这个理由是真正的理由吗？

（3）在理由和行动之间有没有什么可以理解的关联？

（4）有没有什么言之有理的替代性解释？它们被排除了吗？

（5）它是不是最直接的解释？

正如你所看到的，评价一个理由解释的方式跟评价一个因果解释的方式很相似。然而，跟因果解释不一样的是，这个行动者经常是给出解释的人，但如果有更合理的替代性解释，我们就可以拒绝该解释，并且，我们有理由认为那个被提出来的解释只是一种文饰，而不是真正的理由。而且，正如原因性因素一样，人们关于其行动也可以有多个理由解释，其中的某一个并不必然跟其他的相冲突。小陈去面包房可以既为了买面包，也为了看他的女朋友。不过，因为我们注意到冰箱中还有面包，这一事实使得我们倾向于认为他想要见女朋友才是真正的原因。

在本章中我们考察了日常生活中常见的三种很有用的论证。归谬论证可以用来反驳那些会成为坏的先例的原则和政策。类比论证尽管通常很难评估，但它们对我们决定如何将已知的内容应用于新情况的推理非常重要。能够理解正在发生的事情，无论是关于人类行为还是关于自然世界，都需要有很好的解释。许多科学思考和我们自己的日常思考都致力于获得这样的解释。知道如何评估这样的解释为我们可靠地了解周围世界提供了有力工具。

检查你的理解

- 什么是归谬？在对话中找出一个例子。
- 什么是先例类比？在对话中找出一个例子。
- 什么是历史类比？在对话中找出一个例子。
- 什么是因果类比？在对话中找出一个例子。
- 解释类比距离这个概念。
- 列出评价类比论证的四条策略。
- 什么是理由解释？给出一个例子。
- 什么是因果解释？在对话中找出一个例子。
- 解释“最佳解释论证”。
- 特定的解释和一般的解释之间的区别是什么？
- 列出评价一般性因果断言的五个指导性问题。
- 什么是以时间先后为因果的谬误？
- 解释“奥卡姆剃刀”原则。
- 解释下列词项：（1）相关；（2）正相关；（3）负相关。
- 什么是有问题的原因谬误？
- 列出评价理由解释的指导性问题。

练习

1. 对于下面各个论证，完成以下步骤：

（1）说明它是适当的归谬论证，还是存在滑坡谬误。

（2）解释你对每一个说法的推理。

a. 时间过得真快，一下就到半期考了，现在已经开始紧张地复习了，我必须要开始努力了，因为我如果不努力，成绩就上不去，我成绩上不去就会被家长骂，我被家长骂，就会失去信心，失去信心就会读不好书，读不好书就不能毕业，不能毕业就会找不到好工作，找不到好工作就赚不了钱，赚不了钱就会没钱纳税，没钱纳税，国家就不能发工资给老师，老师领不到工资就会没心情教学，没心情教学，就会影响我们祖国的未来，影响了祖国的未来，中国就难以腾飞，中华民族就会退化，中华民族退化，世界各方的平衡就会被打破，世界的平衡被打破，第三次世界大战就会爆发，第三次世界大战爆发，其中一方必定会实力不足，实力不足就会动用核武器，动用核武器就会破坏自然环境，自然环境被破坏，大气层就会破个大洞，大气层破个大洞，地球温度就会上升，两极冰山就会融化，冰山融化，地球水位就会上升，地球水位上升，全人类就会被淹死。因为这关系到全人类的生命财产安全，所以我要在剩下的几天里好好复习，考好成绩，不让悲剧发生。——摘自《小学生神级作文网络走红　逻辑强大叹为观止》(http://www.xinhuanet.com/politics/2012-11/19/c_123968284.htm)

b. 我们显然不能停止宰杀和食用工业化农场中的动物，并像一些人建议的那样变成素食主义者。因为，如果我们不杀掉、吃掉这些农场中的动物，我们应该怎么办呢？牛和猪就会在乡村里面四处乱窜，破坏人们的院子，给高速公路上的车辆带来威胁。显然，杀掉它们作为食物要好过让它们四处乱跑、导致混乱。

c. 关于老人带孩子的问题，有人说，如果老人不带，夫妻双方就得有一个人辞职，家里就会揭不开锅，然后全家就会流落街头。所以，老人必须带孩子。

d. 一位福建闽侯县的市民在生下头胎女儿后，签订了一份自愿放弃二孩的协议，之后每月领取独生子女贡献奖励金，"全面二孩"政策出台后，他又生育了二孩，因此他通过 12345 政府公共服务系统咨询此前领取的贡献奖励金如何处理。相关部门回复：根据规定，三倍返还。对此，网友回复说："那之前超生的罚款也要三倍返还吗？"

——摘自澎湃新闻《想生二孩先返还独生子女奖励金？不能这么翻烧饼》(https://www.thepaper.cn/newsDetail_forward_2038134)

2. 对下面的这些类比论证，完成以下步骤：

(1) 说明它们是什么类型的类比（先例类比、历史类比还是因果类比）。

（2）用如表 5－8 所示的表格对每个论证进行分析（如果需要的话，可以增加行数）。

表 5－8　类比论证

进行比较的情形、事件或者先例		正在考虑的问题
	类似	
	通过类比	

（3）尽量多地使用所推荐的四条策略来对这些论证进行评价，如果它们适用的话。

a. 我们可以把那些让人上瘾的、带来不良后果的毒品列为非法物品，为什么不把同样让人上瘾的、带来不良后果的电子游戏列为非法物品呢？

b. 戴上眼镜之前和之后，我们看到的其实是同样的世界，但戴上眼镜之后，我们就能看得更清楚。教育也一样，受教育之前与之后，我们身处的其实是同样的世界，可受教育以后，我们就能看得更清楚，想得更明白，选择得更有效，行动起来更有收获。所以，我们要接受教育。

c. 当老鼠在实验室中被置于过度拥挤的环境时，它们会变得疯狂，那么，在人口过度拥挤的城市中会发生那些疯狂的犯罪行为也就不足为奇了。

d. 如果一个考古学家在野地中发现了一个石雕人像，他会正确地得出这样的结论：这个雕像是由一个有智慧的生物设计的，而并不是一个随机过程的产物。基于这个雕像的复杂性，以及所有元素被有目的地放在一起的方式，他得出该结论是合理的。与之类似，生命系统展现出了巨大的复杂性，而且所有元素被有目的地放在一起，从而完成特定的功能。那么，生命系统必然是由一个有智慧的存在者所设计的[vi]。

e. 我并不理解为什么这个老师抵制难度大的考试。学校教育就像是商业行为：他们制造产品——一个受过教育的学生。我们为什么不应该指望我们的学校变得有效率，并且对他们所生产的产品负责？如果他们尽职尽责，那么他们就不应该害怕对比和竞争。

f. 乌鸦尚且知道反哺，人类难道还不能孝敬自己的父母？

g. 我为什么不应该相信宇宙中有种力量在控制着我们的命运？我看不到它又怎么样？我们看不到科学家告诉我们的很多事情，比如原子、重力或者黑洞，但是科学家相信他们存在。

h. 有一些爱狗人士称，咬伤人的狗毕竟只是少数。狗把人害死，最后被扑杀，这是咎由自取。那些没咬人的狗，它们有什么错呢？凭什么就要被打死？

经常有爱狗人士和我辩论：疯狗咬人，你就主张杀狗；流浪汉也有偷窃杀人的，是不是也要将其杀掉呢？

i. 告子曰："性犹湍水也，决诸东方则东流，决诸西方则西流。人性之无分于善不善也，犹水之无分于东西也。"

孟子曰："水信无分于东西，无分于上下乎？人性之善也，犹水之就下也。人无有不善，水无有不下。今夫水，搏而跃之，可使过颡；激而行之，可使在山。是岂水之性哉？其势则然也。人之可使为不善，其性亦犹是也。"——《孟子・告子上》

（告子认为，人的天性就像湍急的水流一样，不分东西。你把它引向东，它就流向东；把它引向西，它就流向西。所以，人性也不分善与不善，你引它向善它就向善，反之则向恶。孟子认为，水流确实本来不分向东向西，难道也不分向上向下吗？人性的善，就好比水性趋向下流。人的本性没有不善的，水的本性没有不向下流的。水，拍打一下让它飞溅起来，也能使它高过人的额头；阻挡住它使它倒流，它可以流到山上。这难道是水的本性吗？是形势导致这样的结果。人之所以可以使他变得不善，是因为他的本性也像这样受到了逼迫。）

j. 我的观点是，我们在解剖学上是可以吃肉的，所以我们吃肉。与之类似，我们在解剖学上是可以进行性行为的，所以我们那样做。这是个人选择的问题。因为很多动物受到虐待而要求每个人变成素食主义者，这就像是因为一些女性被侵犯了而要求每个人都禁欲。

k. 一个被鼓吹反死刑的人忽视了的事实是，我们最终都要死掉。在很多时候，我们将提前知道这一点，从而在这个过程中经历很多痛苦以及精神上的折磨。这对于那些被确诊患有晚期癌症的人尤其如此。被医生"宣判死刑"是可以接受的，且他并未犯下任何罪行。而这却是完全不可接受的：因为谋杀或者贩毒（世界上大多数被执行的死刑都是因为这些罪行），在一个公正而仔细的审判之后被一个法官宣判死刑[vii]。

3. 使用本章中所建议的指导性问题，评价下面这些因果论证：

（1）我之前真是精力不济。我后来读到一篇文章说，吃碳水化合物会让你变得疲乏，所以我决定减少我的食物中碳水化合物的比例。我也进行了更多的运动，并且提早睡觉。现在我觉得精神好多了，所以这个低碳水化合物的食谱显然帮我解决了问题。

（2）自从我开始穿我的幸运袜，我就总是考得很好。我真希望这双袜子永远不要穿破！

（3）教师比例高的街区车祸概率也高。所以我想，教师们都不擅长开车。

（4）我想王韫不吃苦瓜的原因是，他童年时吃苦瓜的经历给他带来了某种创伤，所以他无意识地将苦瓜和不愉快的经历联系起来了。

（5）我注意到，我在吃完饭之后觉得反胃。我在想，原因可能是我喝了牛奶。这是有道理的，因为我妈妈有乳糖不耐症。我后来完全不吃奶制品，就变得好多了。而我一旦又开始喝牛奶，立刻就感觉不舒服。所以我想我很可能也有乳糖不耐症。

（6）有研究表明，那些使用助听器的人更可能有白头发——相较于褐色或者黑色而言。我之前还没有意识到，头发的颜色是导致耳聋的一个原因。

4. 阅读下面的场景：

你的经理李昊从来都不怎么友善，现在他突然变得在工作中对你和其他人非常友好。你知道他在咨询一个心理顾问，这可能帮助他改变了他的个性；或者，可能他有了一个新的伴侣；或者，他赢了彩票。后来，你从人力资源部看到一项公司政策，说想要升职的经理们必须能表明他们跟员工的关系很好，并且能够得到员工的支持。

为了判断下面哪个是对李昊行为变化的最佳解释，描述你需要进行的推理过程：

（1）李昊的心理治疗产生了效果。

（2）李昊有了一个新的伴侣。

（3）李昊赢了彩票。

（4）李昊在迎合人力资源部的政策。

注释

［ⅰ］老鼠在短时期内接触大量的化学物质，跟人类长期接触少量的化学物质具有多大的可比性是有争议的，尽管一般说来“动物模型”的使用是被广泛接受的。例如，证明一种新的药物在老鼠身上是安全的，这对于在人身上做实验通常是必要条件。

［ⅱ］应该注意，在很多情形中因果关系可以是循环的。即使于文旭的抑郁是在他玩电子游戏之前产生的，但玩电子游戏仍然有可能使他的抑郁症状持续下去。

［ⅲ］还有另外一个解释是对话中没有提及的，即于文旭从基因学角度就是容易抑郁的。

［ⅳ］Michael J. Thun, et al.，“Lung Cancer Occurrence in Never-Smokers：An Analysis of 13 Cohorts and 22 Cancer Registry Studies,” *PLoS Medicine* 5，No. 9（2008）：e185.

［ⅴ］Douglas A. Gentile, et al.，“Pathological Video Game Use among Youths：A Two-Year Longitudinal Study,” American Academy of Pediatrics，2011，https：//open-access. imh. com. sg/bitstream/123456789/4543/1/Pathological%20Video%20Game%20Use%20among%20Youth%20A%20Two-Year%20Longitudinal%20Study. pdf.

［ⅵ］Wikipedia，“Living Systems Theory,” http：//en. wikipedia. org/wiki/Living_systems_theory（2010 年 5 月 4 日访问）.

［ⅶ］Capital Punishment in the U. K.，“Arguments For and Against Capital Punishment in the U. K.,” http://www. capitalpunishmentuk. org/thoughts. html（2010 年 5 月 4 日访问）.

第六章　可信的信息来源和诉诸专家

学习目标

在读完本章之后，你应该能够：

- 对专家的论断和论证做出合理的评价
- 从网络和出版物上找到可信的信息来源并对其进行评价

基站辐射

姜瑶和刘宇轩在讨论网上看到的一篇关于辐射的文章：

儿子身体不好怪辐射　4次剪线破坏通信基站

重庆商报2012年9月8日讯　1岁的儿子爱哭闹、身体不好，父亲认为是其住家附近通信基站辐射“惹的祸”，于是他用钳子4次剪线破坏基站，造成基站不能运行，周围近2 000名群众通信不畅。9月6日，万州区法院公开审理此案，破坏基站的王某当庭认罪，并赔偿了通信公司的损失。（http://it.sohu.com/20120908/n352656515.shtml）

姜瑶：真是可怕。

刘宇轩：是呀，没文化真可怕，哪有蠢到去剪电线的。

姜瑶：我不是说那个。可怕的是这个父亲居然被判赔偿通信公司。

刘宇轩：他破坏基站，导致周围的居民没有网络，罚款难道不是理所当然的吗?

姜瑶：可是基站的辐射导致他的儿子身体不好。你觉得他能怎么做?

刘宇轩：他凭什么认为他儿子身体不好是基站辐射导致的?小孩生病是很正常的事情。

姜瑶：哎，我们是在讨论辐射！你懂不懂?像核辐射或者X光之类的。你看牙医的时候为什么要穿那些厚厚的铅衣?你以为是追求时尚吗?

刘宇轩：你懂你说。

姜瑶：我听说辐射干扰人体磁场。还有，你看过那个视频吗？蚂蚁在手机周围回旋，却与手机保持距离，真是很神奇！

刘宇轩：我觉得那是假的——电脑合成的。

姜瑶：不可能的。辐射真的很危险，而且充斥我们周围。我姐姐姜琼怀孕了。她在确认怀孕的第一天就买了一套孕妇防辐射服。其广告号称“防辐射黑科技，坚不可摧”，说它可以保护孕妇免受电脑、家用电器、手机和其他电子设备的辐射。

刘宇轩：你真的认为那玩意儿有用吗？

姜瑶：如果没有用，他们怎么会做广告？还有，如果不需要的话，人们为什么要买呢？

刘宇轩：我觉得不一定……

姜瑶：不信你看那些 CDMA 低辐射手机的广告。比如说，这个广告上面就用了一个小宝宝的照片，广告词说：“辐射低，更健康，对你和宝宝都好。”还有，这个广告说：“爱自己、爱家人，就用电信低辐射手机。”

刘宇轩：你觉得我们可以相信广告吗？他们只是想卖产品。

姜瑶：但是也有专家在谈论基站辐射的危害啊。之前我在微信上看到一篇文章说，一些住在基站附近的居民因为孩子生病而要求拆除基站。他们这么做是因为一位专家告诉他们，孩子生病是因为基站辐射[i]。

刘宇轩：但是那个“专家”来检查过这些孩子吗？

姜瑶：好像没有提。

刘宇轩：而且也没有说这个“专家”是谁，或者他们给出了什么解释。你不觉得可疑吗？

姜瑶：你真是个怀疑主义者。众所周知，基站和电子设备的辐射危害很大，网上到处都在说。比如这里就有一个评论说：“一个非常有名的老中医说，凡是有手机信号的地方都是癌症高发区。”听起来很恐怖哦。

刘宇轩：呵呵……就算他是一位非常有名的老中医，也不能让他成为收集癌症高发数据的专家。话说，你这么担心辐射，那你对基站的健康风险做过什么实际的探究吗？

姜瑶：当然有，我在知乎上查过。

刘宇轩：知乎？我不确定它是不是最好的信息来源。任何人都可以在上面回答问题，而且大多数文章都没有参考资料。还有，得到高票数的回答不一定都是正确的。我觉得我们应该看看能否找到关于这个问题的研究。

姜瑶：可是那些研究结果并非总是一致的。我怎么知道应该相信哪个呢？

刘宇轩：当专家之间能达成广泛共识时，我们可以相信该领域任何一位胜任的专家。如果专家之间意见有分歧，事情就会变得复杂。在这种情况下，我们可以试图找出他们所提供的理由。如果一个人不提供适当的理由，而说什么"相信我，没错的"，那我们应该保持怀疑态度。

姜瑶：那应该到哪里查呢，如果不是知乎的话？

刘宇轩：我们可以检查一下它是否发表在可靠的杂志上。我听说有些期刊——就是学者们在上面发表论文的那种——采用了一种流程，以便其他专家在发表文章之前先对其进行审阅，叫作"同行评审"。该领域的知名专家决定所提交的文章是否符合该领域的标准。这样，这些期刊上发表的文章通过了其他专家的基本审查，也就具备了合理的可信性。

你怎么想？

我们为什么不能就这样相信姜瑶提供的那些信息呢？

我们为什么不能就这样相信姜瑶提供的那些信息呢？第一，如果一个问题对你来说是重要的，那么进行更深入的挖掘以核实关键的信息总是好的。你可能听说过杭州的某个宾馆很棒，但如果你打算去住一次，你可能还是想要亲自核实一下那条信息。而且，现在因为有了网络，不管是时间上还是金钱上，检查信息的成本都大大降低了，没什么理由不核实一下你感兴趣或者对你来说重要的信息。第二，刘宇轩怀疑姜瑶所提供的那些信息来源的可靠性或者适当性，这是对的。社交媒体上的小道消息和个人意见、商业广告上的信息以及中医从业者的观点，对于我们了解基站和手机的辐射并不是适当的信息来源。而且，姜瑶也没能提供任何科学文献或研究。对于基站和手机辐射这样的问题，相关的科学文献中的证据更为重要。

总体来说，在下面这些情况下检查信息来源是很重要的：

（1）这个问题是重要的。

（2）这个断言是有争议的，支持该断言的人具有举证责任。

（3）有适当的理由怀疑这些信息存在偏见。

评价信息来源的可信性

尽管一般来说，我们要相信合适的信息来源或者权威，因为这是我们获得关于世界的知识的首要方式，然而，我们也不应该过于尊崇或者不加批判地对待科学或者其他领域的权威。

你怎么想？

我们为什么不应该过于尊崇或者不加批判地对待权威？

当我们进行一个探究的时候，我们考察的几乎总是存在着争议的领域里的论断——即使是专家之间，也可能存在观点上的不一致。为了在这样的情形中做出一个有充分理由支持的判断，我们需要确立使得一个信息来源可信的标准。

评价信息来源的指导性问题

为了评价诉诸权威或者专家的论证，你需要考虑这七个指导性的问题：

（1）这个论断是来自一个适当的知识领域吗？

（2）相关的专家们对于支持这个论断是否存在共识？

（3）所诉诸的权威能胜任这一论断所在的领域吗？

（4）这个专家在给出一个意见之前有没有评阅过相关的信息？

（5）这个专家是否可以信赖、不带偏见？

（6）所考察的这个论断是经过同行评审的吗？它是否出自经过同行评

审的刊物？

（7）这个专家是否提供了言之有理的论证或者解释来支持其观点？

我们现在依次来看这些问题。

这个论断是来自一个适当的知识领域吗？

依赖于专家的论断必须是来自一个可以适当地做出此类论断的领域。某些特定种类的断言并不能靠诉诸权威来适当地解决，甚至无法从中得到任何支持。这类论断中最重要的一种就是道德论断。

你怎么想？

为什么道德论断不能靠诉诸权威获得适当的支持？

当人们做出道德决定的时候，他们不能像对待科学论断那样说："我不知道，但是他们说了你不应该这样。"这里有两点理由。首先，正如我们接下来会看到的，相信专家判断的一个首要原因是专家之间存在共识。然而，在那些存有争议的道德问题上，专家们自己也表现出相当大的分歧。他们之间的分歧并不仅仅是关于一个特定的论断的，还涉及什么样的标准可以被用来做出一个特定的判断。这种深层的分歧妨碍了任何试图通过诉诸道德上的权威来对道德问题做出可靠裁决的可能。其次，在我们所处的世俗社会中，道德判断或者决定的责任在于你自己。当然，你可以决定遵照你所身处的传统或者师长的说教，甚至是朋友的建议，但是，那仍然是你的决定和信念，而其中的责任也在你身上。这当然不是说，你不应该听听那些研究道德问题的人的意见。他们很可能可以提供一些洞见。这里的关键是，你不能够通过诉诸他们的意见来解决道德问题。

在存在某种程度的主观性的审美领域（比如第二章中关于金马奖得奖影片的讨论），寻求专家意见也可能是有帮助的。但是，一个关于电影质量的论断并不能通过诉诸权威来决定。当然，关于艺术的某些方面还是存在相当多的共识的。例如，大家都同意西方艺术史上巴赫、莫扎特、米开朗琪罗和拉斐尔是伟大的艺术家，中国艺术史上黄公望、王羲之是伟大的书画家，毕加索在现代艺术史上占有重要的地位，等等。然而，对于评价一件当代的作品，却缺乏这种共识，缺乏清楚的、大家都一致同意的标准，而且也经常缺乏足够的专家共识来为在这个领域诉诸专家提供有力的支持。在这个领域中，人们所感兴趣的经常是探究本身，以及它怎样使得我们的注意力关注于这些作品的特定方面，且帮助我们来欣赏它们。与科学和政治领域相比，达成一个一致的判断在美学领域则不是那么重要的目标。

物理科学为诉诸权威提供了一个更广泛的基础。如果你想要知道光的速度或者氧原子质量，你可以查看一下教科书，或者问身边任何一位物理学家或化学家。在这些领域，关于类似的问题几乎总有一致同意的观点，而且也有清楚的程序和标准来证实这些论断。不过，即使是这些领域，也存在很多争议或者分歧。天体物理学家可以告诉你光的速度或银河系中大约有多少恒星，但是直到最近，他们才就宇宙的膨胀达成共识。而且，目前他们仍不能就宇宙膨胀的特定速率达成一致。再看其他的科学领域。我们知道地球的年龄，尽管这个问题是直到最近才解决的；关于智人的知识则是更近的时候才有不断增长的共识的。根据这些领域里面专家们达成共识的程度，我们作为外行才具有很好的初步基础来相信他们的论断。

不过，我们也可以看到，因为在一些特定的领域进行研究所面临的挑战，诸如人类学——即便是研究人类起源的生物人类学——这样的领域并不能够达到像物理学那种程度的确定性。非实验科学总是存在更多的不确定性。人类学这样的科学依赖于发现化石、工具以及其他人造物品的“运气”，它们永远达不到诸如地质学或者生态学这样的观察性科学所能达到的确定性。

一个可以适当地诉诸权威的探究领域具有以下特质：

（1）并不是一个以道德自主性为特征的领域。

（2）该领域关于确立一个论断有着被广泛认可的程序和标准。

（3）该领域一般被认为存在着相当大程度的专家共识。

相关的专家们对于支持这个论断是否存在共识？

即使这个论断是来自一个适当的探究领域，如果当前关于某个特定的论断缺乏共识，那么诉诸专家权威的效力也将弱化。

你怎么想？

当就某个问题诉诸专家权威的时候，为什么相关专家之间的共识是重要的？

我们并不是说，当专家之间存在分歧的时候，就应该忽视或者拒绝专家的论断。这里的关键是，当一个论断在一个领域内具有争议的时候，通过诉诸权威而得到的支持就被弱化了，因为我们也可以诉诸那个持相反意见的权威。

这一点表明了关于专家可信性的一个关键点：专家的可信性基于该领域内的论断的可信性。当不存在学科性共识的时候，我们相信专家的一个重要基础就被削弱了。

鉴于专家之间存在分歧，对一个外行而言最合理的办法就是承认“我不知道，因为他们也不知道”。但是，很多探究需要基于我们所能获得的最佳信息做出一个判断。在一些场合中，这意味着在那些不存在共识的领域采取一个（可错主义的）立场。处理这种情形的适当办法是，研究相互竞争的论证，作为一个外行尽可能地决定哪个观点是可信的。所幸的是，在很多事情上，你并不需要做出决定。例如，你可以将关于“暗物质”（一种被假设并用来解释宇宙为什么膨胀得如此缓慢的物质）是否存在的问题留给专家们来解决。

不过，关于基站是否有害健康这样的问题不属于此类。我们每个人都可能需要就如何对待基站、手机、Wi-Fi 信号等问题做出决定，正如刘宇轩和姜瑶在下面还要接着讨论的那样。这样的决定不应该忽视专家意见。然而，即便缺乏专家共识，你还是要做出决定。在这些情形中，你需要进行一个探究，权衡正反双方的论证，正如我们在第九章和第十章中将要看到的那样。

不仅学科之间在达成共识的程度方面有所不同，而且，也并非所有的专家都是同样可信的信息来源。

所诉诸的权威能胜任这一论断所在的领域吗？

当考虑一个专家是否胜任的时候，我们也必须考虑所做出的论断的种类。正如前面所讨论的，科学中典型的论断是**概括性断言**，它们形成了大多数科学理论的基础。在很多情形中，任何在这一领域胜任的人都可以就你的问题给出答案。所以，概括性论断诉诸专家的标准就是这个专家能胜任相关的知识领域。

但是，当我们将概括性知识应用到特定的情形中时，诸如医生和工程师所做的事情，那么这个专家所特有的专业技能就变得更为重要。经验丰富的医生和工程师很抢手，那是因为他们多年积累的知识远远超出了他们所使用的科学理论。专业性也同样相关。我们寻求癌症专家来治疗癌症（而且理想状况是每一位癌症专家的专长都在其特定的癌症领域），因为他们的特定专业技能越多，他们所说的话以及诊断就越可信。当建造桥梁的时候，我们寻求的是具有桥梁建造经验的工程师，而不是金属承压方面的专家，尽管关于金属承压方面的信息肯定是相关的。

总的来说，当处理诸如此类的特定问题时——例如，“为什么这辆车开不了了?”“为什么我会有这种疼痛?”“我们应该在哪里建造这座桥梁?”——我们想要找具有最专业的技能和经验的专家。然而，在处理一般性的问题时——“发动机是怎样工作的?”“内分泌腺的功能是什么?”——如果我们从一个具备相关知识的可靠来源（比如教科书）中找到这样的信息，那么我们就可以确信其可靠性。

我们也应该警惕一个经常跟诺贝尔奖获得者联系在一起的现象。因为他们的知名度，即使是对于那些他们并没有什么专业特长的话题，人们也常常会去询问他们的观点。物理学家关于核反应堆安全性的观点可能优于普通人的观点，但是他们跟核工程师比起来则不是那么可信。又如对话中所指出的，一个人是中医专家这一点并不能使他成为采集癌症发病率数据方面的专家。

而且，人们不仅倾向于相信诺贝尔奖获得者在各个问题上的意见，也往往过分信任名人的意见，即使是在跟他们的专业知识完全无关的领域。广告商们很善于利用我们的心理：我们相信一位著名运动员说某品牌牙膏会使牙齿变白，或者某电影明星声称某款汽车胜过其他所有同类汽车。更令人担忧的是名人们关于健康和饮食方面的建议的流行程度。他们在这些领域毫无专长，可是其名人身份使他们所说的话具有权威的光环，而其观点受到盲目的追捧。

这个专家在给出一个意见之前有没有评阅过相关的信息？

当寻求专家意见的时候，我们需要确保他们确实思考过这个问题。特别是在特定的、应用性的问题上，我们需要知道，他们是否做过相应的研究？他们是否采访了相关的人员或者研究了相关的资料？我们不应该依赖一个专家“一拍脑袋想出来”的建议。正如刘宇轩指出的那样，在那个小区居民要求拆除基站的文章中，所谓的“专家”甚至都没有检查过那些孩子的身体状况或者周围环境（至少在文章中没有任何迹象表明如此），该专家如何断定孩子生病是由基站辐射导致的？

这个专家是否可以信赖、不带偏见？

理想的状况是，该专家在所考察的问题上没有偏见和个人利益。根据问题本身以及专家的正直程度，经济利益或者专家的特定意识形态可能会严重削弱其可信度。刘宇轩有充分的理由对销售 CDMA 低辐射手机广告中的广告词表示怀疑，因为它们显然是有利益关系的。如果你相信了该广告词（而进一步购买该产品），广告商就可以从中获利。

另外，仅仅因为一个专家接受了资助，或是有记录显示他持有某种特定的观点，并不意味着我们就可以拒绝其观点，否则就是犯了背景性人身攻击的谬误。不过，我们也不应该直接相信其观点。当依赖专家判断的时候，我们需要确信他们的判断没有受到诸如自我利益这样不相关的考虑的影响。如果我们知道关于手机和其他电子产品的辐射方面的建议来自某个防辐射服的生产厂商，那么它是值得怀疑的。可是，如果由此就认为应该忽视此建议，那么又会犯诉诸人身的谬误。如果一个专家要我们相信他的判断，那么提出可信性的问题就不是谬误。对于评价一个专家的判断来说，有无偏见和个人利益显然是至关重要的因素。事实上，对于就某个领域所知甚少的外行人来说，评价信息来源的可信性是我们在评价专家意见时可以做出的最重要的努力之一。如果该专家可以信赖、不带偏见、具有相关的专业技能并且是在一个学科内已达成共识的问题上为我们提供信息，那么相信这个专家的判断就是合理的。我们在某种程度上也是通过评估专家的资历来确定他们是否具有相关的专业技能。同行评审对确认某人是一位学有所长的专家来说是至关重要的，而它对评估单个的论断来说也很重要。

所考察的这个论断是经过同行评审的吗？它是否出自经过同行评审的刊物？

专家之间的共识对可信性来说是一个很好的基础，因为专家有这样的能力来评价同行所做出的论断。尽管科学实验对于科学成果的取得做出了相当多的贡献，科学团体所起的作用也同样重要。我们通过将某人的观点呈现在其同行面前来发现和拒斥错误的论断与论证。这意味着，专家之间的共识是成功通过同行评审的结果。

就像任何其他过程一样，这个过程也远非万无一失。有时候，甚至错得离谱的证据和论断也会逃脱同行评审的审查。同行评审也可能会拒绝正确的观点。尽管如此，作为一个寻求可信且可靠信息来源的外行，最好的信息来源还是经过同行评审的信息，特别是出自有同行评审程序的刊物的信息。

阅读材料

黄禹锡（Hwang Woo-suk），韩国著名生物科学家。曾任首尔大学兽医学院首席教授（于 2006 年 3 月被解聘），他在干细胞方面的研究一度令他成为韩国民族英雄，被视为韩国获得诺贝尔奖的希望。2004 年 2 月他在美国《科学》杂志上发表论文，宣布在世界上率先用卵子成功培育出人类胚胎干细胞。2005 年 5 月，他又在《科学》杂志上发表论文，宣布攻克了利用患者体细胞克隆胚胎干细胞的科学难题，为全世界癌症患者带来了希望，其研究成果轰动了世界。

2005 年 11 月，他被揭发伪造多项研究成果，其发表在《科学》杂志上的干细胞研究成果均属子虚乌有。韩国举国哗然。2009 年 10 月 26 日，韩国法院裁定，黄禹锡侵吞政府研究经费、非法买卖卵子罪成立，被判有期徒刑 2 年，缓刑 3 年。

这个专家是否提供了言之有理的论证或者解释来支持其观点？

这里我们要问的问题不止一个。正如医疗中的“知情同意”这个概念所表明的，即使是在医疗实践中的复杂决策，医生也必须让病人达到某种程度的理解，从而能够做出知情同意。这个知情程度可能不是很高，但是与“我得做这个手术，因为医生说我应该做”肯定还是不一样的。很多病人似乎真的就是基于“医生说我应该做”来做决定的，这可能是因为他们在面对自己的健康问题时存在深层次的心理障碍，也可能是因为他们在智识上尚未准备好倾听及理解医生的论证。但是，在学完本书、理解了探究之后，你可以而且应该努力要求一个适当的、听起来言之有理的解释。

学校中的大多数科学教育都是由专家做出的，它们不仅提供给我们事实和理论，而且还表明了这样的理论如何被用来解释事情的运转机制。在科学教育中，实验的作用是让学生看到科学家们是如何证实论断的，以及科学理论实际上是如何得到应用的。作为学生，我们对这些知识的信心很大程度上依赖于我们对相应信息来源的信任，不过，当完成了上述研究后，我们的理解就不再局限于引用专家的信息。比起说“我不知道，但是专家们说……”，我们应该对现象本身以及专家们为什么持有其观点有一个更好的理解。这对诉诸学校之外的专家来说也是一样。如果一位医生向我们推荐某种特定的治疗方法，我们应该被告知理由，比如它更可能成功，或副作用更小等。如果我们的汽车不能正常行驶，那么机械师可以告诉我们原因，比如火花塞线断掉了，导致连不上引擎，致使活塞不能打火。你并不需要成为一位火箭科学家或者汽车机械师才能理解这些。而这样的解释显然要好过说“我会修好你的车，相信我吧”。

那些论证因为人类活动而导致气候变化的人也并不是简单地做出这个论断，而是向我们提出了一个由现有的证据所构成的言之有理的解释：大气中的二氧化碳以及其他的气体，就像是温室的屋顶那样锁住并且反射了从地表所产生的温度[ii]。

温室模型是简化了的但却可以理解的解释。如果我们要考虑对该观点的批评性理论，我们就需要他们提出一个替代性的解释，该解释必须是同样有道理且与事实相符的。作为评价信息来源的外行，我们可以而且应该考虑专家所提供的解释。如果专家不能提供一个可以理解的、言之有理的解释，那么就削弱了其论断的可信性。

谬误：不适当地诉诸权威

尽管不能过于简单地评价诉诸专家或者权威的论证，但我们通常还是可以做出一些初步的判断——如果下面任何一项为真，那么诉诸专家的论证就很薄弱甚至是包含谬误的：

（1）该论断并非处于一个适当的领域。

（2）在这个特定领域中并不存在专家共识（很多时候我们需要做出进一步的探究来确定在某个特定领域或学科中所达到的共识的现状）。

（3）所诉诸的专家并不具有适当的专业技能。

（4）该专家还未审阅相关的信息。

（5）该专家带有明显的偏见。

如果未能满足关于诉诸权威的其他标准（参见前文“评价信息来源的指导性问题”），那么也将削弱其效力，不过这并不必然使得它变成谬误。在进行探究、寻求可靠且有用的信息来源时，我们应该寻求那些满足所有七项标准的信息来源。

寻找可信和有用的信息来源

刘宇轩：让我们试试搜索“Wi-Fi+健康”，看看会搜到什么。

姜瑶：可是你已经说过，什么样的假话都可以在互联网上发布。我们难道不是应该去图书馆查书吗？

刘宇轩：书当然很好。不过我们至少可以用网络作为开始，网上查找信息方便又快捷。在此之后你可以用书籍来跟进，做更多详细的研究。而且我们在网上可以找到很多在经过同行评审的期刊上发表的信息。

姜瑶：那如果是网站上的信息呢？

刘宇轩：不论是看书还是浏览网站，都得使用我们刚刚讨论的标准来评估信息来源。

姜瑶：好吧，让我们看一下。嘿，看一下这个网站。它的标题是《关于 Wi-Fi 健康危害的十大令人震惊的事实》[iii]。

刘宇轩：你不觉得这个标题有点耸人听闻吗？

姜瑶：可是它列举了暴露于 Wi-Fi 辐射可能导致的各种可怕的事情，例如失眠、损害细胞生长、大脑功能受损、不育、增加心脏负荷，甚至可能患癌症。太恐怖了！它还列出了保护自己免受这些有害影响的方法。

刘宇轩：是谁建的这个网站？

姜瑶：全球康复中心。这些文章似乎都是由其创始人爱德华博士撰写的。这里说，他在疾病的根本原因方面的研究享誉全球。

刘伟：所以他是研究 Wi-Fi 辐射影响的专家？

姜瑶：哦，不是。实际上他是脊椎指压治疗法和自然疗法的"医生"，而且他还参加了多个商业节目，经常参与广播和电视节目的录制。我找不到关于他所做的研究的参考文献。

刘宇轩：听起来他似乎并不是评估 Wi-Fi 辐射影响人体健康的最佳信息来源。

姜瑶：我同意。

刘宇轩：他们的信息来源是什么？

姜瑶：他们说这些信息都是众所周知的。它基于大量研究，结果"清晰而令人震惊"。

刘宇轩：他们为这些研究提供参考文献了吗？

姜瑶：是的，有 20 个参考文献呢。甚至还有《科学美国人》（*Scientific American*）① 杂志上的一篇名为《手机控制心灵》的文章[iv]，讲的是 Wi-Fi 对大脑的危害。他们甚至还提供了这项研究的链接。

刘宇轩：我觉得我们应该进一步考察一下。《手机控制心灵》这篇文章报道了两项研究，它们通过将手机绑在受试者的头上观察他们的脑电波，从而发现了手机对脑电波和行为的某些影响。

姜瑶：看，这清楚地表明了 Wi-Fi 和手机的危险性！

---

① 《科学美国人》是美国的一本科普杂志，创刊于 1845 年，起先是每周出版，后改为每月出版，它是美国历史最长的、一直连续出版的杂志。它并不是同行评审的科学期刊，而是提供一个论坛来呈现科学理论和科学新发现的刊物。

刘宇轩：稍等一下。两项研究中的研究人员都在结论中强调，这种影响很小（接近于喝半杯咖啡的影响）。两项研究都说，没有证据表明手机会造成损害，这些研究发现没有必要引起任何健康方面的担心。这些研究只是提供了对大脑工作原理的更多理解。

姜瑶：好吧，至少这项研究的结果并没有“清晰而令人震惊”。

刘宇轩：好像这个网站歪曲了这些研究的结果。我们也有理由怀疑他们所引用的其他研究。他们有没有提及任何反对其观点的论证或文献？

姜瑶：好像没有。

刘宇轩：那就是有问题。

姜瑶：好吧。不过我也确实注意到他们列出的保护自己免受有害辐射影响的措施，例如一些草药和防辐射产品，都是他们网站上出售的产品。实际上，当你浏览该网站的其他部分，就会很明显地发现该网站的主要目的之一就是销售他们的产品。

刘宇轩：这可不是一个不带偏见的消息来源，是吧？

姜瑶：是的。你还发现了什么？

刘宇轩：维基百科上有关无线电子设备和健康的文章说，世界卫生组织在这方面的结论是，在建议的阈值内暴露于电磁场不会产生任何已知的不利健康影响。

姜瑶：维基百科……你不是开玩笑吧？我知道那可不是一个可靠的网站。我们都不知道是谁发布的信息，也不知道他们是否对相应主题有所了解。其他任何人都可以进入词条并编辑其中的内容。

刘宇轩：这是我以前的想法。但是我读到一篇文章说维基百科的很多词条都和《不列颠百科全书》一样可靠。无论如何，使用维基百科只是第一步。我们总是可以使用脚注来检查其可靠性，并在需要时查找更多信息。维基百科中的大多数论断都需要给出引用出处，因此我们可以使用这些出处来进一步考察这些论断。

姜瑶：我知道了。

刘宇轩：此外，还有许多发布可靠资料的网站。像梅奥诊所（the Mayo Clinic）或哈佛大学医学信息方面的网站。

姜瑶：那媒体网站呢？

刘宇轩：有很多媒体。像美国《纽约时报》、英国广播公司（BBC）、英国《卫报》，通常都会发布可信的信息。当然也有一些媒体只关注热门事件，比起准确性来，它们对博人眼球更感兴趣。甚至微信这类社交媒体也可能成为误导性信息的来源。所以说，媒体鱼龙混杂，我们需要仔细检查与媒体有关的信息的可靠性。

姜瑶：你一直在说可信的网站，但是我们怎么知道它们是否可信？

刘宇轩：就像我们检查其他信息来源的可信性的方法一样。

使用网络

在 21 世纪，大多数人首先是到网上寻求信息。事实上，大多数人通过搜索引擎开始搜索他们想要得到的信息。

你怎么想？

通过网络寻找信息有哪些优势和挑战？

这是有道理的，因为使用网络搜索引擎既方便又快捷。但是网络对信息缺少过滤。在使用社交媒体时，我们必须格外小心，因为任何人都可以轻松地发布信息，甚至还有用来传播错误信息的“机器人”。我们还应该提防搜索引擎带来的偏见。例如，有些网站的算法会根据我们以前的搜索推送那些支持我们观点的信息——这是引导我们犯确认偏误的谬误。一个论断出现在网上，这个事实并没有给予我们任何理由来相信它是可信的。但是通过使用适当的标准，我们可以对网络内容的可信性进行合理的评估。

不过，在转向考察网络信息的权威性之前，我们应该问一下，对一个探究来说，什么样的信息来源是有价值的。正如探究的指导性问题所表明的，一旦我们弄清楚了问题是什么，我们就需要考察一下背景，从而就一个争议性话题了解其概要——它的历史以及社会和政治背景。最可能提供这种概要的信息来源——至少对当代的热点问题来说——是负责任而可信的媒体资源。尽管来自媒体的信息从来不能一锤定音，但它们经常提供文章来综述一个争议性话题的历史和背景。诸如美国公共广播电视公司（PBS）、英国广播公司、英国《卫报》这样的媒体，经常会刊发可信的综述性文章，它们可以为我们提供进行探究所需要的背景（在下面的对话中，我们会看到《卫报》关于基站和路由器对健康的影响这一问题所进行的综述[v]）。《新科学人》（*New Scientist*）[①] 和《科学美国人》这类通俗科学杂志也可以作为有用的关于背景信息的初步来源和通向主要研究的门槛。大多数这些新闻信息都是免费的，它们常常可以提供探讨一个问题的切入口。要获得这些信息，最好就是直接访问相关网站。这通常要比使用搜索引擎好，因为通过后者会搜索出很多来源可信性尚不确定的信息。

另一个初步的信息来源是那些致力于探讨某一特定话题的网站。很多这样的网站都是带有偏见的，有一些甚至是为了营利而开发的，比如前面对话中提到的那个网站。意识到一个网站带有偏见当然是重要的，但是并不能基于此就全盘否定它，因为它也可能包含有用的、可信的信息。

我们如何评价来自网站的信息呢？评价它们所使用的指导性问题与评价来自专家的信息是很类似的：

（1）该论断是来自一个适当的知识领域吗？

（2）该网站作者或者信息来源在这一领域是否胜任？

（3）该网站是否相对来说不带偏见？这个网站所带有的偏见对于它的论证和信息有什么样的影响？

（4）该网站是否为其断言引用了经过同行评审的、最好是可以进一步查找的文献来源？

（5）该网站是否为其观点提供了言之有理的论证或者解释？

综述性文章还有一个来源是发表在同行评审期刊上的学术性**综述性文章**。它们不仅可以帮助探究者了解一个问题的背景和历史，而且也涵盖专家之间所达成共识的状态。在后面关于科学探究的章节中，我们会讨论评

① 《新科学人》，创刊于 1956 年，是由 Reed Business Information Ltd. 出版发行的国际性科学杂志。每周发刊一次，并于 1996 年设立网络版，每日发布科学新闻。它并不是同行评审的科学期刊，不过仍为科学和非科学领域的人士广为阅读。

价科学文章的标准。不过，我们有时候仅仅通过基本的批判性思维就可以对科学研究做出适当的评价。

同行评审的文章对研究来说是“黄金标准”（它们被认为是有权威性的），因为其作者大体上满足指导性问题中所提出的作为可信权威的标准。使用这种信息来源的时候，关键的问题是：（1）所提出的论证和证据是否反映了一个研究共识；（2）所提出的论证本身是否可信。

遗憾的是，大多数同行评审的期刊并不是免费的。不过，很多此类期刊在公共图书馆和高等院校的图书馆都可以查阅，而且，使用“谷歌学术”“百度学术”，你至少可以看到这些文章的**摘要**（所谓摘要就是作者对文章主要内容的总结），从而大致了解文章中的信息和论证。

下面的文本框里是一篇经过同行评审的关于移动电话基站的健康影响的文章摘要。这个摘要在网上是免费的，完整的文章在学校图书馆网站上或许可以找到。

对一些较为初步的探究来说，摘要里提供的信息可能就足够了。如果你需要查看全文，通常要查阅该期刊或者是包含该期刊的数据库。

阅读材料

一则摘要示例

研究目的：回顾和评估有关移动电话基站（MPBS）辐射对健康的影响的近期文献。

研究方法：我们对在实验室环境中进行的随机临床试验以及调查 MPBS 辐射在日常环境中对健康的影响的流行病学研究进行了系统的回顾。

研究结果：我们在分析中纳入了 17 篇符合基本标准的文章、5 篇随机临床试验和 12 项流行病学研究。大多数论文（14 篇）考察了自我报告的不良健康非特异性症状。大多数随机临床试验并未发现 MPBS 辐射与暴露期间或暴露后不久的急性症状之间有任何关联。零星观察到的关联在症状或暴露类型方面未显示出一致的模式。我们还发现，暴露评估越复杂，报告显著效果的可能性就越小。除非特异性症状以外，对健康影响的研究以及对儿童 MPBS 暴露的研究很少。

结论：关于在日常环境中长期暴露于低剂量的移动电话基站（MPBS）辐射中对健康的影响，目前尚无足够的数据得出确切结论[vi]。

网络上有无数的文章解释如何评价网站和网络信息。网络所带来的挑战跟图书馆是一样的。尽管有些出版社有审查程序，然而一本出版的书籍并不比一篇发表在网上的文章能够提供更多的理由让我们相信它的内容。

那么我们应该怎样来评价网络资源呢？我们可以通过使用前面所提到的那些问题来评价它们。基本上，如果一个信息来源成功地满足了我们关于诉诸权威的标准以及关于信息可靠性的一般性标准，那么它就是可信的。具体来说，我们可以提出如下问题。

评价网站的指导性问题

谁提供了该论证或者信息？

（1）提供者是一个可信的来源（比如政府组织、学术机构、有声誉的公共团体）吗？

（2）是否存在偏见（明显的或者不那么明显的），比如基于经济利益或者政治倾向？

（3）该网站/研究的动机看起来是什么？比如推销一个产品、推广某种特定的观念。

（4）关于其来源/作者，该网站是否提供了有用的信息？

（5）关于该信息来源的知识是否让我们有理由来确信或者怀疑它？

（6）该信息来源在相关领域是否胜任，以支持其做出的未经引证的论断？

是以什么样的方式提出论证或者信息的？

（1）呈现信息的语气是否适当（比如不要带有太多的感叹号）？

（2）该论证是否以一种可以理解的、合理的方式提出？

（3）该网站是否依赖于见闻证据（逸闻证据的谬误）来支持它的论断？

（4）结论/论断所表达的方式是否跟所提供的证据水平相适应？

（5）在有争议的领域，是否回顾并讨论了各种不同的立场？

（6）该网站/作者是否提供了支持性的、来自可信来源的参考文献（比如经过同行评审的期刊），最好是带有有效链接可供进一步查阅？

（7）该网站/作者是否帮助读者得到关于正反双方的额外信息？是否很

容易通过链接获取这些信息?

(8)这些信息在当下是有效的吗?是否提供了日期?

阅读材料

维基百科和诉诸权威

维基百科是最著名的信息网站之一。维基百科能否作为一个信息来源,还是存在相当多的争议,尤其是在学术语境中。正如你可能注意到的,我们在本书中有时候也引用维基百科。如果审慎地加以使用,维基百科对于某些领域的研究还是相当有用的。因为我们并不知道维基百科的文章作者,所以我们不能基于作者的专业知识和可信度来评价文章的可信性。不过我们经常可以看到其他方面的信息。我们可以对该论证/文章的质量做出初步的评判,也可以检查是否有适当的脚注,正如维基百科的编辑们所做的那样。这一点尤其重要,因为它们为接受一个词条中的论断提供基础。

我们关于诉诸权威的标准的分析可以帮助理解维基百科令人称奇的成功。大多数学者,包括本书作者在内,都曾怀疑一个开源维基可以提供可信的信息。不过幸亏维基百科坚持论断必须得到一手研究的支持,以及相当多的对该词条了解的人愿意来审查和维护相关页面,从而在很多词条上,维基百科被表明跟《不列颠百科全书》那样的传统信息来源同样值得信赖。

正如我们所指出的,当寻求由学科共识所支撑的概括性断言方面的信息时,我们并不需要非常专业的来源。我们所需要的只是了解这一学科知识现状的、可信的信息提供者。因此,我们对这种信息来源的信任主要是基于我们相信该来源是了解相关信息的。尽管确实很难确定维基文章的作者是谁,然而对于适当文献的引用、其写作方式具有初步可信性,以及到目前为止维基的审核过程所建立起来的可信度,都提供了相当多的证据证明它们是出自相当了解该领域的人的手笔。不过对大多数探究来说,维基百科仍然只是第一步,它可以是一个很好的资源,具有很多导向一手资料的链接,从而帮助我们进一步查询更为可信的断言[vii]。

误导性或者不可信任的网站

有一个有意误导读者和进行恶作剧的网站,叫作“拯救面临威胁的西北部的树章鱼”[viii]。除了根据我们的常识(真的有“树章鱼”这个物种吗?)进行判断之外,另外一个检查其错误的方式是注意到它缺乏参考文献,以及充斥着“见闻”被“证实”的胡扯。这个网站表明了建一个看似可信而实际上却并非如此的网站是多么容易。所以，一定要检查它们的脚注。

更为典型的不可信任的网站是某个关于战胜癌症策略的网站。

尽管包含看起来似乎很精确的数字（比如，“65 中的 51 个”），但该网站并没有提供任何脚注。同时它营造了一种神秘兮兮的气氛（“这是你的医生不能告诉你或者不知道的信息”）。最后，在它的附属细则里有这样的声明：“这些陈述并没有得到食品药品监督管理局的评审。因此，这里所包含的产品和信息不是用来诊断、治疗或预防任何疾病或者解决医疗问题的。它并不能用来代替你的医生的建议。”

这个网站特别严重的一个问题是链接失效。无论材料可信与否，它们都可以非常容易地被登在网上。被包含在一个网站或者一篇文章中，用以支持某个论断的链接，可能被链接到一些不存在的页面。这是寻求同行评审的杂志以及可靠的媒体作为信息来源的另外一个原因，因为它们不会消失[ix]。

使用脚注来检查可信性

研究适当的脚注是学术界人士非常重要的任务，这也是大多数写作导论课强调它的原因。尽管添加脚注可能有点困难且颇需花些功夫，可是使用它们却具有很大的价值。比如，维基百科中的脚注不仅为可信性提供了基础，而且也是通向进一步研究的门槛。

然而，一个网站或者一篇文章包含脚注，这一事实本身并不能为相信一个论断提供基础。回顾上面的指导性问题，即使是在一个可以诉诸权威的适当领域，我们仍然需要知道这个被引用的权威以及学科现状能否提供可信的信息。这通常要求我们自己去检查那些被引用的文章本身。当然，如果那篇文章包含脚注，那么我们也要检查它们。我们在这个过程中要尽可能地去“挖掘”，要记住，作为一个非专业研究者，我们所寻求的主要是在专家中是否存在可靠的共识。

姜瑶：那么，让我们看看可否找到一些更可靠的信息。

刘宇轩：嗯，世界卫生组织（WHO）有两份报告。第一份是基于对手机影响的研究，并将射频辐射归类为可能的致癌物。

姜瑶：啊哈，我就知道！看吧，所有那些担心的人都是对的。

刘宇轩：别急着下结论。该报告仅发现使用手机与一种罕见的脑肿瘤神经胶质瘤（glioma）之间可能存在着关联的证据。这并不能告诉我们任何关于基站或路由器是否有害的信息。

姜瑶：为什么不呢？它们发出的辐射不是一样的吗？

刘宇轩：你先读一下《卫报》的这篇文章。它可以让你对此有一个全面的了解。据它说，离放射源头越远，辐射就会变得越弱。假如你距离路由器 1.2 米，则其功率仅为其源头的 1/16。

姜瑶：哦，我不知道这点。

刘宇轩：这就是世界卫生组织另一份有关电磁场（EMF）和公共卫生的报告没有引起很多关注的原因之一。看一下这个报告的结论："关于射频场，迄今为止的证据表明，暴露于低水平的 RF 场（例如移动电话及其基站发射的场）不会对健康造成不利影响。"[x]

姜瑶：可是我为什么要相信世界卫生组织？

刘宇轩：有很多原因。它是一个可靠的国际性研究机构；他们聘请了很多国家的相关专家对研究进行审查；他们不涉及任何推广产品方面的经济利益；他们为专家提供了足够的时间和资源来进行研究；他们知道公众和专业团体会仔细考察他们的研究和方法。

姜瑶：我不是太确定。你看这篇文章——这是对 WHO 报告的批评。它声称撰写报告的委员会可能受到了政治影响："事实证明，负责该草案的核心小组的 6 个成员中有 5 个隶属于一个非政府组织——国际非电离辐射防护委员会（ICNIRP），因此存在严重的利益冲突。"[xi]

刘宇轩：呃，那确实是个问题。尽管他们只是 20 名专家中的 6 名，但还是……不过，我们也要注意不要犯诉诸人身的谬误。他们背景方面的某些关联并不意味着他们的断言不正确或没有根据。

姜瑶：我想知道中国在这方面做了什么研究。

刘宇轩：我们可以到万方数据库上看看。

姜瑶：我发现了一篇很有趣的文章，不过很难读。它的结论……大体上说，研究所获得的证据太薄弱，无法支持任何结论[xii]。

刘宇轩：那我们得到了什么？关于微波辐射源的危害的研究未能发现任何对健康的影响。当然，要注意的是这些还只是初期的研究。

姜瑶：可是，如果这个结论是真的，那为什么有那么多人报告说基站使他们生病了？

刘宇轩：这是一个很好的问题。让我们看看是否可以找到任何有关这方面内容的综述性研究。综述性研究始终是一个很好的起点。

姜瑶：为什么？

刘宇轩：因为它们综合了许多不同的研究，并让我们知道当前的共识是什么。专家共识是评估断言的最重要依据之一。

姜瑶：我知道了。

刘宇轩：看，这项研究回顾了有关手机基站影响的研究（参见上文“一则摘要示例”），但没有发现影响。

姜瑶：那是怎么回事？

刘宇轩：这项研究可能会有所帮助。它关心的是媒体报道与报告健康问题的人数之间的联系。研究发现，媒体对电磁场危害的报道越多，则报告受到伤害的人就越多[xiii]。

姜瑶：我看不出这有什么帮助。

刘宇轩：因为它提出了另一种解释——人们是在听说了放射线的所谓不良影响后觉得身体不舒服的。

姜瑶：你的意思是这全是他们臆想出来的吗？

刘宇轩：不完全是。他们的观点可能真的使他们感到身体不适。但是，鉴于科学家无法找到任何有力证据表明电磁场会造成伤害，因此这似乎是目前最好的解释。科学家也说我们需要更多的研究。因此，说这全是他们臆想出来的可能还为时过早。

关于电磁场是否会引起健康问题，存在支持该断言的网站，也有不支持该断言的同行评审研究。关于手机是“可能的致癌物”的说法，专家们之间存在争议，但是，关于无线网络和基站有害健康的说法则鲜有科学支持。很多所谓的症状是莫名的、反复出现的头痛、头昏眼花和皮肤刺激感，一些人认为这些症状是暴露于电磁场的结果，现在这被称为“电磁超敏反应”（electromagnetic hypersensitivity，EHS）。正如对话中所引用的那样，世界卫生组织并未对此断言提供充分的支持，而且所谓对健康的影响也不大可能被发现，因为辐射程度在离辐射源一米开外的位置就会变得极为微弱。

使用书籍

我们一直都关注基于网络的研究，因为它是最容易获得的，而且通常也是最新的研究。然而，根据研究的主题以及它的重要性，你可能需要到图书馆去查阅书籍。尽管教科书在特别活跃的领域通常显得有些陈旧，但它们经常可以提供一个关于该领域研究现状的图景。正如关于一个问题有关键性的文章，也有关键性的书籍。如果你经过研究发现很多人都参考了某本特定的书，那么你大概应该去读一下那本书。

记住，一个论断是被印刷出来的，甚至是在教科书中的，这个事实并不使得它为真。需要注意的是，科学教科书会有一些表述来表示科学的不确定状态，尽管这一点并不会得到特别强调。比如说，“科学家们现在相信……”，这是在提示，这仍然是一个尚未解决的、有科学争议的领域。与之对照的是用来表述不存在争议的论断的典型用语：“氧原子的重量是……”

获取可信信息是任何探究的关键性环节，也经常是一个奇妙的理智冒险。比起以前，网络使得这一活动变得大为容易。你不必非得去一个好的图书馆查阅书籍。现在，我们可以上网，从而不必也没有什么借口只是接受在大众媒体上听到或看到的东西。一旦你掌握了这些指导性原则，那么就应该带着自信去检查这些论断，而这本身也是探究的一种形式。

检查你的理解

- 对于任何一个诉诸专家的意见，你需要问哪些问题？

- 为什么在道德问题上诉诸专家是不适当的？
- 你可以在网上找到可信的信息来源吗？如何找到？
- 你可以使用维基百科来为你的研究服务吗？为什么？
- 评价从网络上找到的论断与评价来自专家的论断有什么不同？
- 什么使得一个诉诸权威的论断变成谬误？
- 我们为什么应该关心脚注？
- 什么是“百度学术”？
- 什么是摘要？

练习

1. 评价下面诉诸权威或者专家的论证是否适当：

（1）阿里巴巴的创始人马云曾经说过：“许多假冒商品其实比真品质量更好，价格更优惠。”作为中国最成功的商人之一，他对网上购物的建议当然值得听取。

（2）我反对女人出去工作，因为儒家说“女子无才便是德”。

（3）对于这些声称确立了吸二手烟对健康的负面影响的研究，我们进行了深入的调查。我们所做的仔细的调查发现在这些研究中有一些重要的统计异常，以及一些概念混淆。关于作者们从研究中所得出的二手烟和各种健康风险之间的关联以及因果推理，我们需要持怀疑的态度。

（我们感谢烟草联合研究基金对于这一重要工作的慷慨支持。）

（4）我确信气候变化是由人类行为所导致的，因为我读了一个由最近的诺贝尔文学奖获得者所做的相关论证。

（5）我还没有查看最近的统计数据，但是作为这个地区最大的公司之一的副总裁，我将仍然坚持，正如我一直所做的，现在的财政危机并不严重，情况在不久的将来就会出现好转。

（6）造成你的暖气系统出现问题的原因是相当具有技术性的，对你来说很难理解。不过你可以相信我的专业判断——我懂这个问题，而且可以以合理的价格来修好它。

(7) 我意识到我的很多同事都不同意我的观点，但是我的调查证实了这一结论——全球变暖的速率并没有增长。

2. 下面的论证摘自各个章节中的对话。对于每个论证，评价其中诉诸权威或者专家的部分是否适当：

(1) 郑鑫：《权力的游戏》中波隆的扮演者杰罗姆·弗林说过，这些动物都既聪明又敏感，可是却饱受折磨。而且这样的做法并不是例外情况，而是现在通行的做法。

(2) 苏芳菲：我看到一篇特别有意思的关于动物福祉和工业化农场的文章，是由联合国粮农组织发布的。这篇文章的作者是一位大学教授，他好像在这个领域具有一些专业知识……他从各个方面分析了这些论证，并且提供了很多研究来支持他的论证。在此基础上，他说，实际情形比很多动物权益保护主义者所声称的要更为多样化。关于动物在工业化农场中是如何被对待的，相关的研究其实很少，而这些仅有的研究显示了多样化的价值和实践。

(3) 林畅：现在我们有了关于这两部电影的这么多观点，那从中能得到什么呢？我是说，它们并不都互相一致。不然的话事情就会简单一些。

苏芳菲：但是大多数评论者确实更加喜欢《我不是药神》。

林畅：所以我猜那就是结论了。好吧。

(4) 沈建国：很多养狗团体声称，没有什么狗或者品种是天生凶恶的，完全取决于训练和环境。他们指出，未经良好照顾及训练的狗（例如，被置于室外、一直都用链子拴着的狗）是特别容易攻击人的，而且任何品种的狗都可以训练得具有攻击性。

(5) 林畅（回应报纸上一篇支持死刑的文章）：我想，这篇文章是由一位警察局长所写的，这一点很重要。他确实具有很多处理谋杀案件的经验，所以他应该了解他所讨论的东西。他知道关于真实的犯罪世界的第一手资料，而且，关于杀人犯是怎样想的，以及什么是他们的作案动机，他当然知道得比你我更多！所以，或许我们应该严肃地对待他所说的话。

3. 假设你想知道姜茶是否有助于预防感冒。评价下面各项作为这一信息的来源是否适当，并对你的评价做出解释：

（1）你认识的一位医生。

（2）一个生产姜茶冲剂的公司的发言人。

（3）一个研究免疫系统的生物学家。

（4）你最好的朋友，她告诉你她用了姜茶效果极佳。

（5）一个获奖的物理学家。

（6）一位记者在一本大众杂志上写的文章。

（7）一个叫作“草本疗法”的网站。

4. 关于下面各项信息或者观点，你需要寻求什么样的信息来源（人或者地方），以对你的选择做出解释：

（1）一个关于电脑如何进行计算的解释。

（2）一个对于你的电脑的一个特定问题的诊断。

（3）一个关于是否应该允许堕胎的观点。

（4）关于第一次鸦片战争的背景信息。

（5）摄入膳食脂肪是否会导致心脏病。

5. 用评价网站的那些问题来评价下面这个网页上的信息：

“电脑辐射对孕妇的影响”（http：//www. yaolan. com/zhishi/dnfsdy-fdyx/）。

6. 评价下面这个关于自然疗法的网站：

“自然疗法的选择”（http：//www. yogeev. com/article/30986. html）。

7. 找出三个讨论手机辐射的网站，应用评价网站的指导性问题来评价这些网站。

注释

［i］基站辐射致孩子感冒发烧　中国联通：呵呵．（2015－12－12）［2020－01－14］. https：//mp. weixin. qq. com/s/HDb832F8a84ys30jZWgtig.

［ii］关于温室效应的一个简要描述可以在这里看到：“What is the Greenhouse Effect?,” *Intergovernmental Panel on Climate Change Fourth Assessment Report*，115。“为了平衡吸收进来的（太阳）能量，地球必须向太空辐射相同量的能量。因为地面比太阳冷得多，所以它辐射的能量主要集中在波长长得多的红外线部分。陆地和海洋发出

的大部分红外线热辐射更容易被大气层（包括云层）吸收，然后再辐射回地面。这就是所谓的温室效应。”

[ⅲ] Global Healing Center，“10 Shocking Facts about the Health Dangers of Wi-Fi，” https：//www. globalhealingcenter. com/natural-health/10-shocking-facts-health-dangers-wifi/（2020 年 1 月 14 日访问）.

[ⅳ] Fields，R. Douglas，“Mind Control by Cell Phone，” May 7，2008，http：//www. scientificamerican. com/article. cfm?id=mind-control-by-cell&page=2.

[ⅴ] David Robert Grimes，“Household Electromagnetic Radiation Doesn't Make You Ill or Give You Cancer. Here's Why，” *The Guardian*，February 17，2016，sec. *Science*，https：//www. theguardian. com/science/blog/2016/feb/17/electromagnetic-radiation-doesnt-make-you-ill-or-give-you-cancer-heres-why.

[ⅵ] Martin Röösli，et al.，“Systematic Review on the Health Effects of Exposure to Radiofrequency Electromagnetic Fields from Mobile Phone Base Stations，” *Bulletin of the World Health Organization*，88（2010）：887 - 896.

[ⅶ] G. Giles，“Internet Encyclopaedias Go Head to Head，” *Nature* 438，No. 7070（2005）：900 - 901.

[ⅷ] Zapato Productions，“Help Save the Endangered Pacific Northwest Tree Octopus，” http：//zapatopi. net/treeoctopus（2010 年 6 月 28 日访问）.

[ⅸ] Frank Westcott，“Intentionally Misleading Web Sites，” Apr. 1，2005，http：//www. techlearning. com/article/3768.

[ⅹ] 同 [ⅴ].

[ⅺ] Lennart Hardell，“World Health Organization，Radiofrequency Radiation and Health-a Hard Nut to Crack，” *International Journal of Oncology* 51，No. 2（2017）：405 -413.

[ⅻ] Wei-Jia Zhi，Li-Feng Wang，and Xiang-Jun Hu，“Recent Advances in the Effects of Microwave Radiation on Brains，” *Military Medical Research* 4，No. 1（2017）：29.

[xiii] Po-Chang Huang，Kun-Hua Li，and How-Ran Guo，“Association between Media Coverage and Prevalence of Idiopathic Environmental Intolerance Attributed to Electromagnetic Field in Taiwan，” *Environmental Research*，161（2018）：329 - 335.

第七章　识别问题

学习目标

在读完本章之后，你应该能够：

- 识别出一个问题的特质
- 拟定一个适合进行探究的问题
- 辨别在表述一个问题时语言使用方面的问题
- 区分事实性、评价性以及诠释性的判断
- 识别出用来评价各类判断的标准

战争？

宋俊涛在学校教室走廊上遇见了温妮。

温妮：嗨，宋俊涛。这么闷闷不乐的干什么？看起来就像是失去了你最好的朋友一样。

宋俊涛：我要为历史课写一篇题目自拟的文章，麻烦的是我到现在还不能决定写什么呢。

温妮：你想到了什么样的题目呢？

宋俊涛：我觉得大概可以写战争。

温妮：那是一个相当大的题目！

宋俊涛：嗯，我知道。不过那样的话我就不会没话可写。

你怎么想？

你觉得宋俊涛把战争作为一个探究的问题有何不妥？

温妮：我说，那够你写上好几年的！我真的觉得你应该把范围缩小。

宋俊涛：好像是的。我可以写阿富汗战争——那可能容易一点，因为新闻中有太多的报道了。可是我们的课是关注第二次世界大战的。我们教授说，二战在太多方面改变了世界历史的进程，听起来这场战争相当重要。所以，或许我可以写第二次世界大战，那范围就小多了。

温妮：呃，那只是个起点，不过它仍然涉及极大的范围。你为什么不选择某个你学到并且也感兴趣的特定方面或者事件呢？

宋俊涛：当我学到在第二次世界大战接近尾声的时候，美国对广岛和长崎投放了原子弹，那确实令我印象很深刻。它是一件如此重要的事，对全人类来说。我何不把问题集中在这上面呢？

温妮：好主意。不过我认为，你要写的题目不应该像是一个话题，比如“第二次世界大战”，或是“轰炸广岛和长崎”。它应该包含某种问题。关于那次轰炸，确切来说你想要知道什么呢？

宋俊涛：我想知道有多少日本人在这一事件中丧生。不过我猜那不是一个真正的问题，这个答案可以很轻易地从教材或者网上找到。它不能构成一篇文章。

温妮：同意。我觉得一个问题应该是有争议的，是人们持有不同意见的，而不是可以直接找到答案的——尽管，如果关于死亡人数也存在着不同意见的话，它也可能是有争议的。

宋俊涛：不错。话说，我特别感兴趣的是美国人为什么决定要投放原子弹，以及那是不是一件正确的事情。毕竟，他们是历史上第一个使用核武器的国家（到目前为止也是唯一的），而其目标大多数都是平民。这样说怎么样，“轰炸无辜的平民是错误的吗？”

温妮：一个像这样的伦理问题是不错，我们在历史课上总是讨论类似的问题。它也肯定是一个重要的问题。不过我觉得你这样来表述这个问题似乎有些不妥……

你怎么想？

你觉得宋俊涛所建议的这个问题有何不妥？

宋俊涛：是的，我猜它可能很宽泛。它好像有点偏离了关于广岛和长崎的这一特定事件。

温妮：不仅如此，鉴于你表述那个问题的方式，你真的认为会有人论证说它不是错误的吗？一个问题应该是令人们确实持有不同意见的问题，正反两方都应该有真正的论证，否则它就不是一个真正的争议。

宋俊涛：啊，我知道了！“美国人于1945年8月在广岛和长崎投放了原子弹，从而犯下一个战争罪行，他们是可以被辩护的吗?”这可精确得多了，它是一个问题，而且也是有争议的。有些人认为轰炸导致了日本的投降，从而避免了双方更多的伤亡。而另一些人则争辩说，轰炸并非必要，而且也是不道德的。

温妮：它确实是有争议的。但是你表述这个问题的方式使得在讨论尚未开始之前就已经掺入偏见了。那些论证说这一轰炸可以被辩护的人并不认为它是一个战争罪行。他们论证说，为了尽快结束战争以确保盟军胜利，“消灭敌方非战斗人员”是必要的。

宋俊涛：这对我的探究来说可能是一个好问题，“投放原子弹是否有助于结束战争?”这个问题的答案将会告诉我轰炸是否可以得到辩护。

温妮：可以吗？我并不确定这一点。即使你发现轰炸确实有助于结束战争，那也并不必然意味着这在道德上可以得到辩护，因为美国使用了如此恐怖的武器、造成如此可怕的后果，而且是针对平民的。这是一个道德问题。

宋俊涛：呃，好像是的。好吧，那再看我的另一个想法。我猜“战争罪”这样的字眼是不行的?

温妮：我想是的。

宋俊涛：这个怎么样？——“美国人于1945年8月在广岛和长崎投放原子弹是可以被辩护的吗?”

温妮：听起来不错。现在我还想知道的一件事是，将广岛和长崎放在一起讨论是否妥当，可能一个是可以被辩护的，而另一个不是。它们实际上是两个独立的问题。

宋俊涛：有道理。

阅读材料

广岛和长崎的原子弹爆炸[i]

广岛和长崎的原子弹爆炸是指二战接近尾声的时候，美国在杜鲁门总统的领导下于1945年8月对日本实施的核攻击。这是在对日本其他很多城市进行了长达6个月的激烈轰炸，并且向日本发出最后通牒无果之后做出的决定。美国于1945年8月6日向广岛投放了原子弹“小男孩”，于1945年8月9日向长崎投放了“胖子”核弹。这是人类战争史上唯一一次使用核武器的攻击。

据估计，到1945年年底，这两次爆炸造成超过10万人死亡，而在之后的5年内，由于癌症及其他的长期并发症，死亡总数可能达到甚至超过20万人。在广岛和长崎这两个城市中，大多数死者都是平民。

在长崎发生原子弹爆炸之后的第七天，1945年8月15日，日本宣布无条件投降，并于9月2日签署了投降书，正式结束了太平洋战争，第二次世界大战也由此结束。

这个问题是什么？

现在，我们开始一一考察探究的指导性问题，我们从第一个指导性问题开始：这个问题是什么？尽管这听起来可能是一个直截了当的问题，然而要提出一个适当的、可以探究的问题还是需要一些考量的。从一个清楚、合理、有聚焦点且表述适当的问题开始，对于整个探究过程的成功是至关重要的。

什么是一个问题？

我们可以把一个问题定义为一个尚未得到解决的、处于争议中或有待辩论的事情。它可能是一个一般来说存在分歧的问题，或者是某种挑战、谜题。一种问题涉及对于一个论断的意见分歧——某个特定的论断是否为真或者是否应该相信。但问题也可以是关于论断之外的其他事情，例如对一件艺术作品的诠释。我们通常处理的是政治或者伦理问题，但是实际上问题在人类思想和活动的任何领域都存在，在经济学、环境科学、教育学、法学、物理学、艺术以及日常生活中。在本书中，到目前为止，我们看到了涉及各个领域的问题，诸如素食主义、犬类伤人、电影、校园中禁用手机、基站的辐射影响以及战争，在接下来的章节中，我们还会看到很多其他领域的问题。

然而，并非所有人们持有不同意见的事情都可以构成适当的、可以进行探究的问题。一个可以进行探究的问题是可以通过理性和论证来考察的。关于巧克力冰淇淋是否比香草冰淇淋更好吃，不同的人可能有不同的观点，但是这种意见分歧是基于个人口味，不能通过理性和论证来解决（正如我们在第一章中所看到的那样）。因此，它不能成为一个我们可以对之进行探究的问题。

问题通常是从我们的活动中自然地产生的，比如当我们面对相互冲突的观点、我们的想法面临挑战或者出现了我们想要调查的问题的时候。一位同学成了素食主义者，这一发现使得同学们开始考察人们是否应该吃肉这个问题；狗攻击人的事件使得小区业委会考虑需要采取什么样的措施来处理这个问题；金马奖颁奖结果使得苏芳菲和林畅进行了一个关于两个电影哪个更好的探究；网上的一则报道让姜瑶和刘宇轩讨论小区内基站辐射的危险性问题。只要是可以用理性的方式来解决的争议、谜题、质疑或者其他不同的观点，那么就潜在地存在着问题。

在上面的对话中，宋俊涛所面临的问题有点不同。他面对的并不是什么迫切的问题。他的任务是要进行一个探究，而挑战是找出可以进行探究的问题。温妮明智地指出，他应该以自己的知识和兴趣为向导。只有当我们了解了关于一个话题的某些内容之后，我们才能知道关于这一话题什么是有争议的或尚未解决的；我们发现的越多，就越容易看出那些潜在的问题，从而也就可以更好地提炼出对于该问题的表述。

一个问题的特质

一个可以用来探究的问题具有下面这些特质。

聚焦

一个问题不应该太过宽泛。如果这个问题涉及面太广，那么将很难足够细致地处理它，从而揭示出它的精细和复杂程度。同时，也很难处理关于这个问题的诸多立场，并检查其背景的诸多方面。针对一个表述太过宽泛的问题进行探究，有陷于肤浅的危险。因此，需要通过关注某个或者某些跟任务特别相关，或者是探究者特别感兴趣的方面来限制问题的范围。宋俊涛所尝试的第一个问题——“战争”——就是太过宽泛了，而他的第二次尝试——“第二次世界大战”——在这一方面也没有太多进步。

问题与话题

问题应该和话题区分开。话题是一般性的主题，比如基站辐射、死刑、素食主义或者战争。但是，这样一般性的表述并不能表明关于那个话题我们想要知道什么。我们是不是想知道什么导致了战争？战争跟随后而来的经济繁荣是否相关联？战争可以避免吗？战争究竟是否可以得到辩护？为了表明争议在哪里，它应该被表述为一个问题。比如，“应该在中小学校园中禁止学生使用手机吗？”“对杀人犯可以执行死刑吗？”“我们应该吃肉吗？”宋俊涛为他的文章所提出的最初想法（战争、第二次世界大战、轰炸广岛和长崎）在很多方面都不妥，而其中的问题之一就在于它们不是问题，而是话题。

精确性

为了促成一个富有成效的探究，很重要的一点是对问题的陈述不能过于模糊；相反，它应该是清楚而精确的。我们需要知道要讨论的论断或者问题究竟是什么。如果问题是“应该保留死刑吗？”，那么需要问的是：“针对什么样的（犯罪）行为？”毕竟，有些国家对通奸也执行死刑。如果考察我们是否应该食用动物，那么根据我们所讨论的动物的不同，这个探究可能会有不同的结果。例如，沈佩珊虽然反对吃肉，但是她对是否可以吃鱼却不太确定。如果我们关注美国轰炸广岛和长崎是否可以被辩护这个问题，那么重要的是将这个问题分成两个问题，因为二者可能有不同的答案。

争议性

一个问题是一件处于争议之中、结论尚不明确的事情。在社会的层面，问题是那些尚未形成共识的现实问题。所以在这个层面上，探究并不是针对大家已经知道或者接受的信息、事态。但是在个人的层面，如果一个问题对某个人来说尚有疑惑，那么对他/她来说就仍然可以是一个适当的问题，即使在社会的层面，该问题已经被认为不具争议性。比如，“吸烟有害健康吗?”现在被认为是一个已经解决了的问题。但是，如果一个青少年受到了吸烟的诱惑，并不确定是不是应该点燃他人生的第一支香烟，他对于媒体上宣传的、师长所教导他的“吸烟有害健康”的宣传口号仍然存有疑惑，那么“吸烟有害健康吗?”此时对他来说就是一个极好的可以探究的问题。另外，因为问题是展现争议的，所以对于任何问题，必须至少有两个有道理的方面（通常会有更多的方面）。像那些人们实际上不会持有异议，或者对于其中一方并没有真正的论证的情形，例如“轰炸无辜平民是错误的吗?”并不能导向真正的探究。

中立性

宋俊涛所提议的问题——“美国人在广岛和长崎投放了原子弹，从而犯下一个战争罪行，他们是可以被辩护的吗?”是有问题的，因为他所使用的语言使得探究从一开始就带有偏见。这里涉及的一个概念是问题的框架，它是指用一些特定的概念来表述问题，从而设定了人们从某一特定的视角来考察这个问题。用“战争罪”来框定这个问题，就意味着这个行为是不能被辩护的，因此对于那个要考察的问题是循环论证。使用特定的语言或者概念，可以使得一个探究偏向某些特定的方面，从而妨碍对这个问题的其他方面做出公平的考虑。例如，比较下面这两个关于狗咬人应该采取什么措施的表述:“在诸如养狗这样的私人问题上，我们是否应该接受政府更多的管制?”“政府是否有义务保护民众免受天性凶恶的狗的攻击?”这两个表述中的每一个都是基于一些特定的假设，而这些假设对持相反观点的人来说是无法接受的，因此，对表述一个问题而言，两者都不是有效的方式。相反，一个问题应该尽可能用对立双方（或多方）都认可的、中立的方式来表述（在下面“有负载的语言”一节中，我们还会继续考察这个问题）。

综上所述，一个问题的特质包含以下几个方面：有聚焦点，用问题的形式表达，用精确的语言表述，有争议性，用中立的语言表述。

语言的问题

上面的很多例子都展现了语言塑造思想的力量，并指出了在表述探究的问题时，意识到我们可能会陷入其中的语言陷阱的重要性。使用有问题的语言可能是无心的，但也可能是论证者试图误导或者迷惑别人而有意为之。我们在下面总结了一些潜在的语言方面的问题。

缺乏清晰性

清晰地表述问题对探究来说至关重要。要表明问题的要害是什么、什么可被算作是支持或者反对各种不同的判断。缺乏清晰性可能导致语义混淆，并且难以对论断做出评价。语言缺乏清晰性的表现通常有以下几种。

模糊

模糊就是指词项不精确、应用范围不清楚。诸如“秃顶”或者“富有”这样的词就是模糊的词项，因为很难说一个人究竟有多少头发可以算作秃顶，或者一个人有多少钱可以算作富有。徐峥（在 2018 年）很明显是秃顶的，而范冰冰不是。然而存在着很多临界状况，因此“秃顶”这个词是否适用就不是太明显。类似的，我们可以很确信地说，马云是富有的，而依靠政府救济的低保户不是。但是介于他们之间的很多人呢？

此外，模糊词项的适用范围也经常是通过语境来确定的：一个中年人在一位老人的家里被认为是年轻的，而在大学教室里可能被认为是年长的。尽管前面这些例子不是很成问题，然而在一些情况下，关于一个词项的适用范围的争论则是至关重要的，因为很多问题可能就取决于特定的词所包含的内容。例如，很多法庭上的辩论焦点在于诸如“有预谋的杀害”或者“强奸”这些词项的适用范围。

你怎么想？

你能不能想出其他一些在词的使用中由语言的模糊性所造成的问题的例子？

尽管一定程度的模糊性是语言使用中的正常现象，然而当一个词项太过模糊以致不能起作用的时候，就会出现问题，也会使得评价一个论断变得困难。这类关于模糊性的问题在表述问题的时候尤其值得注意，比如，“应该有死刑吗?”“我们应该吃动物吗?”为了能开展一个富有成效的探究，我们需要对问题中的关键词提供进一步的说明和界定。

笼统

一个词越是不够详细或者具体，那么它就越笼统。比如，“食物”是比“蔬菜”更为笼统的词，“蔬菜”是比“根茎蔬菜”更为笼统的词，而“根茎蔬菜”是比“胡萝卜”更为笼统的词。如果该词项对探究的目的来说缺乏足够的细节，从而使得难以评价相应的论断，那么笼统就变成了问题。例如，如果一个问题被表述成“小区中应该允许养宠物吗?”，那么这里的“宠物”一词可能就太过笼统了，以致不能做出适当的评价，因为“宠物”包含的范围可以从一只藏獒犬到一只关在笼子里的小鸟。适用于一方的论证（比如，它们会对小区的安全性造成威胁）可能不适用于另一方。宋俊涛所提议的问题——“轰炸无辜平民是错误的吗?”，在很多方面都存在问题，而其中一个问题就是，既然他所感兴趣的是轰炸广岛和长崎这个特别的事件，那么这样的表述就太笼统了。

歧义

如果词项具有多种意义或者解释，而我们并不清楚它是在哪种意义上使用，那么这个词项就是有歧义的。歧义有多种形式。特定的词或者短语可以是有歧义的（语义歧义）。有时候这种歧义性会带来幽默效果。读一读下面这些语义歧义的例子：

> 开刀的是他父亲。
>
> 北京图书馆收藏着著名学者章太炎的书。

歧义性也可以是由句子的结构（句法歧义）所导致的，例如，“一见交警追来，司机扔下车和老婆逃走了。”“躺在床上没多久，他想起来了。”

有时辩论者可能会有意地利用歧义性来混淆或者避开一个问题。这种对歧义性的故意使用叫作偷换概念。这在外交场合经常会出现。一个著名的例子是周恩来总理对外国记者的回应。据说有一次，一名外国记者不怀好意地问周恩来总理："在你们中国，明明是人走的路为什么却要叫'马路'呢？"周总理不假思索地答道："我们走的是马克思主义道路，简称'马路'。"然而，如果出现在一个论证中，偷换概念就是一个谬误，因为它包含了改变一个词的意义，而这对一个论证的有效性来说是很关键的（参见第四章）。

在表述一个问题的时候，歧义性可能造成因为误解意思而产生问题。在对话接下来的部分，宋俊涛提出一个问题："好科学家怎么可以制造像原子弹这样毁灭性的东西呢？"这里的问题是，"好"这个词可以具有两种不同的含义，在精通专业的意义上，或者是在道德意义上。完成了制造原子弹这一艰巨任务的科学家，在精通专业的意义上显然是好的；但是我们事先并不知道他们在道德层面上是不是好的——那本身也是一个我们可能想要探究的问题。所以，这个问题如果这样表述，就是利用了歧义性。

综上所述，**歧义**包含以下几种形式：

（1）**语义歧义**是指特定的词或者短语本身有多种意义，且不清楚是在哪种意义上使用。

（2）**句法歧义**是指由句子的结构所导致的歧义性。

（3）**偷换概念**是指故意使用语词的歧义性进行论证或说明。

有负载的语言

字或词在其字面意义或者它们所指的东西（**指称**）之外，往往还具有跟它们联系在一起的其他意义（**意涵**），这些意涵可以与特定的图像或者情感相联系。因而，常常可以使用带有不同意涵的词来刻画同样的现象，从而激起不同的反应。假如一个地点被描述成"色彩缤纷的"，而不是"低俗艳丽的"，或者一个人被说成"好管闲事的"，而不是"忧心忡忡的"，想象我们的反应会有多么不同。来自哲学家伯特兰·罗素（Bertrand Russell）的一个著名例子很好地表达了这一点："我坚定，你固执，他是头顽固不化的蠢驴。"跟不同的词项相联系的是不同的价值和情感：有些意涵具有正面的影响，不管是适中的还是强烈的，有些具有负面的影响，另外一些词项可能相对来说是中性的。

因为语词或者表达式所带有的不同情感意涵，用来表述问题和论证的语言的选择可以影响甚至是改变探究的方向，正如我们在关于中立性的讨论中所看到的。当对一项军事行动的正当性进行探究的时候，考虑使用这些词的不同效果："恐怖分子""叛军""游击队""自由战士"。在我们的对话中，对比下面对轰炸广岛和长崎的描述所带有的价值上的假设和情感意涵："轰炸无辜平民"相较于"消灭敌方非战斗人员"。

在有些情形中，语言所带有的强烈的正面或者负面意涵是完全适当的，比如把杀害一个族群的大部分人叫作"种族屠杀"。但是如果以一种不正当或者有争议的方式来唤起情感上的反应——例如用"种族屠杀"来指对某一族群的歧视——那么它就是有问题的了。

另外，情感上中性的语词或者是具有正面意涵的词也可能被用来替换带有高度负面意涵、让人联想到不愉快的事情的词或者短语。这些叫作**委婉语**。使用委婉语可以减轻情感的强度，使得人们对于一些令人痛苦的事件或者行为不至于那么痛苦，甚至对其持正面的态度。很多军事用语，比如，"间接伤害"（无意的杀害），或者"友好开火"（对己方的部队开火），是试图使不可接受的行为听起来好像无害。温妮在对话中提到的"消灭敌方非战斗人员"就是一个委婉语，它用来减轻人们对于杀害平民的负面反应，从而使得这个探究偏向某一特定的方向。政治或者经济话语也充斥着这种玩弄语言的花招，比如用"精简"和"经济调整"这样的词，来减轻通常是令人极度不快的事件所带来的冲击。

这些语言方面的特征在表述一个问题时变得尤其重要，因为一个特定的表述方式可以歪曲探究的方向。不适当的表述会阻碍我们对问题进行全面的考察，因为一些立场可能在探究尚未开始之前就被取消了。例如，对比下面这些关于堕胎问题的表述：

一个尚未出世的孩子是否拥有生命权？

胎儿具有权利吗？

一个女人对于她自己的身体应不应该有选择的自由？

每一个表述背后都有一些特定的有争议的假设，这些假设需要在探究中进行争辩才能被确定是否可以接受。然而，由于表述这一问题的框架不同，这些考虑在上面的情形中被回避了。再如，关于如何处理狗攻击人这个问题，对比这两种不同的表述方式：“我们是否应该接受政府对个人权利更多的干预？”“我们是否应该允许狗威胁到民众尤其是孩子们的人身安全？”在两个情形中，一些有待考察的假设被问题的表述框架回避了。这样的表述可能妨碍我们公正地考察一个问题的所有方面。在前面的对话中，宋俊涛这样表述他的问题：“美国人……犯下一个战争罪行，他们是可以被辩护的吗？”也存在着类似的表述上的问题，因为“战争罪”这个词使得这一问题在尚未开始辩论之前就带有偏见了。

这个问题中包含了什么样的断言和判断？

宋俊涛：关于我可以写的问题，我刚刚有了另外一个想法。我想我可以探究一下制造原子弹的科学家们的角色。

温妮：听起来挺有趣。那么你会关注哪个方面呢？

宋俊涛：哦，我从课上知道，在这些执行制造原子弹的曼哈顿计划的科学家中，有些人对参与这一计划是有疑虑的，尤其是到了战争的后期，他们开始对核爆炸的后果有了更多了解。我特别有兴趣研究一下这个方面。

你怎么想？

关于这一话题，宋俊涛可以探究哪些可能的问题呢？

温妮：那么你的问题会是什么呢？

宋俊涛：这个怎么样？——“科学家们在知道了其可能的后果之后是否应该继续研制原子弹？”

温妮：好主意！但是我觉得“应该”这个词是有歧义的。你是不是想知道，继续进行这个计划在道德上是不是正确的事情？或者你感兴趣的是，出于实践的理由，它是不是最好的事情——例如，它最好地利用了资源？

我可以想象有人会争辩说，科学家们不应该继续他们关于原子弹的工作，因为，如果他们关注战争活动的其他方面，那会是更有效的。但是这跟这一行为的道德因素没有关系。

宋俊涛：我关心的当然是道德问题。不过现在我得想出怎样开始探究那个问题。

温妮：你为什么不这么开始呢？看看科学家们为想要停止或者继续这一计划所提供的理由。

宋俊涛：支持制造原子弹的人声称，拥有原子弹将加快结束战争，从而挽救美国人的生命。我得考察一下那是不是真的。但是反对继续进行这个计划的科学家们则非常担心核武器可能引发的后果，比如辐射伤害、核武器的扩散以及大规模杀伤的潜能。所以，我需要调查一下实际的风险是什么。

温妮：而且，这些风险的可能性有多大？或许有些方式可以控制这些风险，例如通过控制核武器的扩散。而且，如果它们真的发生的话，那么后果会有多严重呢？

宋俊涛：在我调查了上述这些问题之后，我还得看正反双方的理由对比起来是怎样的。我知道，反对继续这项计划的科学家相信，发展核武器的风险远远超过了可能获得的利益，我得评价他们是不是对的。

温妮：的确如此。

宋俊涛：那将为我的这个问题提供答案，即科学家们是否应该继续进行研制原子弹的计划。

温妮：没这么快，宋俊涛。这里还有一个真正重要的伦理问题没有考虑呢。我知道，有些科学家认为，他们的工作只是关注科学问题，而并不需要担心其成果如何被利用。所以，我觉得你需要考察一下，科学家对于他们所做的工作以及他们的发现是否应该负一定的道德责任。

宋俊涛：我明白。显然，那些研制了原子弹的人是很好的科学家，而我想知道，好科学家怎么可以造出像原子弹这样毁灭性的东西来呢？那可以是另一个值得探究的问题。当然，那些对于是否应该继续这一计划存有疑虑的科学家相信，他们对于其工作的结果确实要负一些责任。事实上，他们中的约瑟夫·罗特布拉特（Joseph Rotblatt）对此就非常忧虑，以至于他在1944年退出了曼哈顿计划，并努力组织全世界范围内的科学家来抵制核武器。

温妮：我倒是不知道这点。

宋俊涛：所以在进行评价的时候我也要考虑伦理问题。

阅读材料

科学家和责任[1]

约瑟夫·罗特布拉特，诺贝尔和平奖获得者，他是唯一一位出于良心而从曼哈顿计划中退出的科学家。他一直很清楚科学家的责任所在。科学家们在探索新想法时的天然热情使他们中的一些人参与了大规模杀伤性武器的制造，而这使整个世界处于危险之中。

"我们科学家需要意识到，我们所做的事情不仅影响到每个个体的生命，而且也影响到整个人类的命运。所有我们这些想要保护人类的人，都需要忠于人道，而这尤其是科学家的任务，因为大多数对于世界的威胁，如果追溯起来都是来自科学家的工作。"

你怎么想？

你是否认为科学家对于他们的工作成果负有道德责任？

宋俊涛为他的历史课论文想到了很多可能的问题。最后，他将范围缩小到两个可能的问题上。起初，他把问题锁定在"美国人于1945年8月在广岛和长崎投放原子弹是可以被辩护的吗？"后来，他想要关注另外一个不同的问题，即"科学家们在知道了可能的后果之后是否应该继续研制原子弹？"但是他意识到，无论是就两者中的哪一个进行探究，他都需要考虑很多相关的问题。

关于宋俊涛所考虑的问题，其中每个情形所要求的判断的种类存在着一些差异。上面所提到的两个问题都要求伦理判断，但是一些相关的问题还包括关注事实性的描述、科学解释、因果关系以及政治决策。理解我们所进行的探究需要什么类型的判断是很重要的，因为不同类型的判断是由不同类型的理由和论证来支持的，也是根据不同的标准来评价的。

有很多不同类型的判断，它们可以被粗略地分为三类：

（1）事实性判断（包含描述性判断和解释性判断）

（2）评价性判断（包括伦理判断、审美判断、工具性判断、关于价值的比较性判断）

（3）诠释性判断

事实性判断

事实性判断（或者说关于事实的判断）是用来描述或者解释这个世界的存在方式的。然而，“事实”或者“事实性”这样的词通常是有歧义的。说一个论断是一个事实，就是以另外一种方式来说这个论断是真的，即它表达了一个正确的描述或者解释。因为存在这种歧义性，“事实性”这个词可能导致混淆：有人可能会认为这些论断都是确定的、没有争议的。然而，重要的是要记住，正如所有其他判断一样，事实性判断也是可错的或可以根据新的证据和论证而修正的。

描述性判断

有些事实性判断仅仅是描述事态，我们把这样的判断称为**描述性判断**。“中国是世界上人口最多的国家”“处于标准大气压下的水在100摄氏度时开始沸腾”，这样的断言就是描述性判断。这些例子中所涉及的判断并没有什么争议（除非得到这些统计数据的途径存在某些问题），因此正如宋俊涛很快意识到的，“有多少日本人在广岛的原子弹爆炸中丧生”这个问题也许不能成为一个用来探究的好问题。然而，这个问题的答案也许可以为回答其他问题提供必要的信息，比如这次轰炸是否能够得到辩护。

描述性判断一般是通过观察达到的，但是有时候，观察也涉及使用非常复杂的技术和装置，比如望远镜或者粒子加速器。用来评价描述性判断的主要标准是，它们是否跟证据相符。关于什么可以构成证据，在不同的领域中有所不同。例如，相关文献是历史学中被使用的一种证据；对实验结果的观察（比如仪器的读数）是物理学中一种重要的证据类型；关于人群特征或者行为方面的系统性数据则构成社会学中的证据。

解释性判断

有些事实性判断是为了解释一个现象是怎样起作用的（**解释性判断**）。在第五章里，我们考察了两种解释性判断：**因果解释**和**理由解释**（有时候也叫作目的解释）。很多科学上的判断都是因果解释。“地震是由板块运动导致的”或者“玩暴力游戏导致玩家上瘾”，这样的论断都是解释性判断，它们超出了表面现象之间被观察到的联系，而进一步在它们之间设定了一个因果关联。关于投放原子弹是否有助于尽早结束战争的问题就要求一个因果解释。在解释现象是怎样起作用的时候，因果解释还告诉我们为什么某些事件发生了。比如，为什么宋鹏话这么多？因为他刚刚喝了点酒。

另一种类型的解释性判断是**理由解释**。理由解释向来都是用来理解人类行为的。“沈佩珊为什么决定吃素了？”这个问题是关于这一决定的理由，而不是它的原因。是担心动物福祉？是有健康问题？是担心吃肉给环境带来的影响？还是其他的理由？诸如此类的问题并不是追问某个决定的原因，而是其理由或者目的。

宋俊涛起初考虑的问题，即美国人为什么决定轰炸广岛和长崎，就是要求一个关于其理由的解释：它真正要问的是什么样的理由导致了美国政府使用原子弹。对于任何所给出的理由解释，我们总是可以进一步分析它是真正的理由，还是只是一个文饰（正如我们在第五章中所讨论的）。因此，如果宋俊涛选择探究这个问题，那么就不能仅仅接受由美国政府所公开声明的理由。为了找出真正的理由（它可能跟公开声明的理由一样，也可能不一样），有必要调查其他类型的历史证据。这样的证据可以包括各种各样的文件记录（比如报告、会议记录、通信、证词）以及采访、照片，甚至是可以找到的物理证据。

解释性判断是基于观察又超出观察的，它对现象之间的关系做出了进一步推断。我们在第五章中详细地讨论过这种形式的推理——最佳解释论证。

评价性判断

评价性判断表达了对一个对象、行为、现象的评价或者评估。它们对应的问题是关于什么是值得的或者是具有价值的。比如，“美的事情永远带来愉悦”“未经审视的人生不值得过”“公共安全是政府决策中的一个重要考量”都是评价性判断。评价性判断发生在各种不同的领域，具有各种不同的类型，其中主要的类型是道德或者伦理判断（这两个词的用法是可以互相替换的）、审美判断、工具性判断，以及关于价值的比较性判断。

伦理判断

伦理判断处理的是这样的问题：什么是对的或者错的、好的或者坏的、道德上值得称赞的或者应该指责的。诸如“正义”“公平”“平等”“美德”“权利”这样的词语指出了进行伦理判断的标准。伦理判断可以应用于人（“沈佩珊是一个正直的人”）、行为（“你应该向慈善机构捐更多的钱”“偏爱徐逸飞胜过温妮是不公平的”）或者事态（“对无辜的人执行死刑是不公正的”）。

宋俊涛提到的那个问题——“美国人于 1945 年 8 月在广岛和长崎投放原子弹是可以被辩护的吗?”——是一个伦理问题，因为它问的是美国人的这一行为在道德上是否可以得到辩护。“轰炸无辜的平民是错误的吗?”也是一个伦理问题，尽管其表述方式是有缺陷的（一个不那么有倾向性的表述是：“在战争中以平民为目标是不是错误的?”）。同样的，宋俊涛后来提出的问题——“科学家们在知道了其可能的后果之后是否应该继续研制原子弹?”——也是一个需要伦理判断的问题，因为它问的是，从**伦理**的角度，继续进行原子弹研制的工作是不是可以做出的最好的选择。温妮正确地指出，科学家们对于他们的工作或者科学发现是否负有道德责任。这样的伦理判断在相关探究中是一个需要考虑的重要问题。

审美判断

审美判断处理的是关于对象和经验的感觉、知觉或者形式性质的问题，它们大多出现在艺术领域。中央电视台总部大楼是不是一个好的建筑？王菲对于某首歌曲的演绎是否有效地表现了这首歌的意蕴？由华裔建筑师贝聿铭设计的某座建筑跟周围的环境是否协调？这些都是需要审美判断解决的问题。

审美判断必须跟关于艺术作品可以做出的其他类型的判断区分开来。

一个特定的雕塑是否招致很多公众的抗议、同一首歌哪位歌手演唱的版本卖得最好、一个新的建筑是否有效地实现了它当初设计时的功能，这些问题都需要经济上或者实践上的判断，而不是审美的判断。

诸如“美的”“丑的”“协调的”这样的词语是进行审美判断的标准。在一些情形中，审美考虑和非审美的考虑可能会互相冲突，比如，一个典雅的红酒醒酒器却使得酒洒了出来。在其他的情形中，审美的考虑和非审美的考虑可能是协调的，比如波音梦幻客机既造型优雅又功能完备。苏芳菲和林畅在第二章中所争论的问题——《我不是药神》和《侏罗纪世界 2》这两部电影哪部更好——就要求做出审美判断。在第十四章中，当我们处理艺术领域中的探究的时候，还将看到更多关于审美判断的例子。

工具性判断

工具性判断针对的是为达到一个目标所使用的手段方面的考虑。螺丝刀是不是做这件事最好的工具？走高速公路是不是到达我们目的地最快的方式？这些判断涉及的评价都是在非道德的意义上应该采取什么样的行为。诸如“实用性”“有效性”“成本-收益”这样的词语都表示工具性的问题和判断。

工具性判断一般包含事实性的成分。例如，评估“成本-收益”要求了解当下政策、可能的或者可以预期的成本以及收益方面的知识。它们通常包含了评估什么样的手段可以使我们达到目的，尽管分析什么构成成本或者收益可能不是一个简单的事实性判断。在小区业委会的辩论中所提到的几个问题，包括什么样的政策对于防止恶犬伤人事件是最有效的，以及禁养狗的条例是否可以实施，都是要求工具性判断的例子。温妮所提到的何种政策可能被用来控制核武器的问题，也要求一个工具性的判断。而宋俊涛的问题，科学家是否应该继续研制原子弹的工作，如果是在有效性的层面而非道德的层面来解释的话，也将要求一个工具性的判断。当然，这将不会触及这一情形的道德属性。

这种歧义性说明了很重要的一点：当探究一个问题的时候，重要的是弄清楚我们处理的是工具性问题还是伦理问题，因为评价它们所采取的标准不尽相同。当考察采取何种行为最好时，两种考虑都可以被包括进来。

但这通常可能导致两者的混淆。我们可能没有注意到，即使是处理完了工具性判断，也仍然需要考虑伦理问题，反之亦然。所以，即使政策制定者认为禁养狗的条例可能有效，他们还是得考虑这样的做法是否触犯了狗主人的权利，而在考虑了轰炸广岛和长崎是否能有效地加快战争进程之后，美国人仍然需要考虑它是不是一个道德的行为。

关于价值的比较性判断

关于价值的比较性判断处理的是，在做出一个判断的时候，什么是值得的或者是有价值的，以及不同价值之间相对而言的重要性。在关于恶犬伤人的辩论中，狗主人的权利与公众安全之间的重要性对比，就是一个关于价值的比较性判断的问题。关于研制原子弹的风险是否超出了可能收益的判断，是另一个比较性判断。如果有人断言，在做出投放原子弹这一决定的时候，伦理考虑应该重于实践的考虑，那么这也将是一个关于价值的比较性判断。在进行此类判断的时候需要权衡的方面包括伦理相对于实践、手段相对于目的、成本相对于收益，以及不同的伦理价值之间的冲突。我们将在第十章考察如何权衡这些不同的考虑。

区分事实性判断和评价性判断

注意事实性判断和评价性判断之间的区分是非常重要的。事实性的问题和评价性的问题要求不同种类的判断，是由不同种类的论证来支持的，也是根据不同的标准来评价的。混淆两者，特别是试图用处理事实性问题的方式来处理评价性问题，将会给我们的思考带来严重的问题。

事实性判断是通过观察这个世界存在的方式来做出决定和寻求支持，而评价性判断并非如此。这一事实使得一些人认为评价性判断是纯粹主观的、仅仅关乎个人好恶的问题。

你怎么想？

你是否认为评价性判断是纯粹主观的、仅仅关乎个人好恶的问题？为什么？

事实远非如此。评价性判断可以通过理由和论证而得到辩护，但是这些理由和论证跟用来支持事实性判断的属于不同的种类。而且，在日常生活中，我们一直都在就评价性的问题进行推理，并倾向于相信我们的论证是得到辩护的。例如，想象一下，你不同意你的老师判给你的一个考试分数。你可能会做出一个论证，说明你应该得到一个更高的分数，因为根据课本你的回答是正确的，而且一个给出同样答案的同学得到了更高的分数，因此老师的评分是不公平的。换句话说，对于你的分数，你向老师提供了理由，并且使用了诸如应得和公平之类的标准。假如这个老师说评分完全就是一件主观的事情，他就是喜欢给你一个不及格的分数，你恐怕会很不服气。的确，在某些评价性判断中，可能存在某种程度的主观性，例如个人口味（林畅喜欢吃咸豆腐脑，姜瑶则喜欢吃甜的）。我们对于艺术的判断在某种程度上也是主观的，但是我们也可以就艺术作品做出有充分理由支持的判断（正如我们已经在第二章和将要在第十四章中所看到的）。即使是在个人口味的问题上，我们的品位也可以被改变（想想美食家对葡萄酒的鉴赏）。

评估评价性判断所使用的标准根据判断的种类不同而不同。尽管对一个伦理判断来说，什么是适当的标准是可以讨论的，然而这里有几个显而易见的核心问题：

（1）该行为的道德特质（比如，它是不是在说谎?）。

（2）该行动者的义务和责任（比如，教师在批改学生作业的时候特别需要公平）。

（3）该行为的后果（比如，它是否可以让很多人受益?）。

假设你的老板问你知不知道一个同事为什么没来上班，而你恰好知道他去约会了。如果你讲真话，那么可能的后果是他被解雇。在考虑应该做什么决定的时候，我们需要考虑讲真话的义务、我们作为一个雇员或者经理的职责以及所采取的行为的后果。例如，美国总统在其关于轰炸广岛和长崎的道德权衡中，需要考虑杀害成千上万的平民这种内在的道德罪恶、他作为美国公民以及军人的责任以及是否投放原子弹的可能后果。

用以做出审美判断的标准很大程度上是跟感知、对象或经验的形式特质相关的，而且是根据该艺术作品的不同而变化的。对电影来说，评价性的标准主要包括演技、剧情的张力以及电影特效等诸多方面。对绘画来说，则需要考虑协调性和统一性的问题。很多艺术作品看重诸如原创性这样的标准，以及一个作品对于该艺术形式的发展的重要性。

工具性判断所诉诸的标准是与行动如何有效地达到所期望的目标相关的，例如有效性、成本-收益以及利益相关者的满意度，还涉及哪种行为具有最少的消极作用（尽管什么可以算作消极作用在一些情形中可能也是一个需要探究的问题）。

关于价值的比较判断所诉诸的标准有是否值得、是否重要。

当我们试图单纯基于事实性的考虑来对一个具有评价性维度的问题做出判断的时候，我们的判断通常是错误的。哲学家把这称为**自然主义的谬误**，这一点在处理伦理问题的时候尤其重要。这里的问题是，仅仅描述一个事情的状态本身并不能告诉我们应该做什么，或者什么样的行为在道德上是正确的。我们还需要知道什么是有价值的或者是值得的（以及什么是不值得的或者有害的）。在此前的对话中，我们看到一个自然主义谬误的例子。宋俊涛认为，如果他回答了“投放原子弹是否有助于尽早结束战争”这个问题，那么他就可以知道轰炸是否可以得到辩护。然而正如温妮所指出的，即使他发现轰炸确实有助于尽早结束战争，也并不能知道这个行为从伦理的角度是否能得到辩护。

你怎么想？

为了能判断投放原子弹是否可以得到辩护这个问题，宋俊涛还需要考虑其他什么问题？

为了判断投放原子弹是否可以得到辩护，宋俊涛还要考虑诸如这样的问题：攻击平民在道德上可否得到允许，以及使用具有如此大破坏力的非人道手段在道德上是否可被允许。回答这些问题不能仅仅基于事实性的考虑（尽管事实性的考虑也是相关的）。

有些问题显然需要评价性判断。但是，有时候一个问题的评价性维度可能不是那么明显，价值假设隐含在问题之中，或者是隐含在它被表述的框架中并跟事实性的考虑交织在一起。例如，为了判断是否应该吃来自工业化农场的肉类，我们确实需要了解这些农场中动物的饲养方式的信息。但是这个问题不能仅仅通过考察农场的做法来解决，因为它隐含着人类对动物是否负有某种道德义务的问题。关于如何解决犬类伤人的问题，就涉及诸如个人权利和社会安全等不同方面的价值考虑，以及这些价值如何在所讨论的特定情形中起作用。因此，区分包含事实性判断的问题和包含评价性判断的问题是十分重要的。同时我们也应认识到，价值方面的问题或假设有时是嵌套在其他类型的问题中并与其他类型的考虑相互交织的。

更重要的是，要注意到有些词既是用来描述也是用来评价的。我们说某个人说的是谎话，这既是描述了一个情形，即这个人说了一些我们知道并不为真的话，同时也是以一种负面的方式评价它。与之类似，说沈佩珊是一个有同情心的人，这既是描述了她的某方面的特质和行为（她关心他人、对其他人的问题和困难抱有同情等），同时也是对她的性格做出了一个正面的评价。

诠释性判断

诠释性判断处理的是关于意义的问题。它涉及在一个特定的框架内使得数据和现象具有意义。很多领域中都有诠释性判断。我们可以对艺术作品进行诠释，例如有人认为《红楼梦》是影射康熙时期的权相明珠与其子纳兰容若的家事。我们可以诠释科学实验的结果，例如水在 95 摄氏度的时候沸腾了，这一事实意味着我们处于高海拔地区。我们可以诠释一个朋友的动机，例如徐逸飞这么安静地坐在那里是因为他并不是真的想来参加这个聚会。当我们将一个论证标准化的时候，我们也是提供了一个诠释。

评价一个诠释性判断的标准包括：

（1）数据或者证据与该学科或者研究领域的诠释框架的符合程度。

（2）包容性，这个判断诠释了所有的证据。

（3）融贯性，这个判断作为一个整体来说是有意义的。

这些一般性的标准在实践中的应用依赖于问题的领域。比如，关于

《红楼梦》的诠释需要符合这部小说的细节，需要跟关于作者已知的东西相一致，而且需要考虑艺术和历史背景以及审美标准。关于科学实验的诠释需要符合观察结果、为其提供最佳解释，而且要与科学原则相一致。关于徐逸飞行为的诠释需要与我们所知的徐逸飞的性格以及背景相一致（比如，聚会上有一个他不想见到的人），并且与心理学理论相一致。

我们所考察过的那些判断横跨了很多领域的探究，包括自然科学、社会科学、人文、艺术以及日常生活。在任何一个领域，都可能有好几种不同类型的判断。科学中包含的主要是描述性或者因果判断，但是也可以包含伦理判断，正如我们在对话中所看到的。在政治领域，可能有因果判断、工具性判断以及伦理判断。历史学的研究可能包含事实性、诠释性或者伦理判断。艺术领域中也是如此。根据领域的不同，判断的标准也在某种程度上有所不同。

判断的类型如表 7－1 所示。

表 7－1　判断的类型

类型	子类型	定义
事实性判断	描述性判断	试图对世界、事实是什么样的状态做出一个描述
	因果解释	断定一个结果的原因
	理由解释	解释一个行为的理由或者意图
评价性判断	伦理判断	断定什么是对或错、好或坏、道德上值得称赞或者应该谴责的
	审美判断	主要是在艺术领域出现，有时也可以在其他情况下出现
	工具性判断	一个行为是否很好地达到所期待的目标
	关于价值的比较性判断	关于不同价值的比较
诠释性判断		处理关于意义的问题

检查你的理解

- 一个适于探究的问题具有哪些特征？简要地解释每一条特征。

- 语言缺乏清晰性的三种表现是什么？解释每一种可能造成的问题。
- 什么是有负载的语言？举出三个具有负面负载的词语的例子。
- 什么是委婉语？举出两个有问题的委婉语的例子。
- 三种主要的判断类型是什么？简要地解释每一类。
- 事实性判断和评价性判断之间的主要区别是什么？
- 什么是自然主义的谬误？解释它为什么是谬误。

练习

1. 假设你要对下面所列出的这些话题进行探究并写一篇文章。对于每一个话题，列出三个可以作为你的探究的焦点的问题。确保你提出来的每一个问题都符合可以适当地作为探究的问题的那些特质。跟几位同学一起讨论你们所列出的问题。

（1）素食主义。

（2）贫困。

（3）电子游戏。

2. 在下面的各个例子中，这些问题的表述都存在一些不足之处。对于每个例子，请完成以下任务：

（1）解释其中的不足之处是什么。

（2）重新表述这个问题以弥补原来的不足（某些例子可能根本无法改善）。

a. 地球是平的还是圆的？

b. 社会阶层流动。

c. 我们如何解决中国教育体系中的问题？

d. 基因编辑婴儿是可以接受的吗？

e. 首席执行官应该拿过高的薪水吗？

f. 战争是正义的吗？

3. 基于下面这个模拟政府决策的课堂活动中的场景完成任务：

主持人：大家请安静，我们现在要开始了。有人可以表述一下我们今天的议题吗？

郑鑫：我来说！“为了减少城市街道上的那些叫花子所带来的不良影响，我们可以采取什么样的举措？”

姜瑶：稍等一下！我觉得这样的表述不怎么好！我提议这样表述：“可以采取什么样的举措来缓解城市街道上乞丐的悲惨处境？”我想这样才更好地把握了问题。

郑鑫：稍等一下……

主持人：唔……我们现在好像出了点问题。

跟一位同学继续进行这个对话。确保你所写的对话达到以下要求：

(1) 它指出了两者在表述中存在的问题。

(2) 它最后提出了一个更适当的方式来表述这个问题。

4. 参照伯特兰·罗素的由三个短语构成的句子（“我坚定，你固执，他是头顽固不化的蠢驴”），完成下面的任务：

(1) 用具有类似的意义（指称）但是不同意涵的词补全下面这些例子：

a. 我是勇敢的，你是______，他是______。

b. 我是灵活的，你是______，他是______。

c. 我义愤填膺，你______，他______。

(2) 你自己再想出三个例子。

5. 分组完成如下任务：

(1) 列出所有你可以想到的委婉语（你可以通过参考报纸或者上网查询来增加你的词项）。

(2) 对其中的五个委婉语，解释它们以什么样的方式改变了它们所描述的事物的情感负载。

(3) 为它们找出替代性的、在你看来提供了更为精确的意涵的词语。

6. 在下面每个例子中，问题的表述方式都包含了有争议的假设，从而使得探究偏向某一特定的方向。针对每个问题，完成如下任务：

(1) 找出这些假设。

(2) 解释它们以什么样的方式使得探究带有偏见。

(3) 以一种更为中性的方式重新表述问题。

a. 如何避免高考给考生带来的心理扭曲？

b. 可以采取什么样的举措来缩减雇主和雇员之间薪资水平上的严重不平等？

c. 政府为什么不应该废除残忍的死刑？

d. 我们如何阻止那些只为让富人穿上皮衣而对无辜的海豹幼崽进行的丧心病狂的大屠杀？

7. 一些环保主义者正在试图从谈论全球变暖的问题转移到谈论气候变化的问题。他们可能出于什么样的理由要以这样的方式重新表述问题？（提示：考虑每个表述背后的那些假设，以及由不同的表述所造成的影响。）

8. 阅读下面这篇文章，完成如下任务：

（1）找出文章中出现的可以用来探究的问题（保证每一个都符合可以用来探究的问题的特征）。

（2）对于你所发现的每一个问题，识别出其中要求的判断的类型。

能把合法购烟年龄提高到 21 岁吗？

（澎湃特约评论员：李国炜；来源：澎湃新闻）

2019 年 7 月 15 日，国务院印发《关于实施健康中国行动的意见》，要求在全国范围内实施控烟行动，并“鼓励领导干部、医务人员和教师发挥控烟引领作用”。领导干部、医务人员和教师群体“身份特殊”，做好他们的工作，可以起到“先禁”带动“后禁”功效。

但控烟行动不仅要减少存量，还需遏制增量。遏制增量的关键在于阻断青少年吸烟。美国《神经心理药物学》（*Neuropsychopharmacology*）刊发的研究报告称，青少年时期是大脑发育的关键时期，在这一时期开始吸烟会造成大脑变化，让人在成年时期更难戒掉烟瘾。

为了抓好青少年禁烟工作，中国相关部门做了大量的努力，如修改《广告法》，明确规定“禁止向未成年人发送任何形式的烟草广告”。如国家卫生健康委员会将教育青少年“要抵制烟草诱惑，拒吸二手烟，远离烟草危害”，列入《中国青少年健康教育核心信息及释义（2018 版）》。如深圳坪山区市场监督管理局开出全国首张向未成年人出售卷烟的罚单，对违法商家处以 3 万元的高额罚款。

尽管付出了大量努力，我国的青少年禁烟形势却不容乐观。据国家卫生健康委员会披露，中国青少年吸烟率为6.9%，尝试吸烟率也高达19.9%。看来，加强青少年禁烟还需再添新思路。

机缘巧合的是，2019年7月16日美国纽约州州长库默签署法案，将该州合法购烟年龄从18岁提高至21岁。为什么纽约州要提高购烟年龄呢？库默援引研究数据称，吸烟是该州首要可预防的死亡原因，但纽约州越来越多的未成年人正在使用传统卷烟和电子烟。据统计，纽约州约有35 000名学生吸烟。

科学研究已经证实，提高合法购烟年龄是降低吸烟率的有效手段。英国一项综述性研究发现，提高最低合法购烟年龄可有效降低青少年吸烟率。将香烟购买的合法年龄从16岁提高到18岁后，青少年常吸烟量（每周至少吸一支烟）显著减少。美国癌症协会公布的数据显示，95%的吸烟者在21岁之前就开始吸烟。有鉴于此，在纽约州之前，美国已有16个州和华盛顿特区已将购买烟草产品的法定年龄提高到21岁。

中国健康教育中心披露，“中国一半以上的每日吸烟者在20岁以前开始吸烟”，如此看来，提高合法购烟年龄至21岁是一个值得尝试的思路。目前，全国人大常委会正在审议《基本医疗卫生与健康促进法》，希望立法机关能以此为契机，借鉴最新医学研究成果以及外国的经验，将禁止向未成年人售烟的规定修改为“禁止向21岁以下青少年出售烟卷和电子烟”，或者授权可由地方立法自行确定各地的购烟年龄的最低标准。

（https://www.thepaper.cn/newsDetail_forward_3956303）

9. 对于下面每句话，识别出其中涉及的判断的类型（可能包含多种判断）：

（1）你不应该对你妈妈撒谎。

（2）禁养某些品种的狗并不会有效地减少狗攻击人的事件。

（3）六小龄童在电视剧《西游记》中对于孙悟空的演绎是无与伦比的。

（4）政府应该做更多的事情来帮助穷人。

（5）在摄入膳食脂肪与心脏病的发病之间没有什么关联。

（6）张雨欣因为拾金不昧而应该得到赞扬。

（7）米开朗琪罗在《圣母怜子》中对圣母玛利亚的夸张塑造制造出一种敬畏感和同情感。

（8）“我现在做的远比我所做过的一切都美好。”（语出卡登——狄更斯的小说《双城记》中的一个角色。当准备为另一个人牺牲自己的生命时他说了这样的话。）

（9）《三体》这部小说给我们的一个启示是：无知不可怕，自大才可怕。

（10）加拿大现在拒绝为身处其他国家的死囚牢房中的加拿大人请求宽大处理，这是不合理的。

（11）用抗生素对付感冒不会有什么效果，因为感冒是由病毒而非细菌引起的。

（12）我从宋俊涛脸上的表情可以看出他很沮丧。

（13）当处理违法犯纪的年轻人时，我们更应该关注的是使他们重新做人，而不是仅仅惩罚他们。

10. 围绕第一章中关于素食主义的对话，完成如下任务：

（1）重读那些对话。

（2）列出在对话中出现的各种问题。

（3）对于每个问题，说明它要求什么样的判断。

（4）在关于素食主义的辩论中，在同学们所提到的问题之外找出其他可能的问题。

（5）对于你在（4）中提出的每一个问题，说明它要求什么样的判断。

11. 下面的每个论证都基于一些隐含的假设，它们要么是事实性的，要么是评价性的，要么两者皆有。辨别出隐含在各个论证中的假设，说明它们是事实性的还是评价性的。

（1）北京交通阻塞严重。因此，我们需要通过单双号限行的措施来改善这里的交通状况。

（2）这么多年都没有把房价打压下去，说明房地产没有泡沫。

（3）75%的人都认为那些犯了谋杀罪的人应该被执行死刑。所以，显然我们应该支持死刑。

(4) 统计显示，女性比男性更可能从高层管理位置上退出，因此，在对这些岗位进行招聘的时候，我们应该优先考虑男性。

(5) 李伟没有什么特殊的技能，他拿现在的工资已经是很幸运的了。

注释

[i] Wikipedia，"Atomic Bombings of Hiroshima and Nagasaki，" http：//en. wikipedia. org/wiki/Atomic_bombings_of_Hiroshima_and_Nagasaki.

[ii] Peace Pledge Union， "Joseph Rotblat，" http：//www. ppu. org. uk/learn/infodocs/people/pp-rotblat1. html#responsibility（2010 年 5 月 10 日访问）.

第八章　理解案例：理由和背景

学习目标

在读完本章之后，你应该能够：

- 列出关于一个问题的各种立场的理由
- 找出以下背景：
  - 现状
  - 争论的历史
  - 思想、社会、政治以及历史背景
- 在考察一个问题的时候，恰当地使用背景信息

死刑（一）

最近媒体上有法学人士就关于废除死刑的问题展开了一场辩论。很多报纸也针对这场辩论发表评论，主张维持死刑。林畅在看其中一篇评论。

林畅：嗨，苏芳菲，听一下这个：

“中国正处于社会转型关键期。社会冲突、腐败和暴力问题仍然很普遍。在转型完成之前，我们不能废除死刑。人们需要死刑判决才能感到正义得到伸张、他们受到政府的保护，所谓‘乱世用重典’。显然，只有死刑才能有效地震慑犯罪分子，并确保他们不会再次犯罪。鉴于我们社会中的犯罪水平，我们必须明智地使用死刑。

“我们认为死刑的存与废应当从一个国家的国情出发。就中国的情况来看，我们认为目前甚至在今后相当长的一段时间中，死刑是不能废除的。这并不等于我们不尊重人权，因为用死刑来震慑犯罪在我国还是必要的。”

你怎么想？

你怎么看待这个关于不能废除死刑的论证？它的有力之处在哪里？是否存在什么问题？

林畅：这说得很有道理。毕竟，政府需要尽其所能保护无辜的公民、维护社会秩序。杀人犯已经放弃了他们受保护的权利以及他们的生命权，因为他们剥夺了其他人的生命。所以，杀掉他们来挽救无辜的生命就是正当的，杀人偿命。

苏芳菲：等一等，林畅！不要那么快地下结论。你还没有认真思考这个问题呢。

林畅：但是显然这个评论说的是对的。

苏芳菲：你都不考察一下，就打算相信它所说的？另外，你还没有考虑其他方面的论证。这篇评论显然没有提供给我们任何反对死刑的论证。我想在决定其论证有什么优点之前，我们得知道很多其他方面的事情以及更多关于死刑的事实。我们得查看两方所提出的所有论证。我们得……啊，我知道了，我们需要做的是——

苏芳菲、林畅：进行一个探究！

苏芳菲：那么，现在第一步，如果我没记错的话，就是弄清楚问题是什么。

林畅：那很简单。这个问题是，应不应该有死刑？

苏芳菲：针对什么样的犯罪呢？我们得说具体点。在我们国家历史上死刑曾用于很多违禁行为。最近死刑的适用范围被缩小了，但是仍然有很多犯罪可以被判处死刑。

林畅：这篇评论的重点是说用死刑来维护社会秩序和震慑各种犯罪。但是，作为探究的起点，我认为我们应该将讨论重点放在用于“故意杀人罪”的死刑，即谋杀的情形。

苏芳菲：我同意这样的限定对于我们的探究很有帮助。

林畅：好吧……下一个问题。这涉及什么样的判断？

苏芳菲：嗯，既然我们谈论的是我们“应该”或者“不应该”做什么，那么我猜它是一个评价性判断。不过，我已经可以看到，我们还会需要考察一些事实性判断，诸如死刑是否真的有助于防止谋杀。

林畅：而如果要理解这些论证，我们就得知道这个问题的背景和历史。这样一来，我们有很多事可做了。

关于一个问题的各个方面相关的理由和论证

在一些情况下，先确定支持或反对该立场的主要论证是一个很好的做法，然后据此继续探究问题的背景，以更好地理解为什么会有这些特定的论证被提出来。在另外一些情况下，首先探究有关该问题的辩论的背景和历史则很有用，它可以帮助我们更好地理解该问题并确定相关的理由和论证。通常，探究问题的各方论证和探究问题背景是相互交织着的过程。探究问题的背景可以让我们理解相关的论证，而识别相关的论证会引领我们去探究问题的背景。在讨论死刑这个案例中，林畅和苏芳菲决定首先确定围绕这个问题的各方理由和论证。

一个问题是有争议的，这一事实意味着围绕着它存在一些争论。因此，关于这个问题会有各种各样的立场或者观点。但是一个辩论所包含的内容比仅仅陈述观点要多。这也意味着，会有各种论证和证据被用来支持这些观点。而且，对于很多这样的论证，人们往往还会提出**反驳**（对既有论证提出质疑的理由或论证），针对其中的一些反驳还会有回应（对反驳的答复），而且还需提出**替代性的观点**（对既有论证提出一个替代性方案）。

为了做出一个有充分理由支持的判断，我们需要知道下面这些事情：

（1）关于这个被考虑的问题所提出的各种立场是什么。

（2）有什么样的证据和论证来捍卫这些立场。

（3）有什么样的反驳来反对这些立场，针对它们又有什么样的回应。

（4）有什么样的替代性方案。

我们还需要知道，如果有什么立场和观点现在是处于支配地位的，那么它们是什么样的。如果没有什么支配性的观点，我们就要考察一下主要的竞争观点，以及这一分歧的本质和程度。

关于一个问题做出一个有充分理由支持的判断，它所包含的内容比仅仅评价一个特定的论证要多。它包括对相互竞争的观点的相对有力之处和薄弱之处做出一个比较性的评价。因此，注意到现有的争论细节，对得出一个有充分理由支持的判断来说是决定性的。

你怎么想?

列出所有你能够想到的关于死刑存废的正反双方的论证。

林畅：我看到有很多文章和书都给出了关于死刑存废的论证，正反双方的都有。看——

苏芳菲：那么，我们何不尝试列出一个论证表格呢？这样会看得比较清楚。

林畅：好主意。

苏芳菲：我知道在中国关于死刑这一问题有两派观点——保留主义者和废除主义者。保留主义者提出的主要论据之一是“避免再犯”，这将防止被定罪的凶手再次进行谋杀。

林畅：这很好理解。

苏芳菲：当然，死掉的杀人犯不可能再犯罪。不过要达到那个目的，可能也有不那么极端的方式。

林畅：第二个论证是震慑作用。死刑是最有效的震慑方式，令其他人不敢杀人。

苏芳菲：很多人反对震慑作用这个说法。他们说，有相当多的证据表明，死刑事实上并不能起到震慑的作用（当然，我想知道更多关于这方面的证据，我们接下来要去搜集）。

林畅：但是很多持有震慑观点的人仍然坚持认为，经验告诉他们它必定是有效的。他们强调，在中国当前的发展阶段，在高犯罪率的情况下，需要保留死刑作为维持社会秩序的工具[i]。

苏芳菲：我们也需要搜集那个方面的证据。

林畅：另外一个支持保留死刑的主要论证是报应论证——正义要求杀人犯受到他们应得的惩罚。那些杀人犯应该被处死。“欠债还钱，杀人偿命，这是天经地义的事。”

苏芳菲：最后一个论证是，在中国，死刑对于维持社会秩序至关重要。很多学者认为中国还没有发展到可以不需要死刑来维持社会秩序的阶段。

林畅：我也看到了反对死刑的论证。其中一个主要论证是，剥夺一个人的生命在道德上是错误的，即使是由国家来做这件事。支持死刑的人则论证到，国家可以采取个体所不能采取的行为，比如，将一个人监禁起来，以及在特定情形下杀人。

苏芳菲：另外一个论证是，惩罚的目的应该是使罪犯重新做人，但是显然，如果他们死了的话就不可能再重新做人。关于维持社会秩序这个论证，我读到的资料说，关键在于执法——确保罪犯不会从惩罚中逃脱比刑法的严酷程度更为重要。

苏芳菲：还有一些作者指出，法律系统是不完善的，历史上有很多著名的案例是无辜的人被判了杀人罪并执行死刑，而后来又被翻案。在他们看来，任何导致无辜的人被杀的做法都是不能得到辩护的。

林畅：保留主义者对所有这些论证的主要回应之一是维护社会的总体福祉和社会秩序是最重要的价值，它高于对个人的关注。许多人认为人民需要司法公正，凶手应该得到应有的严厉惩罚。

苏芳菲：是的，我也看到了那个论证。

林畅：嗯……关于这些论证，我注意到一些有趣的事：人们支持或者反对死刑，但是他们中的很多甚至都没有提到，这是在跟什么样的替代性观点相比较。他们有没有比较过死刑相对于十年或者十五年监禁的优点？他们有没有将它跟终身监禁相比呢？

苏芳菲：如果替代性方案是终身监禁的话，那么人们关于死刑的观点可能会非常不同。可能终身监禁可以达到跟死刑一样的震慑作用。它甚至也可以满足那些想要看到报应的人。

林畅：好吧，现在我们可以看到，关于死刑这一问题的论证比那篇文章所提出的论证要多得多"。

林畅和苏芳菲所进行的是探究过程中一个至关重要的步骤：列举出关于一个问题的各方观点和不同论证。他们并没有满足于仅仅查看关于死刑的某一个论证。他们意识到，关于这个问题，不止有一方观点，他们现在面临的论证是争辩的一部分，它有其历史，而且还在继续。关于死刑，为了得出一个有充分理由支持的判断，他们需要知道，关于这一问题的各个立场的论证是什么、对于各种不同的论证有哪些反驳和批评、针对这些反驳和批评又有什么样的回应、现在什么样的观点占主导地位。

这类争论并不局限于那些存在明显争议的问题领域，例如，关于道德、社会政策或者政治的问题。相反，它是包括艺术和科学在内的几乎所有探究领域的共同特征。在科学领域，一般的程序是，在相互竞争的理论以及替代性的解释中，基于证据和论证做出有充分理由支持的判断。因此，关于科学问题，就像是关于道德和政治的问题一样存在着争议。诸如宇宙是在膨胀还是在收缩、鸟类是如何导航的、喝红葡萄酒是否有益于心脏，都是正在进行着的辩论。可以列出那些导致现在的共识或者相互竞争的观点的论证以及反驳（科学中的探究的本质将在第十二章得到详细的阐述）。

艺术也是经常存在争辩的领域。《我不是药神》应该得金马奖吗？中央美院雕塑系教授蔡志松的雕塑作品《故国・颂》应该获得全国美展铜奖吗（一些观众批评该雕塑展示的是“丑陋的中国人”“毫无阳刚之美”）？钢琴演奏家郎朗对于李斯特《爱之梦》的演绎优于其他人吗？这些只是艺术领域中不断发生着的争辩的一些例子（我们会在第十四章探讨艺术中的探究）。

呈现当前的争论

一个很好地呈现当前争论的主要特征的方式是，用一个表格概括出主要的论证、反驳以及回应（参见表 8－1 关于死刑正反双方的论证）。这种表格可以对辩证关系（关于一个问题的各种立场、论证之间的相互交锋）的主要特征提供很好的综述。它不能在细节层面给出论证、反驳或者回应，不过在这个阶段，我们更感兴趣的是概要而不是细节。

表 8-1 关于死刑正反双方的论证

辩论方	论证的名称	论证总结	反驳	回应
正方	避免再犯	死刑防止已经定罪的杀人犯再犯同样的罪行	终身监禁是达到同样目的的不那么极端的方式	罪犯可能逃脱
	震慑	死刑会使人们打消谋杀的念头	北美地区的证据表明，死刑并不是一种有效的震慑力量	经验表明这是有效的；美国的一些研究也表明了震慑效果；北美地区的文化背景不一样；把北美的情形和中国进行类比是不适当的
	报应	正义要求罪犯得到应有的惩罚	复仇在道德上并不是可被辩护的；终身监禁也可以达到报应的效果	"杀人偿命"在中国人看来是天经地义的；社会秩序也要求进行相应的惩罚
	社会秩序	民众需要政府维护社会秩序，从这一角度看保留死刑是必要的	维护社会秩序的关键在于执法的力度，而不是刑法的严酷程度	中国还没有发展到仅仅依赖执法就可以维持社会秩序的阶段
反方	道德	剥夺一个人的生命在道德上是错误的	如果一个人剥夺了别人的生命，那么剥夺其生命就是可以得到辩护的	这涉及侵犯个人权利的问题；正义并不要求"以眼还眼"
	使其重新做人	惩罚的目的应该是使一个人重新做人，但是如果一个人死了，他就不可能重新做人	保护无辜的公民比起使罪犯重新做人更为重要	
	处死无辜的人	有时候无辜的人被执行了死刑	相对收益来说，这个风险是很小的。为了社会的福祉和秩序，我们应当承担这个风险	存在太多误判冤杀的案例，这不是随随便便就可以忽视的

资料来源：R. Hood. *The Death Penalty in China*：*Policy*，*Practice*，*and Reform*（New York：Columbia University Press，2015），Chapter 6 "The Abolitionist and Retentionist Debate".

这个问题的背景是什么？

作为我们的探究对象的那些问题并不是突然之间产生的。它们是产生于并处于特定的背景之中的。找出这些背景方面的信息有助于我们的探究。这里我们要关注背景的三个方面：

（1）现状。

（2）争论的历史。

（3）思想、社会、政治以及历史背景。

现状

现状指的是现在这个问题以及它的表现形式的实际情况如何，即问题现有的情形。对现状的了解可以提供给我们跟评价论断和论证相关的信息。一方面，它可以帮助我们理解某个特定的问题为什么是一个问题——它的争议之处或者有问题之处是什么，以及为什么值得我们关注；另一方面，对现状的了解也可以让我们知道，当前实践和观点的效力在于何处，由此我们可以理解，对任何一个替代性观点来说，它要反对的是什么、它是否具有以及在什么样的程度上具有**举证责任**（为一个结论进行论证的责任和所要求的证据程度）。正如我们在第四章中所看到的，一个被广泛接受的指导性原则是，举证责任一般是归于那些与现有的普遍被接受的观点或做法相冲突的一方。如果人们有很好的理由相信现在被普遍接受的信念得到了研究和反思的支持，那么关于事实性问题的举证责任将是最大的。例如，质疑一个已经被很好地确立起来的科学理论将需要大量极其可信的证据。

在道德问题上，举证责任则更有争议，因为诉诸通常的做法几乎总是循环论证，而且也不能合理地诉诸专家知识。不过实际的做法是，在对话情形中，任何想要论证应对现状或者现有的道德观点进行改变的人具有举证责任，例如那些想要进行法律变革的人负有举证责任。

尽管如此，判断谁具有举证责任并不总是一目了然的，而且在很多情形中（比如关于道德问题的争论中），并不存在清晰的举证责任。很多根深蒂固的观点和做法都被推翻了。因此，完整地列举出关于一个问题的各个方面的论证是非常重要的。在对各种论证进行比较性评价和权衡的时候，需要考虑举证责任，以决定哪些证据是必要的以及何时可以得出一个结论（我们将在第十章进一步考察这个问题）。

你怎么想？

你是否同意举证责任应该归于那些反对为大家普遍接受的观点和做法的一方？

此外，对现状和历史上的实践的考察，也有助于发现那些与探究的问题相关但在主要论证中并不明显的因素和考虑。

争论的历史

考察问题的背景也包括考察这个争论的历史。当一个问题存在争议或者被质疑时，这种争论可能已经持续一段时间了。不论这个问题是关于黑洞的本质还是是否应该接受死刑，几乎总是有一个思考的历史，它导向了现在对于这个问题的实践或者观点。现状是这一长期争辩的结果，而且，如果这个问题仍然被认为是有争议的，那么争论还将持续下去。

了解围绕一个问题的争论历史会很有帮助，而且在某些情形中，它对理解该问题以及各种相竞争的观点来说甚至是至关重要的。在一些情形中，只有当我们知道某一立场源自哪里，我们才能真正地理解它。观点常常是从既有观点中发展出来的，或者是作为对既有观点的回应或替代。理解这样的立场包含了弄清楚它们所反驳的以及所论证的是什么。所以，重要的是通过理解一些科学理论所处理的问题的本质、看到它们推翻了哪些理论以及是如何推翻的，来理解它们被接受的原因。只有通过这种方式，我们才会理解为什么现有的理论被认为是最好的解释，以及哪些问题仍然是有争议的。与之类似，如果我们对当下的争论所植根的历史背景以及历史上的分歧缺乏了解的话，就不能完全地理解这些辩论。此外，注意到过去所使用的辩论，还可以在背景发生改变的时候帮助我们在当前情形下避免重复过去的争论。

思想、社会、政治以及历史背景

很多问题的根源可以在关于人类本性、社会、世界总体的某些特定想法中找到。这些想法可能是哲学的、科学的、政治的或者宗教的，它们通常影响了人们看待特定问题的态度和立场。例如，人们关于死刑的立场可能源自死刑在中国有相当长的历史这一事实，也可能是受他们对中国社会的秩序和犯罪率的认识的影响。

知道一个问题所处的思想、社会、政治以及历史背景，可以让我们更加清楚各种论证背后的假设。它可以帮助我们理解各种论证的提倡者的观点源自何处，让我们洞察到这些观点背后的世界观。

绘制背景图

我们可以用同心圆的方式来表示背景的这些方面。最中心的圆代表的是现状。这一现状是嵌套在一个更大的圆圈里面的，后者代表了产生当前思考和实践的争论。而这个圆圈又是嵌套在一个更大的圆圈里面的，后者反映了思想、社会、政治以及历史背景，它们影响了这个争论并且为其提供了基础。如图 8-1 所示。

图 8-1　背景图示例

列出一个问题所处的背景，就像是为一个我们将要探索的区域绘制地形图。它使得我们可以看到问题的整幅图景，以及围绕着它的因素和力量。到这一过程的后期，我们会将地图放大，填入相应的细节。以下是关于死刑问题的背景图（见图8-2）。

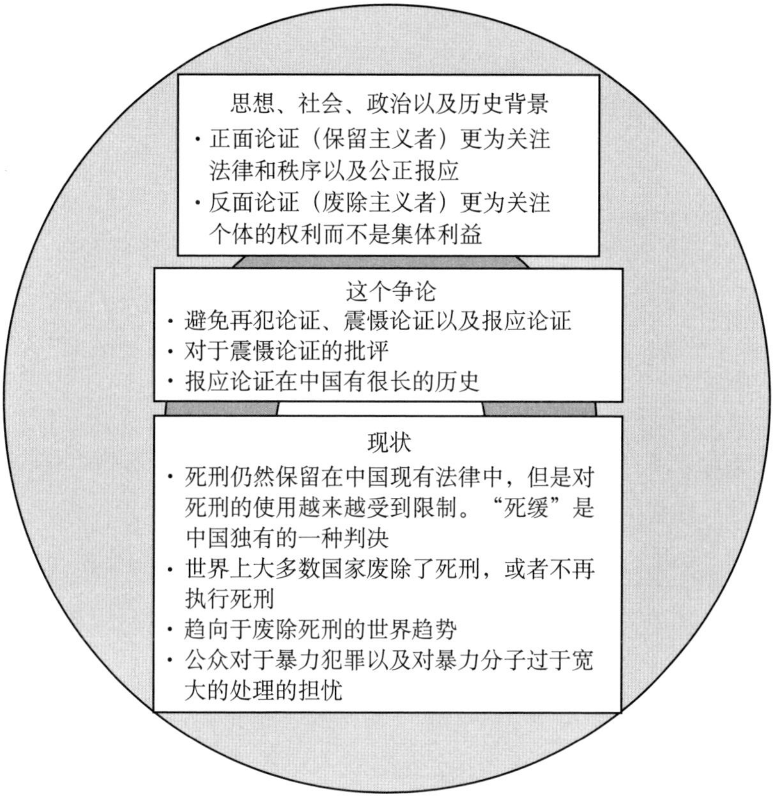

图8-2 死刑问题的背景图

阐明背景

现状

苏芳菲：我想最好是找出更多关于死刑的现状的描述。你知道中国现在关于死刑是什么样的状况吗？

林畅：我知道中国利用死刑来维护社会秩序有很长的历史，而不仅仅是进行惩罚和震慑。最近，在中国可被判处死刑的罪名减少了，但是这个清单仍然很长。关于人们对死刑的态度，调查显示大多数中国人支持将死刑用于很多种犯罪。

苏芳菲：是的，但是我从研究中知道，公众对死刑的支持率正在下降。许多法学专家都主张废除死刑，尽管大多数人承认废除死刑在中国还有很长的路要走。因此，对那些主张废除死刑的人来说，他们仍然负有相当大的举证责任。

林畅：好吧，了解死刑在中国根深蒂固是很有用的。我还了解到，“死缓”是中国独有的一种判决，即死刑缓期两年执行。虽然定罪后可以下令立即执行，但法官也可以处以两年缓刑。如果罪犯在此期间没有再次犯禁，通常会改判为无期徒刑或更轻的刑罚。

你怎么想？

列举出你所知道的有关死刑的法律。

在实行改革开放政策以来的40余年中，中国逐步限制了死刑的使用，虽然它曾经被视为遏制犯罪和维护公共秩序的基石。专家说，限制死刑的部分原因是中国经济实力的增长，也包括防止不可逆转的司法误判。

清华大学法学院教授周光权说，诸如聂树斌这样的案件（参见下面的“阅读材料”）表明，必须以审慎和有节制的方式使用死刑，他很高兴看到对死刑的使用受到更大的限制，并写入了2013年中国共产党第十八届中央委员会第三次全体会议的报告中。他认为，这表明死刑在中国的使用频率将会降低。

武汉大学法学教授莫洪宪自1997年以来一直致力于研究死刑在中国的使用。她说上述报告可能是第一次在国家级文件中提到审慎适用死刑，“这可以看作对过去二十年来限制使用死刑的努力的坚定支持”。

中国对死刑进行限制的一个关键举措是2007年最高人民法院收回了死刑核准权。这意味着下级法院做出的所有死刑判决都必须经过最高人民法院的核准。2011年，中国废除了对十多种非暴力犯罪的死刑，包括走私文物罪和盗窃罪。莫洪宪教授认为，这些变化是中国经济快速发展、加强公共安全管理以及公众法律意识日益增强的直接结果。她还指出，对越来越多的罪名废除死刑的做法符合全球趋势。莫洪宪和周光权均对进一步减少对非暴力犯罪使用死刑的做法感到乐观。

阅读材料

1995 年，河北省石家庄市的一名工人聂树斌被控强奸并杀害一名妇女，并随后被执行死刑，死时年仅 21 岁。2016 年 12 月 2 日，最高人民法院第二巡回法庭对聂树斌案公开宣判，宣告撤销原审判决，改判无罪，并裁定原审认定聂树斌犯故意杀人罪、强奸妇女罪的证据不确实、不充分。

此外，2013 年，在河北邯郸市中级人民法院开庭审理期间，一个名叫王书金的男子自认是导致聂树斌被处决的那个案件的凶手。

苏芳菲：那么，其他国家是什么情况呢？

林畅：我发现了一些关于死刑在加拿大的情况，对杀人犯执行绞刑曾经是加拿大法律的一部分，但是在 20 世纪 50 年代后期以后，它的使用就越来越受到限制了。在加拿大，死刑于 1976 年被正式废除了。但是早在 1963 年，所有的死刑判决就已经被减刑了，因此实际上从 1963 年开始加拿大就没有执行死刑了[iii]。在美国，死刑是由各个州决定的。美国现在有 36 个州仍然保留死刑[iv]。

苏芳菲：世界上其他国家的情况又是怎样的呢？

你怎么想？

你估计现在世界上有多少国家仍然有死刑？

林畅：这真有意思！世界上有 140 个国家要么废除了死刑，要么不再执行死刑，即使它仍写在法律条文中。这包括所有的欧洲国家、澳大利亚、墨西哥、中美洲的大多数国家和非洲的部分国家[v]。只有 64 个国家仍然在执行死刑，除美国之外，大多数分布在非洲、中东、远东和南亚地区，比如阿富汗、中国、巴基斯坦、叙利亚、伊朗、伊拉克、马来西亚和尼日利亚[vi]。

苏芳菲：我得承认，我很吃惊看到这么多国家不再使用死刑。我觉得这似乎昭示着这是一件正确的事。

林畅：就这件事本身而言并不使得它是对的，否则听起来就像是诉诸流行的谬误。不要忘记，真理有时候掌握在少数派手中。

苏芳菲：但是那确实让人觉得好奇……自 1997 年以来，联合国人权委员会每年都通过一项决议，呼吁尚未废除死刑的国家暂停执行死刑[vii]……你觉得为什么世界上大多数地方都废除了死刑？我想当我们开始评价这些理由和论证的时候，我们需要回到这个问题，再多思考一下。

林畅：还有其他一些东西我们需要好好看一下。有几个网站列出了被执行死刑的人的相关情况。这些网站上说，研究不断表明，在美国，黑人相较于白人更可能被指控谋杀或被执行死刑。而相较于那些谋杀了黑人的人，谋杀了白人的人更有可能被宣判死刑[viii]。不过，关于中国，我看到一项研究认为，罪犯的性别、种族以及受害人与罪犯之间的关系所造成的影响在中国与美国之间并不相似[ix]。

这里，林畅和苏芳菲调查了关于死刑的现状——不只是局部的，还包括全球范围内的。他们所调查的一个方面显示，关于死刑的争论在不同的地区有不同的形式。在中国、美国的很多州以及对话中提到的那些保留死刑的国家和地区，这个争论是关于是否应废除现有的死刑。在加拿大、美国的另一些州以及世界上很多其他国家和地区，这个争论是关于是否应该恢复已经被废除了的死刑。既然从实践的角度，举证责任一般是归于那些反对现有做法、要求变革的一方，那么在中国，举证责任应归于那些想要废除死刑的人。知道这一点可以有助于理解为什么某些特定的论证被提出来，以及为什么这一争辩在不同的地区有不同的形式。

关于实践及其背景的一些具体细节方面的知识，可以给一个问题带来新的想法。例如，注意到在中国对待死刑的慎重程度以及判决的公正程度，这会影响到我们关于报应论证的评价。理解公众对于不断增长的暴力案件的担忧则有助于我们看到各种论证和立场的诉求。

知道一个问题是如何随着时间发展起来的，可以让我们洞察到它的一些方面。例如，知道在全球范围内有逐步废除死刑的趋势，对探讨死刑问题是有帮助的。当然，由这一事实并不能推论出这就是一个正确的立场。

有些国家可能在某些政策上不那么宽松，大多数人的立场也并不必然是最好的。虽然如此，世界上大多数国家废除了死刑，这一事实确实给了我们在评价死刑的时候需要考虑的另外一个维度，就像联合国号召暂停执行死刑这一事实一样。

争论的历史

林畅：在进行这项研究的时候，我发现有些论证可以追溯到很久之前。例如，报应的论证在中国有很长的历史——欠债还钱，杀人偿命。“报应”这个概念在中国民间信仰中由来已久。那首诗怎么说来着？“善恶终有报，天道好轮回。不信抬头看，苍天饶过谁！”

苏芳菲：嗯，确实啊。我看到一位学者说，中国在利用死刑促进社会秩序方面有着悠久的历史，“清朝政府认为法律制度以及道德、风俗和教育是维护社会秩序所必需的。因此，政府对那些被视为威胁社会长治久安的犯罪保留了最严厉的惩罚。国家最关注的问题包括家族事务、暴力犯罪和危害国家的犯罪。严厉的惩罚通常是在公开场合进行的——斩首示众，这旨在确保人民对皇帝的绝对服从和效忠”。

苏芳菲和林畅发现，关于对犯罪的适当惩罚，这一争论有一个很长的历史，而且那些基于避免再犯、震慑和报应的论证很久之前就有了。我们今天所思考的问题并不是从无到有突然产生的。它们已经被讨论和争辩了一段时间，甚至具有很长的历史。追溯这些争辩可以为理解该问题的现状带来新的启发。

思想、社会、政治以及历史背景

在某一特定时期的社会和政治力量的结合，促使公众注意到某些特定的问题，并为支持或者反对某个特定的立场而施压，也可能影响到争论。

围绕着一个问题的思想、社会、政治以及历史背景方面的知识，可以帮助我们理解各种观点背后的假设，以及人们为什么会持有这些观点。它也可以向我们揭示，为什么某个特定的问题会在某一特定的时间和地点显露出来（或者再现）。

林畅：你知道吗？在考察了这些论证之后，我开始有点理解了持有不同立场的人其出发点都不尽相同。

苏芳菲：不错，我知道你想说什么。

林畅：正方的论证都聚焦于“法律和秩序”的维度。他们非常关心社会中的暴力，致力于建立社会秩序。这对于中国社会是非常重要的。

苏芳菲：的确如此。公众对暴力犯罪的发生非常关注。人们希望国家保护他们，并且认为死刑是有助于保护民众和维持社会秩序的重要工具。我还在想，报应论证跟“杀人偿命”的想法有关，可能对于某些具有特定信念的人特别有吸引力。

林畅：可能吧……

苏芳菲：反对死刑的论证似乎更关注人权方面，即便是对那些犯了重大罪行的人。

林畅：而正方（支持保留死刑的人）则更关注受害者一方的权利，以及对于“报应”的强调。

苏芳菲：此外，一些反对死刑的论证也强调了“使其重新做人”这个方面。这个思想与儒家的信念有关，比如说“人性本善”“浪子回头金不换”。支持死刑的人似乎对此不太相信。

林畅：是的，我可以理解。有些反对死刑的论证似乎基于对不公平判决的担忧，尤其是对无辜的人执行死刑。

苏芳菲和林畅注意到，支持和反对死刑的论证是基于一些关于人和社会的不同观点。很多保留主义者所基于的思想，例如对法律和秩序的关注以及对公正报应的诉求，源于中国思想和实践的悠久传统。另外，废除主义者的立场在中国来说是相对较新的观点，它更为关注个体的权利而不是集体利益。

检查你的理解

- 为什么列出关于一个问题当前的争论是重要的？
- 在列出当前的争论时，需要包含什么样的因素？

- 举出支持死刑的三个论证，并进行简要描述。
- 举出反对死刑的三个论证，并进行简要描述。
- 在本章所识别出的背景的三个方面是什么？对每一个进行简要描述。
- 为什么找出背景的每一个方面是重要的？
- 针对背景的每一个方面，说明知道它如何有助于对死刑问题进行探究。

练习

1. 重新阅读第二章中关于禁养危险犬种的辩论，绘制一个“关于禁养危险犬种的正反双方论证”表格，列出你在对话中所发现的论证、反驳以及回应。

2. 重新阅读第六章中关于基站辐射的对话，绘制一个“关于手机信号辐射是否有害健康的正反双方论证”表格，列出你在对话中所发现的论证、反驳以及回应。

3. 围绕人们是否应该吃肉这个问题进行一些探究，看看从围绕这个问题的争辩的历史中你可以发现些什么。

4. 从下面选出一个问题，对你所选择的问题进行一些研究，看看从围绕该问题的争辩的历史中你可以发现些什么。

（1）女性应该被允许在矿井中工作吗？

（2）可以在医疗测试中使用动物吗？

（3）是否应该支持幼儿“读经”？

5. 阅读下面的对话，完成练习。

妈妈：我邀请了黄阿姨和她的儿子安阳吃晚饭。你记得安阳吧？那个帅小伙子，现在还没女朋友呢……

女儿：妈，你又来了！

妈妈：你什么意思，“又来了”？

女儿：你老是叫我相亲，我跟你说了多少遍，我现在不想。

妈妈：可是安阳不一样啊！他长得帅，更重要的是，他有钱有车，父母还会给他提供婚房。这样的人到哪里去找？

女儿：我只记得他既自私又无聊，而且上次你给我安排的相亲真是一场灾难。

妈妈：你要学会不要那么挑剔。

女儿：妈，你别再逼我结婚了。

妈妈：你现在也老大不小了，也该结婚了。

女儿：我现在只想把我的工作做好！我在公司受到老板器重，正是我上升的关键期。而且，我还在读一个在职课程，我没有时间！

妈妈：女孩子过了25岁还没有对象是很危险的。你不要变成一个“剩女”。

女儿：这都是旧观念了！现在是21世纪了！你看看那些发达国家，女人三四十岁才结婚是很正常的事。

妈妈：你这孩子真是很不现实。让我来告诉你，男人喜欢年轻的女孩，他们不是很在意女孩子的学历背景。实际上，很多男人都喜欢受过较少教育的女孩。等到女孩子过了25岁，她们就会越来越不抢手。你知道吗？人家说30岁以后的女人就像发黄的珍珠一样老。那些受过最多教育的人最终会沦为“剩女”。

女儿：如果我要结婚，那一定是在我准备好了以后，而且是我的Mr. Right到来的时候。

妈妈：到你“准备好了”的时候啊，你就年纪太大了！到时生小孩都困难！女人不能超过30岁生小孩，否则小孩会不健康。

女儿：这是胡说。而且，我看到周围很多结了婚的女孩子只是为了结婚而结婚。她们并没有真正考虑过这种婚姻关系是不是真的好，或者这个男人是不是可以与她共度余生。现在，她们中的许多人过得不开心，其中一些已经离婚了。

妈妈：离婚了！这说明她们不知道如何哄丈夫开心。

女儿：为什么男人需要开心，女人就不需要？女人不应该得到平等的对待吗？

妈妈：可是事实就是这样。女人传统上就是这样的啊！我们需要接受这一点。

女儿：并不是所有的人都接受啊。我的朋友宁宁今年三十出头了，还没有结婚。她在电台做主持，工作出色，薪水高，有自己的房子，她喜欢和朋友一起出去玩，做自己想做的事。她的生活就是我现在想要的状态。

妈妈：那她准备什么时候要孩子啊？她可怜的父母！30多岁的女儿还单身，他们得多着急啊！他们要是万一抱不上孙子，那得多么伤心！这就是我们的生活——看到我们的孩子结婚、成家、传宗接代。老话说得不错："不孝有三，无后为大。"

女儿：妈，我只想你让我自己做决定，让我按照我认为最好的方式过我的生活。

妈妈：你看，网上有很多约会网站。还有你应该关注一下这些公众号，它们都是教你怎么在人群中脱颖而出、怎么吸引男人目光的。你看，你整天不修边幅的很不像样，要学点化妆，把自己打扮得精致一点，还有你的穿着……

（1）在对话中找出支持和反对催婚的理由、对于这些论证的反驳以及对反驳的回应。绘制一个"关于催婚的正反双方论证"表格，列出这些论证、反驳以及回应。

（2）关于背景的下列方面，列出任何你可以想到的、为了就催婚这个问题得出一个有充分理由支持的判断而应该了解的因素。

a. 现状

b. 争论的历史

c. 思想、社会、政治以及历史背景

（试着对每一类都提出相应的问题。）

（3）在网上搜索关于这个问题的各方面的背景。像上面的（2）中那样对这些信息进行分类。

6. 下面这个练习是关于是否应该为在校学生分发避孕套的问题。

安全套进校园频引争议　专家吁高校普及性教育

中新网北京2016年3月24日电（吕春荣）　近日，内蒙古一所高校首设安全套自助发放机，引发舆论热议。不仅内蒙古，北京、浙江、福建等地有部分高校也早已设立了此类发放机。安全套进校园为何频频引发争议？高校“防艾”如何多措并举？中新网记者就此进行了采访。

内蒙古一高校首设安全套自助发放机引争议

近日，有媒体报道了内蒙古工业大学首设安全套自助发放机的消息。根据报道，学生可凭身份证刷卡免费领取安全套，每人每月限领一次，一次可领取 1 盒（含 10 枚）安全套。

网友对此态度不一。有人支持称，应该这样做，女孩子和男孩子都应该保护自己。也有人担忧，表示“内蒙古学校里的学生还很保守”，质疑“这是在鼓励婚前性行为”。另有人建议：“全国各个高校都应该设立这个机器。”

对此，内蒙古工业大学大一学生唐成向中新网记者表示，此举有助于“防艾”，虽然效果可能并不大，但能起到提醒同学注意性安全的作用。

在唐成看来，学校有多个校区，安全套发放机只安装在新城校区，覆盖面并不广，学校还应该多设几台。

但也有同学持不同观点。该校大一学生王林表示，此举有点形式化，并没有什么用。内蒙古高校学生性观念比较保守，估计大家都不会去领取。

对于此争议，该校校医院院长沈立峰曾表示：“我们支持安全套自助发放机放置在校园内，这是很自然的事，也是对学生们有利的事情。”

呼和浩特新城区疾病预防控制中心樊建华科长表示：“近年来，不当大学生性行为导致疾病增加成趋势，希望发放机能对学生起到保护作用，防止感染性传播疾病、艾滋病。下一步，我们也会在其他高校推广。”

多所高校设立安全套发放机

安全套发放机不只出现于内蒙古工业大学校园，根据公开报道，北京、浙江、重庆、福建等地的多所高校也有在校园安置安全套发放（售卖）机。

然而，众高校之举也存在争议，舆论中有观点认为，向大学生发放安全套是引导他们自我保护的一种方式，但由于该问题较为敏感，实现仍需要时间。

近年来，一些地区积极推动安全套进校园。据报道，去年 4 月，北京市卫计委疾控处表示将与市教委合作，在大学校园设置安全套售卖机。

同样，在去年 11 月，浙江省卫生计生委宣布，未来 1 年内，将在浙江 128 所高校中全部安装计生药具自助发放机，为高校学生免费提供避孕药具。

更早之前，福建也着手推动了高校设立安全套自助发放机。据当地媒体报道，2011 年 2 月，福建省疾控中心、福建省人口计生药具管理站、福州市人口计生药具管理站签订了省预防性病、艾滋病及生殖健康服务安全套免费发放机拓广项目协议书。按照协议，三家单位将联合开展以高校、社区为主的安全套免费发放机安装和安全套免费发放工作。

安全套该不该进高校?

如今，越来越多的高校设立了安全套自助发放机，但仍有许多学校并未实施。

首都师范大学教育学院性教育研究中心主任张玫玫在接受中新网记者采访时表示，高校是否要设立安全套发放机，应该根据各高校学生的需求来决定。各高校可以先展开调查，了解学生的真实需求，再做决定。

近年来，中国青年学生艾滋病疫情上升明显，一些高校设立发放机也有“防艾”的用意。

去年 11 月，中国疾控中心性病艾滋病防治中心主任吴尊友曾透露，2011 年到 2015 年，中国 15～24 岁大中学生艾滋病病毒感染者净年均增长率达 35%（扣除检测增加的因素）。2014 年，全国 15～24 岁新增报告艾滋病人数为 1.5 万多人。2015 年 1 到 10 月，该年龄段有 1.4 万多人感染艾滋病病毒。

张玫玫分析，大学生所处年龄段，从身体发育及心理需求来看，性行为都已经到了成熟时期，因此，有正常的性需求是合理的。安全套发放机进入校园，无疑能对大学生“防艾”起到一定的提醒督促作用。

除了“防艾”，安全套进校园对学生避孕问题也能发挥一定作用。据媒体报道，国家人口计生委科学技术研究所 2013 年发布的数据显示，中国每年人工流产总数中，25 岁以下的女性占一半以上。大学生甚至成为人工流产的“主力军”。

华中师范大学教授彭晓辉向中新网记者表示，安全套对预防性传播疾病及避孕来讲，是一个积极因素。但滥用的话，积极因素就会转变成消极因素。因为安全套不是万能的，并不能保证百分之百避孕、百分之百防止性传播疾病，可能会出现意外情况。

"保障学生性安全，仅仅发放安全套是不够的。"彭晓辉强调，必须要把发放安全套这种具体的服务措施与全面普及的性教育结合起来。（应受访者要求，文中部分人物为化名）

（http：//www.chinanews.com/sh/2016/03－24/7809242.shtml）

阅读这篇文章，针对避孕套分发这一问题进行探究，回答如下问题：

（1）列出现有的争论。

列出关于分发避孕套这一问题你所发现的正反双方的主要论证；列出任何对主要论证的反驳。

（2）找出相关背景。

a. 现状：在你所在的地方，高校中的避孕套分发的情形是怎么样的？

b. 争论的历史：在过去几年中，关于分发避孕套的观点有没有发生改变（如果有的话，那么是如何改变的）？

c. 思想、社会、政治以及历史背景：关于这个练习中所引用的做出论证的那些人，你可以知道或者找出什么？这样的信息跟评价这个论证相关吗？关于这个争辩中的各个立场的支持者，你如何了解其政治、社会观点或者哲学世界观？他们是基于什么样的假设做出其论证的？

7. 这个练习是关于代孕母亲的话题的。

（1）精确地说明你要探究的问题是什么。当表述问题的时候，考虑在"代孕母亲"这个短语中可能包含的任何价值设定。

（2）进行一些研究（从书本或者网络上），找出关于代孕母亲的正反双方的论证。

（3）绘制一个"关于代孕母亲的正反双方的论证"表格，列出你所发现的论证、反驳以及回应。试图找出包含多方面考虑的论证，包括伦理、法律以及健康方面的考虑。

（4）基于你在表格中所记下的论证、反驳以及回应，以及关于代孕母亲的正反双方的辩论，跟同学一起编写一则两个人（或者更多人）之间的对话。

注释

[ⅰ] Yu Zhigang，"Abolition or Retention：Rethinking the Death Penalty in China，" *Social Sciences in China* 30，No. 2 (2009)：178－190.

[ⅱ] 关于对一些主要论证的总结，参见 Death Penalty Information Centre 网站，http：//www. deathpenaltyinfo. org/home。

[ⅲ] Wikipedia，"Capital Punishment in Canada，" http：//en. wikipedia. org/wiki/Capital_punishment_in_Canada (2010 年 5 月 11 日访问).

[ⅳ] Death Penalty Information Center，"Facts about the Death Penalty，" http：//www. deathpenaltyinfo. org/FactSheet. pdf.

[ⅴ] Death Penalty Information Center，"Abolitionist and Retentionist Countries，" http：//www. deathpenaltyinfo. org/abolitionist-and-retentionist-countries (2010 年 5 月 11 日访问).

[ⅵ] 同 [ⅴ].

[ⅶ] http：//www. un. org/ga/news/news. asp? NewsID＝24679&Cr＝general&Cr1＝assembly.

[ⅷ] David Baldus，Referenced in "Arbitrariness，" Death Penalty Information Website，http：//www. deathpenaltyinfo. org/arbitrariness (2010 年 5 月 14 日访问).

[ⅸ] Yudu Li，Dennis Longmire，and Hong Lu，"Death Penalty Disposition in China：What Matters?，" *International Journal of Offender Therapy and Comparative Criminology* 62，No. 1 (2018)：253－273.

第九章　评价论证

学习目标

在读完本章之后，你应该能够：

- 评价围绕着一个问题的各种立场的主要论证
- 识别和评价任何其他的论证
- 在评价案例的时候应用相关的考虑

死刑（二）

苏芳菲和林畅继续他们在前一章开始的关于死刑的讨论。

林畅：我说，芳菲，我们查看了很多关于死刑的信息和论证。我现在知道，这个问题比起简单地接受那篇评论中的论证要复杂得多。然而，即使在做完这些考察之后，我仍然不知道关于死刑应该采取什么样的观点。我应不应该支持它呢？

苏芳菲：你说得对，林畅。我们还没到那一步呢。不过我们确实是澄清了问题……

林畅："对于谋杀应该执行死刑吗？"

苏芳菲：……而且，我们也弄清楚了，对这个问题的探究既包含事实性判断也包含评价性判断。

林畅：嗯。我们也发现了一些背景方面的重要信息。

苏芳菲：但是我们仍然需要评价论证，从而决定应该相信什么。

各个论证的效力有多强？

你怎么想？

回顾林畅和苏芳菲在第八章中列出的关于死刑的正

反双方的主要论证。

林畅：好，或许我们应该从回顾我们所做的论证表格开始（见表 9-1）。

表 9-1　关于死刑正反双方的论证

辩论方	论证的名称	论证总结	反驳	回应
正方	避免再犯	死刑防止已经定罪的杀人犯再犯同样的罪行	终身监禁是达到同样目的的不那么极端的方式	罪犯可能逃脱
	震慑	死刑会使人们打消谋杀的念头	北美地区的证据表明，死刑并不是一种有效的震慑力量	经验表明这是有效的；美国的一些研究也表明了震慑效果；北美地区的文化背景不一样；把北美的情形和中国进行类比是不适当的
	报应	正义要求罪犯得到应有的惩罚	复仇在道德上并不是可被辩护的；终身监禁也可以达到报应的效果	"杀人偿命"在中国人看来是天经地义的；社会秩序也要求进行相应的惩罚
	社会秩序	民众需要政府维护社会秩序，从这一角度看保留死刑是必要的	维护社会秩序的关键在于执法的力度，而不是刑法的严酷程度	中国还没有发展到仅仅依赖执法就可以维持社会秩序的阶段
反方	道德	剥夺一个人的生命在道德上是错误的	如果一个人剥夺了别人的生命，那么剥夺其生命就是可以得到辩护的	这涉及侵犯个人权利的问题；正义并不要求"以眼还眼"
	使其重新做人	惩罚的目的应该是使一个人重新做人，但是如果一个人死了，他就不可能重新做人	保护无辜的公民比起使罪犯重新做人更为重要	
	处死无辜的人	有时候无辜的人被执行了死刑	相对收益来说，这个风险是很小的。为了社会的福祉和秩序，我们应当承担这个风险	存在太多误判冤杀的案例，这不是随随便便就可以忽视的

资料来源：R. Hood. *The Death Penalty in China: Policy, Practice, and Reform* (New York: Columbia University Press, 2015), Chapter 6 "The Abolitionist and Retentionist Debate".

苏芳菲：我们的探究发现，死刑在中国有着很长的历史。你所读到的那篇使得我们开始这个讨论的文章里面给出了不少理由——避免再犯论证、震慑论证、报应论证和维护社会秩序。所以，可能那是个很好的起点。我们何不再看一下那篇文章呢？

林畅（朗读）：

“中国正处于社会转型关键期。社会冲突、腐败和暴力问题仍然很普遍。在转型完成之前，我们不能废除死刑。人们需要死刑判决才能感到正义得到伸张、他们受到政府的保护，所谓‘乱世用重典’。显然，只有死刑才能有效地震慑犯罪分子，并确保他们不会再次犯罪。鉴于我们社会中的犯罪水平，我们必须明智地使用死刑。

“我们认为死刑的存与废应当从一个国家的国情出发。就中国的情况来看，我们认为目前甚至在今后相当长的一段时间中，死刑是不能废除的。这并不等于我们不尊重人权，因为用死刑来震慑犯罪在我国还是必要的。”

你怎么想？

你在这篇文章的论证中看到了什么问题？

苏芳菲：关于上面的论证，让我吃惊的一件事情是，这里并没有提到任何证据——作者仅仅声称“显然，只有死刑才能有效地震慑犯罪分子”。

林畅：这是不是叫“轻率概括”的谬误啊？

苏芳菲：是的。这里没有提到任何数据，而且没有考虑任何替代性的做法以及相应的风险。

林畅：好吧。这篇文章中的论证确实不怎么样……

苏芳菲：不过，并不能因为它没有提供证据就说其观点是错的。它只意味着，这篇文章中的观点并没有在文中得到很好的支持。我们需要知道关于这些观点都有什么样的证据。

林畅：所以，我们还是要评价那些论证以及所有其他的论证？

苏芳菲：不错。我们何不这样开始呢？看看关于震慑性我们可以发现些什么。关于死刑作为一种震慑手段到底有没有效果，肯定有过很多研究。

在第八章的对话中，林畅和苏芳菲开始考察死刑的问题。他们从识别和澄清问题开始，并分析了他们的探究将包含什么类型的判断。列举出这个争论中各方的理由和论证当然是探究过程的一个重要方面，对于背景的调查也是一样。

在本章的对话中，他们开始处理评价的问题。这个过程从对单个论证的评价开始。那篇评论文章提供了其中的某些论证，他们以此为起点。由此，他们可以进行我们在第四章中所学到的对于单个论证的初步评价，以判断在推理中是否存在任何谬误或者明显的问题。事实上，他们确实发现了轻率概括以及未能考虑相应的替代观点等谬误。

不过，即使这篇文章中某些论证存在谬误，也并不使得它所辩护的观点变得无效。表明一个论证的效力很弱或者存在谬误并不能表明其结论是错的。它只意味着这些论证并不能对该观点提供太多的支持。因此，仍然有必要对这些观点进行评价。评价观点可以遵循一些方法，不过它们将超出对所提供的特定论证的初步评价。

你怎么想？

林畅和苏芳菲应如何评价他们所发现的这些关于死刑的事实性断言以及伦理论证？

关于事实性断言（例如死刑作为一种震慑手段的有效性），他们需要查看现有的研究以获得其他证据。获得有关中国犯罪水平以及犯罪率是否正在下降的统计数据会有所帮助。对于涉及道德问题的伦理论证，他们需要根据评价伦理判断的标准来评价相互冲突的论证（正如在第七章中所讨论的）。

评价支持死刑的论证

林畅：我试图寻找中国有关震慑效应方面的研究，但是没有找到任何数据。不过关于死刑在其他国家的震慑作用的有效性倒是有很多信息，而我找到的材料总体上来说是负面的。这确实挺让我吃惊，因为关于震慑的想法似乎很有道理。但是，有很多证据似乎表明，在废除死刑和谋杀率的增长之间并不存在正相关。事实上，恰好相反。比如，加拿大在废除了死刑之后，谋杀率出现了一般性的下降趋势（在一个最初的增长之后）。在美国，谋杀率最高的是那些保留死刑的州（见图 9-1、图 9-2）。

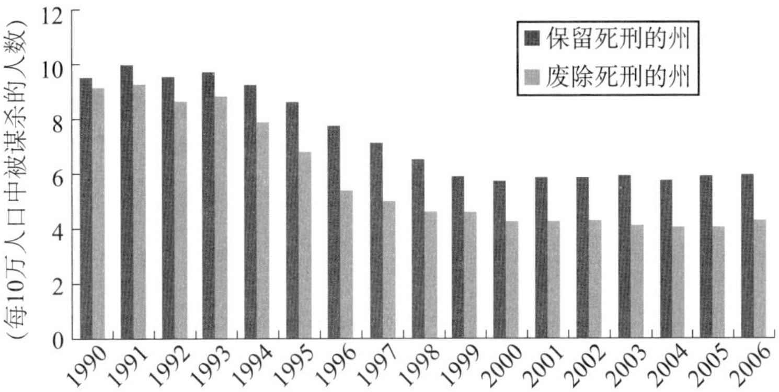

图 9-1 保留死刑的州和废除死刑的州谋杀率对比

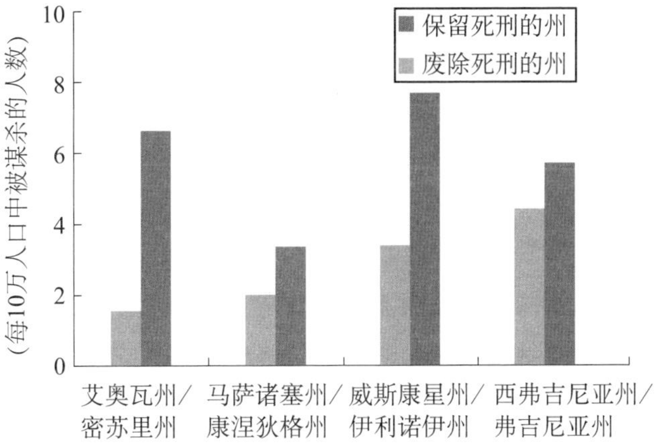

图 9-2 保留死刑的州经常比它们邻近的废除死刑的州具有更高的谋杀率[i]

苏芳菲：仔细思考一下，这还真的是说得通的。我读到，在很多谋杀案中，凶手是认识被害人的。他们通常出于冲动而做出那样的事，在那种情况下人不大可能仔细地分析其行为的可能后果。

林畅：有道理。但是一些支持死刑的人辩称，对某些特定类型的谋杀来说，死刑可能是有效的震慑手段——对那些预谋犯罪并可以预见其风险的人而言。

苏芳菲：我看到的研究表明，在犯罪学家中对此存在一些共识——死刑并不是一种有效的震慑。例如，在一项最近的调查中，有80%以上被调查的专家说，他们相信现有的研究并不支持死刑具有震慑性。而且，执法人员似乎也同意死刑作为一种震慑手段并没有效果[ii]，尽管他们的观点就其自身而言并不能证明什么。

林畅：不过，我确实看到一些最近的研究声称死刑有震慑效果[iii]。但是这个领域的专家对于这些研究有很多批评，他们声称这些研究充满了技术上和概念上的错误，包括使用不适当的统计数据分析，以及将重要的数据和关键变量排除在外[iv]。我所说的这些研究者对于那些声称没有发现震慑效果的研究所用的方法及其结果也持批评态度。显然，关于这个问题有一些争论，但是声称没有震慑效果的研究似乎越来越流行了。

苏芳菲：我对我们所使用的一些信息来源有些担心。我们的很多信息都是来自"死刑信息中心"（Death Penalty Information Center）、"刑事审判法律基金会"（The Criminal Justice Legal Foundation）以及"死刑在英国"（Capital Punishment in the U. K.）等机构的网站，其中第一个显然是反对死刑的，而后两个显然是支持死刑的。我担心的是这些网站上的信息可能是有偏见的。

林畅：我也有同样的担心。但是"死刑信息中心"是一个收集关于死刑的信息和资源的中心，它的理事会是由这个领域极其优秀的专家所组成的，比如处理过重要死刑案件的杰出法学教授和律师。

苏芳菲：不过，那些为重要的死刑案件辩护过的律师可能会因既得利益而反对死刑。

林畅：是的。但是这个中心也给出了很多指向实际调查和研究的参考文献，这些调查和研究支持各种各样的断言，而这些研究似乎都源自可信的同行评审的期刊，比如《俄亥俄州刑法杂志》（*Ohio State Journal of Criminal Law*）、《斯坦福法律评论》（*Stanford Law Review*）和《法律与社会科学年度评论》（*Annual Review of Law and Social Science*）。这个组织显然有自己的立场，但是似乎都得到了很好的研究支持。

苏芳菲：你看过什么第一手研究了吗？

林畅：我看过了，它们跟这个网站上的信息一致。我还从中国学者这里发现了许多讨论死刑问题的文章。这是中国人民大学法学博士、著名刑法学家邱兴隆教授关于死刑是否具有震慑效应的讨论：

> 联合国的一项研究发现，废除死刑的国家的犯罪率并未上升。这可以作为死刑并不更具震慑效应的证据吗？
>
> 还有一个来自中国的例子：1997 年，即修订的《刑法》生效的那一年，我在某个地方城市进行了追踪调查。那一年，该市宣判了 20 多个死刑，而在此前一年约有 100 个。……（犯罪率）并没有出现突然的增长。由此我们可以确定地得出“死刑并不比其他刑罚更具震慑效应”这个结论吗？如果我们以这些实例为依据，证明死刑不如终身监禁有效，那么就效用而言，死刑对于预防一般的犯罪并不是必不可少的[v]。

苏芳菲：这是一个有趣的论证，但正如他所承认的那样，这不是一个很强的论证。我找不到他所引用的联合国研究报告，但我确实找到了一位死刑研究领域的领军专家所做的研究报告《死刑：全球视角》。该报告是支持邱兴隆教授的主张的。不过，邱兴隆教授在某个地方城市的例子只有一个案例，而且只有一年，又没有确切的数据。缺乏很好的统计数据无疑使得判断在我们国家死刑是否具有震慑效果这一事实性断言变得很困难。

林畅和苏芳菲开始了他们关于正反双方各种论证的评价，他们从检查支持震慑论证——一个关注死刑结果的论证——的证据开始。死刑可以有效地震慑谋杀，这是一个事实性断言，因此可以通过查看经验证据得到评价。苏芳菲和林畅发现了各种各样跟评价该断言相关的证据。

证据之一是死刑的存在与谋杀率之间的关系。如果死刑是一种有效的震慑，那么我们将会看到，在那些没有死刑的司法管辖区域谋杀率将会更高。然而事实并非如此。在美国，废除了死刑的州一直比保留死刑的州谋杀率更低；在加拿大，与废除死刑相伴随的是谋杀率的普遍下降。所引用的全球范围的研究也表明其他一些国家也是如此。当然，表明具有一种关联并不代表存在因果关系（正如我们在第五章中所看到的），所以我们不应该总结出废除死刑导致了谋杀率的下降。在这些不同的司法管辖区域可能存在其他一些因素对废除死刑和降低谋杀率都产生了作用。不过，这里的发现确实表明，称废除死刑会导致谋杀率上升的观点并没有得到证实。

大多数专家（犯罪学家和法律官员）都认为现有的研究并不支持死刑具有震慑作用的观点。林畅看到一些研究声称证实了死刑的震慑性，但是专家们对于这些研究的批评使其可信性值得怀疑。关于震慑的无效性，存在相当多的专家共识，尽管对于该立场并非完全没有异议。专家共识在确立事实性判断中起着重要作用（正如在第六章中所讨论的）。

关于中国的情况，经常有人争辩说，中国是一个发展中国家，社会秩序还没有达到可以废除死刑的水平。在中国，虽然有一些关于犯罪率的数据，但是没有关于死刑执行情况的公开数据。所以，评价关于死刑的震慑效果的论证只能基于与其他国家的类比。但是也有许多中国学者认为，由于中国仍然是发展中国家，因此不能从发达国家的有效做法推断出中国的情况。

虽然如此，反对死刑具有震慑效果的证据力度令我们的两位探究者相当吃惊，因为认为死刑将会阻吓潜在的凶手、使得他们不敢进行谋杀，这个想法在直观上显得很有道理。这说明我们不应该将看似有理的东西错误地认作强有力的证据，相反，应该评价用来支持关键的事实性论断的实际证据。

林畅：好吧，这样我们处理了震慑论证。但是还有一大堆其他的论证要评价呢。这篇文章也谈到了关于死刑作为一种确保凶手不会再犯——避免再犯——的方式的论证。

你怎么想？

你怎么评价避免再犯的论证？

林畅：我们确实得承认这是很有效的。一个死掉的凶手不可能再杀人了。但是仅仅为了使凶手不再犯罪而将其处死，显得非常极端。把他们关在监狱里面可以达到同样的效果，而且不会带来关于政府杀人的道德问题。

苏芳菲：我倒是很想看一看报应论证。它现在似乎是最为常见的支持死刑的论证，但是它在我看来只不过表达了复仇的愿望。

林畅：我不同意。我认为这是完全正确的，一个人杀了人，就应该为他所犯下的罪行负责。而且，如果有人杀害了另一个人，那么最适当的惩罚就是以命偿命。那些支持报应论证的人要寻求的是正义，而不是复仇。

苏芳菲：我知道报应论证在中国历史悠久，俗话说“欠债还钱，杀人偿命”。但是，我们并不会要求强奸强奸犯，或殴打那些殴打他人的人。因此，我们实际上并不认为出于公正的目的所施加的惩罚应该跟犯罪的行为类似。惩罚应该是跟罪行相称而不是类似，更严重的罪行，例如谋杀，应受到更严厉的惩罚。

林畅：可是对于一些罪大恶极的罪犯，不杀不足以平民愤。例如，2003 年 12 月，最高人民法院开庭再审沈阳黑社会头目刘涌的案子，判处刘涌死刑，原因是下级法院对其所做的死缓判决激起民愤，舆论哗然[vi]。

苏芳菲：可能你是对的，林畅。人们有权利看到正义得到伸张。我当然不想看到这些凶手逍遥法外或很早获释。但是，将某人终身监禁是一种非常严厉的惩罚——对某些人而言，它可能比死刑还要残忍。我想知道那些支持判处死刑的人是否意识到无期徒刑是一个很有力的替代项。它可能无法满足身处其中的人有时候会具有的那种复仇欲望，但复仇可能并不是做出关于这个问题的决定的最好动机。

林畅：你可能是对的。我得承认，在这一点上我受我们的文化影响很深。其他国家的文化似乎更愿意废除死刑。可能终身监禁就可以满足对于正义的诉求了。

苏芳菲和林畅继续评价他们在支持死刑的一方发现的其他两个主要的论证——避免再犯论证和报应论证。在震慑论证中，其评价主要是关于有效性的事实判断，与之不同，对于避免再犯论证的评价很大程度上则关注评价性判断——执行死刑作为使凶手不再犯罪的方式的可取性。苏芳菲和林畅都同意，在这个情形中，目的并不能够为手段辩护。通过将死刑和其他的替代性方案——如终身监禁——相比较，他们看到，还有不那么极端的、道德上不那么具有争议的方法，可以达成避免再犯论证所要达成的目的。

报应论证本质上是一个诉诸正义的伦理论证。它并不关注死刑的后果，就像是震慑论证那样。相反，它关注的是这一惩罚本身的道德意义：凶手的死满足了对于谋杀的适当惩罚的要求，从而重新确立了某种道德上的平衡。“杀人偿命”的观念经常被引用来作为对于报应的辩护。反对报应论证的人则辩称，正义仅仅要求对凶手做出惩罚，而不是令其死亡。想要看到凶手死去的愿望，在他们看来是为了复仇，而他们并不认为这在道德上是可以被辩护的动机。正如甘地所说：“以眼还眼只会让整个世界变得盲目。”

一个人如何评价这些论证，可能受到我们在上一章中所讨论的那种背景因素的影响。这表明了解自己的既有观点和文化影响，以避免可能的偏见的重要性。此外还应注意，背景因素可能影响甚至成为他人观点的根据。我们在对话中看到，意识到自己可能具有的偏见使得苏芳菲和林畅都更为开放地听取对方的论证，并且承认对方立场中可以被接受的东西。苏芳菲承认，在报应的后面可能存在某种道德上合理的对于正义的诉求。林畅则认识到其对报应论证的重视是受历史文化的影响，从而能够接受通过无期徒刑来满足对正义的诉求。

评价反对死刑的论证

林畅：我们考察了很多支持死刑的主要论证，现在应该看一看反方的论证了。

苏芳菲：一个明显的论证是，剥夺一个人的生命在道德上是错误的，即使它是由国家来执行的——或者可能是，尤其当它由国家来执行时。

林畅：但是死刑的支持者辩称，如果一个人剥夺了其他人的生命，那么这种惩罚就是正当的。就好像是，一个人犯下谋杀罪，就是放弃了其生命的权利。

你怎么想？

你是否同意一个人犯了谋杀罪就是放弃了其生命的权利？

苏芳菲：但是人真的可以放弃其生命的权利吗？它是一个人可以放弃的东西吗？我的意思是，如果它是一个内在的价值的话。

林畅：可是，权利难道不也意味着责任吗？我只是觉得，我们不应该认为一个连环杀人犯在做出那样凶残的事情之后仍然还有对其生命的权利。

苏芳菲：我不知道。在我看来，剥夺一个人的生命是错误的，尤其是通过一种有计划的、有预谋的方式。我认为这是大多数废除死刑的国家所坚持的理由。可能在一些例外的情形中，它可以得到辩护，但是所给出的理由必须是极具说服力的。而这些理由是否足够有力，这是一个很大的道德问题。不过，就我们的目的而言，可能我们并不需要对此做出决定。

林畅：为什么呢？

苏芳菲：因为还有其他反对死刑的道德方面的论证，我认为它们非常有力，而且不依赖于我们是否可以为杀人进行辩护，而是着重于对无辜的人执行死刑的风险。我们知道，法律系统并不是完善的，而无辜的人确实可能被定罪。你还记得那些著名的案子吗？因被怀疑谋杀妻子而被判 15 年有期徒刑的佘祥林，他的妻子却在他入狱 11 年后被发现还活着。聂树斌一案的情况就更糟了。在另一名男子供认所犯罪行之前，他被误判谋杀罪名成立并被处决。所以，如果存在死刑，那么很可能会有一些无辜的人被执行死刑，而那肯定是不对的。

林畅：但是支持死刑的人会辩称，这样的风险是很小的，相对于其益处来说。

苏芳菲：我实在是不能同意那种说法。首先，我并不认为这种风险是很小的。我所搜集到的信息表明，被判定谋杀罪而后来被发现其实是无辜的人的数量是相当多的。例如，在美国，自从 1973 年以来，有 131 个在死囚牢房里的人被宣判无罪。在中国，最高人民法院发现许多案件在地方法院没有得到公正审判后，从 2007 年开始核准所有涉及死刑的判决。最高人民法院副院长沈德咏在 2013 年的讲话《我们应当如何防范冤假错案》中表示：“特别是在目前有罪推定思想尚未完全根除、无罪推定思想尚未真正树立的情况下，冤假错案发生的概率甚至可以说还比较大。”[vii] 尽管没有官方数据，但学者们认为，最高人民法院推翻了大约15%的地方法院判决。

阅读材料

最高法：以纠正错案推动法治进步，做到“两个确保”[viii]

新华网北京3月9日（记者 于子茹）“这五年人民法院在纠正冤假错案方面，态度十分坚决，对错案发现一起、纠正一起，共依法纠正重大冤错案件39件78人。”陈志远说。

9日，最高人民法院办公厅副主任陈志远解读最高法工作报告时，做了上面的表述。

“每一起冤假错案的依法纠正，都是一面法治的镜子，也是法治建设的一个台阶。”陈志远表示，人民法院对冤假错案的发生进行深刻反思，深刻吸取教训，出台防范刑事冤假错案的意见，要求各级法院始终坚持罪刑法定、疑罪从无、证据裁判等原则，加强人权司法保障，坚决维护社会公平正义。

陈志远还表示，冤假错案的改判，意义不仅仅在于案件本身。同时，每一个错案的纠正，也是一部生动的法治教材，不仅推动了司法工作，也推动了相关各方面工作，有利于在全社会营造遵法学法守法用法的良好氛围。

据介绍，五年来，各级法院共对2 943名公诉案件被告人和1 931名自诉案件被告人依法宣告无罪，努力做到“两个确保”，即确保无罪的人不受刑事追究、确保有罪的人受到公正惩罚。

林畅：我得承认这些例子是很令人担忧的。但是，或许对无辜的人执行死刑的风险可以得到辩护，因为死刑也挽救了无辜的人的生命。

苏芳菲：林畅，你忘记了我们关于震慑效果所发现的事情了吗？没有什么确实的证据表明死刑可以挽救生命。所以，就收益-风险来说，它似乎风险更大而收益很小。

林畅：我想你说的是对的。

苏芳菲：而且，除此以外，我并不觉得对无辜的人执行死刑的风险可以得到辩护，即使是存在着一些收益。它在道德上就是错误的。

林畅：我不认为这有那么简单。公共政策总是有成本的。你必须将社会秩序得到维护、保护许多潜在的谋杀案受害者的好处与被误判死刑的受害者进行比较。所以，这实际上又回到了死刑可以在多大程度上震慑犯罪这个问题。

苏芳菲：这对我而言是说不通的。由国家来执行的杀人行为对我来说尤其是错误的。

林畅：那有什么关系呢？国家可以做一些个人不能做的事情，比如宣布战争，或者把人监禁起来。

苏芳菲：政府本来是应该保护它的公民及其权利的。某个社会成员被其他社会成员杀害了，这本身已经很糟糕了——然而我们知道不道德的人是存在的。可是，国家应该维护其公民的权益，而不是杀害无辜的社会成员。

苏芳菲和林畅接下来考察的两个论证都是道德论证。第一个是一般性的论证，剥夺一个人的生命在道德上是错误的；第二个则是对当前问题而言更有针对性的，对无辜的人执行死刑的风险在道德上无法辩护。显然，如果可以确立第一点，即在任何情形下剥夺一个人的生命在道德上总是错误的，它永远得不到辩护，那么就可以推出第二个断言，即对无辜的人执行死刑的风险是不能被辩护的。很多人同意剥夺一个人的生命在很多情形下在道德上都是错误的，所以一个反对这种做法的初步假设也存在。但是，它是否以及在什么样的情形下可以被辩护，则是一个很大的道德问题，对其的考察将远远超出是否应该支持死刑这一问题的范围。

不过，苏芳菲意识到，他们并不需要处理这个一般性的、非常棘手的从而很难得到确立的道德断言（尽管它是哲学探究中的一个有趣的问题）。处理具体针对死刑的问题就足够了。换句话说，为了确立这一弱化的断言，即国家剥夺一些无辜的人的生命是不能得到辩护的，我们并不需要首先确立一个更强的断言，即剥夺一个人的生命永远得不到辩护。在试图就一个复杂问题得出一个有充分理由支持的判断时，将其从一个高度概括的、很难被确立的断言缩小到一个更为具体、跟当前考虑的案例特别相关的断言，是一个很重要的策略。注意，“所有杀人行为都是错误的”这一主张比苏芳菲的那个更为弱化的断言更具争议性。正如我们在第四章中了解到的那样，一个论证的前提应该比结论更为可信，从而可以为结论增加可信度。

现在所讨论的论证是着眼于死刑的一个可能后果的，即一些无辜的人被执行死刑。这一后果在道德上是无法接受的，因为杀害无辜的人触犯了一个基本的价值。由国家来执行这一事实，看起来更加强了其道德上的不可接受性，因为政府的角色是保护其公民免受伤害，而不是伤害他们。因此我们可以看到，评价伦理判断的所有三个标准——后果、道德特质以及行动者的义务和责任，在这个论证中都呈现出来了。

讨论中也提到了比较风险和收益的问题，这个问题在关于社会政策的讨论中经常被提及。一个行为或者政策所包含的风险不是那么容易评估的：风险涉及由一个现有的或者被提议的行为所导致的一些未来的负面后果的可能性，它不可能完全被确定。但是，过去的事件可以给我们提供一些指导，尽管我们应该记住类比论证的结论并不是确定的，无论是与历史进行类比还是跨文化的类比（回顾我们在第五章中关于历史类比的讨论）。苏芳菲举出了关于曾经误判的例子并对其进行论证，对无辜的人执行死刑的风险不仅是真实存在的，而且是很大的。她还提出了事实性证据来支持这个论证，认为死刑所带来的收益可以忽略不计。

当评价风险和收益的时候，一个重要的问题是，是否存在一些绝对不可接受的风险。例如，苏芳菲想知道，杀害无辜的人的风险究竟能否得到辩护，即使它具有一些益处。

而且，比起其他方面的考虑，伦理上的考虑在我们的权衡中具有特殊的优先性。在评价风险和收益的时候，关于什么是对的、好的或者正义的考虑，通常应该盖过关于效率或者工具有效性的考虑[ix]（关于风险-收益问题在下一章将会展开更为细致的讨论）。

苏芳菲：我们尚未考察的另一个反对死刑的论证是，惩罚应该包含使犯了罪的人重新做人。但是死刑显然取消了这样的可能性。

林畅：确实如此。如果一个人已经死了的话，就不能重新做人了。可是比起试图让罪犯重新做人，保护无辜的公民难道不是更加重要吗？

苏芳菲：林畅，你又忘记了……

你怎么想？

林畅忘记了什么？

林畅：哦，是的，并没有什么有力证据表明死刑可以保护无辜的公民。

苏芳菲：正是如此。

林畅：但是真的有什么理由可以相信那些心狠手辣的凶手会改邪归正吗？或者他们仅仅是假装愧疚，只是为了从监狱中出来、逃脱他们应得的惩罚？这好像并不对。

苏芳菲：我们为什么不相信，至少有些人可以改变，如果他们能得到一个机会和一些帮助的话？死刑缓期两年执行就是给了允许改变的可能性。在中国传统文化中，儒家文化似乎相信所有人都可以成为好人，不过根据我所读到的，中国法律思想中似乎并没有过多地强调使罪犯重新做人这一点。

在这部分对话的结尾，关于使罪犯重新做人的可能性，苏芳菲和林畅不能得出一个他们都同意的结论。虽然如此，他们还是能够对这个论证做出一个判断：反对重新做人的论证是基于保护无辜的人比使得罪犯重新做人更重要这个断言，而我们已经看到，并没有证据表明死刑是保护人们的有效方式。因此，如果是基于震慑效应来反驳使重新做人的论证，那么其论证效力就弱化了。

识别和评价其他的论证

林畅：看起来我们已经讨论了这个问题正反两方的主要论证。

苏芳菲：但是我们在研究中还遇到其他一些论证。可能也应该看看那些论证，以使我们的研究更为完整。

林畅：我同意这一点。我看到的另外一个论证是，在死刑问题上，社会中的边缘群体受到了歧视，比如少数族裔或者穷人。

苏芳菲：这对美国的黑人来说似乎尤其如此。在美国，事实似乎是，对于同样的犯罪，黑人比白人更加可能被判死刑（在一项研究中，该比例高出

38%），而杀害白人的凶手比杀害黑人的凶手更加可能被判死刑。事实上，大多数回顾种族和死刑的研究都发现了一个模式，要么是对受害者的种族存在歧视，要么是对被告的种族存在歧视，要么是两者都有[x]（见图 9-3）。我想知道在中国是否也存在类似的事情。

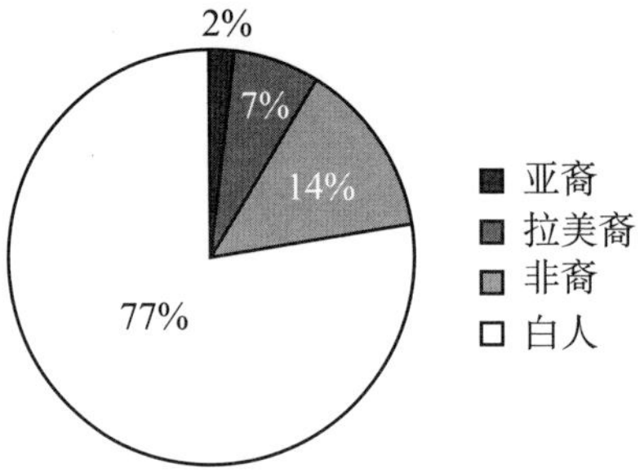

图 9-3　美国死刑案件中受害者的种族比例[xi]

林畅：由于政府不公布任何有关死刑的数据，因此很难找到这一点。但是我确实找到了三位美国华裔学者的论文。他们说："利用来自中国已公布的涉及三项暴力犯罪（杀人、抢劫和故意攻击）的法庭案件中的数据，本研究考察了罪犯的性别、种族以及受害人与罪犯之间的关系对中国的死刑判决的影响。我们的整体多元回归结果表明，在控制了其他法律和法律外变量之后，与美国相比，在中国，罪犯的性别、种族以及受害人与罪犯之间的关系并未产生类似的结果。相比之下，法律因素在影响死刑判决中起着最重要的作用。"[xii]

苏芳菲：还有最后一个论证——关于死刑的辩论都只是关注惩罚作为一个防止谋杀犯罪的方式，而我们应该将注意力放在更为一般性的预防犯罪上面。

林畅：有些道理。不过我认为，这个论证提出了一种虚假的两难。我们并不需要在这两者之间做出选择：要么是防止，要么是惩罚。两者都需要考虑。可能关注各种预防措施将最终有助于减少那些需要惩罚的犯罪的数量。然而只要有犯罪发生，那么我们就应该思考什么样的惩罚是适当的。

苏芳菲：我同意说这个论证并不是针对是否应该有死刑这个问题。但是它确实指出了这个争论的背景中的一些重要内容。真正根本性的问题是，如何防止社会中的暴力行为，使得我们的社区变得更为安全。但是通过将问题聚焦于死刑，我们的讨论是在惩罚的框架内进行的，而如何改善我们的社会从而减少犯罪这一根本问题就被回避了。

林畅：政府正在努力减少贫困和不平等现象，而这些现象被认为是造成犯罪——至少是暴力犯罪——的主要原因。但是正如我所说，这是一个虚假的两难。大多数学者似乎认为，在社会状况得到充分改善之前，必须用死刑来限制犯罪和维持社会秩序。

在评价过程的这一阶段，苏芳菲和林畅转向考虑一些在有关死刑的争论中有时会被提出来的其他论证。为了确保对一个问题的所有方面进行全面的考察，考虑这些关于其他方面或者替代性的论证是必要的。

林畅：看，我画了一个表格（见表 9－2）来列出正反双方的主要论证（这一次没有列出反驳和回应），并且加上了我们对这些论证的评论。我还将这些论证和评价画成了图（见图 9－4）。我觉得这样可以使总体图景变得更加清楚。

表 9－2 关于死刑的论证

辩论方	论证的名称	论证总结	评价
正方	避免再犯	死刑防止已经定罪的杀人犯再犯同样的罪行	终身监禁可以达到同样的目的
	震慑	死刑会使人们打消谋杀的念头	证据并不支持有这种震慑效果
	报应	正义要求犯罪者得到应有的惩罚	正义可以通过终身监禁而得到伸张
	社会秩序	民众需要政府维护社会秩序，从这一角度看保留死刑是必要的	由于缺乏关于死刑执行情况的公开数据，暂时难以对此做适当的评价
反方	道德	剥夺一个人的生命在道德上是错误的	初步看来，这一价值判断是人们能接受的，这个论证将需要非常强的理由才能推翻
	使其重新做人	惩罚的目的应该是使一个人重新做人，但是假如一个人死了，就不可能重新做人了	使其重新做人的可能性是一个有待考量的问题
	处死无辜的人	有时候无辜的人也可能被执行死刑	这个风险是很大的；国家处死无辜者的风险是一个强有力的反驳[xiii]

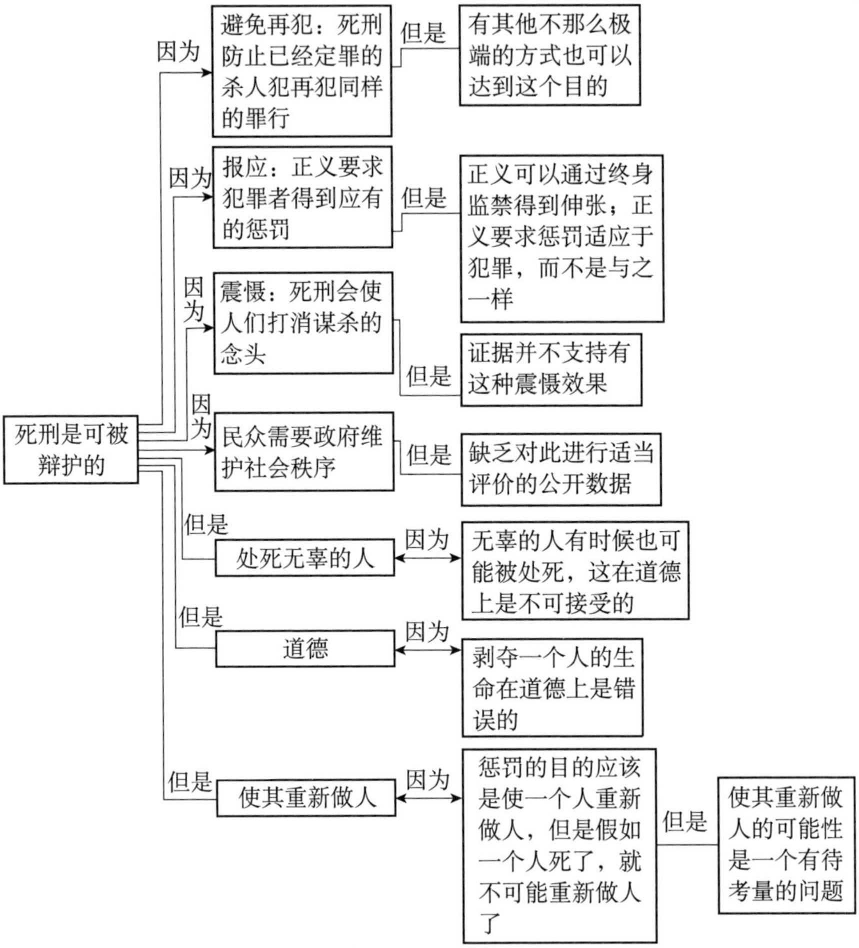

图 9-4　关于死刑的论证

评价个别的论证：总结

到现在为止，苏芳菲和林畅评价了在关于死刑的争辩中各方所提供的各种单个的论证。这个过程的第一步是对那篇引发他们探究的文章中的论证进行初步评价。在做出初步分析的时候，我们要查看明显的弱点和谬误。在这里，林畅和苏芳菲总结到，因为论证中存在很多这样的问题，那篇文章并没有为其支持死刑的立场提供太多的支持。

接下来的步骤是评价由争论双方所做出的不同的论断。这个过程涉及处理不同种类的断言，它们需要以不同的方式来评价。

在关于死刑的辩论中，很多论证基于**事实性判断**。例如，震慑的有效性、给无辜的人定谋杀罪、种族和宣判死刑之间的关系等，都可以通过查看事实性的证据来评价。在这样的情形中，重要的是不要被乍看起来有道理的说法误导（比如震慑是有效的），而是要调查用来支持这些断言的证据。

关于死刑的争论中所包含的很多问题都要求**伦理判断**。诸如剥夺一个人的生命究竟是否可以得到辩护、杀人犯是否放弃了对其生命的权利、杀害无辜者的风险究竟能否得到辩护等，这些都是伦理问题，也是争议的核心。伦理判断不是通过事实性的证据被辩护的，而是通过基于以下标准的辩论得到辩护：该行为的道德特质、行动者的义务和责任以及这个行为的后果。

苏芳菲和林畅所考察的很多问题既包含了事实性判断，也包含了伦理判断。这样的问题不能单纯通过事实性的考虑来解决，否则就是犯了自然主义的谬误（参见第七章）。所以，（如果可以的话）表明死刑是使凶手不再犯罪的有效方式，这并不足以为避免再犯的论证进行辩护。我们还需要考虑国家执行死刑的道德性，以及有无其他方法可以达到同样的目的。

关于评价的另一个要点是，对于论证的评价通常要考虑到可以获得的**替代性方案**。例如，林畅和苏芳菲意识到，关于死刑，在评价报应论证和避免再犯论证的时候，都必须与道德上争议较少、可以达成同样目标的替代性方案进行对比（比如终身监禁）。确实，死刑可以防止杀人犯再次杀人，但是认识到终身监禁也可以达成同样的目的，是评价避免再犯论证的价值的一个重要方面。这也适用于报应问题：终身监禁可以作为对谋杀罪的适当惩罚吗？

正如我们所知道的，得出一个有充分理由支持的判断所包含的东西比评价单个的论证更多。苏芳菲和林畅之间的对话展现了探究的辩证本质。他们并不只是评价支持或者反对死刑的单个的、相互独立的论证，还处理了批评、反驳以及反证。此外，他们还要寻求替代性的观点和论证。最终，得出一个有充分理由支持的判断要求对理由和论证进行权衡和比较。对此的完整说明将在下一章呈现。

检查你的理解

- 最初的那篇报纸评论中的论证存在哪些问题？
- 关于震慑是否有效都有哪些证据？
- 关于避免再犯论证，正反方的论证分别是什么？
- 关于报应论证，正反方的论证分别是什么？
- 在对话中找出两个例子，说明社会和政治观点以及个人经历是怎样影响一个人对问题的看法的。
- 说明反对死刑的伦理问题。
- 苏芳菲和林畅关于使罪犯重新做人的论证得出了什么样的结论？
- 列出林畅和苏芳菲处理的其他论证，对每一个给出简短的评价。

练习

1. 对于下面所列出的论证，完成以下任务：

（1）识别出其中包含了什么样的判断（可能有不止一种判断）。

（2）简要地说明你将如何对它们进行评价。

a. 我不认为我们应该吃肉，因为那些被用来肉食的动物的饲养条件非常糟糕。

b. 我不认为我们应该吃肉，因为人类没有权利出于自私的目的而杀害其他的生物。

c. 我不认为我们应该吃肉，因为这样不利于健康。

d. 我们应该禁养松狮犬，因为它们是特别危险的狗。

e. 我们应该禁止在小区中养狗，因为它们又脏又恶心。

2. 阅读下面这段话，完成如下任务：

（1）对其中的论证进行初步评价。

（2）列出这段话中的主要论断。

（3）说明它们分别是什么类型的断言。

(4) 简要地说明你将如何对每一个断言进行评价。

"我并不觉得拷贝我和我的朋友已经购买的CD有什么错。唱片公司把它们的价格定得奇高、抢我们的钱,所以我并不觉得我们不能也抢他们一点。我所认识的每个人都这么做。而且,唱片公司赚取了巨额利润,就算少卖一两张,他们也不会受到什么伤害。而且,这对那些音乐人来说也没有什么不好的,因为他们的音乐可以更为广泛地流传。"

3. 下面这些问题是基于第八章中的一些练习:

(1) 基于第八章的问题1"关于禁养危险犬种的正反双方论证"表格,评价你所列出的每个论证。

(2) 基于第八章的问题2"关于手机信号辐射是否有害健康的正反双方论证"表格,评价你所列出的每个论证。

(3) 基于第八章的问题5"关于催婚的正反双方论证"表格,评价你所列出的每个论证。

4. 上网查看下面的每个论证,阅读所有的正反方论证。对于每一个问题,完成如下任务:

(1) 对于正反各方,找出你认为最重要的三个论证。

(2) 评价这些论证。

a. 用动物做实验在道德上是正确的吗?(关于动物实验的辩论)https://www.zhihu.com/question/31561226。

b. 代孕在中国应该合法化吗?https://www.zhihu.com/question/20843336。

c. 刑讯可以得到辩护吗?http://wiki.idebate.org/index.php/Debate:_Torture。

注释

[i] Death Penalty Information Center, "Deterrence," http://www.deathpenaltyinfo.org/deterrence-states-withoutdeath-penalty-have-had-consistently-lower-murder-rates (2009年4月15日访问).

[ii] M. Radelet and R. Akers, "Deterrence and the Death Penalty: The Views of the

Experts,” 1995，http：//www. deathpenaltyinfo. org/law-enforcement-viewsdeterrence ＃ lawenforcement（2010 年 5 月 14 日访问）.

[ⅲ] The Criminal Justice Legal Foundation，“Articles on the Death Penalty，” http://www. cjlf. org/deathpenalty/DPDeterrence. htm（2010 年 5 月 14 日访问）.

[ⅳ] Death Penalty Information Center，“Discussion of Recent Deterrence Studies，” http：//www. deathpenaltyinfo. org/discussion-recent-deterrence-studies（2010 年 5 月 14 日访问）.

[ⅴ] Qiu Xinglong，“The Morality of the Death Penalty，” *Contemporary Chinese Thought* 36，No. 3（2005）：18.

[ⅵ] “BBC NEWS | World | Asia-Pacific | China Crime Boss Executed，” http：//newsvote. bbc. co. uk/mpapps/pagetools/print/news. bbc. co. uk/2/hi/asia-pacific/3339605. stm（2019 年 7 月 1 日访问）.

[ⅶ] 沈德咏．我们应当如何防范冤假错案．（2013－05－06）．https：//www. chinacourt. org/article/detail/2013/05/id/954609. shtml.

[ⅷ] 最高法：以纠正错案推动法治进步，做到“两个确保”.（2018－03－09）. http://www. xinhuanet. com/politics/2018lh/2018－03/09/c_129825958. htm.

[ⅸ] 在什么样的情况下，有效性甚或后果可以盖过合理的初步的道德原则，这是一个非常有争议也非常复杂的问题。尽管讲述一个“善意的谎言”从而避免伤害某个人的感情可能是可以接受的（“工具有效性”的一个例子），然而对于这样的行为还是存在非常有力的反驳，比如政府通过夸大一个传染病的可能性而欺骗它的民众，从而使得他们能够采取适当的预防措施。不过，这些考虑的复杂性超出了本书的讨论范围。

[ⅹ] David Baldus，et al.，“In The Post-Furman Era：An Empirical And Legal Overview，With Recent Findings From Philadelphia，” Comell L. Rev. 83，No. 1638（1998）.

[ⅺ] Death Penalty Information Center，“Arbitrariness，” http：//www. deathpenaltyinfo. org/arbitrariness（2009 年 4 月 24 日访问）.

[ⅻ] Yudu Li，Dennis Longmire，and Hong Lu，“Death Penalty Disposition in China：What Matters?，” *International Journal of Offender Therapy and Comparative Criminology* 62，No. 1（2018）：253－273.

[xiii] Ira Belkin，“Justice in the PRC：How the Chinese Communist Party Has Struggled with Managing Public Opinion and the Administration of Criminal Justice in the Internet Age，” *Justice：The China Experience*，2018：195－228.

第十章　做出一个有充分理由支持的判断

学习目标

在读完本章之后，你应该能够：

- 在得出一个有充分理由支持的判断时应用适当的指导性原则
- 根据证据的分量来掂量判断
- 评价一个给定的论述
- 做出一个合理的论述

死刑（三）

苏芳菲和林畅继续他们关于死刑的探究。

林畅：你看，芳菲，我们考察了很多关于死刑的论证和信息，结论越来越明显了。这些论证多数是倾向于反对死刑的。

苏芳菲：你是怎么得出这个结论的？

林畅：哦，显然，尽管人们普遍认为死刑具有震慑作用，但仍缺乏支持震慑作用的证据。而那些基于在北美所进行的研究的论证，在中国可能并不适用。

苏芳菲：尽管如此，来自北美地区的证据仍是我们可以获得的最有力证据。而且死刑的震慑作用的不确定性削弱了对保留死刑的支持。

林畅：避免再犯的论证实在是“过度杀伤”了，不用那么极端的方式也可以达到同样的效果。

苏芳菲：同意。

林畅：我认为，出于对正义的诉求，报应论证有些合理的地方。不过，似乎报应也可以通过终身监禁来实现。

苏芳菲：我同意你这一点。

林畅：所以，我们现在剩下的是关于国家杀害其公民涉及的道德问题，尤其是那些无辜的公民被处决。我们已经找到的证据是，尽管法律制度进行了改革，但处决无辜者的风险仍然很大。也许死缓可以提供一些保障，最高人民法院对所有死刑判决的核准也将有助于降低其发生的概率。

苏芳菲：但是这些措施都不能保证不会有失误。对我而言，处决无辜者的风险是反对死刑的一个非常有力的论证，尤其是在有替代手段的情况下。

林畅：而且还有全世界废除死刑的趋势，并得到了像联合国这样重要的组织的支持——支持死刑的论证必须非常有力，才能反对这些。

苏芳菲：而实际上它们并非如此。

林畅：所以，总的说来，我得同意废除主义者的观点——我们不应该有死刑。尽管从民意调查中可以看出，我们国家距离这一变化还很遥远[i]。

你怎么想？

你同意林畅关于这些论证的评判吗？为什么？

权衡各论证，我们应该得到一个什么样的有充分理由支持的判断？

在前面的章节，林畅和苏芳菲识别出了死刑废留辩论中的主要论证，以及主要的反驳和回应，全面地展现出这一辩论对评价来说是不可或缺的步骤。在前面一章，我们的两位探究者对各种支持和反对死刑的单个论证进行了评价。对各种论证进行初步评价、检查各种断言和论证的可信性，对得出一个有充分理由支持的判断来说是必要和核心的方面。然而，单有这些还不够。

为了得出一个有充分理由支持的判断，我们需要对这些论证进行一个比较性评价，以分配它们在整体情形中的权重，然后将各种评价进行整合，从而做出最终的判断。这个过程包括了在各种考虑之间取得平衡。我们已经考察过的背景的各个方面在这个过程中也起着重要的作用。

在前面一章，苏芳菲和林畅已经开始了这一过程，而现在它将达到高潮：关于死刑废留这个问题做出一个有充分理由支持的判断。为了达成这个目标，他们已经完成了很多关键的步骤，包括前面的章节中所讨论的识别和评价单个的论证。

你怎么想？

回顾在评价单个论证中所包含的主要方面。

总结：评价单个的论证

● 进行初步评价

苏芳菲和林畅进行探究的起因是他们所看到的那篇评论中的论证。他们探究的第一步是评估其中的论证是否存在谬误或推理问题。

● 使用可靠的来源评价事实性判断

震慑论证是基于事实性判断。苏芳菲和林畅对死刑具有震慑效果这一断言进行了调查，并力图寻求可靠的资料来源。

● 根据相关标准对评价性判断（伦理判断、审美判断等）进行评估

关于死刑废留的辩论中许多断言都是评价性判断，尤其是道德性断言，例如报应论证和“杀害无辜的人”论证。苏芳菲和林畅根据一个行为的道德品质、行为者的责任和义务以及行为的后果等标准对这些论证进行了评估。

下面这些步骤是跟比较性地评价、权衡以及平衡各种考虑和论证特别相关的。

确定举证责任

确定是否有举证责任，如果有的话，它应归于哪一方，并且确定它所需要的证明标准，这些对于做出一个判断所需要的证据分量是很重要的。

该问题的背景特别是其现状可以帮助我们确立举证责任，因为那些反对现有做法的人至少有实际的义务为其观点提供理由（参见第八章）。因此，林畅和苏芳菲认识到，那些提议要在死刑问题上改变现有法律的人负有举证责任。在中国，死刑是包含在现行法律中的，并在公众中得到广泛支持，因而那些提议要废除死刑的人具有举证责任。虽然国际上对于废除死刑的不断增长的共识对废除主义者提供了初步的支持，但是鉴于中国的情况，他们认为废除主义者需要承担举证责任。

根据替代性方案评估可能性

论证经常需要鉴于可以获得的替代性方案来评价。例如，尽管避免再犯论证在某种意义上是有效的，即死掉的凶手不能再次犯罪，林畅和苏芳菲还是意识到，避免再犯的目的可以通过终身监禁达到，而后者在道德上争议较少。与之类似，尽管他们认识到报应论证有其合理性，但它必须通过跟一个道德上不那么成问题的替代性方案（比如终身监禁）进行对比才能评价。

考虑由一个问题和论证的不同表述方式所产生的区别

辩论中所使用的论证类型，在很大程度上是由这个问题的表述方式决定的（参见第七章）。注意到表述上的差异，可以帮助我们理解互相对立的论证背后的假设（它通常是跟社会、政治观点以及世界观相联系的），由此，我们就可以更好地对它们进行比较性评价。这可能包含考虑替代性的、更具包容性的框架。比如，苏芳菲和林畅认识到，只看到死刑惩罚性或者减少犯罪的一面，可能导致人们难以认识到相反观点的有效性，它也可能导致人们忽视其他的可能性，例如忽视死刑可能杀害无辜的人的非正义性。

注意到各种立场中可能都会有一些有效的观点

好的理由通常并非完全依赖于某个观点。为了得出一个有充分理由支持的判断，需要认识到各个立场中有效的观点。因此，尽管苏芳菲仍然并不完全同意报应论证的理论基础，她还是开始认识到在报应论证中所包含的希求正义的合理性。

把不同观点的长处综合到你的判断中

评价对一个问题的各种立场的论证，可以揭示出不同立场中的强有力之处，从而将它们整合到你的论证之中。林畅和苏芳菲在其探究中认识到报应论证背后希求正义的合理性，但是判定它可以通过其他的方式达成（例如终身监禁）。

权衡和平衡各种不同的考虑、价值、论证

为了得出一个有充分理由支持的判断，经常有必要进行关于价值的比较性判断（参见第七章），以及权衡不同的考虑、价值和论证的相对重要性。在探究中，苏芳菲和林畅认为，不管报应的正义性如何，也不能抵消对无辜的人执行死刑这种更大的不正义。为了得出一个有充分理由支持的判断，权衡和平衡各种不同的考虑是至关重要的方面，这在下面将得到更为详细的讨论。

考虑你的个人信念和经历是否可能歪曲你的判断

为了得出一个有充分理由支持的判断，对论证的评价不应该受到评价者的既有观点和经验的不适当影响。这并不是说我们不应该有既有观点，但我们应该意识到这种观点的存在，从而尽量以一种更公平的方式来考虑相反的论证，并做出更客观的判断。例如，林畅认识到他的某些对于报应论证的诉求受到他所生活的文化环境的影响，因此，他可以更好地考虑报应论证正反双方的意见，更开放地考虑替代性的方案。

总结：做出一个有充分理由支持的判断的指导性步骤

- 评价单个的论证
- 确定举证责任
- 根据替代性方案评估可能性
- 考虑由一个问题和论证的不同表述方式所产生的区别

- 注意到各种立场中可能都会有一些有效的观点
- 把不同观点的长处综合到你的判断中
- 权衡和平衡各种不同的考虑、价值、论证
- 考虑你的个人信念和经历是否可能歪曲你的判断

权衡相互竞争的考虑

得出一个有充分理由支持的判断尤其依赖于给予各种理由和论证的权重。在林畅和苏芳菲关于死刑的探究中，有些倡导保留死刑的论证在事实基础之上被表明是效力比较弱的（例如震慑论证）。不过就中国的情况来说，缺乏相关的数据使得震慑论证的正反双方在现阶段难以得到适当的评估。其他一些论证更多是基于道德上的考虑。尽管可以表明，支持死刑的一方关于报应的道德论证具有一些权重，然而对于报应的要求可以通过死刑以外的其他方式得到满足。另外，至少有一个反对死刑的道德论证效力明显很强，即反对权力机构对无辜的人执行死刑。由此，在考虑了各种争论的效力之后，林畅和苏芳菲得出的结论是，在中国可以而且应该废除死刑。他们的立场首先取决于这一断言，在中国没有必要使用死刑来震慑潜在的谋杀案凶手，其次取决于他们认为终身监禁是对谋杀案罪犯的适当报应。然而在中国当前情况下，这一观点仍然引起很大争议。鉴于认为死刑是对谋杀（和许多其他犯罪）的公正惩罚这一观念的悠久历史，说服人们接受终身监禁是适当的报应将是废除主义者面临的挑战之一。对林畅和苏芳菲来说，他们对各种论证的权重的评估导向了一个相当确信的判断。然而，在很多情形中，达到一个判断则是更为困难的。很多概念和考量有助于得出这样的判断。

关于价值的比较性判断

这个权衡、判定各种理由和考虑的强度的过程包含进行关于价值的比较性判断（参见第七章）。不同的价值可能趋向不同的方向，所以我们需要

评估各种考虑的重要性。

你怎么想？

在林畅和苏芳菲对关于死刑的各种论证做出的评价中，有哪些关于价值的比较性判断的例子？

给予这两种道德论证——报应论证和杀害无辜的人论证——各自怎样的权重，这在某种程度上涉及关于它们相较而言的道德意义的判断。

断言的确定性或者可能性的程度

在对各种考虑或者论证分配权重的时候，不仅需要考虑它们的重要性，也要考虑它们的确定性或者可能性的程度。例如，对无辜的人执行死刑的可能性，对一个反对死刑的论证来说具有相当大的道德分量。但是有人可能会辩称，如果我们发现它是极端罕见的，那么它的总体分量将会减轻。尽管林畅和苏芳菲没有关于此类不公正现象的实际发生率的确切数据，但最高人民法院决定核准所有执行死刑的判决显然部分地是出于对下级法院可能误判的担忧。而且，诸多无辜的人被执行死刑的著名案件也从侧面说明此类事件并非十分罕见，从而增加了这个论证的分量。与之类似，如果关于震慑作用有令人信服的证据，那么震慑性对于支持死刑而言就可以是一个强有力的论证，因为防止谋杀一般被认为是非常重要的。然而，尽管大家从直观上觉得这一点成立，实际上却并不存在令人信服的证据，这一事实使得天平偏向了废除主义的一方（在第九章的对话中，我们看到苏芳菲不断地提醒林畅这一点）。

伦理的考虑与实际的考虑

在对一个行为或者提议做出判断的时候，既要关注伦理方面的考虑，也要关注实际方面的考虑（正如在第七章中所讨论的）。而且一般说来，伦理方面的考虑应该比有效性或者实用性方面的考虑更为优先。

手段与目的

在评价一个行为或者提议的时候，我们需要记住一个行为的结果或目的以及用来达成该目的的手段。一个常见的问题是过于强调手段而看不到目的。例如，在关于死刑的辩论中，如果只看到死刑作为一个减少犯罪的手段，你可能就看不到减少犯罪这一总体目标。正如苏芳菲对达到避免再犯这一目的所提出的替代性方案所表明的，为达到同样的目的，经常有其他可能更好的方法。如果不考虑用来达到同样目的的替代性方案，你就不能对手段做出适当的评价。而且同样重要的是，应考虑任何被提议的手段所具有的伦理意涵，并认识到一些目的并不能为一些手段进行辩护（正如苏芳菲在讨论避免再犯论证时所认识到的）。

成本与收益

关于成本和收益的考虑关注的是某个行为或提议可能的负面和正面结果。与行为相联系的，可以既有实践方面也有伦理方面的成本和收益，我们需要两个方面都考虑。在评价成本和收益的时候应该考虑短期和长期结果、收益和成本、产生相应结果的可能性、相应结果的重要性、谁将会受到影响以及成本和收益是怎样分配的。例如，有人争辩说，死刑的存在会创造一种实际上增强犯罪嫌疑人谋杀意图的文化氛围（“反正都是一死，杀一个赚一个”之类的心理）。如果为真，那么在评估死刑成本时就需要考虑到这种意想不到的后果。

不同伦理价值之间的冲突

有时候，伦理方面的考虑可能会自相冲突，从而趋向不同的方向。例如，关于罪犯权利的考虑可能跟关于其他公民的福祉方面的考虑相冲突。而且，诸如生命价值的伦理考虑优先于其他诸如信守承诺的伦理考虑。比如，如果你目睹一起车祸发生，即使你已答应要与某人共进晚餐，这时也应停下来进行救助。又如，国家有义务保护其公民，使其免受犯罪之害，但我们可以说，国家有更大的义务维护正义。国家可以将每个只是犯了轻罪的罪犯都终身监禁，这毋庸置疑会减少犯罪。但是这样做的话，就违反了国家的一个更大的职责，即公平地对待它的公民，即使是罪犯。

在一些情形中，这种伦理价值之间的张力可能表现为不同原则之间的冲突，例如，在挽救一个生命和遵守一个诺言之间。在其他的情形中，它是原则和后果之间的冲突，例如，在保护公民和避免对无辜的人执行死刑之间的冲突。伦理价值之间的冲突凸显了顾及各种伦理考虑及其影响的重要性，而不是仅仅考虑其中之一（比如，不应该只考虑报应论证中的正义诉求而忽视杀害无辜的人这个可能的后果）。

总结：在权衡过程中需要考虑的因素

- 关于价值的比较性判断
- 断言的确定性或者可能性的程度
- 伦理的考虑与实际的考虑
- 手段与目的
- 成本与收益
- 不同伦理价值之间的冲突

处理权衡中的分歧

对于权衡各种理由，并不存在什么魔术公式，在很多情形中，权衡的过程并不导向一个毫无争议的结果。关于如何衡量不同的理由、平衡各种考虑，人们可能存在分歧。这种意见分歧可以是基于上面所列出的任何一种因素——在关于价值的比较判断上的分歧、在评价成本或者收益可能性上的分歧，或者在如何平衡手段和目的上的分歧。当分歧是基于不同的哲学、社会或者政治观点的时候，这一问题尤其具有挑战性。一个例子是，某些支持死刑的论证（比如报应论证）背后对于惩罚的强调，相较于一些反对死刑的论证中对使罪犯重新做人的强调，就如“浪子回头金不换”这句谚语所说的那样。

即使是持有非常相似世界观的人，他们在优先性上的不同选择，也可能导致权衡上的差异。例如，即便都是持儒家思想的人，也可能有些人更关注社会秩序的维护，而另一些人更关注个体的发展，从而更关注帮助罪犯重新做人这个方面。

然而，即使是面对这样的分歧，还是有可能达成一个大家都同意的判断。得出一个有充分理由支持的判断，在有些时候并不意味着完全接受某个观点，而是考虑很多观点中的有效成分、处理其他不同立场中的合理的担忧。不过，即使是在妥协也不可能达成一致的时候，还是有取得进步的可能。我们经常将自己的立场和优先性认作确定的、固定不变的。但是，与我们通常所做的不同，通过试图明确表述出我们的权衡所基于的考虑、价值以及优先性，更进一步地推进这种给出理由和评价的过程，这样的可能性也是存在的。

你怎么想？

当你和你的对话者在如何权衡不同的考虑上面临分歧的时候，你觉得进行探究性的对话可以带来什么样的益处？

我们并非一直都能意识到自己在做出一个判断时实际上所考虑的那些因素，或者那些支撑我们如何评价各种人和事的价值设定。将它们明确地表述出来可以使得他人和我们自己对其进行有意识的考虑和评价。倾听他人是怎样为其权衡进行辩护的，会使我们意识到可能存在很好的理由来拓宽我们的考虑，或者改变我们的优先级。例如，一个关注被告权利的人在听取了需要使惩罚适应于罪行的论证之后可能会被说服，并发现只关注被告的权利是不适当的，从而做出新的考虑。

试图为我们的判断和优先级进行辩护，也可以向我们揭示，有些时候我们所依赖的只是习惯、权威或者意识形态，而不是很好的理由。在这样的情形中，试图克服“意识形态固化”、保持开放的心态会很有帮助。对此一个有用的策略是列出哪些因素可以促使你对该问题改变主意。如果你什么都列不出来，那么就可能是“意识形态固化”了（我们会在第十一章详细讨论克服意识形态固化的策略）。

最后，可能仍然没有解决办法，不同的团体只能接受他们之间的分歧。然而，即使是在这样的情形中，试图为我们的价值和优先级进行辩护的过程也可以帮助我们理解那些持有不同观点的人及其观念的根源。

掂量判断

并不是所有的判断都可以达到同等的确信水平。重要的是根据其理由的强度来掂量判断。林畅关于死刑的不可接受性最终所做的判断是**相当确信的判断**（“结论越来越明显了”）。他有理由做出一个具备这种确信程度的判断，因为他所引用的理由是强有力的，很好地回应了反驳和批评，而且也照顾到了对立的观点（不过需要记住，我们所有的判断都是可错的——参见第一章，因此，不管我们的信念如何得到辩护，也总是存在犯错的可能性）。

我们可以将林畅关于死刑问题的评价中的确信程度，与相对来说不存在什么争议的判断的确信程度区分开。吸烟导致癌症，或者杀害无辜的人是错误的，这样的判断是基于确凿的理由和证据，关于它们，我们可以合理地做出**非常确信的判断**。尽管支持林畅在废除死刑问题上的判断的理由是有力的，却并不是决定性的。这个问题仍然被认为是有争议的，而其他人可能会对这些理由做出不同的评价（事实上的确如此）。因此，一个关于废除死刑的**非常确信的判断**将难以得到辩护。

在一个问题中，一方的理由和论证并非总是强到足以为一个确信的判断进行辩护。在有些情形中，各方观点可能都有一些有力的理由，同时也存在一些问题。因此，我们需要权衡有力之处和薄弱之处，从而做出一个**试探性的判断**。比起对那些更为清晰的形势做出的判断，这样的判断必然是更具试探性的。

也可能存在这样的情形，支持不同立场的理由的分量似乎是均衡的，或者没有足够的证据来做出一个判断。苏芳菲和林畅关于“使罪犯重新做人”论证的讨论就是一个例子。对于这种情形的适当回应并不是无论如何也要继续做出一个判断，而是**悬置判断**。

判断及其确信程度

（1）当有充分的理由明确支持该判断时，就需要做出**非常确信的判断**。

（2）当有充分的理由有力地支持该判断，但仍存在相当强的反对因素时，可以做出**相当确信的判断**。

（3）当各方观点可能都有一些有力的理由，同时也存在一些问题时，我们可以试探性地做出一个**试探性的判断**。

（4）当不同立场的理由势均力敌或没有足够证据做出判断时，有必要**悬置判断**。

我们在这里所说的确信程度是指**理性**的确信——受到理由和证据辩护的确信。我们并不是说，某个特定的人对其判断感到多么确信。有些人可能过于自信，因而他们对其判断所感到的确信程度可能是不足为凭的，而另一些人则可能缺乏自信。而且，如果我们的观点得到了周围人的支持，那么我们可能会倾向于更确信它，而这是经不起推敲的。

显然，对于判断的四级区分，从“非常确信”到“悬置判断”中间可能存在很大的跨度。我们可能既有或多或少的确信，也有或多或少的试探性态度，这取决于支持这一判断的理由和证据的力度。我们实际的判断可能是处于关于确信程度的四个级别的连续光谱之上的。

当我们要基于一个判断做出行动时，挑战出现了。一个行动（或者不采取行动）的后果越是重大，则所要求的判断的确信程度就越高。我们总是希望基于被很好地确立的证据做出一个确信的判断，然而那并不总是可能的。我们经常需要在不确定的条件下做出判断，因为不采取行动可能跟采取行动一样具有严重的后果。

一个法律上的类比可以说明这个问题。在刑事案件中，确定有罪是基于“超越合理怀疑”的证明。这要求证据足以为一个非常确信的判断进行辩护。之所以要求如此高的确信程度，是因为有太多利害攸关的事情（自由还是监禁，甚至是面临生死抉择）。然而，民事案件中所要求的标准则是“盖然性权衡”，意思是说，如果原告更有可能是对的而不是错的，那么判决就将偏向原告——这是一个对权衡证据的明确应用。在这种情形中，力度较轻的标准或者证据、更为试探性的判断被认为是适当的，因为跟刑事案件比起来，民事案件通常不那么利害攸关。而诸如是否应该判死刑这种具有重大后果的问题，则要求高度有力的证据，而且要求非常确信的判断（见图 10－1）。

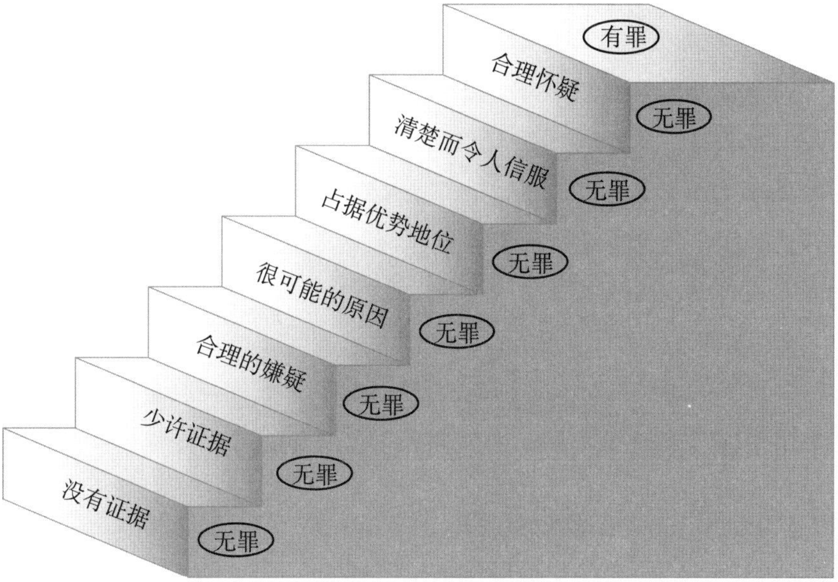

图 10－1　证明的等级

评价一个给定的论述①

到现在为止，林畅和苏芳菲进行了关于死刑的探究——考察了指导性的问题，以求关于这一问题得出一个有充分理由支持的判断。然而，我们经常会面对一些由其他人做出的论述。它们以各种形式呈现，从媒体上的

① 这里“论述”用来指为一个立场进行综合性的辩护，比如一篇包含了处理诸多相关论证、最终为某个特定立场进行辩护的文章。“论证”则指单个的论证。

一篇文章（比如一篇社评）到一整本书。这种情形跟我们在第四章和第五章中所学习的对简短论证的评价并不一样，因为作者为支持其立场提供了不止一个论证，而且似乎要断定所提出的论证用来支持其判断是适当的。

为了就一个问题得出一个有充分理由支持的判断而进行探究时，评价一个给定的论述（evaluating a given case）包含了评判该论述者在多大程度上成功地给出了这个有充分理由支持的判断。这将包括评价单个的论证：对其中的推理做出初步评价，对各种断言评判其可信性。而且，它还包括这样的评价：为得出一个有充分理由支持的判断，这个论述在多大程度上以及多么有效地处理了相关的考虑。

为了评价给定的论述在多大程度上做出了有效的工作，方法之一是考察需要避免的谬误。下面是一个在你所要评价的论述中可能出现的谬误清单。

判断的谬误

未能对举证责任给予适当的考虑

未能确认举证责任在哪一方或者错置了举证责任，可能导致对此做出不适当的决定，即需要多少证据来得出一个结论，或者怎样才算成功地为一个论点提供了理由。

未能考虑论断的不确定性

将论断看作确定的，而用来支持这一断言的证据实际上并不具有说服力，这可能导致做出一个不能被辩护的判断，或者所做出的判断的确信程度超出了实际情况。

未能考虑伦理论证

在做出一个判断的时候，我们需要同时看到伦理和实践方面的考虑的重要性。未能顾及伦理考虑的判断是有缺陷的。

未能考虑替代性的解决方案或者可能性

尽管单个论证在某种程度上可以就其自身而得到评价（比如初步评价），但一个论点的力度只有在考察了其他可能方案的基础上才能评价。忽视可能的、言之有理的替代性方案（比如忽视了终身监禁作为死刑的一个替代性方案），这对一个给定的论述来说是一个不足之处。

未能考虑反驳

因为论辩是辩证的，不仅包含特定的论证，也包含了反驳和对反驳的回应，任何有充分理由支持的判断所需要做的事情应比单纯提出论证要多。它必须回应任何已知的重要反驳。未能做到这一点将成为判断中的一个谬误。

未能考虑其影响

很多观点可能会在一个更大的范围内产生影响。未能评价这些影响就构成了一个观点的局限。例如，一个人可能做出这样的结论：对每个被判死刑的人都执行死刑（正如在新加坡所做的那样），这将增加死刑的震慑效果。然而，对于实施这样严厉的、有些人可能会说是非人道的政策，也要评价它对整个社会可能产生的影响。

有偏见的框架

对一个问题或者论证所定的框架过于狭窄，或者使讨论偏向于一个特定的视角，可能会排除对其他可能性的考虑，从而使得判断带有偏见。宋俊涛（在第七章中）将轰炸广岛的问题表述为轰炸无辜的平民是否可以得到辩护，就是一个存在偏见的框架的例子。

“要么-要么”的谬误

很多问题不止具有两个方面。而且，在两个对立的立场之间经常有介于中间的可能性。因此，将所有的问题看作“要么-要么”二者选一可能是过于简化了问题，从而导致未能认识到其他可能更为合理的选项。例如，认为由于一些市区街道上存在交通问题，所以所有市区街道上的停车点都应该取消，就是一个这样的谬误。这个论证未能考虑取消某些市区街道上的停车点或者在所有市区街道上对停车做出限制的可能性。

不适当的权衡

这个谬误是指，当做出一个判断的时候，对一个问题的某些方面给出不适当的权重。例如，将可能减少成本置于无辜的人可能被执行死刑这一道德问题之上，就是一个这样的谬误。

你怎么想？

评价下面的文本框中关于反对死刑的论述。

阅读材料

著名刑法学家邱兴隆教授在讨论死刑的道德性时提出以下论证：

“为了充分揭示多么难以证明死刑利大于弊，我只是提供两个驳斥上述内容的数据。

“联合国的一项研究发现，废除死刑的国家的犯罪率并未上升。这可以作为死刑并不更具震慑效应的证据吗？

“还有一个来自中国的例子：1997 年，即修订的《刑法》生效的那一年，我在某个地方城市进行了追踪调查。那一年，该市宣判了 20 多个死刑，而在此前一年约有 100 个。由于某种原因，死刑判决数量下降了四分之三，但这并没有引起轩然大波。没有人大惊小怪地说：‘针对这些特定罪行我们不再使用死刑了，而这些罪行上升了。’它也没有扰乱公共秩序。犯罪率几乎没有变化，并没有出现突然的增长。由此我们可以确定地得出‘死刑并不比其他刑罚更具震慑效应’这个结论吗？如果我们以这些实例为依据，证明死刑不如终身监禁有效，那么就效用而言，死刑对于预防一般的犯罪并不是必不可少的。”[iii]

做出一个合理的论述

林畅：苏芳菲，我还记得当我们第一次读到报纸上那篇评论时，我是多么地确信。不过，那是在我们进行调查和仔细思考这个问题之前。我想肯定还有很多人是像我这样的，可能也被说服了，因为他们并不理解那些论证和问题。

苏芳菲：肯定会有这样的人。

林畅：所以我觉得我们应该给编辑写一封信，来回应那篇评论。

苏芳菲：真是个好主意，林畅。不过给编辑的信不能太长，大概 200 字吧，我想。我们在这么短的篇幅里面怎么做出一个合理的论述呢？

林畅：那肯定是很难的。不过我们可以尝试一下。

你怎么想？

你会怎样写这封给编辑的信，用最多 200 个字来回应最初的那篇评论？在这么短的篇幅里面，需要说的最重要的内容是什么呢？

苏芳菲：好的。那么我们应该怎么开始呢？

林畅：首先，我们需要表明，我们不同意那篇文章的观点。这个听起来怎样？

“最近的一篇评论里面说道：‘只有死刑才能有效地震慑犯罪分子，并确保他们不会再次犯罪。’但是，什么使得你如此确信呢？你考察过关于震慑性的研究了吗？如果你做过这样的研究，那么就会知道，没有什么证据来支持死刑具有震慑作用的断言。那不过是个未加辨别的直观想法。你将论证建立在这样的直观想法之上而不做深入考察，是不负责任的。”

苏芳菲：嗯，我觉得这样说语气有点太激烈了。毕竟我们知道很多人相信死刑确实可以震慑犯罪。那么他们为什么相信你呢？

林畅：说得对，我并不是专家。我得想一想怎样做出一个可信的断言。你觉得我们应该怎么做呢？

苏芳菲：呃，我们可以承认那篇文章的观点听起来很有道理，而接着引证一些可信的来源否定这一点。

林畅：诉诸可信的权威，好主意。

苏芳菲：我们也可以利用这个事实，即很多谋杀是发生在那些互相认识的人之间的，是由一时的愤怒引起的。他们不大可能做风险-收益的分析。

林畅：换句话说，我们可以诉诸“常识”的其他一些方面，来表明这个震慑论证中的一些问题。

苏芳菲：的确如此。

林畅：那么这个怎样？

“最近的一篇评论里面说道：‘只有死刑才能有效地震慑犯罪分子，并确保他们不会再次犯罪。’这样的立场听起来似乎有道理，但是却缺乏证据的支持。例如，加拿大自从 1976 年废除了死刑之后，谋杀率反而下降了。而在美国，谋杀率最高的是那些存在死刑的州。一些人可能会认为，死刑可以减少谋杀是一个常识。但是，很多谋杀是发生在那些互相认识的人之间的，是由一时的愤怒引起的。他们不大可能做风险-收益的分析。”

苏芳菲：我觉得这好多了。但是我们仍然需要指出关键的一点：死刑会导致无辜的人被杀。

林畅：你说得对。人们需要面对无辜的人可能被执行死刑的道德问题。鉴于那些误判死刑的著名案例，人们应该直面这个问题。那么，这样说怎么样？

“最近的一篇评论里面说道：‘只有死刑才能有效地震慑犯罪分子，并确保他们不会再次犯罪。’这样的立场听起来似乎有道理，但是却缺乏证据的支持。例如，加拿大自从 1976 年废除了死刑之后，谋杀率反而下降了。而在美国，谋杀率最高的是那些存在死刑的州。一些人可能会认为，死刑可以减少谋杀是一个常识。但是，很多谋杀是发生在那些互相认识的人之间的，是由一时的愤怒引起的。他们不大可能做风险-收益的分析。更重要的是，死刑不仅不能阻止凶手杀害无辜者，实际上反而导致无辜的人被杀。比如最近非常轰动的聂树斌一案。”

苏芳菲：林畅，好多了。语气听起来理性又客观。而且，你加上了一个很重要的反驳：死刑导致了无辜的人被杀。我喜欢你在结尾加上的对照。不过我想得有一个结论性的句子。一个有分量的、总结性的、可以吸引编辑眼球的句子，从而使得我们的信可以发表。

林畅：这个怎么样？“我们不应基于震慑这种直观的想法继续保留死刑，因为死刑不仅无效，而且会导致无辜的人被处决。”

苏芳菲：恐怕有点冗长，而且也有点沉闷。这个怎么样？“当然，我们都憎恨犯罪。可是死刑并不能使其终结，却会误杀好人。”

林畅：或者更为极端一点的："死刑不能保护无辜的人，反而杀了他们。"

苏芳菲：那可能又太过了。

你怎么想？

你怎样来为这封信收尾呢？

一周以后。

林畅：嘿，我刚刚收到一封来自报社的邮件。他们喜欢我们的信，想要我们写一篇更长的"来论"① 文章，以学生的视角看待死刑。

苏芳菲：那真是太棒了，林畅！现在我们可以把更多的东西放进来，做出更好的论述。我们也可以不用直接回应最初的那篇文章了。

一篇更长的文章可以让林畅和苏芳菲给出更多的论证、考虑更多的反驳，并为他们的断言提供支持，从而做出更彻底的分析，为读者提供一个理由更充分的说明。但是，即使是篇幅较长的文章也要求他们突出要点，既使其论点更具说服力，也为其立场提供理性基础。

林畅：我知道你总是持批判态度的，而我不是。所以，在开始我们的探究之前，我应该想想我所持有的观点。如果我可以被我所学到的东西说服，那么其他人也可以。我还从写作课上学到，当你要写文章的时候，首先应该问问"谁是你的听众"，对我们要写的这篇文章而言，听众就是像我这样的人：认为死刑具有震慑力量，而且认为对杀人犯执行死刑是最公正的。对我来说，很难接受死刑不具有震慑力量，而证实其不具备震慑性正是使我改变想法的关键。另外，我们周围很多人都认为，对那些杀人犯来说，最公正的做法就是对他们执行死刑。

苏芳菲：在我看来，最重要且无人可以否认的反驳是，执行死刑将会导致无辜的人被杀。不管人们认为凶手多么应该被处死，我也不认为有人

① "来论"（op-ed）这个词是指报纸上的社论版的对页，该版一般用来刊登专栏作家或者读者的来信。

会同意可以对那些没有犯罪的人执行死刑。

林畅：所以我在想，这篇文章应该怎么开头？——用最强烈的反驳（无辜的人可能被执行死刑）还是支持死刑的人最可能坚持的观点（死刑具有震慑力量，而且是公正的做法）？

苏芳菲：我想我们应该从震慑的问题开始，因为，即使一个人承认死刑可能偶尔导致无辜的人被杀，他还是可以辩称，如果没有死刑的话，将会有更多无辜的人被杀害。所以，如果死刑是一个重要的震慑手段，那么你可能仍然会为它辩护，即使有可能对无辜的人执行死刑。

林畅：那么，你觉得我们应该怎么开始呢？我们并不是犯罪学专家或者其他什么专家。我们怎么才能使人们接受我们的论证呢？

苏芳菲：首先，我们要确保我们考虑了相反的论证，使读者相信我们了解所谈论的事情。在做出任何有争议的或者令人吃惊的断言时，我们都需要引用专家的意见作为佐证。另外，不要忘记了，我们的很多论证都是道德论证，它们并不需要专家意见才具有可信性。我们还要让文章的语调尽量合理。

林畅：好吧。让我写个草稿看看。

林畅的草稿如下：

"尽管大多数人认为死刑是对杀人犯的适当而有效的惩罚，但最近有一些学者主张废除死刑。

"考察学者们关于死刑废留问题的辩论使得我们开始对这个问题进行探究。我们了解到，首先，没有充分的证据表明死刑具有震慑作用。最初，我们也觉得这有些出乎意料，因为对死亡的恐惧无疑会产生有力的震慑。然而，经过考察之后我们了解到，在超过一半的谋杀案中，凶手是认识被害人的，因此非理性和情绪化在很多谋杀案中起着主导作用。

"其次，其他国家的数据也表明死刑并不是一个有效的震慑手段。例如，加拿大自从死刑被废除之后，谋杀率反而下降了。全球有 140 多个国家废除了死刑，却没有爆发大规模的暴力犯罪。在这一领域存在大量的研究。我们当然不是专家，但是对上述这些研究的回顾已经表明，没有强有力的证据显示死刑确实有震慑力量。

"但是有些人可能会想：'好吧，它可能无法起到震慑作用，但是一个死掉的凶手就不能再危害社会了。’另外一些人可能觉得我们应该有死刑，因为一些凶手的罪行是如此骇人以致应该以死谢罪。

“我们也考虑了这些论证，尽管对此抱有理解，我们却并不相信它们可以支持保留死刑。死掉的凶手不能再杀人，对此很难提出什么异议。但是终身监禁也可以达到同样的目的。

“这里的主要问题是，任何法律系统都会犯错，所以可能会对无辜的人执行死刑。众所周知，有很多著名的司法误判案例，其中一些导致无辜的人被处决。以佘祥林为例，他被控杀害妻子。幸运的是他没有被处决，而他的妻子在失踪了 11 年之后突然出现，他才有翻案的机会。聂树斌就没有那么幸运了。他于 1995 年被控强奸和谋杀，随后被处决。可是最高人民法院在 2016 年公开宣告撤销原审判决，改判其无罪。

“最高人民法院已经意识到了这个问题。通过收回死刑核准权，就是试图减少误判案件的数量。最高人民法院副院长沈德咏在 2013 年的讲话《我们应当如何防范冤假错案》中表示：‘特别是在目前有罪推定思想尚未完全根除、无罪推定思想尚未真正树立的情况下，冤假错案发生的概率甚至可以说还比较大。’‘要像防范洪水猛兽一样来防范冤假错案，宁可错放，也不可错判。错放一个真正的罪犯，天塌不下来，错判一个无辜的公民，特别是错杀了一个人，天就塌下来了。’[iv]

“就算某些罪犯罪大恶极以至于他们确实该死，问题是任何用来对罪犯执行死刑的系统，几乎都会错杀无辜的人。通过判处终身监禁，我们既可以避免凶手再次危害社会，同时也允许纠正错误。

“最后，我们从研究中注意到，大多数文明国家都废除了死刑。这对我们来说似乎是一个道德进步的标志。我们真的希望我们的政府对其公民执行死刑吗？诚然，死刑在中国有着悠久的历史。但是我们也是一个正在经历着巨变的国家。作为年轻人，我们为生活在一个经济和社会迅猛发展的国家而倍感自豪。最高人民法院对死刑判决的核准减少了死刑的实际执行，‘死刑缓期两年执行’的判决也是在朝正确的方向努力。我们的下一步应该是彻底废除死刑这种野蛮行径。”

苏芳菲：写得不错，林畅，不过我觉得谈论“文明”是有点扯远了。

我对于结尾还是有点不满意。它听起来好像过于轻率了，虽然我自己当然是完全同意的。

林畅：以足够的“力道”来为这篇文章结尾，而且还得避免论证方式存在任何谬误，这挺有难度的。你有什么建议吗？

你怎么想？

你将如何为这篇文章收尾呢？

进行一个论述的目标是提供论证，以成功地达成理性的说服。正如我们从观看某些电视广告中知道的，很多试图说服人们的努力都忽视了理性。但是探究和对话的方式意味着，要尊重你的听众和对话者的理性。到了做出论述的这一步，我们应该已经完成了比较性地评价理由和论证的过程。做出一个令人信服的论述，就是以听众也认为合理的方式来呈现探究的结果。它作为一种进行说服的方法，可以使双方长久地保持相互尊敬。人们不应该感到被我们所做出的论述愚弄或者操纵了。

苏芳菲已经指出了很多在做出一个合理论述的过程中关键性的考量因素。

听众

谁是你的听众？你是面向那些或多或少同意你观点的人写作？还是那些尚未有明确观点的人？还是那些你知道并不同意你的观点的人？

目标

你的目标是通过提供给人们更多的支持这个观点的理由，来强化他们的信念吗？还是试图削弱人们对一个观点的确信？或者是试图改变人们关于一个问题的想法？

反驳和回应

你的论述是否注意并回应了那些对你的观点的反驳？在有争议的问题

上，表明与你观点相反的断言或者论证是薄弱的，经常是与为你自己的断言进行辩护一样重要。这也表现出你对听众的尊重，并且可以建立起你的可信性。

语调

你有没有让写作的语调一直都保持合理？记住，你往往是要说服一些并非已经同意你观点的人，而不会“振臂一呼，应者云集”。

事实相对于价值

你是否区分了事实性判断和评价性判断？事实性判断是指，如果它们是有争议的，那么将需要得到来自可信信息来源的支持；而评价性判断则是指，它们应该由诉诸不同原则的论证所支持，不需要（通常也不应该）诉诸专家意见。

共同的基础

你是否与你的听众找到了共同的基础，并据此得出你的结论？你是否找到了共同认可的道德观点（比如“我们都同意，国家不应该对无辜的人执行死刑”）来作为道德论证中共同的平台？你能否找到听众身边“切近”的例子来进行类比，以支持你的立场？

可信的信息来源

你是否使用了可靠的信息来源支持任何有争议的或令人吃惊的事实性断言？

在这个对话中，林畅和苏芳菲对听众的预期是听众可能不同意他们的判断。因此，他们从听众可能提出的反驳来开始其论述。他们面临两个问题：在关于死刑的问题上缺乏个人可信性，听众广泛持有死刑有效和合法的观点。基于这些原因，他们通过处理反驳和论断来开始他们的论证。

不过，并非每个论证都应该以这种方式开始。如果你对听众的预期是他们并不很了解情形，或者对你所讨论的话题并没有什么意见，那么你可以用一个更正面的方式开始，给出理由说明你的观点为什么应该被接受，之后再处理可能的反驳和回应。

同样也要注意，林畅并不是想要论证没有什么罪犯应该被执行死刑——不管其罪行有多大，或者杀掉了多少人。相较于“应该废除死刑”这个一般性的断言来说，前者是一个更具争议的断言。如果一个反对死刑的论证所基于的前提是没有人应该为其罪行而受死，那么它就违反了构造论证的第一条规则，即前提应该比结论更有道理。林畅所做的是，承认人们的这一直观感受，即有些人的所作所为实在是太恶劣了，他们应该以死谢罪。但表明这个观点并不蕴涵我们必须保留死刑，因为存在有力的反面论证，即因为司法体系的错误而导致无辜的人被执行死刑。

林畅在结尾还论述到，想要看到人们被执行死刑，这可能是从一个更野蛮的、道德上并非那么进步的时代遗留下来的信念，不过他的论证并非基于这一断言。如何做出一个同样有力但却更合理的结尾，我们将这个问题留给你来解决。

检查你的理解

- 列出达成一个有充分理由支持的判断的指导原则。在论证中为每个原则找出例子。
- 在何种情况下做出下面各个类型的判断是适当的？
    - 一个非常确信的判断。
    - 一个相当确信的判断。
    - 一个试探性的判断。
    - 一个被悬置的判断。
- 描述有助于权衡相互竞争的考量的六点建议。
- 为什么说试图为一个人如何权衡各种考虑进行辩护是有帮助的？
- 列出一个判断中可能存在的谬误，并给出例子。
- 做出一个论述的目标是什么？
- 为什么理性的说服优于其他类型的说服？

● 在试图做出一个合理论述的时候，需要考虑什么因素？

练习

1. 在下面的每个对话中，对话者对于所讨论的问题中包含的各种价值有着不同的优先级考虑。

（1）列出对话中相互冲突的价值。

（2）说明每个对话者是如何权衡这些价值的。

（3）说明你在这样的情形中将如何权衡这些价值，以及为什么。

a. 苏向前：又是一起狗攻击小孩事件。我们必须禁养这些危险的犬种并引入非常严格的养狗规定。政府有责任保护市民免受这些问题的困扰！

沈建国：不是吧！你又来了，老苏。狗主人们爱他们的狗。如果他们的狗碰巧是被禁养的犬种之一，他们应该如何对待他们的狗？我们不能只是责令他们三日内处理掉。这完全是不合理、不公平的，而且对狗也很残酷。

b. 林畅：我还是认为《侏罗纪世界 2》是一部极棒的电影，它的特效极棒，而且很好看。

苏芳菲：可是你得承认，一个烂剧本和不连贯的剧情是非常严重的问题，这些不能仅仅通过一些恐龙特效和惊险刺激的场景来弥补。

c. 王茵茵：快点，你今天晚上不能不上英语补习课。你得好好努力，考上好大学，这是头等大事。

张熙怡：妈，我好累！我压力这么大，而且跟朋友玩的时间一点儿都没有。难道我开不开心并不重要吗？

d. 宋俊涛：那些支持制造原子弹的人说，拥有原子弹将加快战争的进程，从而挽救美国人的生命。

温妮：可是反对继续进行这一计划的科学家们非常担心这些核武器可能造成的后果，比如辐射危险、核武器扩散以及潜在的大规模杀伤。

e. 汪金树：我支持这个建设新工厂的提议。我们的失业率很高，而这个工厂会给我们地区带来很多新的就业机会，提高很多经济上困难的人的生活水平。

潘志扬：我反对这个提议。众所周知，这种工厂会排放有毒物质，造成严重的环境污染。

2. 下面的问题是基于第九章练习 3 中的问题：

（1）基于你在（1）中对于单个论证的评价，比较性地评价支持和反对禁养危险犬种的论证。

（2）基于你在（2）中对于单个论证的评价，比较性地评价支持和反对手机信号辐射危害健康的论证。

（3）基于你在（3）中对于单个论证的评价，比较性地评价支持和反对催婚的论证。

3. 在其探究的最后，林畅做出了这样的判断："我们不应该保留死刑。"我们认为这是一个相当确信的判断。回答下面的问题，并说明你的理由：

（1）鉴于他和苏芳菲所考虑的证据和论证，林畅有理由做出一个相当确信的判断吗？

（2）林畅在他写给编辑的信中所表现出的确信水平是可以得到辩护的吗？

（3）设想林畅要在是否保留死刑的全民投票中进行投票。在这样的语境中，他可以合理地做出在什么程度上确信的判断？

4. 评价林畅在他给编辑的信中所做的论证，看看他是否犯了什么谬误。

5. 对于下面所列出的各篇文章，完成下列任务：

（1）对这些论证进行初步评价。

（2）找出其中可能存在的谬误。

（3）解释它们为什么是有问题的。

（4）对这些论证进行一个完整的评价。

a. 2019 年 3 月 18 日，辽宁抚顺市作家协会副主席花千芳在其微博发表文章称：

"对绝大多数中国人来说，英语都是一件废物技能，浪费了我们无数人力财力，牺牲了孩子们宝贵的童年。为英语呐喊的人，无非是那些行业从业者，和一部分思想上自我矮化的奴隶。说什么外文资料、维基百科，解决这个问题只要搞一支专业翻译团队就可以了，哪用得着全民傻乎乎地学英语？我觉得这才叫减负。”

b.“房奴时代”：一线城市房租真的很高吗？

“房奴时代”：一线城市房租真的很高吗？

在城市化，尤其是大城市化才走过半程之当下，我们无论是讨论房价还是房租，都不宜动不动用道德绑架现实的市场演变。

纯粹的道德诉求，容易让人对现实经济产生误判。

近期，易居研究院发布《50城房租收入比研究》报告，报告显示，北上深一线城市的房租收入比严重高企，分别高达58%、54%和48%，亦即是说，在北上深工作的人群，房租要占其人均可支配收入的一半左右。

在房价疯涨势头稍稍停息的当下，这份报告被舆论形容为“房奴报告”，引得无数北漂、沪漂、深漂大发感慨，“房子不仅买不起，也快租不起了”。

其实，如果理性分析的话，那么，我们就会认识到，当下我国一线城市的房租，不是高了，而是低了，未来房租涨幅大于房价涨幅将成为大概率事件。

为什么这样判断？

首先，从房屋租售比的角度看，北京、上海和深圳均在1∶500以下，我们用更为形象的年房租/房价进行核算，北上深目前仅有1.5%左右，亦即是说，一套1 000万元的房屋，一年租金普遍仅有15万元左右。如此之低的房租回报率，在全世界范围内，都是相当低的，无论是欧美等发达国家，还是东南亚等发展中国家，其房租回报率普遍在4%～8%。

在我国一线城市超低房租回报率之下，未来只有两种演化可能，一是房价大跌，二是房租补涨，我更看好后一种可能性，尤其是在部分城市已经试点“租售同权”的背景下。

其次，易居研究院发布的《50城房租收入比研究》，其“收入”参数选用的是人均个人可支配收入，而不是个人收入。人均收入包括单位补交的养老、医疗、住房公积金、年金等，但人均可支配收入仅是“最终消费支出和储蓄的总和”，要远远低于人均收入。此外，人均可支配收入是所有人（包括老人和小孩）的平均值，而众多北漂、沪漂和深漂，其个体的可支配收入要远远大于统计口径的平均值，故而，其真正的房租压力，其实也没有我们想象的那样严重。

最后，横向对比来看，如纽约、伦敦这样的发达国家大城市，其房租收入比也普遍在50%左右，纽约的房租收入比更是接近60%。再如越南胡志明市、柬埔寨金边市等东南亚国家的核心城市，其平均值的房租收入比则更是高得吓人，胡志明市和金边市的房价普遍在2 000美元/平方米左右，一套50平方米的小公寓租金普遍在800美元/月左右，而当地的人均收入却远远低于我国一线城市。

用“个人租房租金支出/个人可支配收入”来形容“房奴时代”的年轻人惨烈，是不客观的，也是经不起推敲的。一线城市的“土著”老人，收入是很低的，但他们自己有房，并不需要租房，北漂、沪漂、深漂的年轻人，其可支配收入，事实上要远远高于一线城市的整体平均值，至于刚刚参加工作的年轻人，也完全可以在地理位置稍偏的地方群租，来降低自己的房租压力。

在城市化，尤其是大城市化才走过半程之当下，我们无论是讨论房价还是房租，都不宜动不动用道德绑架现实的市场演变，而是要有经济学的逻辑，尊重市场演变的客观规律。

（杨国英．“房奴时代”：一线城市房租真的很高吗？［2017－07－28］．http://epaper.bjnews.com.cn/html/2017－07/28/content_689942.htm）

6. 比较性地评价下面关于“大学校园是否应该发放避孕套”这一问题的两种观点：

大学校园是否应该发放避孕套

“不应该”

首先，从传统观念下的大学校园文化来说，学校毕竟是教书育人的地方，理应是净土，是传播知识的地方，是求知的殿堂，学生们应该将主要精力投入学习当中，而不该过早地去恋爱和发生性行为。如果从这个层面来讲，大学校园肯定是不应该这么做的，这么做无异于是在变相鼓励大学生同居和发生性关系，有违传统道德和学校规章制度。

安全套的发放有一个前提，如美国，70%以上的中学生和几乎100%的大学生都有两性关系，推行“安全套”教育不再有可能使更多青少年参与性行为。而中国青少年的性教育现状绝对没有达到这种境况，凡是不把科学的性道德教育放在第一位，突出避孕性教育，都会促使青少年的性行为增多和第一次性行为的年龄提前。

所以，从宣传动机、安全套可靠性和青少年婚前性行为现状来讲，拒绝安全套是明智之举，有关部门应切实将艾滋宣传回归到实事求是、科学务实，在宣传、传授性生理和性心理知识的同时，加强性道德教育，推广性纯洁教育，倡导以人格、道德为基础的性健康教育，既重视人的生物性，又重视人的社会性，还要讲清安全套的非安全性，从而加强自律，净化社会风尚。

真的把安全套发放机挂进校园，岂不是把计生服务变成了经营性质，把经营对象指向了学生？这跟新学期一开学，连同教材一起发给学生，没有多大差别了。大学生虽然已经成年，但克制力并不是那么强，相反其模仿能力极强。目前社会风气不大好，一些丑陋的东西也进入了校园，个别大学生还有了嫖娼“杰作”，再把售套机挂进校园，后果堪忧！

安全套乃性生活用品，适用于已婚男女，将其堂而皇之地挂进校园，一是使外界误认为大学生都性饥渴，二是使大学生误以为是在提倡学生性开放或校园性开放，这完全是一种误导。

“应该”

现实是当下的大学校园里有几个学生不谈恋爱，又有多少大学生在发生着性行为，甚至未成年少女未婚先孕的新闻也屡见不鲜，在这样一个势不可挡的潮流下，对于大学校园的学生同居现象便宜疏不宜堵了，与其漠视不管，还不如积极主动地正视事实，为学生提供一点人性化的“服务”。大学老师这么做，我想也不是什么坏事，他们肯定也是出于好心，在他们看来，这样做至少从保护的角度体现了学校对大学生健康的负责。这不是纵容，是退而求其次的关爱。

在大学校园发放安全套早已不是新闻了。在广州，前几年安全套就进入大学校园，街头还出现过女大学生上街发放安全套的身影。媒体曾报道过这样的新闻，家长发现上学的儿子早恋并有“越轨”迹象，极力制止无效后，便时常为儿子补足安全套。他的理由是，没有最好的办法就退而求其次，不能杜绝就采取补救措施。

高校的围墙再高，能挡得住信息的传播和青春的躁动？某高校就当代学生性观念、性行为与性教育状况做过一次问卷调查：20.95%的人对“性”很有兴趣，有58.11%的人认为“性”像吃饭一样普通，不必刻意回避。既然大学生们可以比较坦然地面对“性”这一话题，高校也就没有必要“犹抱琵琶半遮面”，就不要羞羞答答了，而应该大胆地面对。目前北京市大学校园中已发现有艾滋病感染者，使大学生成为危险人群。因此，大学应提倡“安全性行为”综合性教育，性教育应主要教会学生使用避孕套，使他们在进行性行为时，将健康伤害降到最低程度。

周孝正（中国人民大学社会学系教授）认为：使用安全套预防艾滋病是国际上公认的现行条件下最行之有效的措施之一。我们应该借鉴。在宣传活动现场免费发放安全套是强调安全套在预防艾滋病这个问题上具有重大和不可替代的作用，并不意味着是对高校学生性行为的鼓励。

李银河（中国社会科学院研究员）认为：在高校发放安全套本身没有错，更没有对大学生性行为的潜在鼓励。应该以开放、健康和正常的心态来看待这件事，而没必要刻意强调和放大它的私密性、敏感性，更没有必要给它强加道德、责任、社会风气等沉重的东西，更与学校声誉本身无关。如果北大觉得应该强调对性行为的不提倡态度，可以一边不提倡大学生性行为一边发放安全套，两者并不矛盾。在这个问题上要尊重学生本身的选择，大学生已经具备了判断和选择的行为能力，学校可以做必要的教育引导，但不要代替他们做出决定。

7. 下面的练习是针对一篇专栏文章写一封读者来信：

（1）从问题5中选择一篇文章。写一封读者来信来回应这篇文章。

（2）找出三篇你感兴趣的专栏文章（你可以从报纸或者网上寻找），选择其中一篇，撰写一封读者来信回应那篇文章。

注释

[ⅰ] 林畅和苏芳菲所进行的做出一个有充分理由支持的判断的过程，跟本杰明·富

兰克林在 1772 年给约翰·普里斯特利的一封信中所描述的著名的决策过程有很多共同之处，参见 http：//www.procon.org/viewbackgroundresource.asp?resourceID=1474。

[ii] See page 702，Jia Li and Zhuhao Wang，“A Trail to Modernity：Observations on the New Developments of China's Evidence Legislation Movement in a Global Context，” *Indiana Journal of Global Legal Studies* 21，No. 2 (2014)：683-705.

[iii] Qiu Xinglong，“The Morality of the Death Penalty，” *Contemporary Chinese Thought* 36，No. 3 (2005)：18.

[iv] 沈德咏．我们应当如何防范冤假错案．(2013-05-06)．https：//www.chinacourt.org/article/detail/2013/05/id/954609.shtml.

第十一章　对话和探究的精神

学习目标

在读完本章之后，你应该能够：

- 认识到实现探究的精神的障碍
- 应用实现探究的精神的指导性问题来排除这些障碍
- 以富有成效和相互尊重的方式进行对话
- 适当地回应谬误

广场舞

小区成员们聚集在一起，讨论关于小区里的广场舞造成的冲突和应采取的措施。

宋鹏：是时候开会讨论一下怎样对付这些在广场上跳舞的大妈的扰民问题了。

王招娣（广场舞队成员）：你说我们扰民？胡说八道！

宋鹏：您老睁开眼看看，小区里的每个人都觉得您是公共祸害。

卢玉顺：呃，我说等一下。不要觉得你自己就可以代表整个社区。我跟你一样也是小区的一员。不过我认为说这话是有点太过了。

宋鹏：什么！卢教授，你的意思是说，你觉得可以让这些疯狂的大妈制造这些震天响的噪声？他们吵得人通宵睡不着觉，大人白天没精力上班，孩子们白天也没办法好好学习，他们考试不及格谁负责？孕妇也休息不好，小宝宝的健康受到影响怎么办？我们就应该让她们这么胡闹下去吗？

王招娣："疯狂的大妈"！你说谁呢！

卢玉顺：我不是说我认为可以。不过我确实认为，她们一定程度上是有权使用广场的。因此，称她们为公共祸害无济于事。

宋鹏：我真是无法相信像您这样一个有学问、人人尊敬的大学教授，说话居然像个“圣母婊”！

卢玉顺：你怎么这样出口不逊！

章敏菁：我有一点要……

卢玉顺：我为小区做了这么多工作……

章敏菁：我有一点想说……

卢玉顺：你居然说这么难听的话。

章敏菁：让我说句话。宋鹏那么说是有点过头了。但是我们确实得承认这是个问题。广场舞的噪声让人难以忍受，而且白天黑夜持续不断。

宋鹏：还有，我们没有任何对策。打电话叫警察也没有用，她们只是在警察来的时候调低音量，一旦警察走了马上又调高音量。

章敏菁：并不是没有关于噪声污染的法律规定。《中华人民共和国环境噪声污染防治法》第四十五条规定：“禁止任何单位、个人在城市市区噪声敏感建筑物集中区域内使用高音广播喇叭。在城市市区街道、广场、公园等公共场所组织娱乐、集会等活动，使用音响器材可能产生干扰周围生活环境的过大音量的，必须遵守当地公安机关的规定。”

宋鹏：就你聪明！可是这些规定对我们有什么用呢？没有人真的遵守。

章敏菁：真正难的是准确测量分贝。有人做过实验，发现靠近音箱的地方音量超过 100 分贝，离音箱 10 米处，音量在 80 到 90 分贝，而在附近的居民区公寓内，测得音量为 70 到 80 分贝。

王春生：我不懂什么分贝什么测量。但我肯定政府不会跟这群闲来无事跳舞的大妈较真儿。

宋鹏：那你有什么建议？扔水弹、泼粪、放狗？

王春生：这些都是不坏的主意哦。

王招娣：你敢试试看，我们会把音量调得更大，告诉你这是谁的地盘！

宋鹏：你这是威胁我们？

李月兰（广场舞队成员）：我说，小宋，我们跳舞只不过是打发时间，享受一点乐趣。我们大多数人都退休了，也没啥其他的爱好。人就算年纪大了，也不想被社会抛弃。

宋鹏：哦，你弱你有理？你退休、你被嫌弃、你除了跳舞没别的事干，是别人的错？你想怎么娱乐随你的便，但前提是不要影响我们正常人的生活！

李月兰：可是跳舞可以让我们锻炼身体啊。政府都鼓励老年人锻炼身体，你怎么不支持老年人锻炼呢？

王春生：锻炼还有很多其他不打扰邻居的方法。你们选择跳广场舞还不是因为不用花钱。真会占便宜！

王招娣：我们跳舞总比成天躺在沙发上，看报纸、看电视、看手机，长脾气、长肚子、长脂肪肝的大爷们强太多了！

王春生：你说谁呢？我没有啤酒肚脂肪肝，（大喊）我的脾气也没有问题！

李月兰：跳舞给了我们一个社交的机会。现在我们的孩子都离开了家，我们这些老年人在家里感到孤独。跳舞会让我们忘记这些烦恼。

王春生：你倒是忘记你的烦恼了，别人整晚睡不着觉的烦恼谁来管啊！我家在 18 楼都还嫌吵！

王招娣：我们跳舞关你什么事！你嫌吵怎么不买偏一点的房子呢！

宋鹏：你还横！我邻居家儿子因为你们吵得没法学习，上次考试都不及格。

王春生：还有更糟的呢。我前天在电视上看了一个节目，一个孕妇就因为这些跳广场舞的音乐吵，休息不好，结果流产了。那故事真是悲惨啊！这些噪声简直是杀人不偿命！

卢玉顺：为什么你们要把音量调得这么大呢？

王招娣：音量高，跳得才带劲啊。

周冬梅（广场舞队成员）：还有另外一队广场舞跟我们抢地盘，我们要把音量调高才能盖过她们。

章敏菁：这还不只是音量的问题。本来小区广场是可以让小孩奔跑一下，让人们散个步聊个天的，结果大妈们用肉墙筑起了大面积障碍物，用喇叭给聊天唠嗑的人强行干扰消音，而且持续时间是每天从早到晚，你说这是不是很闹心？

宋鹏：还有她们互相之间争地盘，明争暗斗打成一团，简直是一部广场舞宫斗剧！

周冬梅：谁说我们跟其他人打成一团！

钟惠：大家不要忘记对老年人应有的尊重。

卢玉顺：不错，不要忘了尊老爱幼是中华民族的传统美德。

宋鹏：那也要看是什么样的老人。这些老人自私自利，只会制造麻烦。

卢玉顺：话不能这么说。“老吾老以及人之老”，如果是你的爸妈，你也这么说吗？年轻人要多点涵养，多读读传统经典，那才是智慧的来源。

钟惠：我们确实有义务照顾老人，并确保他们的需求得到满足。

宋鹏：那么年轻人的需求就不重要吗？学生要考虑学业吧？年轻人每天辛苦上班，公交车上还得给这些跳舞的让座？中年人为了养家糊口每天不也在奔波？他们要的也不多，也就是周末早上睡个懒觉，晚上回家能安静入睡，不是吗？

王招娣：你们都在大惊小怪。我绝对可以肯定我们没有违法。我们有权在广场上跳舞，没有人可以阻止我们。

宋鹏：好吧，我们走着瞧！以后只要你们跳，我们就来，反正我们也休息得不安心。你们也别想跳得舒心！

（王招娣翻了他一个白眼，气呼呼地走了。）

章敏菁（跟几个反对者讨论）：这也不是办法，我们该怎么办？

宋鹏：我听说别的小区的人弄了个高音喇叭，对着跳广场舞的大声播放《中华人民共和国环境噪声污染防治法》条文。

王春生：这行不通。听说很快就被大妈们拔了扬声器，这些大妈什么道理都说不通。（对章敏菁和宋鹏窃窃私语）不过我们可以悄悄散播一些消息，说跳广场舞对健康有害——跳舞对关节有害，声音吵会引起耳聋，甚至是高血压，或者找个算卦的说这地方风水有问题，什么冲煞啦，有阴气什么的……

章敏菁：这不是造谣吗？

王春生：管它呢，只要有效！

宋鹏：我烦广场舞不光是嫌吵，还嫌歌曲太庸俗。但我觉得没什么好方法，现在大家都知道“中国大妈”是“自私”和“愚蠢”的代名词。讨论这个是浪费时间。我到现在也没有看到一个好的理由，为什么我们不应该一劳永逸地制止这种扰民举动。没人可以说服我改变想法。这事只能以暴制暴，别的办法完全没解决的可能性。

卢玉顺：能好好说话的事非要用野蛮行为解决。“己所不欲勿施于人”，换位思考一下，别人用野蛮行为干扰你的兴趣爱好，你会是什么感受？

宋鹏：我当然会很生气！但是我做的事没有扰民！

卢玉顺：我并不是支持广场舞，我也认为广场舞噪声扰民没有公德，但你的行为不是解决问题的办法。谁的父母没有老的一天，说不定有一天他们也加入广场舞队伍了呢，怎么就不能对老人宽容一点！

钟惠：现在既然有这个问题，那就让我们尝试想想解决方案，而不是这么互怼。

温妮：我一直在听你们说。两方都提出了各自的意见。也许有些观点是我们每个人，或者至少是这里的大多数人都同意的。为什么不尝试把它们列出来呢？

徐逸飞：说得好，温妮！我想我们都同意，大妈们喜欢跳舞，而且跳舞对她们有好处。这让她们锻炼了身体，也可以让她们出去社交而不是整天闷在家里，从而减少了孤独感。

钟惠：我想我们也会同意应该尊重和照顾老年人的需求。

卢玉顺：那是当然，传统文化是很有道理的。

温妮：但我认为广场舞的确引起了困扰。嘈杂的音乐干扰了人们的睡眠、学习和工作。我们应该都会同意，每个人都有休息以及安静平和地利用小区广场的权利。

李月兰：别人千方百计用各种手段阻止我们跳舞，我也很烦恼。这是我们唯一的乐趣。不过我从没有站在他们的角度来看这件事。不错，如果我自己被搞得睡不着觉，我也不会很高兴。

钟惠：所以，我们需要找到一个可以在一定程度上满足每个人需求的解决方案，尽管这可能意味着每个人都必须做出一定程度的妥协。

章敏菁：如果能够找到解决噪声扰民问题的可行方案，那么我可以接受她们跳舞。

钟惠：如果我们在相互理解的基础上进行这项工作，那么应该能够协商出适用于所有人的规则。

刘宇轩：就像其他一些地方做的那样。比如，西安千余名大妈承诺“抵制噪声”：跳舞时间控制在上午 7 时至晚间 21 时之间；音量不超过 60 分贝；文明健身，远离居民区。广州还有明文规定，公园广场舞如果音量超标将面临罚款。

李月兰：如果规章制度是合理的，并且不会妨碍我们享受跳舞，我们愿意遵守。

章敏菁：我们需要对规则进行一些公共教育。

周冬梅：我们真正需要的是更多的公共场地让人们跳舞和锻炼。

沈佩珊：我知道护城河边上有块空地可能很适合跳舞。

周冬梅、李月兰：太好了！我们待会儿就去看看。

温妮：我还听说，在一些地方大妈开始戴蓝牙耳机跳舞了。这样，她们既可以听到音乐，又不会打扰其他人。

李月兰：这也不是不可以。只是，不知道戴起来感觉怎么样?

钟惠：也许我们可以组建一个由小区居民和广场舞代表组成的委员会，来提出一些规定并促进实施。

章敏菁：委员会也应该包括一些学生。他们非常理性地帮助我们尝试解决这个问题。

李月兰：是的。这些娃娃都挺有想法。

实现探究的精神

在第一章我们指出，探究要求其参与者具有一定的倾向或者态度，我们称之为**探究的精神**。在最为一般的层面上，探究的精神包含了对理性的尊重，以及承诺将信念和行动建立在探究的基础之上。具体来说，探究的精神体现在这两个方面：

(1) 开放。包括对于对我们论证的质疑、相反的证据以及跟我们的意见相反的观点保持开放的心态。

（2）公平。要求在描述那些我们所不同意的观点时保持公正。我们必须意识到自己的偏见，在判断中尽可能保持客观。

尽管我们可能认识到这些态度是进行探究时的理想状态，但它们在实践中并不总是容易实现。有各种各样的因素为实现探究的精神设置了障碍，正如下面同学们在关于广场舞的讨论中所认识到的。

你怎么想？

与会者如何违反了这些探究的精神？

事后剖析（1）

在这个会议之后，同学们在一起讨论所发生的事。

郑鑫：你们怎么看这个会议？

温妮：我觉得这个问题确实是很重要的，小区的成员一起来讨论它，也是很好的。

徐逸飞：不过依我说，显然跑题了不止一次。

沈佩珊：有些人真是很粗鲁。

郑鑫：我想知道，当人们进行辩论的时候，为什么他们会变成那样？

你怎么想？

为什么人们在辩论中有时候会违背探究的精神？

刘宇轩：我感到有些人只是不想听任何其他观点。

沈佩珊：有些人只习惯于从自己的视角看待问题，像卢教授一样。他看到的都是中国传统文化，看不到其他观点。

温妮：有时候，人们只是想要证明自己是对的，而不是试图找出最好的观点。就像宋鹏说没人能说服他改变想法，这事只能以暴制暴，别的办法完全没解决的可能性。

徐逸飞：好像是人们觉得真理掌握在自己手上才能安心，而别人怀疑自己的观点、对其不确定时，就会感到惊慌。我有时候就有这种感觉，比如当你们这些家伙在课上质疑我的观点的时候。如果每个人都同意你的观点，那是会轻松得多。那样的话你就感到一种确定性。

刘宇轩：是的。当有人批评你的观点时，你会觉得好像是受到了攻击，所以就想要捍卫自己。

沈佩珊：还记得当王奶奶说跳舞要比整天坐在家里长脾气长肚子好得多吗？王大爷一下子跳起来捍卫自己，大喊“我没有啤酒肚脂肪肝，我的脾气也没有问题”，尽管王奶奶并不是特指他。

刘宇轩：当你介入了一个像今天这样的热点话题时，每个人的意见都不一样，会面临很大压力。人们经常做出情绪化的反应，想到什么就说什么。

温妮：的确是这样。不过，那种压力也可以导致人们简单地认同其他人的观点，不论他们自己的观点是什么。

沈佩珊：这可能真的是一个问题。不过在今天的会议上，大家表达自己的观点似乎并没有什么困难！

郑鑫：我认为一个人自身的经历会影响他们如何看待问题。我知道有些人之前跟一些跳舞的大妈吵过，那些经历使他们很难从其他角度看问题。

刘宇轩：但是也有一些人思想开放而且公正。（转向温妮）比如你妈妈钟惠阿姨，她说：“现在既然有这个问题，那就让我们尝试想想解决方案，而不是这么互怼。”

徐逸飞：章敏菁阿姨也很不错，她说如果能够找到解决噪声扰民问题的可行方案，那么就可以接受大妈们跳舞。

温妮：还有李月兰奶奶意识到她从没有站在别人的角度来看这件事，她说如果她自己被搞得睡不着觉，也会很不高兴。我觉得能有这样的觉悟很了不起。

探究中可能遇到的障碍

在反思会议上所发生的事情时，同学们开始认识到，有些时候探究跑题了，有些时候缺乏适当的态度，还有些时候与会者表现出了真正的探究的精神。他们也开始反思在实现探究的精神时可能遇到的障碍。

谬误推理

探究的精神最明显的一个障碍是使用谬误推理。谬误推理是指那些逻辑效力很薄弱却具有相当大说服力的论证（参见第四章）。使用修辞手段进行不正当的说服，而不是使用逻辑理性地说服人们，就违反了对理性的承诺，而理性正是探究的精神的特质[i]。宋鹏在诸多地方犯了诉诸人身的谬误，或是假想一个稻草人来错误地刻画一个观点（比如宋鹏一开始对卢玉顺所做的攻击），使得探究偏离了理性的轨道。这也会造成负面的感受，正如我们在对话中所看到的。

推理中的偏见

谬误并不是探究的唯一障碍。大量的认知心理学研究表明，许多常见的自然倾向或偏见可能会妨碍我们进行仔细的探究、做出合理的判断。这些偏见中的一些与我们对自己观点天然的情感依赖有关，一些与我们的文化或所在群体等外部影响有关，另一些则与我们在进行推理或做出决策时使用的各种直觉性策略有关。

情感和心理上的偏见

意识形态固化

保持开放性所面临的一个主要的障碍是我们观点的固化。这可能是来自对政治、社会或者哲学立场的不愿妥协的、未加质疑的承诺，我们称之为意识形态固化。比如卢玉顺教授所表现出的对传统文化不加质疑的认可，这阻碍了他考虑任何跟这一意识形态相冲突的立场或者论证。还有当王招娣说大妈们有权在广场上跳舞、没有人能阻止她们，也是一样的固化。这反映了一种集体主义的思想倾向，它侧重于她所在的群体的权利，从而使她无法看到居民的个人权利。这并不是说我们不应该有某种倾向或持有某种立场。然而，理性的坚持包括认识到我们是可错的、我们的立场或者其组成部分是可以被很好的理由或者证据推翻的。因此，我们应该保持开放，考虑跟我们自己的意见相反的立场，并认真地考虑那些反对我们观点的证据和论证。与之相反，一些意识形态固化的人用他们的意识形态将他们的观点封闭起来，不接受任何质疑。

阅读材料

真正的儒家文化是反对意识形态固化的。比如《论语·子罕》中说道："子绝四：毋意，毋必，毋固，毋我。"意思是说，孔子杜绝了四种弊病：不凭空揣测，不主观臆断，不固执己见，不自以为是。

我方偏见

固化也可能发生在一个人没有意识到存在其他立场或者观点的时候。这可能是由于缺乏教育和知识，意识不到在许多问题上还有其他观点，也可能仅仅只是不愿意付出必要的时间和精力去寻求其他的观点，或者不理解探索其他可能性的重要性。认知心理学家将人们以偏向自己观点的方式评估证据和论据的倾向称为我方偏见（myside bias）。研究人员测试人们是否具有这种偏见的一种方式是让他们对一个有争议的问题阐述双方的观点。可以预见，人们倾向于阐述更多的论证来支持他们的观点，而不是对立面的。在对话中，宋鹏和王招娣都存在这种偏见，他们甚至都不愿意承认对其立场可能会有令人信服的反驳。

希望自己是正确的

有些时候，无视其他的立场是由于人们不希望听到任何与其自身观点相冲突的观点。这可能是宋鹏的观点固化背后的原因。他从一开始就对这个问题抱有非常明确的立场，他觉得讨论这个问题是浪费时间，而且也说没有什么可以使他改变想法。他也对其他的观点以及持有那些观点的人抱有敌意。这种封闭性与探究的精神是相悖的。

想要确定性

拒绝听从他人的观点在某种程度上可能是缘于想要确定性，这似乎是人类共有的特点。当人们感到自己掌控着事情的来龙去脉时，才觉得安心，而当被迫怀疑自己持有的观点是否正确时，则会感到慌张。但是，鉴于我们知识的可错性，在某种程度上接受不确定性是探究的一个必要方面。

跟我们的信念相等同

另外一个导致观点固化的原因是将我们自身与我们的信念或者想法相等同的倾向。我们可能觉得，我们的信念构成了自我人格的一个本质性部分，因此，我们不愿意放弃它们。我们也可能从知道自己是正确的这一事实中得到一定程度的自我满足，而承认自己所相信的一些东西其实不值得相信会让我们感到自身的脆弱。如果一个人毕生都相信某种观点，那么在心理上就很难对这一观点进行严格的审查。改变那些涉及个人重要信念的观点显然是很难的。而这又会令我们强化确认偏误的倾向（见下文），以此作为避免相冲突的理由和证据的策略。

防卫性

将我们自身跟我们的信念相等同，这可能导致另外一个实现探究的精神的障碍——防卫性。当我们将自己的信念看作我们人格的一部分，当我们从持有正确的信念中得到一种自我满足感时，我们会觉得批评我们的信念就好像是一种人身攻击。从王春生对王招娣关于坏脾气和啤酒肚的话的反应中尤其可以看到这一点。刘宇轩也承认，当他的观点受到同学们的质疑的时候，也会有类似的防卫性的感觉。

阅读材料

约翰·杜威（John Dewey，1859—1952年），一位杰出的哲学家、心理学家、教育家、社会评论家和政治活动家，强调了探究在获取知识中的核心地位，以及对于探究的适当态度的重要性。在下面这段话中，他描述了探究的精神可能遇到的障碍：

"最没有什么阻碍和麻烦的途径是接受已经刻下的精神印记。放弃旧的信念而采取替代信念，需要很麻烦的工作。承认我们曾经持有过的一个信念是错的，我们的自负常常会将其视为一个虚弱的标志。我们过于将自己跟自己的信念相等同，使这些信念简直变成了一个个'宝贝'，我们奋起捍卫它们，而拒绝查看或者倾听任何不同意见。"[ii]

急于回应

对于探究的精神的违背通常发生在辩论的高潮。我们似乎有一种常见的倾向，在有压力的情形下做出情绪化的、几乎是自动的反应，而不花点时间仔细地考虑一下这个问题、掂量一下自己的回应。

社会性的偏见

群体思维

当集体共识的压力导致该群体的成员无法表达或严格审查替代观点时，就会发生群体思维。在一个群体情境中，对于其他观点缺乏开放的态度，可能是受到群体中其他成员的影响。当某个特定的观点在群体中受到广泛的坚持，而且被确信地表达出来时，所有的成员都会受到共同持有这个立场的压力。如果一个参与者已经持有了这个立场，那么这个群体可能导致成员们更强烈地确信这个观点，而这种确信可能并没有得到证据和论证的支持。如果他们并非事先已经持有这个立场，那么一种公开的社会压力，或者一种更为微妙的心理压力，可能使得持有相反的观点变得非常困难。我们在这个小区会议里面没有看到这样的例子（实际上，与会者非常愿意表达他们的个人观点），这是温妮在“事后剖析（1）”中所指出的一个问题。

囿于成见

这类偏见是由于不加批判地接受我们的文化所传递给我们的观念而产生的。接受此类观点是很自然且通常是合适的，例如太阳系的日心说或我们应该尊重他人。但是，我们从历史中知道，文化也传承给我们严重的错误和在道德上有问题的观点。此外，我们常常不能意识到文化潜移默化的影响，并认为这些观点是“不言而喻的”。甚至某些推理方式也是基于特定文化获取知识的方式（例如诉诸神学经典作为世界真相的来源），而这经常是有问题的。

认知偏差

心理学家广泛研究了常见的直观推理策略，这些也构成探究精神的另一个障碍。研究辨别出各种直观的或“快思考”的过程——几乎可以立即做出反应、快速进行推理的倾向，例如辨别出语音中的敌意、在空旷的道路上开车、理解简单的句子或回答简单的数学问题。这种快速思考方式在很多情况下是比较可靠的，并且对于日常决策而言是必需的。但是，如此快速的思维不足以应对更复杂的挑战，因此可能导致不合逻辑且毫无根据的推理和判断[iii]。执行复杂的计算、判断一个人行为的适当性、比较不同方面的总体价值或考察复杂的逻辑论证的有效性等任务，需要集中注意力、努力进行脑力劳动和有意识地进行推理——它们被称为“慢思考”[①]。

认知偏差是指一些常见的会导致不合逻辑且毫无根据的推理和判断的直观性推理策略。

样本代表性偏差

样本代表性偏差（representative bias）经常是探究的障碍之一。人们倾向于相信自己的经验是“具有代表性的”或典型的，并为概括提供了合理的基础。个人经验是形成我们的观点的重要因素，部分地是因为我们相信自己的生活方式是“具有代表性的”。人们常常难以认识到自己的经验仅仅为做出概括提供了很弱的证据。我们的经验是有限的且带有偏见的。因此，我们根据自己的经验进行概括的时候要保持一种适当的谦逊态度。当过去的经验使我们对其他观点视而不见并影响我们的判断力时，它们就可能成为“我方偏见”的根源。比如当宋鹏说“现在大家都知道‘中国大妈’是‘自私’和‘愚蠢’的代名词”，他就是犯了**样本代表性偏差**的错误。

这种偏差也可能是非个人化的。比如说抛投硬币，大多数人并不会认为正正正正正反反反反反是随机抛投的结果，因为该结果不符合我们关于随机样本的看法。但是，抛出正正正正正反反反反反的概率跟正反正正正反正反反反是一样的，而后者则更有可能被大多数人认为是随机的。

可获得性和生动性

以我们的经验为基础的观点必然取决于我们的记忆。当我们想知道某个事件的可能性时，我们会回顾自己对相关经验的记忆或对此类事件的描

---

① 卡尼曼．思考，快与慢．胡晓姣，李爱民，何梦莹，译．北京：中信出版社，2012.

述。我们回忆这些故事的难易程度将极大地影响我们对此类事件可能性的判断。这是**可获得性偏差**。记忆越强烈越生动，就越让我们觉得其有可能发生。这是**生动性偏差**。当王春生根据生动的电视节目讲述噪声使得孕妇流产时，他关于噪声危害的论证既是可获得性偏差又是生动性偏差的一个例子。

过度自信或有偏差的校准

过度自信（overconfidence）效应是一个普遍的现象，它是指一个人对自己的判断的信心大于这些判断的客观准确性，心理学家称其为**有偏差的校准**（poor calibration）。当一个人的自信心较高时，这种情况尤其普遍。一个常见的表现是对自己所做出的预测过度自信。比如对话一开始宋鹏就表示，“小区里的每个人都觉得您是公共祸害”，就是过度自信的一个例子。王招娣说“我绝对可以肯定我们没有违法”也是一样。我们在第十章了解到，在做出一个有充分理由支持的判断时，重要的是将判断的确信程度适应于为其提供支持的理由。对我们的判断过度自信是批判性思维的一个障碍。保持谦虚和承认不确定性则是更合理的立场。

确认偏误

确认偏误是另外一个有可能阻碍我们进行理性探究的偏见。**确认偏误**是指只注重寻找那些可以确证自己观点的信息和证据，而未能寻求反对自己观点的信息和证据的倾向。如果你想看陷入这种偏误有多么容易，不妨考虑下面的场景：假设你得到一系列数字——2、4、6、8，并要求说出这个集合所基于的规则，你可以先问一下这个集合是否还包含其他数字。人们通常会问 10 和 12 是否也包括在内。假设它们确实包含在内，那么大多数人就会认为该集合必定是偶数集合。可是实际上这个集合是一个正整数集合。人们通常会忽视这一点，因为他们不会寻找可能挑战其最初假设的证据。为了避免确认偏误，你应该问 11 或其他一些非偶数是否包含在内，以确定该集合是否真的只包含偶数。

尽管这只是一个简单的例子，但它说明了我们会多么不自觉地陷入这种倾向。当宋鹏说“我到现在也没有看到一个好的理由，为什么我们不应该一劳永逸地制止这种扰民举动”，很明显他没有努力去寻找这样的理由。在第一章的对话中我们也看到过一个确认偏误的例子。沈佩珊承认，除了她所支持的动物权益保护组织的观点之外，她没有想到还要去查阅代表其他观点的网站。尽管确认偏误是一种非常普遍和自动的倾向，但它可能对探究过程造成很大危害，它是与“认真考虑替代性方案并公正地考虑我们所不同意的观点”这一要求背道而驰的。

总结：实现探究的精神的障碍

- 谬误推理
- 推理中的偏见
- 情感和心理上的偏见

  意识形态固化

  我方偏见

  希望自己是正确的

  想要确定性

  跟我们的信念相等同

  防卫性

  急于回应
- 社会性的偏见

  群体思维

  囿于成见
- 认知偏差

  样本代表性偏差

  可获得性和生动性

  过度自信或有偏差的校准

  确认偏误

排除探究中可能遇到的障碍

我们所描述的探究可能遇到的障碍代表了常见的、广泛的人类倾向。

不过，我们可以采取一些策略试着排除这些障碍。

了解你的既有观点或者偏见

一个策略是，让我们明确地意识到自己关于一个问题的既有观点，以及我们可能具有的任何偏见。当开始一个探究的时候，我们可以做笔记，记下我们一开始的观点以及为什么持有这样的观点，还有我们可能用来评价这个问题的任何既定视角或者世界观。可能影响到我们对于一个问题的态度和评价的个人经历也要记下来。比如，在小区会议之前，小区居民和广场舞的成员们都可以问问自己，他们对于小区所面临这个问题的观点是什么，都有哪些以往的经验会左右其判断。他们也可以试图用一种公平的方式考虑其他观点。

监控你的探究和对话过程

接下来的策略是，监控你的探究和对话的过程，检查是否存在固化、偏见或者其他阻碍开放和公平地探究的问题。我们可以问自己这些问题："我的先入之见和最开始的视角是否使得我对于各种论证的评价存在偏见？""我是否真正听取并严肃考虑了其他的观点和论证？""我是否公正地表述了其他立场？""我是不是对批评保持开放态度？"

另外一个有用的策略是，花点时间考虑我们的回应。问问自己："我的回应是有分寸且适当的吗？"这可能有助于我们遵循探究的精神。此外，问问自己："我是否受到群体思维的不适当的影响？"这可以帮助我们将观点建立在理由和证据的基础上，而不是因为受到压力而顺从。

克服我们的防卫性倾向包括认识到批评不应该被视为对个人的攻击，批判性交流的目的是形成一个更好的观点。如果我们成功地培养出一种因为明白真理而非因为自己正确而得到满足的感觉，那么，愿意接受其他论证、愿意承认错误等就将变成我们自我认同的一部分。然后，这种身份认同就会超越对任何特定观点或意识形态的认同。问一问自己："我是想要成为一个通情达理的人，还是将自己跟某一特定的观点相等同？"这可能有助于提醒我们保持探究的精神。

我们也必须仔细地监控我们的论证，从而避免使用谬误的推理。弄清楚常见的谬误，比如诉诸人身、诉诸流行性、轻率概括等，并且努力避免犯这些谬误，这有助于将探究保持在原初的理性轨道上、信守对理性的承诺，而这正是探究的精神的特质。

其中尤其重要的是，要避免稻草人的谬误。这是一种非常常见的谬误，它错误地刻画对立的观点，从而使其变得易于批评。这种错误的刻画可能是不经意的，也可能是有意的。在任何一种情形中，这都是很成问题的，因为它使得讨论偏离了主题，经常使对立观点听起来显得荒谬。一个避免稻草人的谬误的策略是，在批评它之前，仔细而善意地理解对方的论证。在一个对话中，我们可以以这种方式仔细地重述对方观点，使得对方认同这确实就是他们的观点。

评价你自己的观点

对我们自己的观点仔细地、以批判性的眼光进行评价，将有助于在探究中保持开放性。为了达到这个目的，重要的是意识到我们观点中存在的弱点。大概没有什么立场是毫无错误或者弱点的，不管它有多么周到。认识到这些弱点，标志着我们以一种公平和开放的方式考虑我们自己的观点。而且，在辩论中公开地承认弱点，这反映出一种想要寻求最佳观点的态度，而不是无论如何都要赢。

回避对自身观点的批评以及对替代性观点的考虑是封闭的标志。但是，仅仅处理我们碰巧遇到的批评和替代性的观点还是不够的。探究涉及在那些相互竞争的观点之间做出比较性的判断。我们已经看到各种偏见（比如确认偏误）如何限制我们注意到、适当评估这些观点。因此，一个重要的策略是刻意寻求批评、反驳和替代性的论证。一种有效的方法是与持反对意见的人讨论有争议的问题。教育也可以成为克服这些倾向的有力工具。另一种解决方法是对问题所包含的各个方面进行适当的探究。不能做到这一点，就会使我们有固化的危险，这种固化来自未能意识到自己观点所存在的问题以及其他观点的优点。

如果我们以一种开放的态度看待自己的观点，并且意识到自己观点的弱点，那么就应该理解何种原因和论证可以算作是反对这些观点的。而且，开放性意味着如果论证需要的话，我们就愿意改变自己的想法。对此，一个有用的策略是问问我们自己，什么样的理由和论证可以导致我们改变想法。比如，章敏菁承认，如果能够找到解决噪声扰民问题的可行方案，那么她可以接受大妈们跳舞。

总结：实现探究的精神的指导性问题

● 了解你的既有观点或者偏见

我在这个问题上的原初立场是什么？

我带有什么样的视角对这个问题进行评价？

我在此问题上是否有任何个人经历可能会影响我的判断？

● 监控你的探究和对话过程

我的先入为主的观念和原初的看法是否让我在评价各个论证时带有偏见？

我是否确实认真听取并考虑了所有观点和论证？

我是否公正地呈现其他立场？

我愿意接受批评吗？

我的回应是不是有分寸、是否适当？

我是否受到群体思维的不当影响？

我是想要成为一个通情达理的人，还是将自己跟某一特定的观点相等同？

我是否避免了谬误的推理？

● 评价你自己的观点

我所赞成的观点有哪些弱点？

对这一观点有哪些可能的批评和反对？

关于此立场有哪些替代性方案？

哪些证据或论点会不利于我所赞成的观点？

什么样的证据或理由可以使得我对这个问题改变立场？

事后剖析（2）

同学们继续他们关于会议的“事后剖析”。

郑鑫：我还是很为人们相互之间说话的态度和对待彼此的方式而烦恼。大家并不是很友善。

沈佩珊：讨论一开始就是这样。章敏菁阿姨好几次想说话都被打断！

徐逸飞：在一个这样的社区会议上，每个人都应该能够说出他们的想法。如果互相打断，一些人就被迫缩短他们的讲话。

沈佩珊：那也造成了负面的感受。

徐逸飞：而且，某些人——这里就不点名了，喜欢霸占话语权，不给别人太多的空间来表达他们的观点。

温妮：当宋鹏想要缩短讨论的时候，我也不认为那是一个很好的主意。应该给每个人谈论的机会，而且当时我们离解决这个问题还远着呢。

徐逸飞：我有这样的感觉，一些人并没有真正理解那种对话的目的。我们试图通过相互交流观点和给出论证，以期就这个问题找到一个合理的解决方案。但是他们中的一些人只是想要自己的意见占上风。

沈佩珊：我也不喜欢一些人那么具有攻击性。他们拒绝倾听，他们就是要争吵。

郑鑫：他们的确是在争吵。一些人说的话真不怎么样，比如说“以暴制暴”，甚至还有放狗泼粪之类的威胁！探究精神荡然无存！

沈佩珊：而且制造了一种负面的气氛。

温妮：我认为指出这个氛围确实是很重要的。每个人都应该感到可以自由地表达，而不是感到被压制或者受到恐吓，或者被迫变得默默无言。

徐逸飞：你是说章敏菁阿姨一开始宣读的那段长长的《中华人民共和国环境噪声污染防治法》条文?

温妮：不错，有点像是卖弄。这可能会让其他人觉得受到压制而不愿说话了。

沈佩珊：还有更糟的呢！我听到王春生大爷和宋鹏他们窃窃私语，说要散布一些关于跳广场舞的危害的谣言，还要做一些迷信的事情去吓那些大妈。那真是很令人担忧。探究要求的是对真理和准确性的不懈追求，可他们的所作所为哪里有半点这样的影子？

刘宇轩：所幸大多数人都是理性的，并且愿意听从其他人的意见。

温妮：不错，一些做法确实有助于这个过程进行下去。比如卢教授问宋鹏，如果别人用野蛮行为干扰他的兴趣爱好，他会是什么感受。“己所不欲勿施于人”，换位思考确实很有帮助。

刘宇轩：不错！还有李月兰奶奶从反对者的立场来看待问题，并意识到自己也会同情对方。

温妮：让我印象深刻的还有一些人接受了他们一开始所反对的立场，像章敏菁阿姨，她承认如果可以找到一种可行的方法来解决噪声问题，她就可以接受广场舞。

刘宇轩：钟惠阿姨说的那句话很关键，她让大家停止互怼，转而寻求解决之道。

徐逸飞：我想使得这个过程进行下去的一个最重要的步骤是试图找出大家的共识，而不是总关注分歧。温妮，你提的这点真棒！

沈佩珊：是的，那个步骤让大家转向建设性的讨论。

徐逸飞：钟阿姨建议组建一个由小区居民和广场舞代表组成的委员会，是取得进展的好主意。

郑鑫：他们还说委员会应该包括学生，因为我们这么讲道理！看来我们的批判性思维课没有白学！

对话

探究可以采取多种形式，比如一些书面的形式，不过它们经常是在人们实际的口头交流中发生的。我们已经在本书中看到了很多该类对话的例子。

并非所有的对话都是探究型的对话。探究型对话比较特别，因为它的目标是通过集体的理性讨论得出一个有充分理由支持的判断。出于这个目标，探究型对话需要符合一定的要求：(1) 参与者应该互相尊重；(2) 每个牵涉其中的人都有可能参与；(3) 所有牵涉其中的人都承诺用富有成效的方式进行对话[iv]。

这在实践中意味着，除了试图培养上面所描述的探究的精神的各个方面之外，我们还需要注意对话情形中所涉及的人际交流的特定细节。这一点尤其重要，因为在关于争议话题的面对面的激烈辩论中，偏狭、人身攻击、产生被伤害的感觉以及对话破裂的可能性总是存在的。我们在会议讨论中就看到了相关的明显例子。

相互尊重的对待

在对话交流中（实际上是在任何文明的交流中），一个至高无上的原则是尊重。这意味着对于对话中其他人的贡献表现出尊重、仔细地倾听、避免人身攻击和好斗的姿态。宋鹏和王招娣都犯了针对个人的攻击的错误，违背了探究的精神，且破坏了对话持续进行所必需的相互尊敬的关系。在一个对话情境中保持友好是更为可取的做法，这既是为了得到一个富有成效的结果，也是为了培养正面的关系。

有意义的参与

探究型对话理想的状况是，所有感兴趣的人进行了富有意义的参与。这意味着，应该欢迎和鼓励每个人的贡献，不要将某个人排除在外，对其进行打击或阻挠。参与者应该觉得可以自由地提出问题、做出论证以及提出批评和建议。一些可能进行排除或打击的做法包括：

（1）打断或者妨碍其他人表达他们的意见或者批评（比如卢玉顺打断了章敏菁的发言）。

（2）单方面垄断对话。

（3）借助权威或用挑衅的方式使其他参与者生畏（比如宋鹏和王招娣），或者使用行话或其他人不懂的技术知识使他人无法参与讨论。

（4）缩短讨论的过程（比如宋鹏要草草结束讨论）。

富有成效的交流

我们的最终目标是使得对话富有成效、基于理由和论证而展开。这意味着，参与者应该确保他们的论证是切题的，而不要采取那些导致跑题的做法。参与者应该清楚而准确地阐述他们的观点，不试图混淆或误导。在这方面，章敏菁关于噪声污染法规和测量的话虽然可能有所帮助，但可能会让其他参与者不知所云。参与者也应该力图通过严肃地考虑其他人的论证而非对别人的话吹毛求疵，通过认真思考别人的批评而非变得自我防卫，使对话富有成效。

为了完成一个富有成效的对话，一个重要的策略是求同存异。为了使对话开始，我们需要有一些共同的基础。找出大家都同意的观点，通常是趋向一个解决方案的关键步骤，正如在这个社区会议中所表现的那样。

重述另一个人的观点，使得对方承认其准确性，这对于避免产生稻草人的谬误是一个有益的方式，从而使得对话不至于跑题。当面对更强有力的论证时，愿意承认一些观点，对于使得对话进行下去也是很重要的。承认一个强有力的观点反映了一种开放的态度。有时候，出于论证的需要而承认一个观点也是有帮助的，即使你并非完全认同那个观点。这样可以在对话陷入僵局的时候将其往前推进。这使得大家可以建立共同的基础，以导向一个解决方案。承认另一种观点可能正确，并不必然意味着改变自己的想法。它所要求的是不要一概拒斥那个观点，而是看看对话可以导向什么地方。最后，如果陷入了僵局，而解决方案看起来不可企及，那么适当的做法是以一种友善的方式接受这种分歧。

总结：进行对话的指导性原则

- 相互尊重的对待

尊重其他参与者的贡献。

尽量少争吵，并尝试保持友好的对话姿态。

不要诉诸人身、进行人身攻击。

- 有意义的参与

不要阻断他人发表自己的意见或批评。

不要垄断对话。

不要缩短对话过程。

不要恐吓、操纵或以其他方式阻碍他人参与讨论。

● 富有成效的交流

让对话基于理由和论证之上。

不要跑题。

力图清晰准确；不要混淆或误导。

认真考虑他人的观点；不要仅仅为了发现错误而听他们讲话。

认真考虑批评；不要总是自我防卫。

寻求共同点。

重述对方的观点以确保表述准确。

面对更有力的论证时愿意承认其有效之处。

为使讨论进行下去，愿意暂时承认某些观点。

如果陷入真正的僵局，以友好的方式求同存异。

回应谬误

在本章的前面部分，我们看到了存在谬误的推理是如何成为实现探究的精神的障碍的。因此在进行对话的时候要注意避免使用它们。然而，有时其他参与者可能并不是那么有涵养，那么，当有人使用了谬误性推理的时候，我们需要考虑如何回应。

这在对话中尤其容易出现，因为在辩论的高潮，人们很容易被修辞的效力打动而看不到逻辑的错误。比如对话一开始，宋鹏对卢玉顺的攻击既使用了人身攻击，又犯了稻草人的谬误，卢玉顺感觉到被冒犯了。一个更为适当的回应是指出宋鹏说的话既不相关，也曲解了卢玉顺的立场。正如我们在第四章中看到的，谬误具有说服力，因为它们依赖于特定的修辞效果，然而它们犯了逻辑错误。回应谬误的关键是，注意到其修辞效果，抵制其诱惑，识别并回应其逻辑错误。

让我们考察本章对话中的几个例子，比较一下对话者实际的回应方式和更好的回应方式。

诉诸人身以及稻草人

卢玉顺：我不是说我认为可以。不过我确实认为，她们一定程度上是有权使用广场的。因此，称她们为公共祸害无济于事。

宋鹏：我真是无法相信像您这样一个有学问、人人尊敬的大学教授，说话居然像个“圣母婊”！

卢玉顺：你怎么这样出口不逊！

更好的回应：我的职业背景与评价我在此问题上的立场无关。我很清楚的是，你所说的歪曲了我的观点。我的观点是跳广场舞的人在某种程度上有权使用广场，但这并不意味着我对小区居民的需求不关心。

诉诸人身

回应诉诸人身的谬误的关键是，不要因为针对个人的讥讽而变得愤怒，或者为争辩这一批评是否正确而分散注意力。相反，应指出这种个人化的评论与评价当前的问题是不相关的。

稻草人

在回应稻草人的谬误的时候，不应该回应那个关于你的论证的错误描述，相反，你应该指出它的不准确性，比如上面的例子里面呈现的。下面是另一个例子。

钟惠：我们确实有义务照顾老人，并确保他们的需求得到满足。

宋鹏：那么年轻人的需求就不重要吗？

回应：（没有回应）

好的回应：那并不是我的意思。我并不是轻视年轻人的价值和需要。

有问题的归因

宋鹏：你还横！我邻居家儿子因为你们吵得没法学习，上次考试都不及格。

回应：（没有回应）

好的回应：他考试不及格令人遗憾。但是，这有很多可能的原因。广场舞声音吵并不意味着那就是导致他不及格的原因。

流行性

宋鹏：我烦广场舞不光是嫌吵，还嫌歌曲太庸俗。但我觉得没什么好方法，现在大家都知道“中国大妈”是“自私”和“愚蠢”的代名词。

回应：（没有回应）

好的回应：你下这样一个概括性的结论，有什么证据来支持它吗？

对诉诸流行性的谬误可以这样来反驳，不要讨论是否每个人都确实这样想或者那样想，而是指出，某个观点或者做法的流行（通常）并不能成为接受它的依据。

有问题的前提

宋鹏：您老睁开眼看看，小区里的每个人都觉得您是公共祸害。

好的回应：卢玉顺：呃，我说等一下。不要觉得你自己就可以代表整个社区。我跟你一样也是小区的一员。不过我认为说这话是有点太过了。

宋鹏挑衅的语气有待改进，而卢玉顺使用反例来回应有问题的前提这一做法是适当的。另一个适当的回应是，要求为其断言提供证据。

不相关的理由

李月兰：我说，小宋，我们跳舞只不过是打发时间，享受一点乐趣。我们大多数人都退休了，也没啥其他的爱好。人就算年纪大了，也不想被社会抛弃。

宋鹏：哦，你弱你有理？你退休、你被嫌弃、你除了跳舞没别的事干，是别人的错？

更好的回应：是或不是谁的错与我们是否可以在公共广场上跳舞的问题无关。

指责谁对谁错将陷入谬误的陷阱。更好的回答是指出指责是谁的错与当前问题无关。

逸闻证据和轻率概括

宋鹏：我听说别的小区的人弄了个高音喇叭，对着跳广场舞的大声播放《中华人民共和国环境噪声污染防治法》条文。

王春生：这行不通。听说很快就被大妈们拔了扬声器，这些大妈什么道理都说不通。

回应：（没有回应）

好的回应：你不能根据别的小区大妈拔扬声器这一件事就一概而论这些大妈什么道理都说不通。进行概括需要大量证据。

仅仅基于别的小区广场舞成员的一个行为就下结论说这些大妈什么道理都说不通，这既是逸闻证据的谬误，也是轻率概括。对此适当的回应是，指出我们不能仅仅基于一个事件就做出这样的概括，而是要求更多的证据。我们也可以通过反例来反驳轻率概括。个体事例可以被用来合理地反驳一个概括，但无法为支持这样的概括提供充分的证据。

总结：针对各种谬误如何做出适当的回应

- 诉诸人身

是的，他可能很疯狂（神经病、心烦），但他说的话有道理。他的论证对我来说似乎很在理。

即使她确实为……工作（是……的朋友、已经嫁给……），你也仍然必须听听她的观点。我认为她对……提出了很好的论证。

你可以不相信我，但是看看我从……中得到的事实。

你是说我的逻辑错了吗？你不喜欢我这个人或我的观点，并不意味着它们是错误的。我的证据是……

- 稻草人

这不是我（他们）说的。可能你有所误解，让我再表述一遍。

并不是你想的这样，我真的希望你能够倾听，而不是随意臆测。

- 有问题的归因

你确定没有其他事情可以解释……吗？

可能是巧合。

在这种情况下，很难说是什么原因造成的。

- 流行性

我知道很多（大多数）人都这么认为，但让我们看一下证据……

我不在乎是否每个人都这样认为，这并不能解决问题。他们关于这件事真正知道些什么？

他们为什么都这么认为？

（针对某一惯例）每个人都这样做并不能使其变得正确。假如其他所有人都跳河，你并不会跟着跳河。

- 有问题的前提

我不知道。这是一个颇具争议的断言，对此你的证据是什么？

如果没有更多证据，我不愿意接受。

- 不相关的理由

我真的看不出（某个人的背景、个性或以前的联系）与该问题的相关性；真正的问题是……

- 逸闻证据

是的，那个例子可能是真的，但你是否考虑过……

好吧，这不过是你自己的经验，要是……

你认为这是每个人的经验吗？

如果我曾经有过这样的经历，可能我也会有同样的感觉，但是这样的经历真的不足以支持如此宽泛的概括。

那是你的经历，但是在同样情况下我有不同的经历。

我认为你过度概括了自己的经验。

● 轻率概括

我认为这一步跳跃得有点快。我的意思是这里只有一个个例。

这是所有的证据吗?

那么你为什么这么认为呢? 你对此是否有更多的证据/理由?

你的经验和证据似乎不足以支持如此宽泛的结论。

检查你的理解

● 说明构成探究的精神的关键性态度和承诺。

● 列出阻碍实现探究的精神的各项障碍，并对其进行简要描述。

● 列出排除实现下列各项目标的障碍的策略，并简要描述。

 ◆ 了解你的既有观点或者偏见。

 ◆ 监控你的探究和对话过程。

 ◆ 评价你自己的观点。

● 一个探究型对话的三个主要要求是什么? 关于如何进行一个符合这些要求的对话，说明其指导性原则。

● 为什么知道如何回应谬误是重要的?

● 说明回应下列各项谬误的关键性策略：

 ◆ 诉诸人身。

 ◆ 稻草人。

 ◆ 流行性。

 ◆ 逸闻证据。

练习

1. 在下面每句话中找出其中所体现的探究的精神的障碍：

(1) 我从来不读批评环保运动的文章。毕竟，我是一个非常坚定的环保主义者。

（2）哦，我没有考虑其他人所做的反对手机辐射危害的论证。我并不知道有这样的论证。

（3）我真是高兴，我赢了那场关于处理交通拥堵问题的争辩。我知道我总是对的。

（4）我们为什么还要费劲地听他接下来的那些支持死刑的话呢？我们已经知道关于那个问题的正确观点是什么了。

（5）我觉得在林畅批评了我关于素食主义的观点之后很难再友善地对待他了。

（6）你说你在我的论证中看到了一个破绽？我说，你真是一个爱挑刺的人！

2. 阅读下面的新闻报道。这个练习要求你跟一位同学编写并表演一则表现出你对这个问题的探究的对话："我们可以克隆我们的宠物吗?"

（1）各自回答实现探究的精神的第一组指导性问题（在"了解你的既有观点或者偏见"部分）。记下你的回答。

（2）找到一位关于这个问题跟你有着不同观点的同学。

（3）你们一起提出关于这个问题的各方的主要论证（可以在报纸上或上网搜索这些论证）。

（4）跟你的搭档一起进行口头的对话，评价关于这个问题的各方论证。

（5）各自回答实现探究的精神的第二组和第三组指导性问题（参见"监控你的探究和对话过程"和"评价你自己的观点"部分）。记下你的回答。

（6）跟你的搭档一起写下你们的对话，对它进行修改，以反映出基于你对指导性问题的回答而想做出的任何变化。将你们的对话读给全班同学听。

为满足私欲克隆宠物，应该更慎重

最近，国内首只商业化克隆猫正式对外公布，这只可爱的小猫名叫"大蒜"。"大蒜"也是我国首例完全自主培育的克隆猫。

人类克隆技术至今已覆盖了如猴、狗、马、羊、牛、猫等诸多动物物种，越来越多的商家都看重其背后的商业价值。

如果宠物克隆逐渐走向了商业化的模式，那么对其在哪些领域可以应用、如何应用都需要有明确的规范和监管。因为克隆技术的发展不仅仅关系到经济价值，还涉及科学、安全、伦理等诸多方面的问题。

商家看重的商业价值无非就是随着克隆成本的降低和成功率的提高，可以走向产业化生产的道路。但克隆动物自身的安全性和健康性是不能被忽视的问题。克隆动物比一般正常动物要老得快，克隆的后代比常规繁衍的动物有更多健康问题，容易生病。让未经严格医学和科学论证的产品流入市场，又没有严格的监管法律体系，显然对人类健康是一种不负责任的态度。

另外，从科学伦理的角度出发，对于商业化克隆的规范和监管也是势在必行。克隆宠物，其实是一件满足人类私欲的事。有关专家表示，一个克隆动物要和原来的宠物相似，远远不止 DNA 相同就行。克隆出来的动物将拥有不同的生活经验，从而导致它们会拥有不同的个性。也就是说，克隆出来的动物永远都不会和原来的宠物一模一样。

商家想要进行规模化的克隆生产，宠物主人想要克隆自己的宠物，这些想法都可以理解。但这样一来，就可能让动物付出本不该付出的代价。因为在克隆的制造过程中，要制造出很多胚胎来备用，克隆产生的胚胎不会一次就成功孕育。这其中的痛苦，都可能要由动物来承受。

一旦管理不当，科学技术的发展就可能成为一把双刃剑。毋庸置疑，克隆技术已经对科学的发展和医学的进步做了重要的贡献。而如何让这项新技术以最小的代价造福于民，是我们需要考虑的问题。

3. 阅读下面的对话，回答问题：

（1）注意其中的对话者在什么地方违背了关于对话的指导性原则，解释他们是如何违背的。

（2）注意对话者做出的使得对话向前推进的积极举动，解释他们是怎样让对话向前推进的。

（3）遵照进行对话的指导性原则，重新编写这个对话。

某社区召开会议讨论如何处理小区里养狗的问题。

林女士：现在是时候解决我们小区里的狗患问题了。养狗现在已经成了一件让人头疼的事，我们早就该采取行动了。

杨先生：其他小区尝试了一些不错的策略来解决这个问题。例如，“江天花园”小区中……

吴女士：我说等一下。（林女士）你这话有问题啊。你们这些自以为是的人才讨厌狗。

林女士：自以为是！你怎么说话呢！

吴女士：你无法理解狗对人的依恋，你也无法体会宠物带给主人的一切。你只是麻木不仁。

马先生：你们两个不要这样吵。这不是文明讨论的方式。

吴女士：你少来。

马先生：这样吵真的是跑题了。我认为我们应该试着列出各种可能的行动方案以及每种方案的主要理由。

李女士：每个人都知道狗脏兮兮，随地大小便。

吴女士：很多人也没有更文明吧？

林女士：狗很吓人，对孕妇和儿童都有害。

蓝女士：有很多著名的流行病学家进行的研究，发表在可信的同行评审期刊上，表明没有发现跟狗接触与胎儿发育不良之间相关的证据。

吴女士：嗯，说得好。

杨先生：我同意马先生的建议。我认为可能采取的行动是，要求狗主人承担更大的责任，制定遛狗必须牵引的具体细则，或者是什么都不做。

吴女士：我绝不会接受让我的狗狗一直待在屋子里。它需要出来活动！

杨先生：吴女士，那不是我的建议。请仔细地听清楚别人的话，不要歪曲别人的立场。

吴女士：哼！

李女士：还有一个可行的方案呢，限令狗主人一个月内处理他们的狗。或者更直接一点，毒死那些讨厌的狗。

吴女士：如果别人家的孩子令你讨厌，你也对他们下毒吗？

蓝女士：在我看来，尽管每个人对狗的态度不同，但我们应该都会同意我们应该尊重别人养宠物的权利。居民们担心的是狗会到处撒野或惊扰他人。

杨先生：我听说有些社区居民委员会已经制定了针对狗的社区管理措施，包括强制登记、牵引细则和安装方便处理狗粪便的厕纸盒。我觉得这些都是很好的主意，既承认狗主人的合法权利，也解决了我们对小区环境和家庭成员安全问题的担忧。

4. 对于下面这些简短对话，完成如下任务：

（1）找出其中所犯的谬误。

（2）解释为什么这些回应是不适当的。

（3）提供一个适当的回应。

a. 郑鑫：我不想听李伟关于素食主义的观点。他是那些动物权利极端分子之一。

宋俊涛：我不觉得他有那么极端啊。我认识的一些人更加极端。

b. 姜瑶：我要在淘宝上买这条裙子！你看这照片上的模特穿起来多漂亮！虽然我妈说这不过是卖家秀，收到裙子后我会后悔的，但是我所有的同学都在穿这条裙子。

沈佩珊：我就没有。

c. 林畅：小镇上的人都很诚实。上次我回老家那个小镇去玩，弄丢了钱包，后来有人捡到了它并且原物奉还给我。

郑鑫：那真好。下次去小镇旅游的时候，我会记得这一点的。

d. A：林志玲和他的老公看起来真般配！真是郎才女貌啊！

B：我真是很吃惊，你会赞成林志玲嫁给一个日本人！卖国贼！

A：你只会躲在屏幕后面发泄自己的私愤！

e. 温妮：我真的一点都不吃惊你支持广场舞——你奶奶不也在跳吗？

刘宇轩：我奶奶通情达理——我很尊敬她。

f. 沈建国：经济上的成功是人们生活中最重要的事情。因此，我们应该支持马云，因为他最支持企业的发展，而他的阿里巴巴确实为中国人创造了很多就业机会。

苏向前：我对马云不是那么感兴趣。

g. 宋俊涛：每次我们队在比赛前吃那家店的烤肉，我们就会输。

郑鑫：我们下次比赛前最好是找另外一家店去吃。

注释

[ⅰ] 谬误对于对话和解决分歧是一种障碍，这一观点由语用辩论术的提倡者做出了充分的阐释。参见 F. H. van Eemeren and R. Grootendorst，*A Systematic Theory of Argumentation*：*The Pragma-dialectical Approach*（Cambridge：Cambridge University Press，2004）。

[ⅱ] John Dewey，*The Later Works of John Dewey*，*Volume 8*，*1925－1953*：*Essays and How We Think*，rev. ed. Jo Ann Boydston（Southern Illinois University，2008），136.

[ⅲ] Daniel Kahneman，*Thinking Fast and Slow*（London：Penguin，2011）.

[ⅳ] 关于这些要求的详细阐述，参见 N. Burbules，*Dialogue in Teaching*（New York：Teachers College Press，1993）。

第十二章　自然科学中的探究

学习目标

在读完本章之后，你应该能够：

- 在评价科学断言和理论的时候，理解并应用最佳解释论证的概念
- 在评价科学断言和理论的时候，理解并应用可测试性、富有成果性以及同行评审的概念
- 当评价基于统计的科学断言的时候，理解和应用统计推理的基本概念

我讨厌科学!

温妮、姜瑶和刘宇轩坐在图书馆里。姜瑶对着电脑上的选课单。

姜瑶：这里说我们至少要选一门科学课程。啊！真枯燥啊！

温妮：你说啥，枯燥？科学多么伟大啊。它是我们理解世界的主要方式。科学家通过研究推动文明的进步。不仅如此，他们所发现的东西也令人惊叹。世界的多样性是十分惊人的，而这些都是科学家发现的。

刘宇轩：好吧，我可以看出你是一个真正的死理性派。

姜瑶：科学就是枯燥。除了一堆你要记住的事实之外，没有其他的。没有讨论、没有不同的意见、没有想象力，就是为了期末考试死记硬背。

你怎么想?

你是否认为科学仅仅是一些需要记忆的东西？为什么？

温妮：一听就知道你在高中没好好学过理科。科学需要大量的想象力

和洞见。科学所发现的秘密是令人叹为观止的。科学告诉我们动物怎么进化、山脉如何隆起、海洋如何形成、我们的身体又是怎么工作的。

刘宇轩：它使你意识到自然界是多么复杂和精细。

温妮：枯燥的通常是理科课程的教学方式。没有人知道宇宙的年龄和大小，直到科学家们发现它们。你看过那些从哈勃望远镜拍摄的照片吗？

刘宇轩：不错，那简直是难以置信。自然令人敬畏。

温妮：你就想一想吧，这些可是百万光年之外的恒星的照片。我是说，在我们看到它们的时候这些恒星可能已经爆炸了。

姜瑶：可是它是那么枯燥刻板。不像在文学课上，我们可以讨论《水浒传》中究竟谁才称得上英雄，或者《月亮与六便士》为什么是一本好书。在科学课上，你只是被灌输一些事实，而且还不可能记住所有细节。

温妮：你显然在科学课上有一些糟糕的学习经历。我想原因之一可能是没有人告诉你科学发现的历史。科学中有很多争论，而在课上教的东西是已经确定了的。不过，如果你看一下历史，就可以看到有很多伟大的辩论。如果你做一些探究的话，就会看到仍然还有很多争论存在着，比如关于“暗物质”或者全球变暖的原因。

姜瑶：我该从何着手呢？科学这么难以理解，都是些数字什么的。

温妮：并不是所有的科学都是那样的。你应该试着去了解科学家们是怎么做出发现的。一部好的介绍性读物或许是地质学的历史。我这里有我的课程笔记，如果你要看一下的话。你会看到，科学家也遵循探究的原则。

这是温妮的地质学笔记中的一页：

胡顿

科学史上有很多故事表明科学探究是怎样发生的，并且举例说明了它的主要特征。故事之一是关于詹姆士·胡顿（James Hutton，1726—1797年）的，他通常被认为是地质科学的奠基人。他在18世纪后期的工作是关于科学实践和想象的一个很好的例子。胡顿的写作是在以圣经学派为主导的文化中进行的。圣经学派认为，地球仅仅只有6 000年的历史。胡顿则提出了一个极为不同的观点。

胡顿注意到，在他的两个农场里面有两种不同的岩石，据此他提出假说：必然有一个地方是这两种岩石交接的地方。他的探索是成功的，他找到了现在被称为“不整合面”的地方。灰色页岩的水平层面堆积在红色砂岩的垂直层面上面[i]。此外，他还注意到，有一些大理石的指状物伸进了砂岩里面。通过上述以及其他的一些观察，他总结如下：

（1）底层的、被翻到上面的砂岩层必然是在很久之前沉积的，它被倾斜了，然后被侵蚀了。

（2）这些砂岩层必然被新的沉积层覆盖，而后者也被侵蚀了，从而产生了上面的岩层。

（3）花岗岩的指状物意味着花岗岩必然是在某个时间段内熔化的，当这个过程发生的时候，地球的温度必然很高。此外，通过对于现在海洋中几乎不能检测出的侵蚀率和沙石沉积率的观察，他推断，这些过程经历了极其漫长的时间。

这些观点给人留下了深刻的印象。不过，胡顿不了解中国的地质观测。李约瑟（Joseph Needham）指出，11世纪中国北宋科学家沈括完全理解这些观念。但是由于各种原因，沈括的观察并没有使中国发展出独立的地质学，而胡顿于1802年提出的这些想法成了现代地质学的基础[ii]。

1788年，胡顿将他的理论写成一篇文章，提交到新近成立的科学组织爱丁堡皇家学会。他的洞见不仅要求敏锐的观察力，而且也需要戏剧性地、富有想象力地打破他那个时代的既有观点[iii]。

胡顿的工作表明了科学探究的一些关键方面：

（1）胡顿的推理是基于观察的，而不是像圣经学派所做的那样。

（2）他的理论是那个时代可以获得的对于很多观察的最佳解释（关于最佳解释论证，参见第五章）。

（3）他的理论是富有成果的，引发了很多其他的发现。例如，它解释了化石的位置，这最终成为达尔文进化论的基础的一部分。

（4）他将这些结论提交给专家同行们进行批评审阅。

胡顿的工作也表明了一个富有想象力的飞跃在科学发现中所起到的作

用。很多科学发现并不具有这种革命性的特质，而是主要涉及将一般性的理论仔细地应用到特定的问题上。但是有时候，像哥白尼、伽利略、牛顿、胡顿、达尔文、爱因斯坦这样伟大的科学家，做出了这种戏剧性、富有想象力的突破，它们被称为“范式的转变”[iv]。

阅读材料

科学中的技术

伽利略关于木星周围有一些卫星的伟大发现，依赖于使用他自己做的一个望远镜。正如伽利略所说：“今年（1610 年）的 1 月 7 号，在这天晚上，我通过望远镜观察星座的第一个小时，木星在我的视野里出现了，因为我准备了一个非常好的仪器，我注意到一种之前从来没能看到的情形，有三个小星星，虽然小但是很亮，在这个行星附近……”

光学技术不仅使早期的科学家可以对宇宙世界进行观察并产生新的理论，也使他们可以观察生物有机体的微观世界，比如用肉眼看不到的细菌。18 世纪后期，荷兰的一个磨制镜片者安东尼·列文虎克（Anthony van Leeuwenhoek，1632—1723 年）使用早期的显微镜观察到了水塔上的藻类，还有人类牙齿上的牙斑细菌——来自两位一生都没有刷过牙的老人！[v]

你怎么想?

胡顿的工作以什么样的方式展现出一个富有想象力的飞跃?

尽管胡顿的理论体现了科学的一些一般性特质，它却遗漏了技术所能够起到的关键作用。胡顿可以用自己的眼睛进行观察，但是很多科学进步依赖于使用特别的工具，以使我们能够做出观察，或者使观察更为便利。它们包括用来观察天体世界的望远镜、用来观察微观世界的显微镜，以及更近的用来检查原子内部粒子结构的粒子加速器与用来研究人类起源和生物结构的 DNA 序列。可获得的技术在科学中所起到的作用，是历史语境影响科学发现的一个重要方面。

正如我们在上面胡顿的例子中所注意到的，科学中的重大发现经常需要对现有的理解世界的方式做出重大修改。一个研究者要做到这一点，不仅依赖于其智力、想象力以及性格，还依赖于其观点与已经被确立的观点之间冲突的程度。这表明了历史语境对科学探究的另一个重要的影响。就像圣经学派的观点阻碍了哥白尼关于宇宙的观点的发展一样，儒家的观点也阻碍了中国天文学家对地球和宇宙进行更精确的描述的能力[vi]。

由此可见，在科学中语境也起到关键的作用。语境决定了一个理论所面临的举证责任，并且，当时可获得的技术也可以促进或者限制能够科学地进行调查的东西。

科学推理的基本方面：论证和评价

"科学"这个词涵盖了从考古学到动物学等范围广大的工作。在自然科学中，它的范围包括从物理学家研究物质的基本粒子到天文学家和天体物理学家研究的浩瀚宇宙；在社会科学中，它的范围包括从心理学家研究的个体如何做出选择，到社会学家、人类学家和经济学家研究的复杂社会系统。科学探究的跨度是非常巨大的。

尽管你可能听说过"科学方法"，然而并没有什么很好地被定义的、这些不同学科所共有的方法。那么，什么使得科学探究有别于其他领域的探究呢？一个显著的特征是与科学探究所处理的论断种类相关。科学探究处理关于事实的问题，以及对于事实的解释[vii]。

科学的另一个主导性特征是它用来确立其论断的方法，即理由和论证的本质，以及用来评价断言的标准。

原则上，所有的科学学科都是基于观察的。这就是为什么它们被称为经验科学（源自希腊语 empeirikos，意思是"经验"）。这些观察可能包括收集关于单身母亲贫困问题的资料，或者是收集一个考古发掘中的炭块。观察可以包括相片底版上的很小的白点，或者是对于星团的目力观察。相关的观察范围是非常巨大的。科学观察与日常观察的区别在于，前者是系统而精确地进行的。

然而，相较于仅仅对观察做出总结，科学理论包含了更多的东西。科学家们将观察作为构造和测试理论的基础。在学习探究时，我们所感兴趣的是科学家们如何测试和确立他们的理论。这一基本理论是我们在第五章中已经讨论过的——最佳解释论证。

你怎么想？

解释最佳解释论证的方法。

不管是讨论大爆炸理论还是癌症的原因，科学家们都努力表明，他们所支持的理论为所研究的现象提供了可以获得的最佳解释。因此，在评价科学理论的时候，科学理论所提出的历史和争议的现状就起到了重要的作用。

阅读材料

科学中的对话

伽利略所写的这篇对话清楚地表明了科学探究中对话的维度。在这篇对话里，他论证了哥白尼关于地球和其他的行星围绕着太阳旋转的观点。为了做出这个论证，他必须捍卫哥白尼的观点，反对流行的关于宇宙的亚里士多德主义图景。在下面所节选的对话中，萨尔维亚蒂（Salviati）论证说，太阳黑子的存在构成了天体可以发生变化的证据，而西姆普林茨（Simplicius）则引证亚里士多德主义的教条，认为天体是不会变化的。这个对话也表现了近代科学如何开始依赖诉诸感觉的证据，而在此之前只依赖于抽象的论证。

伽利略："关于两大世界体系的对话"①（1632 年）[viii]

西姆普林茨：说老实话，我就没有做过这样长期而仔细的观察，所以在这些有关事实上，我就没有资格以权威自居。可是我确实想做到这样，然后看我是否能够重新把经验昭示的事实和亚里士多德的教导调和起来，因为两个真理显然是不能互相矛盾的。

萨尔维亚蒂：只要你想把亲眼看见的事实和亚里士多德最正确的教导调和起来，对你来说是一点不费事的。亚里士多德不是说过，由于其他天体距离太阳太远，很难谈得具体吗？

① 译文参考：伽利略．关于托勒密和哥白尼两大世界体系的对话．上海外国自然科学哲学著作编译组，译．上海：上海人民出版社，1974.

> 西姆普林茨：他是这样说的，而且说得很清楚。
>
> 萨尔维亚蒂：他不是也声称过，凡是感觉经验所昭示的，都应当置于任何论证之上，即使这个论证看上去非常有根据？而且他讲这话时的语气不是非常肯定、一点都不吞吞吐吐的吗？
>
> 西姆普林茨：他是这样。
>
> 萨尔维亚蒂：那么这两个命题（两个都属于亚里士多德的学说），第二个命题称感觉应该放在论证之上，比起第一个主张天体不变的命题要扎实得多、具体得多。所以，说“天体是有变化的，因为我的感觉告诉我如此”，比说“天体不变，因为亚里士多德根据推理相信如此”，更符合亚里士多德的哲学思想。再加上，我们现在研究天体情况要比亚里士多德那时有更好的基础。亚里士多德承认，由于距离太远，很难看见天体上的情形，而且承认，如果哪一个人的眼睛能更清楚地看清它们，就能更有把握地从哲学上论述它们。现在多亏有了望远镜，我们已经能够辨别出天体上的许多物质，都是亚里士多德所没有看见的；别的不谈，单是这些太阳黑子就是他绝对看不到的。所以我们要比亚里士多德更有把握地论述太阳和其他天体。

科学的另外一个本质特征是其研究途径以及批评方法。科学断言所需面对的不仅包括来自观察的测试（正如伽利略所提到的），而且也包括专家的同行评审。科学家将他们的发现发表在同行评审的杂志上，以便其他的专家可以评价他们的数据是否可信，以及他们的理论是否构成了**最佳解释**。科学家们都理解，科学进步不仅需要汇集支持性的理论，还有一个关键是消除错误的理论。这个不断进行的同行评审的过程，是科学探究的另外一个核心方面。

尽管社会科学和自然科学在如何进行探究上存在很多相似之处，但它们之间还是存在相当大的差异，因此我们将分两章来讨论这两个学科范畴。本章讨论自然科学中的探究，第十三章则讨论社会科学中的探究。

自然科学中的最佳解释论证

正如在第五章中所讨论的，最佳解释论证是一种我们在很多情形下都会使用的方法。不管是要找出第二次世界大战的原因，还是查明天花板上水印的来由，我们通常都要考察一些可能的解释。比如说天花板上的水印，是不是屋顶漏水了？还是管子漏水了？天花板上是不是一直都有这个水印，只不过我们之前一直都没有注意？我们可能会这样推理："我好像没有注意过有那个水印。而且我摸到它是湿的。这个水印在厨房天花板上，正好是在浴室的下面，所以很可能是管子漏水。不大可能是浴室上面的屋顶漏水，而水流向了厨房。"我现在可以到楼上去检查一下。如果我发现了漏水的管子，那么就可以合理地得出结论，对于水印的最佳解释是管子漏水（当然，屋顶和管子可能同时漏水。不过，显然我应该做的第一件事是修好管子）。

这个简单而实际的例子展示了科学研究的推理过程：提出各种假说，一个一个地排除，直到得出最佳解释。地质学的历史为科学研究如何运用这样的推理过程提供了一个清楚的例子。

人们将板块构造理论作为对地震、山脉的形成等诸多现象的解释，使得地质学成了大众关心的话题。地球已经有上亿年的历史、大陆在漂移，这样的概念都是在有关地球的研究中非常惊人的发现。它们被接受的过程是漫长而复杂的，要求仔细的观察、改良的技术、大量的集体努力以及在很多学科中共享知识。地质学最近的发展历史就展现了这样的过程。

这是温妮的地质学笔记中的另一段摘录：

赫斯

直到20世纪60年代，地质学家们还不接受我们现在所知道的板块构造理论。一些早期的地质学家猜测过大陆漂移。然而，缺乏理论模型来解释像板块这样巨大的物体是怎样可以运动的，所以这些想法并没有为人们所接受。然而，任何人只要看一下世界地图，就可以看出，各块大陆就好像是从一个大拼图上被分割开的。

1912年，德国科学家阿尔弗雷德·魏格纳（Alfred Wegener，1880—1930年）提出了**板块漂移**的理论来解释这个明显的事实——非洲大陆和南美洲大陆看上去好像很吻合。他通常被认为是板块构造理论之父，但是在他之前还有更早的理论家，他们通过观察过去的地图，也推测这些大陆原本是连在一起的[ix]。

魏格纳对这一理论进行补充的部分是，在两个大陆相对应的边缘，岩石的形成和动植物化石非常相似。因为他不能提出一个解释或者**模型**来说明像板块这样巨大的东西是如何在世界上“漂移”的，他的理论遭到了普遍的拒绝，甚至受到嘲笑。他的理论解释了一些观察到的现象，但是它们并没有被采信，因为它们与当时人们所相信的关于大洋和大陆的物理结构方面的观点不一致。拥有可接受的解释模型是科学断言能被接受的重要标准。

魏格纳的理论在20世纪60年代被一位美国地质学家哈雷·赫斯（Harry Hess）复兴。赫斯提出，最近发现的中洋脊在延伸，大陆居于板块之上，而板块由底层的地幔缓慢运动的“环流”所推进[x,xi]。

正如赫斯在其影响深远的文章中所承认的，这个理论一开始只是猜想性质的，并且与现有的理论相悖。但是它确实是可以从现有知识中推断出来的最合理的理论。正如赫斯所说：

“地幔的对流被认为是一个极端的假说，尚未得到地质学家和地球物理学家的广泛接受。假如它被接受的话，就可以构造一个相当合理的理论来描述海洋盆地的进化以及它们中间的水。所有之前不相关的事实将被纳入一个有规律的模式，这昭示着我们开始接近获得一个满意的理论。”[xii]

赫斯的理论为魏格纳的观察提供了一种解释，也解释了不断出现的惊人的**异常**——根据现有理论不能得到满意解释的数据，比如岩石的磁性定向。人们发现，玄武岩（由火山爆发所形成的岩石）包含磁铁矿，而正如这个名字所表示的，其行为模式让人感到它像是由小的指南针所构成的，当玄武岩温度很高、尚未凝固之前，它们总是指向北极。基于一些尚未被理解的原因，每隔几百万年，北极和南极就调转方向，先前指向北极的指南针，将会在调转之后指向南极。因此，玄武岩中的磁铁矿在它凝固的时候揭示了极点的位置[xiii]。

此外，磁铁矿的定向不仅是水平的，也是垂直的。当它们凝固的时候，玄武岩越是接近极点，磁铁矿的“指南针”的定向就越垂直，不管是接近北极还是南极。在赫斯发表其学说的那个年代，在地磁数据中存在异常。

大量的地磁数据表明，相较于它们现在的位置，接近于赤道的岩石是在更为接近极点的地方形成的。因为大陆运动的理论尚未被接受，所以对于这些观察缺乏适当的解释。赫斯在他的文章结尾总结道：

“在这一章中，作者试图构造出关于海洋盆地的演化理论。这些假说不大可能都是正确的。不过，它们似乎构成了一个有用的框架，可以测试各种各样与海洋相关的假说。我们希望这一框架经过必要的补充和完善之后，将最终为一个新的、更健全的结构奠定基础。”[xiv]

你怎么想？

用来支持赫斯关于大陆漂移理论的理由和证据是什么？反对这一理论的主要理由是什么？

赫斯的理论展示了一个成功的新理论模型的重要特点：

(1) 它应该能对现有信息提供更全面的解释，包含对目前尚不能理解的现象的解释。

(2) 它应该能够提出新的、可以被测试的预测。

赫斯的理论成功地实现了这两点，在其文章发表后一年，在大西洋中部延伸的中洋脊的新的磁性读数表明，海洋洋底确实是在移动。

赫斯的工作是古地质学（Paleogeology，源自希腊语 paleo，意思是“古代的”）的一个例子，这一学科是对于地球的地质历史的研究。在古地质学中找到新证据来支持该学科中提出的理论，就像是在诸如物理学这样的学科中做出成功的预测。当初哈雷（Halley）使用牛顿定律正确地预测了 1759 年的、现在以他的名字命名的彗星再现，其预测的精确性为牛顿理论的可信性提供了巨大的支持[xv]。

尽管关于板块构造这样的历史过程的理论并不依赖于对将来事件的预测，但还是运用了类似的证实方法。在板块构造的例子中，赫斯关于海洋洋底延伸的理论很快就得到了证实——不是通过成功地预测将来的事件，而是通过发现支持其理论的其他数据。关于海洋洋底在磁性改变上的新的数据，表明了海洋洋底确实是从中洋脊向外移动的。正如美国《地质服务》

上的一篇关于赫斯的发现的文章所总结的：

“1962年，赫斯明确地意识到仍然缺乏坚实的证据来证实他的假说，从而说服虽然倾向于接受但是仍然存有怀疑的人。然而一年之后，范恩·马修斯（Vine Matthews）对于海底磁条带的解释（因为离延伸的中洋脊越来越远而导致磁铁矿的磁性定向上的改变），以及在接下来的几年中其他的海洋勘测，最终提供了证据来证实赫斯关于海地扩张的模型。之后的年代测定研究表明，离中洋脊地壳越远的海底存在的时间就越长，这个理论得到了进一步的巩固。最后，更完善的地震数据证实了海洋地壳确实沉陷到海沟中去，从而完全证明了赫斯很大程度上基于直观的地质学推理做出的假说。他关于海底扩张以及中洋脊的基本观点经受住了时间的考验。”[xvi]

还应该指出，赫斯的理论不仅符合新的数据，而且还展现了巨大的解释力。板块构造理论对地震、山脉形成以及火山现象都提出了新的解释。就像牛顿和达尔文的伟大洞见一样，相当多的现象现在变得可以理解了。这样的理论是**富有成果**的，即一个理论被用来支持很多研究的可能性的能力，以及提供很大范围内的解释性洞见的能力。

赫斯的工作展示了科学探究的很多方面。它再次表明了，细致而精确的观察、有力的解释模型、技术、同行评审以及想象力在科学进步和理论证实方面起到的重要作用[xvii]。

自然科学中的探究过程：一个例子

让我们来看看，我们的探究的指导性问题如何适用于板块构造理论的提出和证实。

这个问题是什么？包含什么样的断言和判断？

这里有两个问题：

（1）大陆随着时间而移动吗？如果它们确实移动了，那么科学家们就可以解释相当多的观察信息（比如矿产的相符、磁性异常）。

（2）有没有一个机制可以解释大陆是怎样移动的？

它们都是事实性的问题，也都是关于解释的问题，表明了科学家们想知道的不仅仅是发生了什么（以及正在发生或者将要发生），还有它们为什么发生。其中的因果解释是什么？尽管对于这些问题的回答总是事实性的，不过它们经常采取**模型**的形式（比如原子模型或者全球变暖作为类似温室效应现象的产物）。科学家们使用模型来提供解释。这些模型可以是图画或者其他物理模型，也可以是在电脑中运行的复杂数学模型；它们可以为理解这些现象提供基础，也可以提出其他将会成为事实的数据（比如预测），如果这个模型正确的话。

在赫斯的例子中，关键性的断言是，大陆在地壳下面黏稠的地幔上因为环流而运动。

这个问题的背景是什么？

首先，这里的背景是一个既有观点——大陆不可能移动过，因为似乎没有什么机制可以解释这样的运动。然而，对此存在很多理论的裂隙，因为有相当多尚未得到解释的证据显示，大陆早先是连在一起的。这种不相符的信息提供了科学进步的沃土。

其次，有关于洋底的本质和磁性异常的新的信息。这个理论迅速被人们接受，既是因为先前的解释难以令人满意，也是因为证实洋底延伸的数据紧接着就被发现了。

关于这个问题的各种立场，其相关的理由和论证是什么？

两个基本的观点是，大陆漂移和大陆静止（见表 12－1）。关于大陆静止观点的主要论证是，没有已知的物理模型可以解释任何运动。关于大陆曾经处于不同于它们现在所处的位置的证据是相当多的，但是缺乏适当的解释机制，阻碍了对这一想法的接受。

问题：我们如何解释各块大陆似乎是连接在一起的事实？

表 12－1 关于大陆漂移和大陆静止理论的论证及反驳

	论证和证据	反驳
大陆漂移理论	各块大陆似乎是像拼图一样连接在一起的	● 该理论纯粹是推测性的 ● 没有对其进行确认的数据 ● 与当前理论相悖
	大陆边缘相匹配的岩层以及动植物化石的相似性	

续表

	论证和证据	反驳
大陆漂移理论	可以用大陆漂移理论来解释。该理论认为大陆居于板块之上，而板块由底层地幔缓慢运动的“环流”所推进	
	是符合数据和观察结果的最佳解释	
大陆静止理论	大陆无法移动，因为没有已知的机制可以解释这种移动	● 该理论无法解释许多事实和观察 ● 该理论无法解释新的研究数据

各个论证的效力有多强？

有大量证据表明，过去各个大陆曾经是连在一起的。新的洋底运动的证据为漂移理论提供了有力的支持。其他的证据也迅速被发现，表明了海洋板块是在大陆架下面移动的。这一信息使得这个理论为大多数山脉的形成和地震的产生提供了额外的解释。该理论的解释力度为大陆漂移学说提供了相当大的支持。

我们如何比较性地评价各种理由和论证，以得出一个有充分理由支持的判断？

根据理论的解释效力以及它们与观察相符的程度，科学家们评价了两种相互竞争的理论（大陆漂移、大陆静止）。对于每个理论的测试并不只是看它是否符合现有的数据，还包括它产生可以被检测的新假说的能力，诸如沿着中洋脊的磁条带。如果一个新的解释模型既解释了大量的事实，又提供了进一步探究的基础，那么它对科学探索来说就是非常具有吸引力的。

在发展板块构造模型的时候，即使是对这一争议进行探究的外行，也可以从科学文献中看到这个理论不断取得的成功。不过他们可能更需要寻求当时的地质学家的意见。查看一下索引指数[xviii]来看看地质学家们关于赫斯的文章说了些什么，也是有帮助的。他的观点很快得到了证据的支持，说明很多人认识到了他的理论的力量，而且愿意探索其理论的影响。关于当代地质学的文献回顾可以揭示这一点。这个例子表明了一个外行也可以对那些发生在当代的、富有争议的科学问题进行探究。

有充分理由支持的判断和科学探究

现在，我们看到了一些科学史上的例子，可以从中找出科学探究的一些关键因素。不过首先应该指出，并不是所有的科学探究都产生了诸如板块构造理论或者疾病的细菌成因（我们将会在下面考察）这样宏大的理论。很多科学工作都是在已经被很好地确立的理论框架之中做出某个特定的断言。作为想要在探究中利用科学信息的外行，我们关心的通常是特定的科学断言，例如，一个特定的基因是不是某种特定疾病的根源、接种疫苗是不是一种有效的公共政策，或者手机是否会导致脑癌。评价这些更为常见的、并不包含根本性理论变革的断言，与评价我们到目前为止所考察的那些更具理论革命性的断言是类似的，只不过对于前者的评价较少强调那些与评价后者更为相关的标准，比如下面将会讨论的“富有成果”。

因果解释

在科学领域中识别出原因，其很多方面与我们在第五章已经讨论过的、在更具常识性的领域中识别出原因的方法是非常类似的。

你怎么想？

用来评价一般性因果断言的标准有哪些？

科学家们基本上会使用同样的标准，但是他们提炼了这些常识性的考虑。科学并不仅仅关于“事实”，它还通过对事实进行解释，使其可以被进一步测试，从而使得事实产生意义。科学解释不同于常识性解释的一个方面就在于，可观察的现象经常可以由不能观察到的微观过程来解释。科学通过不断提供更为细节化的解释而取得进步。例如，在生物学中，基因理论为达尔文的自然选择理论提供了巨大的支持。后来，基因结构的发现又为理解基因的工作方式提供了更为细致的模型。科学解释的这一趋势，即将解释建立在越来越小的微观现象的基础上，有时候被称为**还原**。科学中还原的概念是指可以观察到的进程，诸如疾病发展或者生物生长，可以用更为基本的、经常是不可见的过程来解释，比如在细胞或者化学的层面上。成功的还原通过找出微观过程来解释更大的宏观现象，从而增进我们的理解。

你怎么想？

在科学中，有哪些例子是用微观的过程来解释更大的宏观现象的？

例如，我们使用微观的细菌活动来解释诸如流鼻涕和咳嗽这样的宏观现象，或者用电子的运动来解释光这一宏观现象。由于科学家所做的工作既包括建立理论（或模型）也包括提出特定的断言，因此在评估科学理论时还有许多其他需要考虑的因素。

可测试性

当然，任何理论的第一要务是符合已知的事实。不过，除此以外，理论还必须是可以被测试的。可测试性要求一个理论或者论断必须能够指出可以支持它的观察性证据，以及可以反对它的证据。因此，一个理论应该为推论出更多的可被测试的断言提供基础。测试并不必然包括实验，尽管实验是测试理论的非常好的方式。与人们通常设想的情形不同，并非所有的科学都是基于实验的。正如你从地质学历史中看到的，科学可以不通过实验而取得巨大的进步。不过，实验在很多科学进步中仍起到了关键的作用。

实验

实验是通过这样的方法来测试一个理论或者论断的——只改变被设定为原因的变量，看看这是否会导致在结果中发生所预测的变化。

阅读材料

早期的实验

一个在科学史上比较著名的早期实验是由意大利医师弗朗西斯科·雷迪(Francesco Redi)① 所做的，当时流行的一个观点是生物可以自发地从物质中产生，而他用实验证明了这一观点的错误。例如，肉里面的蛆虫并不是自发地从肉里面长出来的，而是苍蝇产卵所致。这里是《不列颠百科全书》对这一实验的描述：

"1668年，在一个最早的带有适当对照组的生物学实验中，雷迪使用了一组装了不同的肉的烧瓶，其中一半的烧瓶是密封的，另一半是敞开的。他接着又重复了这一实验，不过没有密封烧瓶，而是用薄纱盖住它们，以使空气可以进入。尽管所有烧瓶中的肉都腐烂了，他却发现，只有敞开口且未被覆盖的、苍蝇可以自由出入的烧瓶里面的肉有蛆虫。"[xix]

你怎么想？

使用实验来测试一个理论或者论断有什么样的优势？

实验是有用的，因为如果你可以在实验室里控制所有因素，那么就可以非常容易地测试一个断言。实验使我们可以把对某个问题相互竞争的解释减少到最低限度，其在科学研究中通常被称为**干扰因素**（confounding factors）。干扰因素是指在所研究的原因之外、可以部分地解释所观察到的结果的因素。

但是，实验只能应用于有限范围内的现象，所以科学家们使用很多不同的方法来测试假说。主要的测试方式是试着找出对正在研究的现象的最佳解释。这可能包括基于这一理论做出一些预测，看看它们是否会发生，或者推断出可以通过该理论得出的进一步的信息。这一方法在我们刚才读到的例子中也得到了阐释：一个对赫斯理论的测试是，找出其他关于大陆运动的证据。测试一个科学理论关键的是看它是否具有一些可以通过其他

① 弗朗西斯科·雷迪，1626年2月18日出生于意大利阿雷佐，1697年3月1日在比萨去世，意大利医师和诗人。

的观察而测试的推论。想出这样的推论是什么，以及怎样测试它们，通常要求极大的创造力和想象力。不过，最好的科学洞见为很多这样的推断提供了基础。这导向我们下面要考虑的一个标准。

富有成果

与可测试性相关的是一个更宽泛的概念——富有成果。这个标准对于理论尤其适用。称一个理论是富有成果的，是指它不仅可以推论出一些可被测试的事实，而且也提出了整个的、包含对多种不同现象的解释的研究框架。胡顿和赫斯的假说都被证明是极其富有成果的，因为它们解释了很大范围内的不同现象。正如上面所提到的，胡顿的工作为另一个极富成果的理论——达尔文的自然选择学说——开创了道路。科学的伟大洞见并不仅仅是某个特定的解释结果，更是那些为进一步的理解和研究提供了无数可能性的理论。

同行评审

与可测试性和最佳解释论证相关的是同行评审。科学家的文章需要发表在具备同行评审程序的专业期刊上，文章须经由同行专家检阅，由他们进一步检查其中的论证和证据。审阅者要检查的是其证据是否适当地支持了断言，或者是否还有其他未被讨论的相互竞争的解释。这种让论断不断接受同行评审的做法并不是科学所独有的，但是它对于确立科学断言的可信性至关重要。科学中所独有的似乎是，一个论断在经过了成功解释和反复测试后，关于该论断的正确性在同行中通常会有一种意见的**汇聚**。论断可能一开始会经受怀疑，但是如果它顺利通过了同行评审以及其他调查和研究，那么其可信性就会大为提高。经受了大量研究的断言因此变成了科学家们的理解的核心部分，它们值得确信。

进化论

温妮、刘宇轩和姜瑶继续他们关于科学学习的对话。

姜瑶：我承认，了解地质学历史确实告诉了我一些我不知道的世界中的事情。而且，这里面也没有什么数学问题。我还得再看看其他方面，不过基本上我可以理解它了。这确实很令人惊叹，他们居然发现了那些大洋中间的裂缝，而所有这些又解释了地震和火山现象。所以，好吧，科学可能不是那么让人讨厌。

温妮：如果我们研究一下生物学，就会看到更为复杂和美丽的动植物世界，它们具有相当发达的感官和精巧的设计，会使你对自然感到敬畏。

刘宇轩：确实！你们知道吗？在西方有很多人认为这证明了存在一位崇高的创造者，它设计了所有复杂而精巧的生命。

姜瑶：你是说他们不相信进化论？

刘宇轩：不错。我们可能觉得进化论很容易接受——我们是无神论国家嘛！但是在美国和其他一些西方国家，有很多人相信上帝创造了宇宙。

姜瑶：我不是很能理解他们怎么会不相信进化论。

刘宇轩：对此进行探究会很有趣，不过我们必须保持公正。我们需要找出他们的论证是什么，并且对其进行公正准确的描述。

温妮：好主意，刘宇轩。在小组讨论中安排一个“恶魔拥护者”是很有用的，可以避免我们只看到问题的一面。我认为应该对进化论进行探究，看看问题到底是什么、这场争论有什么历史以及正反双方的证据。

阅读材料

“恶魔拥护者”

现在关于群体如何进行有效决策已有广泛研究。如果小组中没有人持有不同的观点，那么安排一个“恶魔拥护者”（由一个组员扮演持不同观点的角色）会有助于确保小组避免“确认偏误”（参见第十一章）。

日本著名的管理学家大前研一在其著作《专业主义》中对“恶魔拥护者”有如下描述：

“在犹太人社会中，为了使讨论深化，总有一位成员敢于提出反驳意见，因而被称为‘恶魔拥护者’。他在对讨论的方向与大体结论表示赞成的同时，也敢于提出反面意见，要求对解决方法的可行性进行验证，指出其中存在的矛盾与不合理之处。为了发现更好的解决方法，他从不同的角度提出反对意见，并对讨论的前提进行质疑。”

这个问题是什么？包含什么样的断言和判断？

温妮：好的。那么，让我们先把问题弄清楚。这个问题是，自然界是由神创造的，还是进化和自然选择过程的产物，就像达尔文所论证的那样？

姜瑶：这是一个事实性和因果性判断，不是道德判断。

温妮：不错。

刘宇轩：据我所知，反进化论者认为它只不过是一个理论，而且还是一个有很多漏洞的理论。他们认为必然有其他的力量产生像人体这样复杂且功能完备的生物体。我是说，看看我们的眼睛。你真的觉得人类是从完全的随机中产生的吗？

姜瑶：听起来不大可能。你听说过那个古老的故事吗？——让上百万只猴子在电脑前面不停地敲，也永远写不出一本莎士比亚的戏剧。

温妮：我同意——它们是写不出。可是那并不是达尔文的理论。达尔文的理论并不是说人类以及其他的物种是从宇宙偶然事件中随机产生的。那不是自然选择的理论。

姜瑶：不是吗？

温妮：不是。在《物种起源》一书中，达尔文进行了深入的论证，他非常细致地给出了他的证据，而且一一回应了反驳。这本书真是论辩学极好的典范。我现在所能给出的不过是关于其论证的一点相当皮毛的总结。你们真应该读一下那本书。

姜瑶：听起来好像是个大部头。

刘宇轩：你可以简要地说说。

阅读材料

查尔斯·达尔文

查尔斯·达尔文（1809—1882年），是英国的一位博物学家，因进化论和自然选择学说而著名。与在他之前的几位科学家一样，达尔文相信，地球上的所有生命都是从少数的共同祖先经历了上百万年的时间缓慢进化而来的。1831年，达尔文乘坐英国“小猎犬号”舰船开始了环绕世界的科学考察航行。在南美洲，达尔文发现了已经灭绝但是与现代物种很相似的动物化石。在太平洋上的加拉巴哥群岛，他注意到那里的动植物与在南美洲发现的动植物有相似之处。达尔文研究了他所到之处的每种动植物，采集了标本以供此后研究。在1836年回到伦敦之后，达尔文开始对他的笔记和标本进行深入的研究。这为他出版于1859年的《物种起源》中的进化论和自然选择学说提供了证据[xx]。

关于这个问题的各种立场，其相关的理由和论证是什么？

温妮：首先，达尔文指出了动物育种师如何培育出跟最开始的那些动物极端不同的品种。看看人类从狼那里培育出来的品种繁多的狗吧。既然育种师可以通过“人工选择”而改良品种，从而培育出如此多样的动物后代，那么自然也可以通过**自然选择**做同样的事情。在新一代中的随机变异，给予一个生物体在特定的自然环境中的优势，从而有助于其繁衍兴旺，而那些不具备这个优势的个体就濒临灭绝，动植物都是如此。这就是他的理论：物种发生改变，新的物种被创造出来，这是通过一个缓慢的、不断累积的、有利于其中一些变异的自然选择过程发生的。这个过程实际上进行了几亿年。

姜瑶：这是很令人惊叹的。

温妮：让我来做一个类比，尽管这并不是达尔文自己的。想想你打牌的时候拿到四个A的概率。假设没有人做牌，那么这个概率是极小的。但是，假设你不断地抓四张牌，当你拿到一张A时就把它留下来；接着继续抓四张牌，当拿到第二张A时，你再留下来。显然，通过这个过程，在一些回合之后，你最终肯定可以得到四张A。一轮就拿到四张A是个“奇迹”，但是在很多轮的“A选择”之后，拿到四张A就应该正是你所期望的。而这就是进化的过程——通过一些小的修改，保留那些成功的变异，淘汰那些不成功的。

刘宇轩：好吧。我理解这个理论了。你做的类比很好，但是我为什么要相信这是实际上所发生的呢？

这个问题的背景是什么？

温妮：问得好。我想我们应该看一下这些论证及其背景。你提到的问题也是达尔文在出版他的《物种起源》时清楚地意识到的。他知道他是在反对当时非常流行的神创论。事实上，如果你不知道他所反对的神创论以及它当时在科学家中被广泛接受的程度，你就不能真正理解他的书。《物种起源》的一个最显著的特点就是，达尔文严肃地意识到并处理了针对其理论的反驳。

你怎么想？

为什么达尔文的理论负有很大的举证责任？

达尔文的理论是在神创论（下面提供了它的一个摘录）被外行人和科学家广泛接受的背景下提出来的。由于这是对当时既有的科学观点和占主导地位的宗教观念的挑战，达尔文承认他的理论负有相当大的举证责任。

阅读材料

神创论

（节选自《创世记》章一，King James 版本）。

1. 起初神创造天地。

3. 神说，要有光，就有了光。

11. 神说，地要长出青草和结种子的菜蔬，并结果子的树木，各从其类，果子都包着核。事就这样成了。

14. 神说，天上要有光体，可以分昼夜，做记号，定节令、日子、年岁。

20. 神说，水要多多滋生有生命的物，要有雀鸟飞在地面以上、天空之中。

21. 神就造出大鱼和水中所滋生各样有生命的动物，各从其类。又造出各样飞鸟，各从其类。神看着是好的。

24. 神说，地要生出活物来，各从其类。牲畜、昆虫、野兽，各从其类。事就这样成了。

26. 神说，我们要照着我们的形象，按着我们的样式造人，使他们管理海里的鱼、空中的鸟、地上的牲畜，和全地，并地上所爬的一切昆虫。

27. 神就照着自己的形象造人，乃是照着他的形象造男造女。

31. 神看着一切所造的都甚好。有晚上，有早晨，是第六日。

各个论证的效力有多强？

温妮：你们还记得最佳解释论证这个概念吗？达尔文的策略就是一个明显的例子。他表明了神创论的观点不能解释我们关于物种和化石记录所知道的东西，但是他的理论可以。换句话说，他的理论是在相互竞争的解释中更好的一个。

姜瑶：我不理解关于化石记录是怎么回事。

温妮：即使是在达尔文的年代，人们也已发现神创论存在一大问题，即无法解释来自化石的证据。神创论称所有的物种都是一下子创造出来的。但是化石记录所表明的是，有些生物是在岩石里面更深层次中的，也就是来自一个更古老的时代，它们与在上层岩石里发现的很不一样，而且也要简单得多。而且很重要的是，人类的遗迹直到极上层的化石记录中才出现。大多数早先的化石跟现在仍然存在的任何生物都不像，所以它们是那些曾经存在过而又灭绝了的生物。在达尔文的时代，没有人知道地球有多古老。不过，姜瑶，多亏了你刚才读到的胡顿及其沉积理论，很多人才意识到，地球至少已经有几百万年的历史了。所以，似乎有足够的时间让这些物种发生改变、存在又灭绝。神创论不能解释化石记录，但是达尔文的理论可以。

刘宇轩：当然，关于《创世记》我了解一点。我并不认为它在字面上是真的。很多人更倾向于一种被称为“智慧设计论”的观点，它也更为科学化一点。这种观点是，你不能仅仅用进化和自然选择来解释自然界的存在。它听起来实在太神奇了。很多科学家也都同意这一点。比如迈克尔·巴希（Michael Behe）[xxi] 以及其他一些人论证说，至少世界的某些部分是过于精妙和复杂的，不能仅仅通过随机和自然选择来解释。像我们人类这样复杂的生物可以由这种缓慢积累的过程而产生，这不大合理。

温妮：达尔文也明白会有这种反驳。让我读一读达尔文题为《反驳》的第六章里的一段话：

“读者在读到本书这一部分之前，想来已经遇到了诸多难点。有些难点是如此严重，以至于今日我回想到它们时还不免有些踌躇。但是，根据我所能判断的来说，大多数的难点只是表面的，而那些真实的难点，我想，对于这一学说也不是致命的。

“这些难点和异议可以分作以下几类。第一，如果物种是从其他物种一点点地逐渐变成的，那么，为什么我们没有看到无数的过渡类型呢？为什么物种恰像我们所见到的那样区别分明，而整个自然界不呈现出混乱状态呢？

“第二，一种动物，比方说，一种具有像蝙蝠那样构造和习性的动物，能够由别种习性和构造大不相同的动物演变而成吗？我们能够相信自然选择一方面可以产生出很不重要的器官，如只能用作拂蝇的长颈鹿的尾巴，另一方面又可以产生出像眼睛那样精妙的器官吗？

“第三，本能能够从自然选择中获得吗？自然选择能够改变它吗？引导蜜蜂营造蜂房的本能实际上出现在学识渊博的数学家的发现之前，对此我们应当做何解释呢？

“第四，关于物种杂交时的不育性及其后代的不育性、关于变种杂交时生育性不受损害，我们又如何来说明呢？

“眼睛具有不能模仿的装置，可以对不同距离调节其焦点，容纳不同量的光，校正球面和色彩的像差与色差，如果假定眼睛能由自然选择而形成，我坦白承认，这种说法好像是极其荒谬的。当最初说太阳是静止的，而地球环绕着太阳旋转的时候，人类的常识曾经宣称这一学说是错误的。但是像各个哲学家所知道的‘民声即天声’这句古谚，在科学里是不能相信的。理性告诉我，如果能够示明从简单而不完全的眼睛到复杂而完全的眼睛之间有无数等级存在，并且像实际情形那样，每级对于它的所有者都有用处，进而如果眼睛也像实际情形那样曾经发生过变异，并且这些变异是能够遗传的，同时如果这些变异对于处在变化着的外界条件下的任何动物都是有用的，那么，相信完善而复杂的眼睛能够由自然选择而形成的难点，虽然在我们的想象中是难以克服的，却不能被认为能够颠覆我的学说。神经怎样对光有感觉，正如生命本身是怎样起源的一样，不是我们研究的范围。但我可以指出，有些最低级的生物，在它们体内并不能找到神经，也能够感光，因此，在它们原生质里有某些感觉元素聚集起来，而发展成为具有

这种特殊感觉性的神经，似乎并非是不可能的。”①[xxii]

由上可以看出达尔文是怎样使用最佳解释论证的。他明白对其理论的反驳，而且一一做出了回应。

一个理论对当下的某些问题和异常无法给出解释，并不足以表明这个理论应该被拒绝或者另外某个理论才是最好的解释。有大量的现象是我们不能解释的[xxiii]，例如为什么细胞会癌变。但是我们显然不想将这样的难题归咎于一个差劲的创造者。存在尚不能解释的现象是科学发展中的正常过程。任何想要拒绝一个被很好确立的、富有成果的理论的人，都将担负巨大的举证责任。现在，拒绝一个像自然选择这样的理论，将要求大量与之不一致的观察，以及一个具有更大解释力和预测力的替代性解释，科学家们才有可能合理地放弃他们的现有理论。

刘宇轩：但是神创论者反驳说，科学难道不是用来解释现象的底层机制的吗？达尔文并没有任何方式可以解释遗传特征是怎样改变或者遗传的。

温妮：你说得对。这是达尔文理论的一个至关重要的弱点。但是到了20世纪，这个问题被孟德尔的遗传学理论以及基因生物化学解决了。所以现在，达尔文的理论具备了一个被很好地确立的科学理论的所有要素。它是极富成果的，解释了极大范围内的现象，而且促进了底层的微观解释的发现。

刘宇轩：好吧，这么说达尔文对他的理论做出了一些很好的论证，他用的是最佳解释论证的基本策略。但是这并不意味着他的理论并非仅仅是一个理论。人们可以构造理论解释任何事情。

你怎么想？

神创论者在用“理论”这个词的时候如何犯了偷换概念的谬误？

---

① 译文参考：达尔文．物种起源．周建人，叶笃庄，方宗熙，译．北京：商务印书馆，1997.

温妮：他们似乎是在一个尚未被确立或者未经测试的假说意义上使用“理论”这个词的。就好像说，某侦探关于一桩犯罪有一个理论。

刘宇轩：不错。这有什么问题吗？我是说，我们并不说牛顿的地心引力“理论”，而是说牛顿引力“定律”。引力定律并不只是一个理论。

温妮：是的。但是为了理解这一点，你还要再看一看科学史。牛顿谈论“定律”，是因为他相信他揭示了上帝的定律——天体要遵循的定律。到了达尔文的年代，达尔文知道，他提出的并不是什么上帝的定律，他只是提出了一个有力的科学理论。在科学中的区分是，已经被很好地确立了的理论和尚未被很好地确立的甚至是错误的理论。“理论”这个词在科学中并不是用来贬低一个科学断言或者暗示它是不可信的。达尔文的理论是被极好地确立了的，是富有成果的。它是解释自然界的非常成功的模型。

将一个科学理论称为一个“理论”，并不意味着它是不确定的或者没有得到很好的论证的。因为既有新提出来的、尚未被确立的理论，也有被很好地确立了的理论。此外，像自然选择学说或者牛顿力学这样富有成果的理论，当面临问题或者异常的时候很可能需要做出一些调整，而并非被一个完全不同的理论取代。不过，放弃进化论而接受一个关于进化的智慧设计论，这并不像在科学中放弃一个理论而用另一个理论来代替它，正如我们在赫斯和板块构造理论中所看到的那样，相反，它意味着完全放弃科学的解释。

刘宇轩：但是并不是所有的科学家都相信达尔文的理论。

温妮：是的。一些持怀疑态度的人还做出了很大努力试图破坏对于进化论的信念，而支持神创论的某种智慧设计的版本。但是，他们所做的与真正的科学无关。他们采取的是神学的视角。

刘宇轩：这种反驳智慧设计论的论调听起来像是一种科学的偏见。设计论者是在表明，对于进化论不能解释的某些事情，最好的解释是一个有智慧的设计者。这怎么就不是科学了？这不正是科学家们所做的事情吗——表明理论中存在的一些问题，并提供更好的解释？

温妮：既是也不是。例如，一些科学家不同意进化是以一种相当统一的方式发生的。他们相信，进化是断断续续地发生的，因为化石证据似乎揭示了一些物种相对稳定的时期，其后是物种发生巨大增长和变化的时期。但是这些科学家中没有人怀疑自然选择基本的因果过程。相反，他们试图为那些相对来说变化很大的时期找到一个类似的、物理的、达尔文主义的解释。这并不等于说，因为达尔文的理论在某一点上不能解释一些事情，所以我们必须放弃寻找物理的原因而采取神的设计学说。

刘宇轩：但是那有什么不对的呢？为什么神创论者不能争辩说，如果我们不用有智慧的设计者的学说就不能解释眼睛的发展，那么接受设计者的解释就是科学的？

温妮：你说得有理，但是要注意，设计者理论并不是真正的解释。它并没有告诉我们眼睛是怎样做出来的——只是嗖的一下，就有了眼睛。它并不解释光感生物的不同种类。它也没有告诉我们为什么鹰的视力要比我们的好。它是与一个富有成果的理论相反的。它只是说："这是上帝做的。现在不要再问什么了。"

刘宇轩：这么说，当一个在某种意义上被很好地确立的科学理论存在问题的时候，我们就忽视这些问题？

我们如何比较性地评价各种理由和论证，以得出一个有充分理由支持的判断？

温妮：我不是这个意思，问题使得科学有趣。如何解释那些我们现在还不理解的事情是科学的任务，倒向智慧设计论则是完全放弃了这一事业。即使是智慧设计论的支持者也不否认化石记录或者很多物种表现出的演化和变异。他们只是提出一些可能带来挑战的例子，然后就说，达尔文的理论不能解释那些，所以必须接受神的设计论。

刘宇轩：好吧，可能智慧设计论也有一些问题。我同意神创论以及智慧设计论都称不上很好的科学解释。

智慧设计论的解释没有我们在达尔文的理论中看到的那种富有成果性的特征。它们并不产生新的洞见或者关于其他现象的预测。当我们假设智慧设计论作为一个解释时，从中并不能推出什么可使我们做出预测或是对世界的其他方面具有洞见的东西。相反，自然选择学说则是富有成果的，具有一个可以导向新的解释和预测的模型。

科学和统计

尽管板块构造理论和自然选择学说阐明了科学探究的诸多方面，不过至少还有一个关键的方面尚未被提及——统计学方法。统计学方法不大会是化学或者物理学的核心，尽管统计模型在物理学量子理论中占据关键位置。然而，统计学方法在很多其他的科学中是非常重要的。比如，它在人口生物学——一个应用和推进自然选择学说的核心领域中起到关键作用。正如我们将要在下一章中所看到的，统计学也在社会科学探究中起着关键作用。接下来，通过考察统计在流行病研究中的应用，我们引入统计推理。这一对于统计的应用促使流行病学产生，而流行病学提供了很多常见于媒体的关于健康的研究。

我真的讨厌统计!

姜瑶：好吧，达尔文和地质学这些东西还是蛮有趣的，不过谢天谢地，它们跟数学没什么关系。所以我现在知道了，实际上是科学中的数学让我很不喜欢。

温妮：真遗憾你这么认为，姜瑶，因为数学对很多科学来说都是很重要的。如果没有精确的计算，那么科学家就无法完成他们的预测，而我们也就不能享有我们所使用的那些技术。要做出你那么心爱的手机，得运用很多数学方法呢。

姜瑶：可是你刚刚举的两个例子都不需要什么数学。

温妮：是的，你不用数学就可以理解很多科学，可能科学课上可以强调一下这一点。但是数学，尤其是统计，在很多科学中都起到核心作用，尤其是社会科学。

姜瑶：统计——啊！那是无法想象的！

温妮：我同情你。统计学可能是非常枯燥而难以理解的。但是只要稍微有一点理解，那么你就可以更容易地知道统计学家在说些什么。你有没有听过弗洛伦斯·南丁格尔（Florence Nightingale）？

姜瑶：当然。她开创了护理事业，对吧？

温妮：是的，但是她也是用统计来改变公共政策的先驱之一。她用图表显示了由英国的野战医院导致的士兵死亡人数是如何比战场上的还要多。

姜瑶：她是怎么做到的呢？

温妮：呃，我这里有一些关于科学中对于统计的早期使用的笔记，你可以读一下，那会有助于你理解。别担心，这里没有什么数字或公式。

姜瑶：我会读一下，不过我不确定……

阅读材料

早期的医学统计学家[xxiv]

在19世纪中期有很多医学统计的实践者，其中最声名卓著的是弗洛伦斯·南丁格尔，她最为大家所纪念的是她使得护理专业化。南丁格尔还使用对克里米亚战争中阵亡士兵的统计数据出色地表明，英国政府对其士兵的漠不关心所导致的士兵死亡人数，比敌方造成的士兵阵亡人数还要多。通过改善土耳其的斯克达里营地医院的卫生条件，她将死亡率从40%降低到2%，而且，当然也是用统计来证明了这一点。南丁格尔继续使用她在统计方面的敏锐才智，成功地推进了英国士兵的治疗条件的重大改善。作为这一努力的重要组成部分，她创造了全新的统计图示方法，也因此成为"极区图"之母。作为她那个时代的一位统计学领军人物，她与另一位医学统计学家威廉·法尔（William Farr）一起工作。法尔后来又与通常被誉为流行病学之父的约翰·斯诺（John Snow）一起工作——流行病学最初是研究流行病的传播的，而现在则更多的是针对健康问题进行统计学研究。

下面是温妮笔记中的另一页。

斯诺：寻找霍乱的病因

用统计的方法来研究诸如疾病的传播始于19世纪中期。早期一个令人吃惊的在医疗研究中使用统计的例子，是约翰·斯诺对于霍乱病因的追寻。斯诺因找到并用统计方法证明了伦敦因为饮用水污染而导致恐怖的霍乱瘟疫传播而著名。

在19世纪中期，关于霍乱的病因有两个相互竞争的理论。这是在识别出疾病的微生物成因之前的时代，甚至即便是接受细菌作为疾病的原因在当时也是存在困难的。那个时候的主导理论是瘴气理论——流行病是由受到污染的空气所导致的。这个理论受到包括威廉·法尔在内的很多理论家的支持，也有一些统计学上的支持，即距离河流更近的人似乎更容易得病。这符合这样的观点，即被污染的空气从地势高的区域下降到地势低的区域，而且更容易在地势低的区域汇集。

约翰·斯诺是伦敦的一位杰出的医生，他治疗了很多霍乱病人，他注意到，病人首先会报告说肚子疼，然后是腹泻。这使得他怀疑病因在于消化系统，而不是空气。他还观察到，在一群联排式住宅里面，街区的一边有很多人得病，而另一边只有一个人得病。他注意到，被感染的那边的下水道中的水流到了街道同侧的井水里面，但是没有流入街道另一侧的井水里面。

斯诺在法尔的帮助下收集和发表了从1849年霍乱暴发以来的统计数据，这支持了他的由水污染传播疾病的理论，但是他还不能对占主导地位的瘴气理论进行反驳。当流行病于1854年再次侵袭的时候，斯诺和（由法尔所领导的）注册办公室一起工作，以分析在某些水源（Southwark和Vauxhall水公司，它们的水流经伦敦的排水管道）和霍乱死亡之间是否存在联系。斯诺很快就表明了，在饮用Southwark和Vauxhall水公司的水的地方，其死亡率是饮用其他水源的水的地方的5～10倍。斯诺绘制了一幅著名的地图[xxv]，通过图表显示了疾病是如何聚集在一个特定的井口的。井口的泵立即被移除了，而疾病的传播速度也迅速下降。

斯诺使用的技术表明，在饮用受污染的井水和霍乱的发病之间存在相关性。并非每个饮用了那里的井水的人都死了，而很多没有饮用受污染的井水的人也得了霍乱。虽然如此，通过斯诺绘制的地图可以看出，在受污染的饮用水和霍乱的发病之间存在很强的相关性（见图12-1）（正如在第五章中所讨论的，当两个因素——如受污染的饮用水和霍乱——之间进行共变的时候，就存在相关性）。

不幸的是，关于受污染的井水怎样导致了霍乱的传播，斯诺并没有给

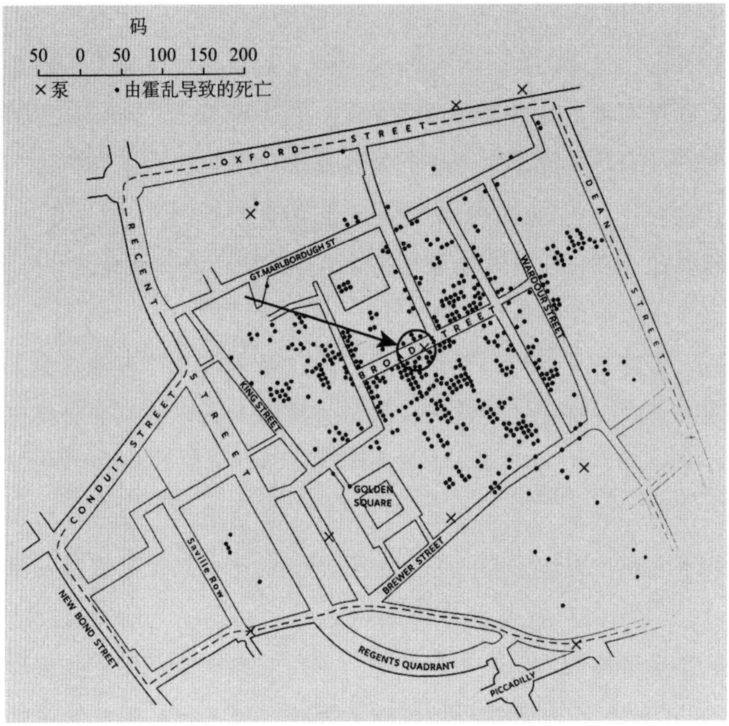

图 12-1 受污染的水源和霍乱之间的关系

出生物学上的解释，因为他的工作是在巴斯德和疾病的细菌理论之前。斯诺关于受污染的水的理论也反对占主导地位的、长期以来被确立的瘴气（“被污染的空气”）理论。这种空气被认为是有毒的蒸汽或薄雾，里面充满了引起疾病的腐化物质的分解颗粒[xxvi]。当然，瘴气理论在那之后也被疾病的细菌理论取代了。

尽管斯诺不断努力收集关于因果链条的证据，但是他的理论并没有得到广泛的承认，直到他死后。在 1866 年，即斯诺去世之后 8 年，法尔写了一篇报告，用了大量的统计信息来支持斯诺的理论。法尔和其他人在了解了疾病的细菌理论的发展之后，认识到斯诺的理论是对疾病传播的最佳解释。因为他的先驱性工作以及他所使用的统计和绘图方法，斯诺被人们誉为“现代流行病学之父”[xxvii]。

让我们将探究的指导性问题应用于这个统计研究的例子。

探究和统计：一个例子

这个问题是什么？包含什么样的断言和判断？

这是一个在统计研究中非常有用的问题。基本上有两种可能性：研究者可能只能断定存在相关性，或者他们可能部分地基于存在相关性而做出一个因果断言（参见第五章中关于因果论证的部分）。

你怎么想？

斯诺是只断定了在霍乱和饮用受污染的水之间存在相关性，还是做出了一个因果断言？

斯诺显然相信，霍乱和饮用受污染的水之间的相关性揭示了受污染的水中的某些东西是霍乱传播的原因。

关于这个问题的各种立场，其相关的理由和论证是什么？各个论证的效力有多强？

关于这个问题的立场包括斯诺的污染理论以及上面所探讨的替代性的瘴气理论。公正地说，有一些发病的案例，其中好像并不存在跟受污染的水之间的联系。除此以外，瘴气理论确实得到一些显示相关性的证据的支持，尽管它们比支持水污染理论的相关性的证据要弱。重要的是，没有生物学上的解释、没有已被确立的关于微观机制的理论可以解释这种相关性。斯诺最终被证明是对的，但是基于他的时代所能获得的论证和信息，这一点在一开始并不明显。

这个问题的背景是什么？

在科学探究中，背景的一个重要方面是关于这个被调查的问题的探究历史。在这方面，重要的是问一问：现有的研究是由先前的研究所组成的，还是反对先前的研究的？我们也要知道，这个断言是被广泛地研究过，还是仅仅得到很少的研究。出于这个原因，我们需要知道斯诺研究的背景。在斯诺的例子中，他有一些来自之前的霍乱流行病的证据，这些使得他怀疑受污染的水才是瘟疫传播的原因。他也为流行病再次暴发做好了准备，由此，他可以收集到非常确信的数据，证实受污染的水和霍乱之间的相关性。他还可以通过移走井口的泵来改变这个情形，而霍乱发病率立即降低了，这给了他额外的证据来相信受污染的水是霍乱传播的原因。对斯诺而言，遗憾的是，他所处的时代中其他观点是占据主导地位的，而关于疾病的细菌理论尚未出现。

我们如何比较性地评价各种理由和论证，以得出一个有充分理由支持的判断？

你怎么想？

斯诺的理论有多大的合理性？

在那个时候，斯诺有根据做出一个因果断言，因为移走井口的泵使得霍乱发病率降低了。但是他缺乏一个解释模型，这限制了人们对其观点的接受。然而，他用收集信息来确立一个因果断言的方法，是一个极富成果的洞见，也成了大多数科学研究的支柱。

科学探究：总结

你可能注意到，我们没有使用像物理学和化学这样传统的实验科学来说明科学探究。相反，我们通过考察地质学和进化论例示了观察性研究方法。只学习实验科学，这在科学证据和论证的广度、复杂性、挑战方面会带给人们狭隘的印象。在像物理学和化学这样的实验科学中，研究者们经常有值得称羡的有利条件，他们在进行调查时，几乎能够控制每一个因素。例如，当研究者们通过增加一种物质或者一个力来操纵一些东西的时候，他们可以相当确信，结果是由他们所改变的那个因素导致的，而不是由其他什么干扰因素导致的。因为实验提供了很大程度上的控制，因此关于什么是其结果的最佳解释，实验科学通常具有更直接的论证。

而观察性科学则面临着特殊的挑战。在我们这一章所谈到的科学中，被观察的事情通常是发生在很久以前的。正如我们所看到的，这对识别出最佳解释这个任务来说造成了额外的挑战。我们应该注意到，这个问题的一个处理方式是通过类比。地质学家提出关于冰川活动的理论，一定程度上是通过观察现在的冰川是怎样运动的。生物学家可以通过做实验来显示诸如果蝇这样的物种是怎样在实验室中进化的，但是他们得通过类比来论证，正如达尔文所做的那样，这个过程在野外也是类似的。

我们也不希望留给读者这样的印象，即认为科学中所有的争论都是关于宏大的、影响深远的理论，比如进化论或者全球变暖。事实上，很多争论是关于更为具体的话题的。有时候，这些争论是关于一些专门的话题，比如碳定年法的准确性；而有些时候，科学家争论的是更为大家熟知的话题，诸如导致6 500万年前恐龙以及很多其他物种灭绝的原因是什么。科学的进步是因为争论，也是因为科学家们不断地寻求对于所研究的现象的新证据和最佳解释[xxviii]。

在下一章中，我们将会更为细致地研究统计在科学中的应用，特别是在社会科学中。我们将考察关于人类行为的科学探究，以及人类行为给探究带来的特别的挑战。

检查你的理解

- 胡顿关于地质学的工作所表明的科学探究的主要方面是什么?
- 早期提出“大陆漂移”理论的阿尔弗雷德·魏格纳无法使得他的理论被人们接受，为什么?
- 魏格纳不能说服他的同行接受他的理论，这跟斯诺不能说服他的同行存在哪些类似之处?
- 科学探究至关重要的因素是什么?
- 弗洛伦斯·南丁格尔是通过什么方法影响英国政府关于战地医院的决策的?
- 达尔文的理论反对的是当时哪种居于统治地位的理论?
- 作为对生物现象的解释，为什么达尔文的进化论要优于智慧设计理论的解释?
- 相关性和因果关系之间的区别是什么?
- 观察性科学和实验性科学之间的关键不同之处是什么?

练习

1. 假设你现在在家里，却找不到你的批判性思维课本了。注意下面这些因素：

（1）你和你的妹妹共用一间书房。

（2）一个从来没有打扫过你的房间的人刚刚为你家进行了一场春季大扫除。

（3）你的狗喜欢拖走房子里的东西。

（4）你放学回家的路上到你朋友家坐了一会儿。

（5）你有一个健忘的毛病。

对于课本不见了（以及找回它）这件事，你怎样找出最佳解释？

2. 阅读下面的场景：

警察在接到刘冬所工作的造冰厂关于他已经好几天没有来上班的报告后，决定调查他的下落。警察们进入了他的屋子，他们仔细地绕开地板上的水洼，发现刘冬在房子的中间上吊了。房间里有一张桌子和几把椅子，但是它们都在房间的一边摆放得很整齐。周围并没有什么家具，房间里也没有梯子。在地板上散落着大量的欠条。门是从里面反锁着的。有一个很小的窗户没有锁，不过它并没有大到可以让一个成年人进来。邻居们好几天都没有看到他的房子里有任何活动。

从下面选出你认为对刘冬的死因的最佳解释。解释你接受这个解释、拒绝其他解释的理由。

（1）一个贼闯进了屋子，惊吓了在屋子里正患感冒的刘冬，并且把他吊死了。

（2）刘冬厌烦了他在厂里的工作，站在一张椅子上上吊自杀了，并且在这个过程中将椅子蹬倒在一边。

（3）跟刘冬素有不睦的一个同事（一个身形很小的人）从窗户爬进房间，跟刘冬产生了激烈争吵之后把他吊死了，然后从窗户中逃走了。

（4）刘冬为他的巨额欠款感到绝望，站在一块冰上上吊自杀了。

3. 想象赫斯与一位对其理论持怀疑态度的同行关于其理论的优点以及

它所存在的问题展开争论，据此写作一篇对话。想象这个对话是发生在1962年，即验证赫斯的理论的坚实证据被发现之前。

4. 下面的哪个断言是可以被测试的？对于每一个你认为可以被测试的断言，说明怎样测试它：

（1）水在更高的海拔上沸点更低。

（2）说话不算数是不对的。

（3）去想那些你希望发生的事情就可以使得它们发生。如果它们没有发生，那么就是你没有足够使劲地想它们。

（4）摄入膳食脂肪会提高胆固醇水平。

（5）长着金色头发的人比那些长着黑色头发的人更有可能得皮肤癌。

（6）水在北半球以顺时针的方向沿着排水管流淌，而在南半球以逆时针的方向流淌。

（7）对于王伟抢劫罪的指控缺乏实质性的证据，表明了他多么有效地掩盖了他的行踪。

5. 对达尔文理论的一个反驳是孔雀的尾巴。因为孔雀的尾巴似乎没有什么用，而且对雄孔雀来说实际上是一个不利条件。这使得它很难飞起来，更加难以藏匿。这样的东西怎么会进化出来？达尔文意识到了这样的反驳，他做出了一个具有争议的、在其应用上可能仍未得到重视的回应。找出他对此的回答，评价这个理论得到了多大的支持，以及它在什么程度上是富有成果的。

6. 英国桦尺蠖的颜色的进化经常被援引来作为进化速度的证据。这个理论是，桦尺蠖所栖息的树的颜色因为受到煤烟熏染而变深，为了适应环境，桦尺蠖的体色也变深。理论上讲，这样的颜色是伪装色，因此颜色深的桦尺蠖相较于颜色浅的就具有进化优势。

神创论者对这些断言尤其持批评态度。例如，罗伯特·马修斯在1999年3月14日为《星期日电讯报》写的文章中称："进化论专家们默认了他们最喜爱的一个对达尔文理论的例证——桦尺蠖的变化——是基于一系列的科学错误。在20世纪50年代使用桦尺蠖进行的实验，长期以来被认为是证明了自然选择的真理，现在则被认为是没有价值的，只是被设计以得到'正确的'答案。"

对马修斯的断言进行探究，另外，关于桦尺蠖的变化，最佳解释是什么？

7. 你所生活的地方发生地震的可能性有多大？你应如何得出结论？我们对这个回答的确信程度有多高？你所找到的信息来源如何为其答案进行辩护？

8. 新闻中有很多关于吃维生素 D 的好处的说法，尤其是对于那些生活在北方的人。鉴于现在的研究状况，进行一个关于吃维生素 D 补充剂是否有道理的探究。不要忘记考虑反方观点，包括成本以及可能的副作用。

9. 最近有很多争论是关于注射疫苗的。关于这些人——你自己、你的年长的亲戚、幼童——是否应该注射疫苗进行一个探究，以得出一个有充分理由支持的判断。

10. 关于无线通信基站或者大容量输电线是否有辐射，甚至是无线路由器发射的信号是否有辐射，因而导致人们患病或者增加了得癌症的概率，存在着很多争议。对于其中的一个问题做一个简要的探究，做出一个有充分理由支持的判断，并为之辩护。

注释

［ⅰ］John L. Roberts，*The Macmillan Field Guide to Geological Structures*（Toronto：Macmillan，1996），105.

［ⅱ］Joseph Needham，*Science and Civilisation in China*，Vol. 3（Cambridge University Press，1976）.

［ⅲ］American Museum of Natural History，"James Hutton：The Founder of Modern Geology，" http：//www. amnh. org/education/resources/rfl/web/essaybooks/earth/p_hutton. html（2009 年 12 月 6 日访问）.

［ⅳ］Thomas Kuhn，*The Structure of Scientific Revolutions*（Chicago：University of Chicago Press，1962，1970，1996）. 托马斯·库恩提出了科学中"范式的转变"这个想法，以区分出科学理论中激动人心的、大规模的变化，比如牛顿或者伽利略的工作。范式是一个典范模型，但是库恩也使用"范式"来指看待世界的一种根本不同的方式。

［ⅴ］University of California Museum of Paleontology，"Antonyvan Leeuwenhoek（1632—1723），" http：//www. ucmp. berkeley. edu/history/leeuwenhoek. html（2010 年

5月25日访问).

[vi] Sun Kwok,"The Path to Heliocentrism for China and Europe," The University of Hong Kong, https://www.asiaglobalonline.hku.hk/china-europe-astronomy-history/.

[vii] Susan Haack, *Defending Science: Within Reason Between Scientism and Cynicism* (Amherst, NY: Prometheus Books, 2007), 9-10. 同时参见 Peter Lipton, *Inference to the Best Explanation*, 2nd ed. (New York: Routledge, 2004)。

[viii] Galileo Galilei, *Dialogue Concerning the Two Chief World Systems*, trans. Stillman Drake (Berkeley, CA: University of California Press, 1953; rev. 1967).

[ix] U.S. Geological Survey, "Developing the Theory," http://pubs.usgs.gov/gip/dynamic/developing.html (2010年5月20日访问).

[x] 这个理论是,这些环流是由对流以这种方式所造成的:"当一种物质被加热时,它的密度会降低并上升到表面,直到它冷却并再次下沉。这种反复加热和冷却导致了足以使得大陆移动的环流。"(University of California Museum of Paleontology, "Plate Tectonics: The Rocky History of an Idea," http://www.ucmp.berkeley.edu/geology/techist.html.)

[xi] University of California Museum of Paleontology, "Plate Tectonics: The Rocky History of an Idea," http://www.ucmp.berkeley.edu/geology/techist.html (2010年5月25日访问).

[xii] Harry Hess, "History of Ocean Basins," in *Petrographic Studies: A Volume in Honor of A.F. Buddington* (New York: Geological Society of America, 1962), 599-820, http://www.mantleplumes.org/Web Documents/Hess1962.pdf.

[xiii] 同 [ix].

[xiv] 同 [xii].

[xv] A.J. Meadows, "Edmond Halley and Early Modern Astronomy," in *Oxford Dictionary of National Biography*, http://oxforddnb.com/public/themes/92/92735.html.

[xvi] U.S. Geological Survey, "Harry Hammond Hess: Spreadingthe Seafloor," http://pubs.usgs.gov/gip/dynamic/HHH.html (2009年12月6日访问).

[xvii] 关于板块构造学说的历史,一个稍微不同但是更为复杂的、仍然强调了背景在科学证明中的作用的解释,参见 Naomi Oreskes, "Continental Drift," University of California at San Diego History Department, http://history.ucsd.edu/_files/faculty/oreskes-naomi/Continentaldrift2002.pdf (2010年5月25日访问)。

［xviii］一个引文索引列出了引用一篇特定文章的文章数目。“谷歌学术”就提供这样的关于引用数量的统计。

［xix］Encyclopedia Britannica，“Francesco Redi，” eb. com，http：//www. britannica. com/EBchecked/topic/494690/Francesco-Redi（2010 年 5 月 25 日访问）.

［xx］Lucidcafe，“Charles Darwin，” http：//www2. lucidcafe. com/lucidcafe/library/96feb/darwin. html（2010 年 5 月 19 日访问）.

［xxi］Michael J. Behe，*Darwin's Black Box*（New York：Free Press，1996）.

［xxii］Charles Darwin，*On the Origin of the Species*，http：//www. literature. org/authors/darwin-charles/the-origin-ofspecies/chapter-06. html.

［xxiii］这种错误的想法，即一些尚未得到解释的异常可以推翻一个被很好地确立的理论，也是所有阴谋论思维背后的核心想法。参见第十五章。

［xxiv］University of Auckland Department of Statistics，“Florence Nightingale-Statistical Links，” http：//www. stat. auckland. ac. nz/～teachers/2007/S1UsingStatistics/florence-nightingale. doc.

［xxv］Edward R. Tufte，*The Visual Display of Quantitative Information*（Cheshire，CT：Graphics Press，1983）.

［xxvi］Wikipedia，“Miasma Theory of Disease，” the Free Encyclopedia，https：//en. wikipedia. org/wiki/Miasma_theory（2009 年 12 月 4 日访问）.

［xxvii］David Vashon，“Father of Modern Epidemiology，” U. C. L. A.，http：//www. ph. ucla. edu/epi/snow/fatherofepidemiology. html（2010 年 5 月 20 日访问）.

［xxviii］关于对科学推理的本质进行进一步的探究，下面这些书是很有帮助的：Mark Battersby，*Is That a Fact? A Field Guide to Statistical and Scientific Information*（Peterborough，ON：Broadview Press，2009）；Stephen Carey，*A Beginner's Guide to Scientific Method*，3rd Edition（Belmont，CA：Wadsworth，2004）；Ronald Giere，*Understanding Scientific Reasoning*，5th ed.（Belmont CA：Wadsworth，2005）；Susan Haack，*Defending Science-Within Reason：Between Scientism and Cynicism*（Amherst，NY：Prometheus Books，2007）。

第十三章　社会科学中的探究

学习目标

在读完本章之后，你应该能够：

● 使用下面的概念理解并做出一个有充分理由支持的基于统计推理的判断：

◆ 观察性研究和实验性研究

◆ 前瞻性研究和回溯性研究

◆ 样本和总体

◆ 可概括性

● 根据最佳解释论证评价基于统计的因果断言

游戏成瘾?

王韫和他的妈妈李妍到刘睿家做客。刘睿和他的妈妈章敏菁接待他们。

刘睿：王韫，快来玩最新的游戏——《守望先锋》，真的很酷。

李妍：我说，睿睿……

王韫：妈，这是一个很棒的游戏，我一直都没有机会玩。

李妍：你今天的屏幕时间已经用完了。

刘睿：你的屏幕时间还有规定?

王韫：是的，一小时。你相信吗?

刘睿：一个小时，等于什么都没有。游戏几乎都没有开始。

王韫：我知道。但是我妈担心我会变成那种沉迷游戏的人——那些迷恋视频游戏、辍学、连续玩几天几夜不眠不休甚至猝死的人。

章敏菁：是这样的吗？韫韫妈。

李妍：这孩子说得有点夸张。不过，我确实担心花大把时间玩视频游戏会带来负面影响。我听说小孩可能会沉迷于这些东西，不再与朋友们交往，也不好好学习。还记得我们几天前在补习班上谈论过这个问题吧？

王韫：妈，你不能听到什么就相信什么。做人要有批判性思维。

章敏菁：我也听说过这种成瘾的事情，不过我不太确定。刘睿在学校表现还不错，也有不少朋友。他时常在电脑上跟他们一起玩游戏。

李妍：还记得王韫告诉过我们他的同学于文旭的事情吗？那孩子一直玩视频游戏，学业一落千丈，而且精神抑郁。所以，至少有些孩子面对游戏是缺乏自制力的。

刘睿：但这只是一个个例。

王韫：那属于逸闻证据的谬误！

刘睿：也许并不是玩视频游戏导致了他的问题。

章敏菁：韫韫妈，人们总是有各种各样的理论，尤其是关于手机和视频游戏等新事物的弊端。但是它们常常并不为真。看看我们周围有关饮食的各种理论。有时候别人跟我们说要少吃脂肪，现在他们又说某些脂肪对你有益。有时候别人告诉我们每天喝一杯红酒对心脏有好处，但现在我又听说事实并非如此。

李妍：当然会有些理论是错误的，但这并不意味着所有理论都是错误的。我不会拿王韫当试验品。每天一个小时——就是这样。

刘睿：我们在批判性思维课上一直在学，你不能简单地相信媒体或社交网络上读到的信息，从朋友那听来的也是一样。在发表意见之前需要进行探究，要对各种断言进行调查并据此做出决定。因此，我认为在说视频游戏是好是坏之前，我们应该先对它进行一个探究！

王韫：对于限制我的屏幕时间也是一样！

章敏菁：这听起来不赖。也许我们应该看看关于这方面的研究怎么说。

李妍：我又不是科学家。我不懂那些统计数据和科学术语。

刘睿：别担心。我们学了一些统计知识，应该可以帮得上忙。而且，我们可以找那些文章的摘要来看，还有那些用日常语言进行研究综述的文章。让我们上网看看能找到什么。

王韫：太好了。我一定可以找到很多研究表明玩视频游戏没有问题！

刘睿：你不应该只寻找那些支持你的信念的研究。这是确认偏误——得记住。

王韫：不错。

刘睿：我们可以用那些指导性问题来帮助我们组织这个探究。

在上一章中，我们考察了科学家们是如何做出关于自然界的发现和论断的。在本章中，我们将类似的探究策略应用到人类世界。不过，关于人的科学研究，不管是关注身体健康的，比如营养，还是关于精神健康的，比如视频游戏的影响，都提出了很多特殊的挑战，它们是在关于自然界的研究中所没有的。例如，在人身上做实验受到很多伦理和实践问题的限制。而且，与石头不同，人类会意识到自己被研究，从而可能表现出不一样的行为。这一章将关注这些挑战中的一部分，并为评价关于人的科学断言提供一些指导性原则。

在上一章中，我们学习了对科学推理的基本理解可以帮助你对科学中的断言做出明智的（或者试探性的）判断。因此，在这里，李妍和章敏菁以及两位学生并不需要对流行的观念或者听起来似乎符合科学的主张全盘接受。他们可以调查这里所包含的论证，查看证据的真实性。虽然我们并不总是可以查阅同行评审的期刊，但查看文章摘要基本上是没有问题的，而这些摘要通常可以提供给我们所需要的信息。文章摘要是由作者提供的关于该文章的简短总结，通常出现在文章开头。研究摘要通常是免费的，文章本身则通常需要付费或订阅才能查看。

这个问题是什么？包含什么样的断言和判断？

刘睿：我们要做的第一件事就是弄清楚这个问题是什么。

李妍：好的。对我来说，问题是玩视频游戏对孩子是否有害，视频游戏是否会令人上瘾，我是否应该让我13岁的儿子玩视频游戏，以及如果可以玩，那么可以玩多长时间。

王韫：哇，这么一大堆问题。我们需要缩小范围。

章敏菁：我在这里看到两个问题。一是玩视频游戏对身体健康有没有害，比如说会伤害眼睛吗？二是玩游戏在心理上有没有害，比如会不会像毒品或赌博一样让人上瘾？

刘睿：这些都是事实性问题，因此我们应该可以通过既有的研究来进行调查。

李妍：我当然知道赌博成瘾的危害有多大。我朋友王兰的丈夫就赌博成瘾，他几乎什么都输光了。要是视频游戏像赌博那样，那王韫一点都不许碰。

章敏菁：好的。让我们先关注视频游戏是否会令人上瘾，看看能发现什么。

一个星期之后。

李妍：好吧，我已经做了调查，并且毫不费力地找到了证据，我怀疑这些游戏对我们的孩子构成了真正的危险。

王韫：我却发现一些研究对此提出了质疑。

这个问题的背景是什么？

刘睿：有趣。不过我觉得我们接下来应该考虑一下问题的背景。

李妍：显然，这个问题的背景是视频游戏的广泛流行，尤其是在年轻人中间，尤其是在我们中国。我的意思是这简直是一种流行病。这也是一个价值380亿美元的极大的市场[i]。中国被称为“世界游戏产业之都”。不过我也了解到，美国人玩游戏的比例高于中国。据统计，美国大约有64%的人玩视频游戏，而在中国只有43%的人玩视频游戏。

王韫：哇，真是好多人和好多钱啊。有这么多钱砸在游戏市场，可以想象会有很多游戏公司做研究以显示玩游戏是好的。

章敏菁：我考虑的背景是孩子玩视频游戏而父母不玩。我们这一代不是在视频游戏中长大的。我们玩牌、读小说、做各种运动。我记得我妈那会儿还担心我花太多时间看小说，但她也一样看小说。我从来没有玩过视频游戏，所以很难理解为什么孩子们如此热衷。

李妍：这可能对你我来说都是个问题，但是除了忧心忡忡的父母之外，这个领域的研究人员也很担心。实际上，政府也在打击视频游戏，尽管这会打击中国的一些大型企业。这表明政府对这一问题的重视程度。

刘睿：我知道有些小孩会花大价钱购买游戏中的“装备”，这样他们可以脱颖而出，并且在其他小孩面前炫耀。我看到这些游戏公司赚的很多钱都来自这些“装备”购买。

李妍：这说明，玩视频游戏实际上比我想象的还要像赌博。所以，这个问题的背景是视频游戏的流行以及在游戏中加入赌博的因素，它不仅占用了人们的时间，而且还掠夺他们的金钱。

章敏菁：我们的问题是视频游戏是否会令人上瘾，而不是“装备”费用高不高或者是不是变相赌博。任何游戏或体育赛事都可以用来赌博，却没有人对相关的体育运动说什么。我们知道赌博会使某些人上瘾，就像喝酒会使某些人上瘾一样。那我们要讨论的是不是这个问题，有些游戏玩家会沉迷于游戏吗？

李妍：不，我想我们要讨论的问题是，视频游戏会令人上瘾吗？我的意思是，是否有很多游戏玩家都会上瘾？显然，即使有些吸毒者不上瘾，我们知道还是有很多人会上瘾，这就是我们称毒品成瘾的原因之一。科学文献中对此的问题是：“视频游戏成瘾者的概率是多少？”有多少人玩视频游戏成瘾？作为父母，我想知道如果让我的孩子玩视频游戏，他上瘾的可能性有多大。

章敏菁：这是一个好问题。但是我从调查中知道，回答这个问题的一个关键在于弄清楚“成瘾”的含义。测量任何东西都需要标准，而如何确定成瘾的标准则存在问题。比如，我的侄女晓旭正在为网球赛接受训练，这肯定会在某种程度上干扰她其他方面的生活。这是否意味着晓旭网球成瘾了？

李妍：话不能这么说。她花在网球上的时间并不是病态的。这里的问题是，游戏成瘾是“行为成瘾”，而不是像毒品成瘾那样的“物质成瘾”，所以成瘾的标准尚不清楚。很难区分对一项活动的热爱是合理的热情还是病态的痴迷。我还了解到这个领域的研究人员对这些标准进行了认真的讨论。世界卫生组织已将“游戏障碍”（gaming disorder）列为精神疾病[ii]，并提出了据他们所说反映专家共识的标准。

阅读材料

世界卫生组织：何为游戏障碍?

《国际疾病分类》第十一次修订版对游戏障碍做了定义，即一种游戏行为（“数码游戏”或“视频游戏”）模式，特点是对游戏失去控制力，日益沉溺于游戏，以致其他兴趣和日常活动都须让位于游戏，即使出现负面后果，游戏仍然继续下去或不断升级。

就游戏障碍的诊断而言，行为模式必须足够严重，导致在个人、家庭、社交、教育、职场或其他重要领域造成重大的损害，并通常明显持续了至少 12 个月。

（https：//www. who. int/features/qa/gaming-disorder/zh/）

章敏菁：不错。但是，许多研究人员写信给世界卫生组织反对将玩视频游戏定义成“疾病”。他们说，这项研究还不足以下此定义，而将“游戏障碍”定义成健康问题可能会产生许多负面影响。他们写道：“大多数健康的玩家将由此受到负面影响。我们估计，第十一次修订版中将游戏障碍定义为一种疾病为时过早，这将使数百万玩视频游戏的儿童蒙受耻辱。对这些儿童来说，玩游戏是其正常的健康生活的一部分。”而这种负面影响实际上已经产生了，父母通常不喜欢玩视频游戏的孩子。

王韫：深有同感！

章敏菁：社会学家将人们对视频游戏的反应称为“道德恐慌”（moral panic）。

李妍：那怎么说？

章敏菁：就是说社会对某些活动感到恐慌——通常是新事物或少数人从事的事情。

王韫：比如小孩子？

李妍：我明白了。可是，如果风险确实存在，那么这种担忧就是合理的。而这种风险就是我们试图弄清楚的。

刘睿：让我们回到我们的探究。

王韫：我们自己先别慌！

关于这个问题的各种立场，其相关的理由和论证是什么？

刘睿：我在网上读到，当一个人全神贯注地玩游戏时，大脑中就会释放出一种物质，给人一种愉悦的感觉，这就像吸毒时的感觉一样。如果强度非常高，那么人们就会沉迷于那种能使他们获得此种感觉的东西。可能是毒品，也可能是玩视频游戏，这没什么区别。游戏具有使玩家沉迷的特质。它们使玩家在情感上陷入其中。游戏从不会真正结束，你需要不停地玩并花大量时间在它上面，以提高技能并获得更多回报。

李妍：这跟我找的资料一样。该领域的一个研究者卡尔达拉斯博士称视频游戏为“数字海洛因”。他声称，研究表明：“你的孩子在玩《我的世界》时的大脑就像一个人吸毒时的大脑。现在我们知道，平板电脑和智能手机都是一种数字毒品。最近的大脑影像研究表明，它们影响大脑的额叶皮层的方式与毒品完全相同，而大脑的额叶皮层是控制执行功能的，包括对冲动的控制。”[iii]

章敏菁：这些说法在我听来有些太极端了。我读过卡尔达拉斯博士的文章，对其观点有一些很有力的批评。

王韫：你引用的文章是在纽约的一家报纸上发表的，不是同行评审的期刊。

章敏菁：如果玩游戏确实损害了大脑，那当然是一件非常糟糕的事情。但我在《今日心理学》(*Psychology Today*) 上读到一篇与卡尔达拉斯的论点相反的文章。

王韫：《今日心理学》也不是同行评审期刊。

章敏菁：不错。不过这篇文章确实引用了在同行评审期刊上发表的文章。该文章的作者彼得·格雷说：“正如游戏研究人员 Patrick Markey 和 Christopher Ferguson (2017) 在最近的一本书中指出的那样，视频游戏将大脑中的多巴胺水平提高到与吃一片意大利香肠比萨或一碟冰淇淋相同的程度（只是不含卡路里）。也就是说，它会使多巴胺提高到大约是正常休息水平的两倍，而海洛因、可卡因或苯丙胺之类的药物会使多巴胺提高大约十倍。”[iv]

李妍：我找到了一项研究，它回顾了游戏成瘾者与那些没有问题的游戏者的神经影像学研究。我是不太理解里面的术语，但它的基本观点是，那些玩游戏上瘾的玩家的大脑与没有上瘾的玩家的大脑有所不同。

章敏菁：好吧，我也从同行评审期刊中查看了一些有关玩视频游戏对大脑的影响的文章。有意思的是，它们通常是说玩游戏有利于提高长期认知能力。你担心游戏对孩子的影响，可是随着年龄的增长，玩视频游戏可能会对中老年人有好处。在一项实验中，研究人员发现玩视频游戏可以增强老年人的认知能力。它说："我们的研究结果表明，玩 4 周的《脑锻炼》（*Brain Age*）游戏可以改善老年人的认知功能（包括执行功能和处理速度）。"[v]

王韫：太好了，妈！我们可以一起玩《守望先锋》！

李妍：我还没老呢！还有不要忘了，我们关注的是年轻人玩视频游戏成瘾的问题。

章敏菁：对。

刘睿：我们在批判性思维课上了解到，除了独立的研究性文章之外，还有两种文章对研究进行总结，并可以帮助我们了解当前的研究状况——元分析和综述性文章。

李妍：那些又是什么？

刘睿：这里是教材提供的解释："元分析技术是统计学家发明的一种方法，用于汇总和使用来自多个研究的数据，并将其组合为一个大型研究。综述性文章是对以前的研究进行回顾和综述。它与元分析的不同之处在于，综述性文章并不试图将不同的研究合并为一个大型研究。它只是提供研究概述，有时也提供一般性的评估。尽管元分析涉及更复杂的统计分析，但它们通常还是会提供一个非统计学家也可以理解的总结。"

章敏菁：是的，我确实读过这两种文章。我发现它们非常有帮助，因为我没有时间和精力去阅读和评估那数百篇研究文章。

李妍：那么我们可以通过这两类文章来弄清科学家对游戏成瘾的看法。

章敏菁：我读过的两篇综述性文章都说，由于标准不一致，因而无法对视频游戏成瘾的发生概率做出确切的评估。问题的关键在于确定什么可以算作"成瘾"。比如这篇文章说："尽管许多研究评估了网络游戏成瘾的发生率，但它们使用了不同的评估工具以及临界值，而且被研究的群体非常多样化。这可以解释不同研究所得出的成瘾发生率之间的巨大差异。因此，所引用的结果现在不能就流行病学做出明确的一般性断言。”“由于现有视频游戏成瘾量度的异质性，各项研究所表明的发生率之间差异很大。一个极端的例子是，Wan 和 Chiou（2006）估计他们的样本中有45%符合严重成瘾标准，而其他研究人员则保守地认为只有1%是有问题的。”[vi]

你怎么想?

为什么元分析和综述性文章对于探究是有帮助的?

章敏菁：所以采取什么标准来进行定义真的很关键。我们似乎难以获得有关游戏成瘾率的确切的数据。这完全取决于采取什么标准。

李妍：这些研究是针对不同国家的年轻人进行的。我担心的是，视频游戏在中国如此流行，以至于我们国家可能比其他国家在游戏成瘾方面有更大的问题。

章敏菁：这点说得很好。由于标准不同，这将很难确定。但是我看到的一项研究指出，对中国学生的研究表明：“网络成瘾目前正成为中国青少年严重的心理健康问题。Chou 和 Hsiao（2000）指出台湾大学生的网络成瘾发生率为 5.9%。Wu 和 Zhu（2004）则确定 10.6%的中国大学生是网络成瘾者。”但他们也指出，他们对长沙市学生的研究所得到的比例要低得多，仅为 2.4%[vii]。

这些研究说明，尽管中国的游戏普及率可能更高，但有问题的游戏玩家的比例并不比其他国家更高。为了说明这一点，一位研究人员指出：“尽管该患病率与酒精成瘾的患病率相似，但要记住……重要的是……与其他成瘾性疾病相比，大多数游戏成瘾的人症状都相对较轻。酒精成瘾的人可能具有的问题有，由于判断力下降而增加了处于危险行为的风险、情绪控制问题、心脏问题、肝脏问题、脑损伤、高血压、溃疡、性功能障碍，甚至死亡。相比之下，沉迷于视频游戏的人通常会遇到诸如作业做不好或无法按时上班等问题，因为他们无法摆脱电脑束缚。”[viii]他指出，游戏成瘾的发生率与酒精成瘾的发生率大致相同，但酒精成瘾的危害更大。

李妍：这还让人稍微放心一点。

在探究过程中，探究者们使用了几种关键工具来调查科学断言。其中之一是摘要，或文章的简要总结（参见下面的一则摘要示例）。另外两个关键工具是元分析和综述性文章。这两类概述文章不仅可以提供有关某个主题的证据，还可以提供学科现在所具有的共识。

阅读材料

注意力问题和病态的游戏行为：用前瞻性分析解决“鸡和蛋”问题[ix]

摘要　病理性游戏（PG）行为是指会干扰患者生活的其他方面的责任的行为。关于PG行为的症状是一种独特的现象还是由其他心理健康问题（包括注意力问题）引起的，仍存在争议。在为期一年的前瞻性分析中，我们研究了144名青少年注意力问题的发展和病理性游戏的发生。这些青少年及其父母报告了他们的病理性游戏行为、注意力问题和当前的平均学分以及其他一些社会变量。本研究使用了回归分析和路径分析来分析结果。我们发现，注意力问题往往先于病理性游戏行为，而不是相反。是注意力问题而非病理性游戏行为可以预测一年后的平均学分绩点会降低。目前的研究结果表明病理性游戏行为是由注意力问题引起的，而不是相反。这说明病理性游戏行为是潜在地与注意力有关的心理健康问题的征兆，而不是一个独特的现象。

在上面的对话中，我们可以看到一些社会科学中探究的关键方面的例子。正如我们在上一章中所看到的，科学探究并不只是进行一些调查，产生一些“事实”。对科学问题的任何调查都不能脱离先前研究的背景，这涉及各种观点中包含的论证和辩论。在这方面，无论是自然科学还是社会科学，科学论文通常都包含对其理论可能提出的反对意见的回应，并解释了为什么作者认为它们没有定论。对竞争性解释的审查和评估，这是证明所支持的观点确实为最佳解释的一个重要部分。

上面的摘要很好地说明了评估的这一辩证方面。这里作者考虑了两个相互竞争的假设：与病理性游戏一起发生的行为究竟是玩游戏的结果，还是之前就已经存在的心理健康问题（包括注意力问题）的结果。他们发现，注意力问题往往先于病理性游戏行为，而不是相反。此外，“是注意力问题而非病理性游戏行为可以预测一年后的平均学分绩点会降低。目前的研究结果表明病理性游戏行为是由注意力问题引起的，而不是相反。这说明病理性游戏行为是潜在地与注意力有关的心理健康问题的征兆，而不是一个独特的现象”。

我们可以看到作者是如何比较这两种解释的。这种辩证的维度是科学探究的一个关键方面。我们还看到，研究人类行为（尤其是病理行为）会不可避免地涉及可以争辩的标准，这不同于对诸如麻疹等可生物识别的疾病的研究，对后者我们可以在出现疾病时进行生物学确认。如果存在麻疹病毒，那么我们知道受试者患有麻疹。但是由上面的讨论可见，评估某人是否玩游戏上瘾则涉及复杂且值得商榷的标准。

在社会科学中评价基于统计推理的断言

为了理解和评估社会科学中的原因与论证，有必要了解一下用于确定断言的证据的性质。在上面的对话中，我们看到被引用的许多研究都参考了统计数据。这是因为研究人类几乎总是涉及研究一小部分人群并推断相关人群。这些学科通常使用统计数据来支持其大多数的断言。因此，对统计推理的基本理解对于理解和评估这些科学中的断言是必要的[x]。

阅读材料

幸存者偏差

在第二次世界大战期间，统计学家亚伯拉罕·沃德（Abraham Wald）在考虑如何最大限度地减少敌军火力对战斗机造成的损失时，将幸存者偏差（survivorship bias）纳入其计算。海军分析中心的研究人员对执行任务返回的飞机上的损伤进行了研究，并建议在损害最严重的区域增加装甲。沃德则指出，该研究仅考虑了在任务中幸存下来的飞机，而被击落的飞机根本不能返回，所以难以进行损伤评估。由此，返航飞机上的弹孔代表了战斗机可能受到伤害但仍能够安全返回基地的区域。沃德建议海军加强对返回飞机上未受伤害的区域的保护，因为如果这些区域被击中，将导致飞机坠毁。他的工作被认为是当时新兴的运筹学学科中开创性的工作。[xi]

几乎任何研究包括的都是研究人员所希望研究的那个较大群体——**目标群体**（例如所有相关的飞机）——的一个子群体，即一个**样本**（例如幸存的飞机）。样本是指根据一定的标准筛选出来为推断目标群体提供根据的子群体，这是统计研究的对象。

统计研究要求选择一个能够代表目标群体的样本，从而基于此可以将研究结果推广到整个目标群体。研究人类行为有两个基本的方法——**观察**和**实验**。

观察性研究

在观察性研究中，研究者研究样本，而不进行干预或者实验。他们仅仅是观察和收集数据。有两种基本的观察性研究：回溯性研究和前瞻性研究。

回溯性研究

回溯性研究（经常被称为病例对照研究）通常是研究一组具有某种疾病或表现出某种特别行为（比如肺癌、暴力倾向）的人，试图找出与另一组其他条件类似但并不具有这种疾病或者行为的人（“对照组”）之间的区别。科学家可以用回溯性研究来研究任何人类现象，它在医学领域更常见。病因的初步研究通常是回溯性的。回溯性研究也可能涉及一些问卷调查，这些调查试图确定某个因素的普遍程度，而并不必然找到相关性。

在那些试图确立相关性的研究中，研究始于那些具有相应结果的人，并往前追溯，这是它被称为回溯性研究的原因。这种研究的优势是相对较快，且花费不多。通过研究那些具有一定行为模式的人，往前追溯其可能的相关因素，我们可以研究一些不常见的行为，而不需要研究成百上千个人。

遗憾的是，这种类型的研究存在很多问题。第一个严重的问题是，它经常依赖于参与者正确地记住他们相关的经历（比如，你和你的配偶抽多少烟？你一天有多少时间在玩游戏?）。第二个问题在于找出对于总体既具有代表性（可进行比较）又不具有这个结果（病症或者行为）的对照组。总是会存在这样的问题：对照组与实验组之间在所研究的原因之外，还可能存在更多其他方面的不同。因此，回溯性研究是一种最不确定的研究。基于此类研究的结果要分配最小的权重。

前瞻性研究

前瞻性研究是指找出一群接受实验者［通常被叫作一个群组（cohort），这些研究也常常被叫作群组研究］，随访一定时期，考察与一种疾病或者暴力倾向的结果之间的关联。有时候，这样的前瞻性研究涉及范围非常广，持续好几年甚至是几十年，花费也是巨大的，但是它们为行为和结果之间的联系提供了精确得多的资料，比如，在吸烟和癌症之间、饮食和糖尿病之间，或者在玩暴力游戏和抑郁之间。

虽然如此，前瞻性研究也饱受**干扰因素**的困扰。干扰因素是指在所研究的原因之外，可以部分地解释所观察到的结果的因素，它们与结果存在关联并可以遮盖或歪曲所研究的原因。一个有趣的统计上的例子可以说明这一点。研究发现，喝咖啡的人比不喝咖啡的人患肺癌的概率更高。实际情况是，喝咖啡的人中吸烟率也更高，而吸烟和患肺癌之间才存在因果关联。吸烟干扰了关于喝咖啡是否导致肺癌发病率的研究。

再举一个例子，吸烟的人可能会大量饮酒，运动很少。饮食谨慎的人也可能会注重养生的其他方面。花大量时间玩电子游戏的人也可能是社交孤立者或抑郁症患者。这种干扰使得很难确定哪些因素是因果上成立的，其影响程度又如何。即使有可靠的证据表明相关性，也很难确定这种相关性的原因。

相关性无法证明因果关系，因此必须找到其他证据来确定哪个因素可以为相关性提供最佳解释。例如，如果那些花很多时间玩电子游戏的人也很容易抑郁，那么研究人员就很难分辨出哪个是原因性因素、哪个才是结果。当然，电子游戏可能会引起抑郁，抑郁又导致花更多时间玩电子游戏，从而造成恶性循环。

总之，相关性是因果关系的一个证据，但不足以证明其中一个相关的因素是另一个因素的原因，有时甚至难以表明什么是因什么是果（如果存在这样的关系的话）。

虽然如此，前瞻性研究依然是比回溯性研究更可靠的研究方法，因为前瞻性研究通常规模更大，持续时间更长，并且不依赖参与者的记忆力。

你怎么想？

为什么长时间玩电子游戏和抑郁之间的相关性不足以确立在玩电子游戏和抑郁之间有因果关联？

实验性研究

因为观察性研究存在着消除干扰因素和确立因果关系的方向的困难，测试一个因果理论的最好方法是做实验。虽然这个想法很直观，但是实验对于确立一个因果断言却并不是必需的。比如，吸烟导致肺癌，这个断言永远不能通过实验来证明，但它是一个已经被很好地确立的因果关系。虽然如此，如果实验可能的话，那么它们经常可以为一个因果断言提供最好的证据。

然而，涉及人类行为的实验存在两个问题。首先，在人类身上做某些实验通常是不可能也是不道德的。其次，很多实验对于被研究的实际行为的代表能力很弱。尽管如此，可信的实验证据经常可以为因果断言增加相当大的分量。

实验方法的最好形式（有时候被叫作“黄金准则”）是**双盲实验**（RCT）。这样的实验是将实验者分为两组。实验组接触那个原因性因素（比如测试的药品或者某种类型的视频游戏），控制组不接触。实验者和被实验者都不知道谁会接触那个被研究的原因性因素。在这个意义上，实验者和被实验者都是“盲”的。

实验方法是随机抽样，即将个体无偏差地分配到两个被研究的组。例如，一个组不应该比另一个组年龄更大或者更健康，或者更为“接近平均”。我们通过观察实验的结果，来看在两个组的结果之间有没有**统计上重要的差异**。统计上重要的差异是指这个差异足够大，使得我们可以在数学上表明，两组之间的差异不大可能是由随机造成的。重要的是要注意，将一个结果称为“统计上重要的”，并不意味着它在“真的重要”这个意义上是重要的。使得这一问题更复杂的是，一些人，尤其是媒体，经常将“统计上重要的结果”简单地说成是“重要的结果”。

直观上说，如果你想要知道在玩游戏的人和不玩游戏的人之间的行为是否有差异，那么你不能只对（比如说）六个人做实验。在每组三个人的两个组之间的差别可能只是巧合，因为人数太少。每个组中的人数越多（如果他们是随机选取的），组与组之间任何行为上的差异就更可能是出于那个作为原因的因素，而不是纯粹随机产生。考虑一下天气。如果你生活在温带气候中，那么你知道，出于纯粹的随机原因，1 月份中某一天的温度可能跟 4 月份的某一天很相似。但是说 1 月份的平均温度同 4 月份一样，则基本上是不可能的。随机的变化发生在短期、小样本之上，但是根本的趋势则会在长期显现出来。

阅读材料

下面这项研究包含一个真正的实验。该研究指出了以下问题：大多数关于视频游戏的影响的研究并不是实验性的，因而基于这些研究做出推论是有问题的。

排除关于视频游戏的研究中的自我选择偏见：一个关于网游（大型多人在线角色扮演游戏）后果的实验性研究[xii]

摘要

视频游戏越来越引起人们研究的兴趣。现有的研究大多是基于相关性而设计的，因而受到一定的限制，比如无法做出因果推断或无法从观察到的结果中排除自我选择偏见。网游的最新发展为游戏玩家创造了新的体验。本项采取随机抽样的纵向研究（前瞻性研究），考察了玩不同类型的视频游戏对游戏使用程度、身心健康、睡眠、社交和工作的影响。本项研究将 100 名 18～20 岁的被实验者（其中男性 73%，白种人 68%）随机分成四组，让他们分别玩 1 个月的街机、游戏机、单机游戏或网游。网游组在 1 个月后与其他组表现出显著差异。该组实验者报告说他们花更多的时间玩游戏、健康状况较差、睡眠质量较差，并且游戏对他们的“现实生活”中的社交和学术工作的干扰更大。不过，该实验组还报告了他们在游戏中感受到的乐趣更大，更想要继续进行游戏，并且结识了更多的新朋友。网游表现出与其他类型的视频游戏不同的游戏体验和后果，并且有其独特的风险和收益。

尽管实验为因果断言提供了强有力的支持，然而即使是实验也有干扰因素带来的问题。问题之一是，当研究人类的时候，研究对象（实验组和对照组）都不是从目标人群中随机选择的。当民意调查员对总体目标人群进行抽样时，他们通常会非常小心地从他们感兴趣的群体中随机（无偏差）地抽样，比如说青少年或东北地区的人。我们从直觉上知道，仅对老年人或女性进行抽样调查意味着你无法对总体人群进行概括。但是大多数关于人类的研究并不涉及人群的随机样本。例如，最近研究人员对有问题的上网行为进行了研究：

> ……一项针对目标参与者（年龄在 18 岁以上的在线游戏玩家）的在线调查。通过在社交网站（例如 Facebook 和微博）上发布的邀请消息以及 2015 年 12 月在热门中文在线游戏论坛上的招募，形成了一个便利样本。没有任何金钱或物质激励。
>
> 最终样本为 383 个中国成年人（男 209 例，占 54.6%；女 174 例，占 45.4%），年龄在 18 至 82 岁之间（M = 23.7，SD = 6.7）。大约一半（n=191）的参与者是学生，而 43.1%（n=165）的参与者是全职或兼职雇员。多数人表示，他们使用互联网已经超过 10 年（56.7%），并且在过去 12 个月中主要玩大型多人在线游戏（54.6%）。[xiii]

上面这个例子中既是便利抽样也是自我选择的抽样，而不是随机抽样。如果不是从总体中随机选择一个样本，我们就无法从数学上确信实验结果可以推广到目标人群。大多数关于人类的研究都是基于**便利抽样**，即研究者能比较容易接近的那些人所组成的一个样本，比如同意参与研究的志愿者（经常是学生）。

关于任何研究或实验的问题是，在受试组中发现的结果是否为推广到更大目标人群提供了合理基础。许多研究声称它们为进行大规模概括提供了基础。例如，上面引用的研究的标题是“关于在线游戏的动机的调查问卷：其心理计量特性以及与中国人互联网游戏障碍症状的相关性”，但正如该研究指出的那样，该研究是基于一个自我选择的、不足 400 人的样本的研究，而且其中很大一部分是学生。根据这样的样本难以对全体中国人进行一般性概括。

评价对社会科学中的断言的支持

出于这些考虑，没有一个研究应该被认为是决定性的，即使是实验研究。为一个断言提供支持的是证据是否多次反复出现，而不是任何特定研究的结果。如果在不同条件下进行的各种研究得出的结果一致，那么这可以赋予结论一定分量。因为研究人类和人类行为上的困难，我们并不期望达到跟我们在自然科学中所看到的同等程度的科学共识。期望在最短时间内获得最佳信息的一般读者需要查看研究摘要（正如对话中的探究者们所做的那样），看看在这些研究中有没有什么正在显露的共识，或者意见的**汇聚**（大多数研究倾向于支持某个特定理论）。

正如对话中所提到的，有两种类型的研究可以提供有关当前科学共识的信息（如果存在这种共识的话）：元分析和综述性文章。元分析的文章通常包括对文献的评论，这对外行人士寻求专家意见非常有帮助。另一个来源是综述性文章，它回顾所有相关文献以发现并评估研究人员当前的共识（如果存在该共识的话）。共识或趋同的证据是任何人（专家或外行）确定科学断言的可信度的最佳指南之一，而找出与断言有关的共识程度对于评估其可信度非常重要。

当我们查看这些回顾性文章时，我们首先寻找是否有表明相关性的可靠证据。但是，正如我们所知，相关性本身并不能确立因果关系。为了确立因果关系，我们需要用证据来表明所考虑的原因是对结果的最佳解释。

统计和最佳解释论证

一旦一个关联被确立了，统计研究中对于**最佳解释**的证据是由以下方面组成的。

关于“剂量-反应关系”的证据

当有证据表明，越多地接触那个被研究的因素（比如吸烟或者玩视频游戏），其结果就越频繁出现（肺癌或者上瘾），那么因果断言就得到了加强。

符合现有的因果理解的证据

如果这个被研究的因果断言符合这个学科中现有的理解，那么它将变得更为可信。在关于健康问题的例子中，一个站得住脚的生物学解释，最好是能得到诸如对动物或者培养皿中细胞的生物研究的支持。然而在很多情形中，我们需要当心，不要让一个表面上看似有理的解释使我们忽视了关于证据的问题。在接受一个说法之前，我们需要仔细地考察科学证据。寻找类似于吸毒成瘾那样对大脑的影响就是尝试将游戏成瘾的影响与吸毒成瘾的生物学影响联系起来。

表明替代性解释是更加不可信的

如果我们表明，关于一个相关性的替代性解释是不可信的（诸如存在数据收集方面的错误、实验误差或者其他一些干扰因素），那么这一因果断言就得到了加强。在游戏成瘾的例子中，一个问题就是那些玩游戏上瘾的人之所以这样，是由某些先前存在的心理因素（比如抑郁或者社交孤立）导致的还是由玩游戏导致的。前文中引用的摘要就是一个例子。它试图表明：对于那些玩游戏同时出现问题行为的人，最好的解释是他们在开始玩游戏之前就已经遭受了心理问题。

判断及其确信程度

在第十章中，我们了解到并不是所有的判断都具有同等的确信度。重要的是根据支持该判断的理由和证据来衡量对判断的确信程度。

（1）当有充分的理由明确支持该判断时，就需要做出**非常确信的判断**。

（2）当有充分的理由有力地支持该判断，但仍存在相当强的反对因素时，可以做出**相当确信的判断**。

（3）当各方观点可能都有一些有力的理由，同时也存在一些问题时，我们可以试探性地做出一个**试探性的判断**。

（4）当不同立场的理由势均力敌或没有足够证据做出判断时，有必要**悬置判断**。

如果将这些标准应用于科学信息，我们可以构建表13-1。请注意，这个表格明确包含了否定的断言。许多科学的成功在于证伪断言，而确信度高的否定判断为科学进步铺平了道路。例如，一项著名的物理学实验证明不存在“以太”（一种所谓的光在其中传播的介质），这为爱因斯坦的光学理论和随后的量子物理学铺平了道路[xiv]。

表 13-1　判断及其确信程度

	判断	证据的质量
确信的判断	证据足以推断因果关系	具有适当规模的长期多样广泛的研究，包括大型前瞻性研究以及可能的实验研究。研究结果趋同。具有一个可靠的因果解释。有“剂量-反应关系”的证据。有充分的理由可以排除其他相互竞争的解释
试探性的判断	证据暗示有因果关系，但是不足以据此进行推断	可信的研究（其中至少包含一些前瞻性研究）提出重要证据表明具有相关性。条件允许的话，也包含一些实验证据。比“确信的判断”里所要求的研究规模更小、数量更少。具有一个可信的因果解释。不像“确信的判断”那样容易排除其他竞争性的解释
悬置判断	证据不足以推断是否存在因果关系	证据很少、质量差或相互矛盾。可能缺乏可信的因果联系。还有其他可信的解释，包括可能的干扰因素或偏差尚未得到充分解决
试探性的否定判断	证据暗示没有因果关系	各种研究——尤其是实验——未能揭示出前后一致的相关性。鉴于目前的理解，说其中存在因果关系似乎难以置信。其他解释是更合理的
确信的否定判断	证据支持不存在因果关系的断言	很多研究——尤其是实验——未能揭示出前后一致的相关性。替代性的解释更好地得到了确立

在对社会科学中的问题做出判断时，重要的是要在适当的确信水平上做出判断。

到目前为止，我们着重探讨了研究人类和生物学中的因果关系的统计工具。即使对话中探究者们考察了游戏成瘾的生物学原因，他们也注意到针对环境因素的研究，例如父母关系或在线视频游戏所涉及的社会关系。人们普遍认为，诸如童年经历、父母状态、同伴甚至媒体等因素都会对人们的性格和行为产生巨大影响。不过，以严谨的科学方式研究这些因素还是给研究人员带来了特殊的挑战，也给在这些领域进行探究的人带来了特殊的挑战。

玩视频游戏是否成瘾这个问题表现出在涉及统计的科学研究中使用原因这个概念的复杂性。在日常的推理以及很多科学推理中，原因被认为是事件的充分条件，也就是说，当这个原因发生的时候，结果必然发生。一个破裂的管子导致了漏水，出了毛病的打印机驱动使得不能打印，等等。但是在基于统计的研究中，研究者要查看的**原因性因素**可能有很多。如果一个因素跟结果之间存在相关性，而且对于这个相关性的最佳解释是存在一个因果关系，那么该因素对于该结果就是一个原因性因素。

各个论证的效力有多强？

李妍：好吧，我们就这个问题提出了很多论证和研究。但是接下来做什么呢？

刘睿：我们应该评估每个论证的效力强弱程度。但是，首先我们应该像在课堂上学到的那样制作一个正反方表格，列出所有论证和反驳。然后我们再来看如何评估每个论证（见表 13－2）。

章敏菁：好主意！

表 13－2　论断：玩视频游戏会上瘾

辩论方	论证总结	反驳	评价
正方	政府和很多父母都有此担心	并不是基于实际的研究	广为流行的观念说明在实践中反方具有很大的举证责任，但是这本身并不构成很强的证据
	一些研究显示玩家中的成瘾率比较高	但是还有很多其他研究表明不存在这样的关系。综述性研究表示这个概率在1%～3%	3%似乎是一个合理的、可以试探性地相信的概率
	玩游戏成瘾与抑郁之间具有相关性，而且这类游戏玩家的大脑影像跟毒品成瘾的人的大脑影像很像	相关性并不能证明因果关系。心理问题可能会导致包括游戏成瘾在内的很多上瘾行为	证据效力较弱，但是值得思考

续表

辩论方	论证总结	反驳	评价
反方	玩游戏成瘾的概率与酗酒或赌博成瘾的概率并没有显著差异	但是其他的成瘾行为都带来了极大的破坏	与其他成瘾行为相当的概率表明玩游戏是成问题的，即使其发生的概率并不高
	玩游戏成瘾是一个非常有负面意涵的词语，然而究竟怎样才算成瘾缺乏精确的衡量标准。使用这一负面词语导致“道德恐慌”	但是研究确实表明一小部分玩家玩游戏是成问题的	“成瘾”这个词是有问题的，应该用“不适当地玩游戏”这样的表述来替代“成瘾”
	年轻人对某样事物的热衷很容易被年长者误认为是有问题的	或许这解释了对这个问题的广泛流行的信念，但是对于“不适当的使用”并没有数据	这有助于解释家长和政府的想法
	心理问题才是“不适当地玩游戏”的成因	相关性并不证明因果关系	这是有道理的，但是并没有在科学上得到确立

我们如何比较性地评价各种理由和论证，以得出一个有充分理由支持的判断？

你怎么想？

我们从这个探究中可以合理地得出什么样的结论？

李妍：好吧，这对我们所做的调查是一个很好的总结。那么我们可以得出什么结论呢？

章敏菁：我想我们可以得出这样的结论：关于究竟什么是视频游戏成瘾或不适当地玩游戏及其普遍程度，存在很多不确定性。在我看来，这种恐惧被过度夸大了，“迷上”视频游戏的人的普遍程度并不比热衷任何其他有趣的活动的人的概率要高。

王韫：说得对！

章敏菁：不过我得承认这是到目前为止暂时的判断。

李妍：那么你觉得我们不用担心孩子玩电子游戏吗？

章敏菁：有些孩子显然是玩得太过了。但是，除非你的孩子在学校学习成绩下降，晚上不能好好睡觉，看起来闷闷不乐或没有任何朋友，否则我不会太担心。

王韫：听见了吗？妈。我告诉你没有什么可担心的！

刘睿：我们做了探究后才真正知道这一点。

章敏菁：我看到的一项研究表明，针对玩视频游戏出现问题的孩子的最佳防治措施就是与父母保持良好的关系。其中说："这些结果表明，父母对孩子的视频游戏行为制定的限制性措施可能并不是减轻视频游戏病理症状的有效方法。相反，研究者强调亲子关系的重要性。"[xv] 因此，我会努力跟孩子建立良好的关系，而不是试图控制他们玩电子游戏的时间。

李妍：这话说得在理。

你怎么想？

运用上面评估科学信息的判断及其确信程度表格，你觉得基于这个探究我们应该做出何种确信程度的判断？

在对话中，探究者们发现，即使是关于游戏成瘾的普遍程度也存在很大的不确定性，更不用说玩视频游戏与心理问题之间的因果关系了。章敏菁还指出，由于代际差异，孩子玩游戏可能会让父母很担心。她们俩都发现了玩电子游戏会影响大脑的证据，但其中一些证据是正面的，而游戏成瘾者与毒品成瘾者的大脑特性之间的相关性的证据则并不能确定究竟何者在先。由于缺乏共同认可的标准，研究者甚至难以确切地说明怎样才算是游戏成瘾，因而上述探究中的初步判断似乎很合理。

评价社会科学中的因果断言时需要考虑的因素

评价社会科学中的断言的基本指导原则与评价自然科学中的是一样的，但是以人作为研究对象，还是带来了一些特殊的挑战。

可概括性

这里有两个问题，**实验有效性**和**样本可概括性**。在对话中，章敏菁质疑什么样的标准可以用来判别游戏成瘾。这是对于**有效性**的质疑——识别不适当地或成瘾地玩游戏的标准是否为识别一个病态行为提供了很好的基础。如果一个或一组标准为识别相应的行为或病状提供了适当而可靠的基础，那么它是有效的。

在视频游戏中还存在以下问题：是否可以将对学生的研究推广到人群总体上，以及是否可以将针对一个国家的研究推广到其他国家？需要注意，关于可概括性的问题并不能通过对实验组和对照组随机抽样来解决。这样的随机抽样只是确保了如果实验最终有统计上重要的差异，那么这些差异不大可能是随机造成的。但是这样的过程并不提供数学上的依据来支持根据这些结果对更大范围内的人群进行推断。研究者可能会争辩，所选择的样本是一个好的样本，可以对其进行概括，然而这并不等同于统计上有基础的推断。

很多心理学实验都是基于对大学本科生的便利抽样进行研究的，显然，这些样本既非随机的，也不能合理地代表更大范围内的人群。在大多数这些研究中，研究者们甚至都没有说明他们的目标人群是什么。目标人群是本科生吗？是他们学校的本科生吗？还是说，想要基于这个结果来对人类做出一般性的判断（就像经常所声称的那样）？无数针对不同群体的研究，包括跨文化研究，可以提高对于实验结果的可概括性。

原因和结果之间的顺序

如果我们不能确定某个声称的原因是否真的发生在结果之前，那么观察性研究对于该因果断言的支持是薄弱的。当就一个因素（诸如玩视频游戏）对参与者的态度和行为的影响做观察性研究的时候，通常难以确定这个相关的因素（可能的原因）是否发生在结果之前（例如抑郁究竟发生在不适当地玩游戏之前还是之后）。

社会因果

社会学以及其他相关学科中的很多解释都是基于这样的观点，即人类行为的某些方面最好可以通过研究他们所处的社会来理解。基于这一视角，一个个体或者一个群体的行为最好是通过诉诸它所发生的社会环境来解释。考虑对一个人失业的如下解释：如果我们研究一个特定的人，比如李伟——

为什么他很穷、失业了，我们可能关注他的个人特质，比如他缺乏技能，或者他沉迷于电视，甚至是有个不幸的童年。换句话说，我们可以用很多关于他的事实来为他的情形提供解释。

但是，如果因为经济衰退，社会中的失业率从5%上升到8%，那么我们知道，这额外的3%的失业人口之所以失业，并不是因为其不好的习惯、懒散的个性或者不幸的童年，而是因为他们遇到了经济衰退。所以，如果李伟被裁员，且不能找到另一份工作，是因为现在有太多新近被裁员的人要找工作，那么对于他的失业的解释是基于社会的而不是基于个人的。这两个解释的视角（基于有关个人事实的解释和基于更宏观的社会因素的解释）影响到我们要在什么学科内寻求解释（心理学、社会学或者经济学）[xvi]。

预测

正如在所有科学中那样，关于人类行为的解释也是通过最佳解释论证来确立的。如果一个解释导向了成功的预测，那么这对它成为最佳解释来说就是一个有力的论证。但是比起自然科学，预测在证实社会科学中的断言时起到的作用通常更小。影响人类行为的因素极其复杂，而且人类具有自我意识和自由意志这一事实，使得同预测自然现象相比，预测人类行为要困难得多。这是社会科学中的论断通常更不确定、一般达不到我们在自然科学中所能达到的同等程度共识的一个原因。

意义的解释性和原因性作用

理解人类行为意味着我们所处理的是这样的现象——在其中意义对解释来说是关键的。尽管我们没有研究互联网上霸凌行为的影响，但它提供了一个很好的例子说明语言如何可以具有因果关系。所谓"人言可畏"，人会因为他人的言语抑郁甚至自杀。语词的力量并不是物理性的。使得语词具有因果效应的东西是它们的意义。任何关于人的研究都不能只研究物理原因。在对于人类行为的适当的解释中，意义、信念以及意图必然都起到重要的作用。这些是跟在自然科学中所使用的概念非常不同的解释性概念。比如，对于力的解释并不要求被作用的物体理解发生了什么。

检查你的理解

- 什么是目标群体？什么是样本？
- 研究人类行为的两个基本方法是什么？
- 两种基本的观察性研究是什么？
- 相关性在确立因果关系的时候起到什么样的作用？
- 实验性研究的黄金准则是什么？
- “统计上重要的”这个词的意思是什么？
- 什么是便利抽样？
- 什么是元分析？
- 对推断因果关系来说，什么样的证据可以算是充分的？
- 什么是原因性因素？
- 评价社会科学中的断言的五点特殊考虑是什么？
- 评价社会科学中的实验性证据时的特殊考虑是什么？

练习

1. 找出下面的研究设计在方法论上的问题或者局限：

(1) 使用一个由 27 名男性大学生组成的样本来考察年轻人对于约会的态度。

(2) 由医生做出选择，他们的哪些病人将接受安慰剂、哪些将接受治疗。

(3) 研究喝酒对于癌症发病率的影响，所使用的样本中的一些人既喝酒又抽烟。

(4) 通过考察在不断增长的压力水平和婚姻破裂之间是否存在相关性，以判断压力是不是婚姻破裂的一个原因性因素。

2. 找出下面的研究以及它的结论中的问题：

为了研究青少年吸烟的原因，研究者与大量的青少年吸烟者进行了谈话，并且注意到他们中很多人的父母都吸烟。基于此，他们得出结论，父母吸烟是导致青少年吸烟的一个主要原因。研究者们还采访了吸烟的父母，发现对于他们家里的青少年而言，大约有30%的13岁以上的孩子都偶尔会吸烟。他们因此得出结论，这再一次表明父母吸烟是青少年吸烟的一个原因性因素。

3. 下面是三个关于家庭暴力和抑郁等其他因素之间的关系的研究摘要。对于每一个摘要，完成如下任务：

（1）识别出这个研究的类型。

（2）评价这种类型的研究的有力和薄弱之处。

孕期家庭暴力等因素与产后抑郁的关系

作者：张勇，邹韶红，曹玉萍

摘要：目的：调查孕期家庭暴力等因素和产后抑郁的相关关系。方法：采用回顾性调查，利用受虐评估问卷（AAS）对门诊846名孕妇进行筛查，在产后30～42天筛查产后抑郁的发生状况。结果：①孕期家庭暴力发生率为11.3%，精神暴力为主要形式；②受虐妇女产后抑郁发生率为31.2%，孕期受虐者产后抑郁发生率显著高于未受虐组（66.7%/9.7%）；③孕期精神暴力、家暴认可态度、意外怀孕、丈夫饮酒、丈夫职业是工人以及担心胎儿健康等因素可能预测产后抑郁。结论：孕期精神暴力、家暴认可态度以及意外怀孕等可能是产后抑郁的风险因素。

抑郁症患者的家庭暴力及因素分析

作者：邹韶红，张亚林，黄国平

摘要：目的：研究家庭暴力与抑郁症个性特点、社会支持、应对方式的关系，针对心理抑郁提供理论依据。方法：采用自行设计的家庭暴力调查表、汉密尔顿抑郁量表（HAMD）、社会支持评定量表、特质应对方式问卷和艾森克人格问卷（EPQ），对72例抑郁症患者进行评定和比较。结果：有家庭内暴力者38例（男16例，女22例），家庭暴力与抑郁症患者HAMD抑郁总分呈正相关；有家庭暴力组男性的主观支持分、总社会支持分低于无家庭暴力组（18.8±4.9，22.6±3.4；33.7±8.2，39.6±6.4，P0.05），消极应对分高于无家庭暴力组（34.9±4.7，30.1±6.5，P0.05）；

有家庭暴力组女性的支持利用度分低于无家庭暴力组（6.1±2.0，8.1±2.0，P0.05），EPQ 的神经质评分高于无家庭暴力组（64.2±7.4，56.5±10.3，P0.05）。结论：抑郁症患者的家庭暴力事件应予以重视，家庭暴力与男性抑郁症患者的绝望感、主观支持、总社会支持及消极应对方式相关，家庭暴力与女性的支持利用度和神经质个性相关。

产后抑郁与产后家庭暴力

作者：郭素芳，吴久玲，渠川琰

摘要：目的：了解产后家庭暴力和产后抑郁的发生情况，探讨产后家庭暴力对妇女心理健康状况（特别是产后抑郁）的影响。方法：采用分层整群抽样的方法，在天津市和辽宁、河南、陕西省的 6 个市、32 个区，对有 6 个月至 1 岁半小儿的 12 044 名妇女进行了调查。结果：产后抑郁的发生率 20.9%，产后家庭暴力的发生率为 8.3%，产后家庭暴力常常有多种形式（心理暴力、性暴力和躯体暴力）且反复发生，性暴力的发生率最高。多因素分析显示产后抑郁与产后家庭暴力有一定相关性。结论：产后抑郁和产后家庭暴力的发生率较高，后者是前者的重要影响因素之一。

4. “幸福肥”是指进入浪漫伴侣关系的双方中，至少一方体重增加的现象。下面哪项研究最能支持“浪漫伴侣关系比单身状态更容易导致肥胖”这一结论？为什么？

（1）澳洲一项研究分析了 15 000 名成年人的资料，调整年龄、性别、教育、职业、居住地、种族等因素以后，发现有伴侣者超重的风险是单身者的 1.25 倍。

（2）美国的一项研究追踪了 3 889 对夫妇随访 25 年的资料，发现了一些有趣的现象。对于一开始不胖的男性，如果妻子一直是肥胖的，那么他们变胖的风险是妻子一直不胖者的 1.78 倍；女性的情况与之相似，这个数据是 1.89 倍。

（3）美国的另一项研究数据来源于两组相似且单身的人，后来一组脱单，一组坚持单身，一段时间以后比较两组人的 BMI。该研究发现，平均而言，男性结婚后变肥胖的风险是保持单身者的 2.07 倍，女性结婚后变肥胖的风险是保持单身者的 2.27 倍。脱单男性变肥胖的风险在第二年达到峰值，脱单女性变肥胖的风险则逐年升高。

5. 关于科学和网上约会：网上约会服务是一个很大的市场，很多网站声称他们提供的服务是有科学基础的。关于约会和婚配的科学进行一个探究。科学可以告诉我们关于找到合适的另一半的答案吗？（Alina Tugend，“Blinded by Science in the Online Dating Game,” *New York Times*，http：//www. nytimes. com/2009/07/18/technology/internet/18shortcuts. html）

6. 关于幸福的研究：什么使得人们觉得幸福？这是另一个受到多方关注的领域，哲学家们提出了很多理论，经济学家做出了很多假设，而常识本身却显得很清楚，不过关于这个话题还是有很多有趣的跨文化研究。就关于幸福的基础和原因的社会科学研究进行探究。这些研究告诉我们什么使得人们觉得幸福？幸福的基础在所有被研究的文化中都是一样的吗？我们可以从这些研究中做出什么关于人们应该如何生活的推论吗？这些研究支持了先前的什么哲学理论吗？一些批评者发现这些研究的结果不过是“常识”。你怎么看？

7. 阅读下面的文章，回答下面的问题：

（1）文章中所做出的因果断言是什么？

（2）研究的背景是什么？

（3）有什么相关的理由和论证被提出来支持这个断言？

（4）基于这篇文章中所提供的理由和论证，可以做出一个在什么程度上确信的判断？

（5）当做出这个判断的时候，鉴于只有一篇文章，你还得考虑是否遗漏了什么有助于评价这一断言的信息。

a. “鳏寡效应”真的存在吗？（https：//www. guokr. com/article/445802/）

b. 养猫的人更健康，那是因为人家养得起猫。（https：//www. guokr. com/article/445732/）

c. 剧烈运动后易生病？是高强度锻炼增加了感染风险吗？（https：//www. guokr. com/article/442965/）

d. 贫穷何止限制了想象力，还限制了你的脑力。（https：//www. guokr. com/article/442973/）

注释

［ⅰ］https：//newzoo.com/insights/infographics/china-games-market-2018/（2019年7月13日访问）.

［ⅱ］WHO，“WHO | Gaming Disorder，”http：//www.who.int/features/qa/gaming-disorder/en/（2019年7月20日访问）.

［ⅲ］Dr Nicholas Kardaras，“It's‘Digital Heroin’：How Screens Turn Kids into Psychotic Junkies，” *New York Post*（blog），https：//nypost.com/2016/08/27/its-digital-heroin-how-screens-turn-kids-into-psychotic-junkies/（2016年8月27日访问）.

［ⅳ］Gray，P.，“Sense and Nonsense about Video Game Addiction What Does Research Really Tell Us about the Brain Effects of Video Gaming?，” *Psychology Today*，2018，https：//www.psychologytoday.com/us/blog/memory-medic/201705/video-game-addiction.

［ⅴ］Nouchi，R.，Taki，Y.，Takeuchi，H.，Hashizume，H.，Akitsuki，Y.，Shigemune，Y.，…& Kawashima，R.，“Brain Training Game Improves Executive Functions and Processing Speed in the Elderly：A Randomized Controlled Trial，” *PloS one* 7，No.1（2012）：e29676.

［ⅵ］Ruth Festl，Michael Scharkow，and Thorsten Quandt，“Problematic Computer Game Use among Adolescents，Younger and Older Adults，” *Addiction* 108，No.3（2013）：592－599.

［ⅶ］Fenglin Cao and Linyan Su，“Internet Addiction among Chinese Adolescents：Prevalence and Psychological Features，” *Child：Care，Health and Development* 33，No.3（2007）：275－281.

［ⅷ］Patrick M. Markey，*Moral Combat：Why the War on Violent Video Games Is Wrong*（BenBella Books，Inc.，2017），134.

［ⅸ］Christopher J. Ferguson and T. Atilla Ceranoglu，“Attention Problems and Pathological Gaming：Resolving the‘Chicken and Egg’in a Prospective Analysis，” *Psychiatric Quarterly* 85，No.1（2014）：103－110.

［ⅹ］并非所有的社会科学都以统计为基础。基于访谈和历史分析的定性数据也在这些学科中发挥作用。在支持统计方法的人和认为这种方法过于狭隘而无法正确理解人类行为的人之间存在着一种张力。这里关心的主要是基于行为的统计性证据而进行概括的问题。也就是，如果这种研究方法可以为解释、理解和预测人类行为提供基础，那么

究竟是如何提供的呢?

[xi] Wikipedia，“Survivorship Bias,” https：//en. wikipedia. org/w/index. php?title=Survivorship_bias & oldid=911905417（2019 年 8 月 21 日访问）.

[xii] Smyth，Joshua M，“Beyond Self-Selection in Video Game Play：An Experimental Examination of the Consequences of Massively Multiplayer Online Role-Playing Game Play,” *Cyber Psychology & Behavior* 10，No. 5（2007）：717 - 721.

[xiii] Wu，Anise MS，Mark HC Lai，Shu Yu，Joseph TF Lau，and Man-Wai Lei，“Motives for Online Gaming Questionnaire：It's Psychometric Properties and Correlation with Internet Gaming Disorder Symptoms among Chinese People,” *Journal of Behavioral Addictions* 6，No. 1（2016）：11 - 20.

[xiv] http：//en. wikipedia. org/wiki/Michelson%E2%80%93Morley_experiment.

[xv] Hyekyung Choo，et al.， “Parental Influences on Pathological Symptoms of Video-Gaming among Children and Adolescents：A Prospective Study,” *Journal of Child and Family Studies* 24，No. 5（2015）：1429 - 1441.

[xvi] 关于社会科学中的解释的复杂问题的一个详尽讨论，参见 *Stanford Encyclopaedia of Philosophy*，“Methodological Individualism,” rev. Mar. 12，2009，http：//plato. stanford. edu/entries/methodological-individualism。

第十四章　艺术中的探究

学习目标

在读完本章之后，你应该能够：

- 对艺术作品应用探究的指导性问题
- 对解释艺术作品应用适当的标准
- 对艺术作品的价值做出批判性判断
- 评价关于有争议的艺术作品的辩论

《格尔尼卡》

艺术博物馆的江琪主任带领一群学生参观一个非常特别的艺术巡回展。参观的学生有宋俊涛、姜瑶、徐逸飞、沈佩珊、郑鑫和刘宇轩。大家走到了一幅巨大的油画面前，它占据了整面墙（参见《格尔尼卡》，https://baike.baidu.com/item/%E6%A0%BC%E5%B0%94%E5%B0%BC%E5%8D%A1/3145850?fromtitle=Guernica&fromid=8318693）。

郑鑫：这就是我们特地来看的那幅名画吗？不是开玩笑吧！它不过是一堆稀奇古怪的粗糙的图形和人物罢了。

刘宇轩：就是——他们看起来并不像真正的人。

宋俊涛：它看起来挺像我弟弟的涂鸦——贴在我们家冰箱上的。

姜瑶：你们这些家伙根本不懂得欣赏艺术。我爱这幅画！

宋俊涛：为什么？

姜瑶：它让我感到震惊！我无法解释为什么——有些东西是解释不了的。

沈佩珊：我想一幅画要么吸引你，要么不。艺术就是如此，纯粹是个人口味的问题，就像吃东西。

郑鑫：那这幅画对我来说跟大蒜是一类的。

宋俊涛：嘿，我说，看看这个（宋俊涛指向对面墙上的一幅画。参见《跪着的新娘》，http：//www.youhuaaa.com/page/painting/show.php？id=29149)。这幅画是我可以理解的。它看起来像是一个真实的场景，里面是些真正的人。我可以看出为什么大家认为它是好的。只是我真的很不理解为什么第一幅那么有名。那个家伙甚至都不会画画。

徐逸飞：呃，这幅画让我很震惊，虽然我所知甚少，无法进行真正的判断。但是那些很懂艺术的专家认为它是非常特别的。

宋俊涛：但是我们怎么理解它呢？我怎么知道它是不是真的好？

江琪：你们确实提出了很好的问题，表明你们在对艺术作品进行思考，对它们做出反应。艺术应该如此。你们对一幅画的第一反应是很重要的，但是你们也可以超越原初的反应，尝试着理解一幅画，思考它的优点。

宋俊涛：唔……那么你是要告诉我们这幅画意味着什么，为什么每个人都认为它很好吗？

江琪：也不完全是。不过，如果你们需要的话，我可以给你们提供一些指导和资源，这样你们可以自己去研究这个问题。

沈佩珊：你是说我们可以对这幅画进行探究？我并不认为可以对艺术进行探究——所谓仁者见仁，智者见智。

郑鑫：好，我想要尝试一下！

其他人：让我们来尝试一下！

你怎么想？

你对《格尔尼卡》的第一印象是什么？

同学们遇到了一幅很有挑战性的艺术作品。它绝对不是写实的，他们困惑于怎么理解它。画家为什么要画成这样呢？它意味着什么呢？为什么专家们这么看重它？如果它有什么优点的话，他们又如何能够知道呢？

大多数学生具有正面或负面的强烈反应，但是他们并不知道如何超越他们的第一印象。事实上，他们中的一些人相信这是不可能的，认为艺术是完全主观的，“仁者见仁，智者见智”。

确实，在艺术作品的问题上，我们个人的、主观的反应是很重要的，不应该被忽视。然而，对其进行研究也是可能的，找出关于一件作品及其背景等方面的信息，不管是一幅画、一出戏剧、一个舞蹈还是一首音乐，从而对其做出一个有充分理由支持的判断。我们对一件作品的反应在这个过程中可能会发生改变。艺术可以成为探究的主题，就像科学、政治或者日常生活中的问题那样。尽管在这些不同的探究之间有着重要的区分，它们之间还是存在很重要的相似性，正如我们在下面将要看到的。

对艺术作品应用探究的指导性问题

郑鑫：那么我们怎么开始呢？

沈佩珊：既然我们要进行一个探究，那么我们何不看看是否可以应用我们所学到的“探究的指导性问题”呢？

这个问题是什么？包含什么样的断言和判断？

宋俊涛：好的。那么问题是什么？这个问题中有什么样的断言和判断？

你怎么想？

问题是什么？这个问题中有什么样的断言和判断？

沈佩珊：我认为我们想要回答的主要是两个问题：这幅画意味着什么？它好在什么地方？

徐逸飞：对。至于我们想要做出的判断的类型……我们的第一个问题是问这幅画意味着什么，所以我想我们得做出一个诠释性判断。

沈佩珊：对于第二个问题，我们是要试着评价这幅画有没有什么好的地方，所以我们需要做出一个审美判断。

关于这个问题的各种立场，其相关的理由和论证是什么？

姜瑶：现在我们的指导性问题是，关于一个问题的各种立场的理由。

郑鑫：这就是我们要研究的部分。泡图书馆的时候到了，伙计们。

徐逸飞：是呀，我们得看看专家们是怎样阐释这幅画的，以及他们为什么认为它好或者不好。

江琪：关于对绘画的探究，我想要让你们从一种不同的研究方法——观察开始。我想要你们一上来先自己仔细地观察这幅画，看看从中可以看到什么。关于这幅画意味着什么，基于你们所观察到的东西，试图得出一些你们自己的假设。在那之后，我们再做一些外部的研究，看看其他人对这幅画是怎么说的。

宋俊涛：为什么我们不直接去看看专家们的说法呢？为什么要费这个劲来观察？我是说，我们知道些什么？

江琪：先进行观察是一个好主意，因为艺术意味着观察和融入。有时候，如果观察者直接去获取外部信息而没有真正仔细地观察、尝试融入，他们可能会放弃自己解释该作品并做出判断的机会。他们只是依赖于别人是怎么说的。获得额外信息的帮助确实重要，但是最好是在你自己跟这幅画有过交流之后。

同学们发现他们可以使用与指导其他领域的探究一样的指导性问题。这里有一点稍微不同，江琪让他们在进行了更为直接的观察研究之后，再进行外部的研究。很多教艺术欣赏的老师都推荐这个方法，因为它促使人们对一件作品建立初步的、直接的反应。观察者被鼓励去观察作品的细节、思考并提出问题。重要的是，不要跳过这种亲身参与而直接依赖外部资源作为你的解释和判断，否则你可能并没有真正思考和关注过这件作品。而最终说来，艺术是被每个独立的观察者所关注和欣赏的。

江琪也要求学生们基于他们的观察提出假设。我们通常把这个观察并基于证据提出假设的过程跟科学联系在一起，但是我们也可以看到，它在艺术欣赏中同样起到重要作用。这个过程并不是只限于视觉艺术，也可以应用于小说、诗歌、音乐作品——事实上，它对于任何艺术形式都适用。

我们之前所看到的进行探究的资源大部分都是来自书本或互联网的外部资源。但是正如我们可以在这个例子中所看到的，个人也可以是资源。在一个领域学有专长的人可以成为一位良师益友，为其他参与者提供指导，正如江琪在这个探究中所做的那样。

观察

江琪：让我们先来看一下，这幅画的签名处写的是什么。

姜瑶：格尔尼卡，巴勃罗·毕加索（Pablo Picasso），1937。

郑鑫：毕加索——我肯定听过这个名字，但是不敢说对他有什么了解。而“格尔尼卡”这个词对我来说则没有什么意义。

江琪：我们在后面再讨论这些。现在，让我们看看这幅画本身。为了真正进行仔细的观察，我想要你们试着描述一下你们从画上面究竟看到了什么，越详细越好。

你怎么想?

尽可能细致地对这幅画进行描述。只描述你看到的东西。

郑鑫：好吧，我先说。曾经有一伙外星人入侵，所有的人和动物都是畸形的，因为外星人四处散播一种无色无味的粒子融合气体，这伙外星人是来自——

姜瑶：你看了太多科幻电影了，郑鑫。

江琪：你这是一个有趣的解释，郑鑫。但是现在这个阶段，让我们先不要急着进行解释，而是仅描述一下我们看到了什么。你们可以辨别出什么样的对象呢？

宋俊涛：呃，我可以看到一些人——大多数都是女人——和几只动物，还有个我觉得是雕像的东西。

江琪：让我们试图描述得更为细致一点。

姜瑶：好吧，在左边我看到了一个女人，她的头向后歪着，她的嘴巴张开着。在我看来她好像是在尖叫。她抱着一个宝宝。这个宝宝头耷拉在后面躺着的方式让我觉得他好像是生病了——甚至是死了。

徐逸飞：在那个女人的后面是一头很大的公牛。它的姿势很奇怪，它的身体向着中心，但是它的头则扭向另外一方。

宋俊涛：哦，是的。我都没有注意这一点。

沈佩珊：在画的中心是一匹马。它的头昂着，嘴巴张开着。在我看来它大概也是在叫唤。

郑鑫：看！有个东西插在马的身体上，看起来好像是一把匕首。可能那就是它叫喊的原因。

宋俊涛：好眼力，郑鑫。我甚至都没有看到匕首。

姜瑶：在马头上面，是一个好像灯的东西。可能是一个灯泡或者太阳？

徐逸飞：我在牛头的右边看到一只鸟。我想它正飞向灯光。

刘宇轩：我想它是歇在屋顶上的。

宋俊涛：我甚至都看不到有鸟！

沈佩珊：在上面靠右边的地方，有一个女人倚在窗口举着一盏灯。在她的右边还有另一个女人。她的衣服好像着火了。事实上，我想说整个房子都着火了。

姜瑶：在这个举着灯的女人正下方，有另外一个女人，她看起来好像正在向左边奔跑。

郑鑫：在底下，牛的下面，还有一个人，或者至少有他的头和手臂。那好像是人的躯体的一部分，或者可能是一个雕像。在他的手上看起来好像有一把断掉的剑，所以可能这是一个战士的雕像。

沈佩珊：我刚刚注意到其他一些东西。在战士的剑上面长着一朵花。

徐逸飞：嘿，我说，看这个！如果你真的非常仔细地看这匹马的头，可以看到由马的鼻子和上排牙齿组成的一个骷髅。

宋俊涛：不是吧！那可真是很酷！呃，我得承认，一开始我不能真正理解我们要进行这种观察的意义。但是其他人指出了画中我没有注意到的东西。所以现在我们知道，我们可以说都看到了同样的东西。

正如宋俊涛意识到的，细致描述一件作品的过程具有重要的意义。它使观察者不会急于进行判断（正如郑鑫一开始所做的关于外星人的解释），使其可以在判断作品的意义和价值之前，有时间看到尽可能多的东西。它也促使观察者之间对于他们所看到的东西达成一致，这些他们所看到的事实可以作为做出解释和批判性判断的基础。

江琪：到目前为止，我们看了这幅画的内容——可以识别出来的对象和动作。但是我们还要记住，一个艺术家是以某种特定的方式来绘制这些内容的。他使用线条、形状、颜色、样式以及关系来创造出一定的效果，了解这些可以帮助我们来理解这个作品。

你怎么想？

关于毕加索在《格尔尼卡》中使用线条、形状、颜色、样式的方式，你注意到了什么？

江琪：让我们从基本的方面，比如这幅画的大小开始。

宋俊涛：哦，它真是大！我想大概有 3.5 米高，很可能有 7 米长。

江琪：它是怎么画成的？用了什么样的材质？

徐逸飞：是在画布上的油画，就我所能辨认的来说。

江琪：那么颜色是怎样的呢？

刘宇轩：说不上什么真正的颜色——只有黑白，以及灰色的阴影。

江琪：你们关于这幅画的风格注意到了什么？

郑鑫：这些人和动物并不像真正的人和动物。它们有点……我说不准……稀奇古怪而且扭曲——有点像卡通人物。

江琪：你们可以多说一点它们是怎么不一样的吗？

沈佩珊：嗯，事实上，这些脸只是些形状。每样东西看起来都像是平的。

徐逸飞：那是因为没有阴影或者透视。

江琪：或许你得解释一下，徐逸飞。

徐逸飞：好的，江阿姨。艺术家使用透视来造成一种关于空间的真实的感觉——事物在眼睛看来的方式。画家们从 15 世纪以来就知道怎么做到这一点了，所以这个画家显然是有意不这样做的。

沈佩珊：我还注意到这幅画显得很拥挤。整幅画布都画满了，几乎没有什么空白部分。

郑鑫：这里好像有点奇怪的东西。我知道这只是一幅画，并没有什么活动的部分。但是我有一种感觉，好像每个人、每件东西都在向左边跑。

江琪：你为什么那么觉得呢？这幅画中的什么东西造成了那种印象？

郑鑫：嗯，大多数人和动物都面向左边——即使是那头牛，尽管它的身体是向着右边的。还有那个在右下角的女人，看起来好像也是在往左边跑。还有那个拿着灯的女人的手臂伸向的方向。他们似乎都在制造一种运动的感觉。

姜瑶：你提到了形状和样式，江阿姨。我可以看到这幅画中重复了一些形状。像这个拿着灯的女人的头，以及她下面的那个女人的头，都有同样的形状。还有那两个女人，一个在最右边，一个在最左边，她们的头都歪向后面，都在尖叫。

徐逸飞：她们似乎为这幅画构成了一种框架，赋予了它一种平衡。

沈佩珊：我总是觉得艺术不过就是关乎一件艺术品怎么感染我们，或者一个人喜不喜欢它。我从来没有真正好好地想过，一个艺术家怎样使用线条、形状、颜色和样式来制造那些效果。这令你以一种不同的方式来看待绘画。

正如江琪所指出的，一件艺术作品不止关乎内容本身。艺术家仔细地选择材料和技术来表达他用某种特定的形式表达的东西。艺术家通过使用元素和艺术原则创造想要的效果，使艺术作品对我们产生影响。除了主题，绘画还有风格和组织；艺术家使用诸如平衡、重复以及运动等原则来创作他们的作品。对这些元素、原则和技巧的理解，可以为观察者提供看待艺术作品以及对其进行解释和判断的另一种方式。

阐释

宋俊涛：好吧，我们进行了所有这些观察——我承认是很有趣的。但是我们什么时候开始分析这些意味着什么呢？这幅画究竟是关于什么的？

你怎么想？

这幅画究竟是关于什么的？你怎样描述它的基调和氛围？你从这幅画中看到了什么样的感觉或者情绪？这幅画是不是在讲述一个故事？

江琪：现在你们已经进行了很好的观察，那么你们认为它是关于什么的？

郑鑫：这么说，现在是提出一些假说的时候了？

江琪：不错。让我们从基调或者氛围开始吧。

沈佩珊：它是很阴郁恐怖的。

江琪：你为什么那么说呢？

沈佩珊：呃，颜色是原因之一。这幅画非常暗，所有颜色都是黑白灰——不是那些明亮欢快的颜色。

徐逸飞：对于黑白的使用使得它很灰暗，而且极端。

沈佩珊：而画中的所有东西都挤在一起，所有的空间都被涂满了，显得非常混乱。

江琪：你们在这幅画中看到了什么样的感觉或者情绪呢？

姜瑶：恐惧以及痛苦——极端的痛苦。

宋俊涛：暴力和苦难。

江琪：画中的什么使得你们这么认为呢？

姜瑶：最左边和最右边的那两个女人都在极端痛苦地叫喊。马也是这样。其他人物的脸上也都是极其痛苦的表情。

沈佩珊：还有一个女人身上着火了，还有一个受了伤或者死掉的宝宝。

刘宇轩：以及一把匕首和剑。

徐逸飞：不要忘记了骷髅，它象征着死亡。

江琪：那么这幅画讲了什么故事呢？

郑鑫：有外星人入侵，所有的人和动物……

姜瑶：郑鑫，你又来了。

江琪：不，让我们听听郑鑫的解释。郑鑫，你在画上看到了什么使得你这么说呢？

郑鑫：嗯，你可以看出有一些恐怖而暴力的事情发生了，因为有房子着火了，人和动物受了伤或者被杀掉了，大家都很惊恐，大声哭喊——就像其他人所说的。我还觉得这些人跑着要躲开什么东西，可能是右边的什么东西，因为我们说过有种运动的感觉。

宋俊涛：到此为止我都同意你。但是为什么是外星人呢？

郑鑫：我这就来解释一下。所以我就想，他们要躲开的是什么呢？它让我想起了有天晚上我看的那个恐怖电影，当这伙“左克”星球的外星生物来到了地球上，他们……

姜瑶：快说正题，郑鑫。

你怎么想？

你怎么评价郑鑫的解释？为什么？

宋俊涛：不好意思，郑鑫。不过我并不同意你的看法。首先，我并不觉得在 1937 年他们知道什么粒子融合气体。

沈佩珊：而且，我们可以看到像火焰、剑和匕首这样的东西，这暗示着对于这里的破坏和痛苦有其他的解释，比如说一场火灾或者战争。这比外星人的说法显得更为可能。

姜瑶：我同意他们的意见，郑鑫。我在画上看不到什么东西暗示是外星人入侵。

郑鑫：那么为什么所有人都是畸形的？我想粒子融合气体是一个很好的解释。

徐逸飞：我猜这个画家并不想要使人物看起来是真实的。并非所有的艺术都是写实的。我猜他有一些理由来选择这种特定的方式。等到我们进行研究的时候，我会查找一下关于这方面的资料。

宋俊涛：我们似乎都同意这幅画是关于暴力和痛苦的——很可能是战争。

刘宇轩：如果是这样的话，那这是一幅很残酷的战争图景——不是那些功勋显赫的战斗英雄。

徐逸飞：一把断掉的剑上面长出一朵花，这可能意味着，这幅画是某种反战宣言。

姜瑶：是，那个拿着灯的女人可能象征着一个想要在这种困境中寻找某种希望的人。

宋俊涛：但是我想知道那头牛是怎么回事。它在那里做什么？为什么它站立的姿势那么奇怪呢？

沈佩珊：那头牛使我想起了斗牛。我知道毕加索是西班牙人，所以可能是相符的。

郑鑫：但是它看起来并不像那些即将冲向斗牛士的斗牛。事实上，在我看来它好像有点悲伤。

宋俊涛：那么它为什么掉过头来呢？

姜瑶：好像它是要避开不看这个恐怖的场景——就像是不忍心看。

徐逸飞：在我看来，它好像是在保护那个女人和那个宝宝。

郑鑫：我想知道为什么毕加索把这幅画画得这么大。它显然不是那种你通常挂在客厅里的画。我猜他是想要做出某个很大很重要的宣言，才值得用这么大的地方。

姜瑶：他显然是要它产生一种巨大的冲击（事实上也确实如此）。

宋俊涛：好吧，关于这幅画意味着什么，我们做出了所有这些假设。那么，现在我们是不是应该去看看我们是否正确呢？

姜瑶：如果这幅画确实表达了某种反战情绪，那么我想知道毕加索这么做的原因。

郑鑫：如果徐逸飞说的是对的，毕加索有意选择这种奇怪的风格，那么我想知道究竟是为什么。

江琪：我想现在是时候对这个画家以及这幅画的背景做一些研究了，这样你们可以回答那些问题。在博物馆的一楼有一个很好的资源库，包括书籍、幻灯片、视频以及网络资源。我想在那里你们会找到你们想要的东西。

你怎么想？

你觉得同学们为了回答他们的问题需要找到什么？

沈佩珊：我认为我们应该了解一下这幅画的背景——它是什么时候以及在什么情况下画的，才能理解它的意义。

刘宇轩：我们还应该对历史时期进行一些研究，了解当时的情况，看看跟这幅画的主题有什么关联。

姜瑶：我想进一步了解毕加索这个人，以及他为什么画这幅画。

徐逸飞：我想了解一下毕加索使用的这种奇怪的画法。

宋俊涛：我想知道专家们对这幅画要说些什么！

在这个过程的这一阶段，同学们开始将他们从观察中所看到的东西应用到解释上，试图使得这幅画产生意义，以及理解它可能意味着什么。所有的艺术作品都是有意味的，尽管这种意味可能并非总是一目了然的。它们可能是处理外在于作品的主题或者问题，比如战争或者贫困这样的社会文化问题，也可能是关注这个艺术家自己所特有的问题，比如个人的挣扎或者心灵创伤。但是艺术作品也可以是关于形式的，关于色彩、线条或者技巧的实验。很多现代的抽象画作就属于那一类。而且，艺术有时候是关于其他艺术的，是对其他的艺术作品或者其他类型的艺术做出反应或者评论。一些艺术作品是大多数人一下子就可以看懂的，而其他一些可能是非常费解的，对于它们的解释需要更多的外部知识。

你可能带着你的第一印象来开始这个解释的过程，基于这些观察而形成假说，然后用证据来检查这些解释，来判断哪个是最好的。这就是同学们所采用的过程，它跟科学探究中的最佳解释论证有些共同之处。

重要的是认识到，对于同一个作品可能有很多合理的解释。艺术在其本性上是复杂的，可以做多种解释，通过给予我们思考和想象的空间来吸引我们。关于一件艺术作品，并非只有一种正确的解释。可能有好几种解释都得到证据同等的支持，既有观察性证据，也有背景性证据。事实上，具有多种解释是好的，因为可能没有一个解释可以穷尽一件艺术作品的意义。从而，解释一件作品有一种集体的维度，一群人可以在一起观察和讨论一件作品，可以为他们的解释进行投票和争辩，以期就这个作品的意义挖掘出更多内涵，正如这里同学们所做的那样。

虽然如此，并非所有的解释都是同等有效的，有些是更合理、更令人确信、更有启发或者包含了更多信息的。经常被用来判断一个解释有效性的主要标准是**符合程度**、**包容性**以及**融贯性**。符合意味着这个解释对应或者符合我们从艺术作品中看到的，以及我们关于其背景所知道的东西；包容意味着这个解释说明了所有证据，并没有漏掉任何跟解释不符的方面；融贯是指这一解释的所有方面前后一致，而这个解释作为一个整体是有意义的。在上述例子中我们可以看到这些标准是如何起作用的。在江琪的鼓励下——“你在画中看到了什么使得你那样说呢?”——同学们提出了各种关于《格尔尼卡》的意义的假说，并提供证据来支持他们的解释。

让我们考虑一下郑鑫为《格尔尼卡》提供的解释，从而更为细致地表明这些标准是如何起作用的（见表 14－1）。首先要注意，根据这幅画中的证据，郑鑫的解释在很多方面都是可以得到支持的。有些暴力事件发生了，人们经受痛苦和恐惧，他们在奔跑着躲开什么东西，这些想法都符合从画中观察到的东西。另外一点支持郑鑫的解释的是，它自身听起来确实是融贯的。

表 14－1　外星人入侵解释

论证	证据
正面论证	
一些暴力事件发生了	房子着火，人和动物受伤或死亡，人们在尖叫和哭泣
人们逃避右边的东西	有一种运动感 人和动物都朝左
粒子融合气体	人和动物是畸形的
解释是融贯的	解释的各个要素相互符合
反面论证	
关于有外星人入侵的解释，在画中找不到任何证据支持	
不具有包容性	遗漏了诸如匕首和断剑这些元素

续表

论证	证据
与背景不符	关于粒子融合气体的概念并不符合我们所知道的有关这一历史时期的知识
用一种非表征性的艺术风格来解释它是更好的解释方式	

然而，也有好几个方面跟郑鑫的解释不符合。最值得注意的是，他关于有外星人入侵的解释，在画中找不到任何证据支持。他的解释并不具有包容性，因为它遗漏了诸如匕首和断剑这些元素。此外，他关于粒子融合气体的概念并不符合我们所知道的关于这一历史时期的知识，也没有考虑到对于这幅画的表现方式可能有不同的、更好的解释，即用一种非表征性的艺术风格来解释。

问题是，《格尔尼卡》想要表达什么？

至此，同学们基于对这幅画本身的观察，对《格尔尼卡》提出了各种各样的解释，既涉及整体也涉及其中的单个元素，他们用从这个作品中找到的证据来支持其观点。现在，是时候来做一些外部的研究了，收集关于历史、政治以及艺术史方面的信息，从而进一步推进他们的探究。

这个问题的背景是什么？

郑鑫：好吧，我现在知道“格尔尼卡”这个标题指的是什么了。好像是在 1937 年 4 月 26 日，西班牙内战期间，纳粹空军轰炸了西班牙的格尔尼卡市。他们说这次袭击致使多达 1 600 人丧生，还有更多的人受伤。

沈佩珊：我看到，毕加索被委派为西班牙在巴黎世界博览会上的建筑画一幅壁画，他本来对这幅壁画有一些其他的设想，但是当轰炸发生之后，他改变了计划，画下了那次对格尔尼卡的轰炸。

宋俊涛：所以我们说这幅画关乎战争是对的。

刘宇轩：但是我们并不知道任何关于这个战争及其背景的细节。

姜瑶：作为这样一幅重要壁画的灵感之源，这件事对于他显然是非常重要的。我想知道为什么。有没有人找到更多的关于西班牙内战以及毕加索对于它的看法方面的信息？

徐逸飞：我找到了。西班牙内战是 1936 年至 1939 年发生在西班牙的一场重要战争。由一个法西斯主义者弗朗西斯科·佛朗哥（Francisco Franco）领导的西班牙国民军想要推翻共和政府。德国纳粹是佛朗哥的同盟。国民军最终赢了，建立了一个由佛朗哥领导的独裁政府。

沈佩珊：显然，对于格尔尼卡的轰炸是一件特别恐怖的事情。这里并没有任何战略价值，不过它确实具有历史价值，也曾是巴斯克人的文化首都。纳粹空军投下了 10 万磅的烈性炸药和燃烧弹，摧毁了这个地方。他们屠杀了大量的平民。对于格尔尼卡的轰炸被认为是佛朗哥及其纳粹同盟的残忍行径的标志。毕加索非常反对佛朗哥以及其他法西斯分子。

姜瑶：我们显然可以在画中看到，他反对这一战争和轰炸的感情是多么强烈。

郑鑫：我查到，毕加索非常反对法西斯主义，以致在佛朗哥获胜之后，他将《格尔尼卡》租给了纽约现代博物馆，并且声明，这件作品只有在民主获得重建之后才能回到西班牙。西班牙在 1978 年重新变成了一个民主国家，这幅画则在 1981 年又回到了西班牙。

宋俊涛：我得承认，通过细致的观察以得到我们自己的解释，这真的让我融入这幅画。我们在对它什么都不知道的情况下所能够想出来的那些想法，让我印象深刻。而现在，我知道了所有这些细节，比如它是什么时候以及为什么而画的，那个时候发生了些什么，我就对它理解得更多了。

姜瑶：是的，我现在好像可以真正理解这个事件是多么恐怖，而毕加索对此是多么痛心疾首了。

徐逸飞：但是这幅画所包含的东西比对格尔尼卡的轰炸更多。我想毕加索也是在对法西斯分子的残忍和非人道做出批评。

沈佩珊：确实，了解这段历史以及毕加索的政治立场对于理解它是很重要的。

宋俊涛：我真的很想知道更多关于这个叫毕加索的家伙的事情，所以我集中去研究了他。注意听：巴勃罗·迭戈·荷瑟·山迪亚哥·弗朗西斯科·德·保拉·居安·尼波莫切诺·克瑞斯皮尼亚·德·罗斯·瑞米迪欧斯·西波瑞亚诺·德·拉·山迪西玛·特立尼达·玛利亚·帕里西奥·克里托·瑞兹·布拉斯科·毕加索（我不是开玩笑，他的名字就是这么长）于1881年出生于西班牙的马拉加，1973年死于法国。他的父亲是一位画家，而年轻的毕加索从很小的时候就开始接受非常繁重而传统的绘画训练。事实上，他确实成了一位现实主义风格的大师。而且你们知道吗？我们之前看到的那幅我觉得很好的关于圣餐场景的画（一个穿着白裙的女孩跪着的那个）——那也是毕加索画的！

郑鑫：这么说他当然是知道应该怎么画画的！

宋俊涛：那还用说！在现实主义时期之后，他尝试了很多不同的风格：蓝色时期（大多数都是以蓝绿为主的、色调阴郁的绘画）；受非洲影响的时期，此时他的作品变得不那么现实主义；立体派时期。

徐逸飞：哈，立体派。关于它我看了不少内容（也看了不少图片）。这一时期的艺术家似乎不再认为艺术应该真实地再现自然。他们开始拒绝我之前讲过的传统的透视技巧。显然，他们试图强调一幅画是一件人类的创造物，一个画布只有两个维度。所以，不同于试图创造出一种三维的幻觉，他们将对象分解成几何的形式，将它们用抽象的方式重组。就好像是，他们关注我们关于对象所知道的东西，而不是我们怎么感知它们。立体主义的绘画让我们在同一个时间从几个不同的角度看待一个对象。不过，《格尔尼卡》并不是一个严格意义上的立体主义作品，它是在毕加索的立体主义时期过去之后创作的。

你怎么想？

你在《格尔尼卡》中可以看到哪些立体主义风格的影响？

沈佩珊：但是你可以看到源自立体主义的元素。这幅画并不是现实主义风格的，显然没有什么再现自然的感觉。人物和动物都最多只是些形状，正如我们之前说的，他们的身体看上去是由分开的块组成的。

郑鑫：所以我猜徐逸飞是对的，毕加索实际上是有意画成这样的。但是为什么呢？我总觉得一个艺术家会想要使东西看起来真实。

你怎么想？

为什么有些艺术家不想使他们的画看起来真实，你能想出什么原因吗？

江琪：如果你们考察历史上的艺术以及其他地域的艺术，答案就很明显了，艺术并不总是关注现实主义的表征。例如在中世纪的欧洲，绘画是要激发宗教热忱，而不是赞美“现世”的事物，从而人物的位置和大小是根据他们在宗教等级中的重要性来决定的，而不是它们实际上看起来如何。我们习惯看到的那种表征性的艺术只是在15世纪意大利文艺复兴的时候才真正变得突出，而它在19世纪后期到20世纪早期又开始改变。有没有谁发现了为什么艺术在毕加索的时代脱离了表征主义？

徐逸飞：我找到了。我在好几个地方都看到，一个关键的因素是照相技术变得越来越重要了。毕竟，一张照片比任何画都更好更真实地反映了自然。所以绘画只能去发现另一个不同的目的。

姜瑶：我也读到，毕加索看到来自希腊、非洲、南太平洋的古代伊比利亚雕像和艺术品，并深受其影响。显然，在他的很多绘画中的几何学的特征，长长的鼻子和扁平的、凹陷的脸，都受到了这些面具和雕像的启发，它们跟西方的现实主义雕像很不一样。看看我找到的这幅画。这种相似性是很神奇的。

郑鑫：确实可以看到相似之处。真是很神奇，这使得毕加索的怪异风格有了一种新的含义。

沈佩珊：嗯，我想知道艺术评论家是怎样解释这幅画的。

宋俊涛：至少，我们得看看我们是不是对的！

沈佩珊：这并不是那么直截了当，宋俊涛。每个人似乎都同意，这幅画是对于战争的恐惧的表达，所以我们在这一点上是对的。但是他们也将它看作西班牙人从压迫中解放的标志，那是我们在不了解这幅画的背景时所不知道的。但是关于这幅画中的一些标志，专家们之间存在一些分歧。他们中有一些将牛视为表现了攻击性（在此代表具有攻击性的法西斯政府），而另一些人则将它看作暴力的受害者（就是指受苦受难的西班牙人）。而那匹被插上匕首的马，要么被解释成佛朗哥政权以及它不可避免的倒台，要么被解释成西班牙人在无意义地死去。两者都对他们的解释提供了来自画中的证据，正如我们所做的那样。

宋俊涛：所以我们所做的也就是评论家们所做的。真是难以相信！

在这一阶段同学们处理的问题是：这个问题的背景是什么？尽管细致的观察、第一印象以及解释的价值在对话中都已表明，我们还是看到，在不知道作品创作背景的情况下，想要带有一定的深度和精确度去解读是很困难的。围绕着一个作品的历史和政治环境方面的知识，赋予我们窥见其意义的途径，这在没有这些知识的情况下是不可能的（这类知识对一些作品来说可能比其他作品更为重要）。例如，在《格尔尼卡》的例子中，关于西班牙内战、轰炸格尔尼卡以及法西斯政权的知识，可以帮助我们理解画作中所表达的事件、情绪和意见。

关于艺术家的个人经历的知识及其社会、政治和艺术观点，可以帮助我们理解他在一个艺术作品中所力图表达或者实现的东西。在《格尔尼卡》的例子中，关于毕加索的政治观点的知识可以给我们理解这个作品的意义带来一些启发。了解毕加索的艺术发展历程，尤其是他的写实绘画的阶段、他在艺术生涯中转向立体主义的发展阶段以及对其作品的影响，可以使我们深入了解他在绘画中的风格选择。

为了理解一件作品的意义，关于艺术家的作品风格的知识是必不可少的。正如我们之前所看到的，一件艺术品不仅指其内容，还包括形式或风格，后者构成了艺术品的意义的一个主要方面。以《格尔尼卡》为例，了解毕加索的立体主义以及后立体主义风格，对于理解这幅画的成画方式以及避免郑鑫的那种误解是不可或缺的。

理解一件艺术作品还包含理解其在艺术史中的位置。重要的是意识到，艺术有历史、有目的，并且其风格会随着时间的推进发生改变。艺术不断地发生改变，以回应世界中发生的事情和在它之前存在的艺术。一些作品只有在这个背景下才能得到理解。在《格尔尼卡》的例子中，理解视觉艺术在那个时候的状态，以及影响其发展的因素（照相技术的发展、对于非西方艺术的接触）可以帮助我们理解毕加索的作品中所体现出的对于现实主义的背离。

各个论证的效力有多强？

郑鑫：我们考察了第一个问题："这幅画意味着什么？"但是我们的第二个问题——"它好在哪里？"——怎么办？

宋俊涛：那么这是不是就得看看专家是怎么说的了？

姜瑶：我并不知道我们是否应该完全依赖于专家来得出判断。毕竟，如果我们只是重复其他人所说的，那么为什么还要进行这个探究呢？

刘宇轩：那些人花了一生的功夫来研究艺术，所以他们应该理解他们所讨论的东西。听听他们说些什么是有价值的。

徐逸飞：我想重要的是，不仅知道他们说什么，也要知道他们为什么那样说。为什么这么多的艺术评论家如此推崇《格尔尼卡》？我们需要知道在他们的判断背后的理由以及他们所使用的标准。然后，我们可以评价他们的理由，外加我们的想法和反应，从而得出我们自己的判断。

江琪：关于艺术评论家的批评你们发现了什么？他们使用了什么样的标准，你们认为什么样的标准是适当的？

你怎么想？

你认为什么样的标准对评价艺术作品来说是适当的？

姜瑶：我老妈判断一幅画，就是看它挂在客厅好不好看。不过我不觉得那是一个适当的标准。

郑鑫：而且无论如何，《格尔尼卡》不适合挂在任何人家的客厅！

徐逸飞：我看到的很多评论家使用的一个标准是一件作品所具有的影响力。因此，他们谈论的是毕加索的作品对于艺术史的主要影响。它似乎改变了艺术的走向，对欧洲、美洲的绘画和雕塑都产生了革命性的影响，同时也在建筑、文学和音乐中激发了相关的运动。

郑鑫：所以《格尔尼卡》是具有原创性的。

沈佩珊：是的。我读到，这幅画的一大贡献是它采取了在之前的绘画中很突出的传统主题，但是对它们进行了重构，使得它们变得更现代，跟新的时间和背景相关。

郑鑫：我也发现，在艺术之外，立体主义对于大众文化具有强烈的影响。你可以随处看到立体主义风格的图画，比如广告。

宋俊涛：毕加索这个名字显然是很有名的（呃，不是说他的全名）。比如当我弟弟画画的时候，我妈总是说："我想我们有一个小毕加索了。"

姜瑶：这幅画对西班牙人显然是重要的，作为他们的文化和他们解放的一种标志。

徐逸飞：但是它也具有更为广泛的意义。它变成了一种对于战争的恐惧的国际性标志。

姜瑶：那都很好。但是我认为一件作品需要在情绪上感染人们。当我第一次看到《格尔尼卡》的时候，它让我震惊。当我们谈论一件艺术作品好不好的时候，那应该是重要的。

郑鑫：呃，我一开始并不喜欢它，但是现在有点喜欢了。

徐逸飞：我并不认为这只是一个人喜不喜欢它的问题（尽管那对一个人来说显然是重要的）。如果一个作品被认为是好的，那么它需要能在很长一段时间内影响很多人。《格尔尼卡》显然做到了这一点。

沈佩珊：我并不认为人们具有情感上的反应就够了。我们从一幅画或者其他的艺术作品中还应该知道另外一些事，一些对人或文化来说重要的东西，比如说战争的恐怖。一个真正好的作品应该使人们以不同的方式看待事物，并且可能想要改变一些东西。

宋俊涛：从我们所做的观察和讨论中，我可以看到这幅画确实促使我们发挥了想象力——尤其是郑鑫！我们谈这幅画确实谈了很久，也得到了很多有趣的想法。

我们如何比较性地评价各种理由和论证，以得出一个有充分理由支持的判断？

江琪：或许我们可以总结一下我们所找到的标准，看看《格尔尼卡》是不是都符合。

徐逸飞：好吧，有对于艺术史的影响。

沈佩珊：对于文化的影响。

郑鑫：原创性。

姜瑶：能激起人们的反应。

徐逸飞：能经得起“时间的考验”。

沈佩珊：表达了重要的想法或者价值。

宋俊涛：激发想象。

郑鑫：我承认《格尔尼卡》非常符合所有这些标准。

其他人：同意。

郑鑫：但是我确实有一个负面评价。这幅画真的是很难理解。还记得我的第一反应吗？如果不是江阿姨鼓励我们对它进行探究的话，我不会再看它第二眼。你真的需要非常仔细地观察这幅画，思考很多，发现很多信息，才能理解它是关于什么的，才能欣赏它。

沈佩珊：不过那真的是负面的吗？为什么我们应该认为一件艺术作品需要在乍看之下就很容易理解呢？我们从这些观察、研究以及讨论中学到了很多，我们可以有深度地欣赏这幅画。我并不认为“容易理解”应该成为我们判断一件艺术作品的标准。

郑鑫：你是对的。但是，假如有一幅画，即使你做了所有观察和研究之后还是不能理解它，那该怎么办呢？如果它是那么“不知所云”，以至于除了少数几个懂的人之外，其他人不可能理解。我想那应该是一个负面因素。

沈佩珊：可能你说的是对的。我爸爸就总是抱怨这些当代的“新新”音乐就是那样的。

你怎么想？

一件艺术作品难以理解，这一事实是否会成为对它的评价的一个负面因素？

宋俊涛：要说负面因素，在我看来，一幅像《格尔尼卡》这样的画似乎并不需要那么多的技巧来完成，就像是这个画廊里面其他那些人物和场景很逼真的画一样。当我发现我们之前看到的那幅圣餐的画也是毕加索画的时，我真的很吃惊。你从《格尔尼卡》中永远也看不出这一点。我认为绘画技巧也应该成为判断的一个因素。

徐逸飞：我同意一幅好的画应该使用技巧。但是《格尔尼卡》有一个不同的目的，它是用另一种跟你说的那些不一样的风格画出来的，是用另一种不同的方式来展现技巧的。

宋俊涛：好吧，但是我仍然认为，如果能够用那种现实主义的风格来画画，那会使人印象更为深刻。

江琪：说得有道理。所以你们认为《格尔尼卡》总体来说怎么样？

宋俊涛：嗯，我觉得从整体来讲，我说的负面因素相对来说是很小的。我同意根据所有其他标准，《格尔尼卡》是一件极其令人瞩目的成功的作品。

郑鑫：不错，我认同。

在研究了关于解释的问题之后，大家现在转向批判性判断的问题：这幅画好在什么地方？在研究中，同学们考察了艺术评论家对于《格尔尼卡》所做的评论。尽管那些具有很多专业知识的人的观点应该有些分量，但同学们还是意识到，他们应该不只是简单地依赖其他人的判断。不过，正如徐逸飞所提到的，重要的是知道他们的理由。在这个情形中，提出各种各样的理由，对做出一个有充分理由支持的判断来说是一个必要步骤。另一个要求是知道什么样的标准是适当的，而由评论家所提供的理由是一个很好的资源，由此可以知道适用于一件艺术作品的判断标准。

大家所建议的标准可以划归不同的范畴。有些标准，比如激起情感的反应、激发想象或者易于理解，关注的是观众以及他们对于作品的接受度。其他的标准，诸如有技巧地表达或者原创性，主要是与作品本身的特征相关的。还有另外一些，诸如对于艺术史的影响、对于文化的影响，关注的则是这个作品对于外在环境的影响。

然而，并非所有的标准对于判断每一个作品都是同等相关的。所使用的标准必须适应于那个作品的目的和形式。正如徐逸飞向宋俊涛指出的，用精确的表征这一标准来判断《格尔尼卡》是不适当的，而它对于现实主义的作品则是适当的。而处理重要的社会主题对评价抽象的作品来说也是不相关的，因为它们有形式方面的实验目的，而不是表达外在的主题。因此，重要的是确定什么样的标准对于评价一件特定的艺术作品是最为适当的。

为了就一件艺术作品的质量得出一个有充分理由支持的判断，你必须判断，在作品中什么样的证据和背景信息是同每一项标准相关的，然后比较性地评价各种不同的理由和证据。《格尔尼卡》的例子并不是那么具有争议，因为有相当多令人信服的证据支持正面的判断，其分量绝对超过了少数负面的批评。

郑鑫确实提出了一个关于这幅画的可理解性方面的负面因素，以及这是否和在什么样的程度上成为一个问题，对此还是存在一些争论。因此，他所提出的这一标准的适当性有待讨论。宋俊涛也对这幅画所展现的技巧持保留意见。宋俊涛所提出的通常被认为是一个关于艺术作品的价值的合理且重要的标准。不过，徐逸飞不同意宋俊涛的判断，他认为这是基于对这种艺术形式本质的误解。因此他不同意的并不是这个标准本身，而是所提供的跟这个标准相关的证据。

宋俊涛的判断也可能是基于个人的偏好，至少在某种程度上如此——他可能只是不喜欢非现实主义的绘画。但是喜好跟批判性的判断不是一回事（姜瑶的母亲可能不喜欢在客厅挂某幅画，但是她可能仍然会承认那是一幅好的作品）。最后，宋俊涛确实承认，鉴于证据的分量，他的批评相对来说是一个比较小的因素。

关于《格尔尼卡》的重要性存在很大的共识，但是关于其他艺术作品的判断则可能存在争议。为了在这样的情形中得出一个批判性判断，需要给出各方的理由，弄清楚各种批评所使用的标准。对于特定的作品需要确定最适当的标准，还要鉴于作品的特质确定这些标准中的哪些应该被给予最大的分量。对此，围绕作品及其艺术史的争辩的背景知识，可能可以提供与评价它相关的信息。了解一些关于作品的创作目的以及它所回应的艺术背景方面的知识，可以使得我们在相互竞争的判断中进行选择时处于一个更好的位置。例如，下面是对艺术品进行批判性判断的一个例子。在中国美术馆展出的中央美院雕塑系教授蔡志松的系列雕塑作品《故国·颂》中的一件获得了全国美展铜奖。可是，这组雕塑却被一些观众指责为描绘了“丑陋的中国人”，因为其形象“佝胸塌背”“低首下跪”。在做出批判性判断时，了解艺术史背景（例如，该组雕塑与秦始皇兵马俑和汉代的陶俑的类似风格）、艺术家所尝试表现的社会背景以及当代关于美与美学的艺术观念是非常有帮助的。

阅读材料

《故国·颂》

近日，在中国美术馆展出的系列雕塑作品《故国·颂》被一些观众指责为“丑陋的中国人”，雕塑作者是中央美院雕塑系教授蔡志松。然而，记者获悉，《故国·颂》系列作品中的一件获得了全国美展铜奖。并且，《故国·颂》在不久前还获得巴黎秋季沙龙作品展最高奖——泰勒奖。

其实类似的事件并不少见。摄影家刘铮反映世间百态的大型作品《国人》也在社会上引起巨大争议。“这些‘国人’往往以怪诞、荒谬、阴冷、愚昧、丑陋、无奈、笨拙甚至是凶悍的形象出现在人们面前，令人在悚然之余感到阵阵现实的错愕。”而在更早些时候，张艺谋展示传统文化的电影也受到猛烈的指责，人们认为他是把“中国丑陋落后的一面展示给外国人看”。

艺术品是否只能塑造高大的形象？一件艺术品能否代表全体中国人的形象？艺术能否揭露社会历史的阴暗面？这些是以上争议留给我们的思考。

凭什么是“丑陋的中国人”？

一些观众指责《故国·颂 1》《故国·颂 2》“一个佝胸塌背，一个低首下跪，满脸恍惚，虽然两人都是男性，但毫无阳刚之气，分明是‘丑陋的中国人’”，因此“丢了中国人的脸”。另一些观众则认为：“作者之所以如此造型，自然有他的考虑，秦始皇兵马俑、汉代的陶俑不也有很多类似的造型吗？没必要上纲上线。”

对此，雕塑作者蔡志松的回应是：“我给雕塑中的‘古人’加上了现代人的表情，他们自然是弓腰塌背，一脸苦闷。其实，也不必去深究这些人物的身份，他们只不过是把我反思到的文化现状拟人化了。至于有人认为这些形象是‘丑陋’的，我只能说他对美和丑的理解稍微简单了一点。”

广东美术馆馆长王璜生认为，在艺术上，蔡志松的这个作品是很有意思的，是参考了传统艺术的再创造，体现了一种别具一格的思维方式。以“丑陋”这样的带有很强主观价值判断的字眼，给一件艺术作品定位，在艺术评价上是没有说服力的。对于艺术的鉴赏是见仁见智，所谓的“丑陋”只能代表某些观众的反应，而一件艺术作品更不能代表如此广大的“中国人”。

文化批评家朱大可指出，从这个作品中并不能必然得出“丑陋”的判断，而且一个艺术作品“跟中国人有什么关系呢”？因此他认为，挑起这个争论很滑稽，再牵扯到“中国人”就更加滑稽。而在艺术评价上动辄挥舞民族主义大旗是极其狭隘的表现。

广州美术学院李公明教授分析，对一件不符合既定模式的艺术作品做出“丑陋”的判断，正是某种僵化保守的思维方式和奇特的民族心理在作怪，似乎只有高大耸立的艺术品才是“代表民族精神”的。如果以“丑陋的中国人”作为前提再进行讨论，首先就陷入了某种窠臼。

（谁是“丑陋的中国人”？. 南方都市报，2004-11-26）

我们到现在为止所看到的批判性判断的这些方面，很大程度上都是依赖于基于理由支持的分析的，一个人可能会问，如果我们自己对一件作品的反应起到什么作用的话，那么这样的反应在批判性判断中应该起到什么样的作用呢？如何看待姜瑶的一件艺术作品应该在情绪上感染人的观点？在某种程度上，姜瑶显然是正确的。一件从来不能引起任何形式的回应的作品不可能是非常成功的。艺术应该以某种方式在情感上感染人（可能包含了纯粹的审美情绪以及/或者跟我们的人生经历相关的情感）。所以，我们自己的反应是重要的，它可以作为判断的起点。

然而，仅仅依赖于我们的最初反应来作为判断的基础是错误的，因为我们的反应可能是非常个人化的，它取决于我们的背景、知识以及心智状态等因素。此外，基于知识和经历，我们对于一个作品的反应可以发生改变（正如郑鑫所表现出来的）。适当地考虑人们的反应所起到的作用的方式，可能可以采取徐逸飞的观点，即如果一个作品被认为是好的，那么它应该可以在很长一段时间内影响很多人。

江琪：现在你们对《格尔尼卡》进行了观察和探究，这时再回头看看你们原初的反应，可能是挺有趣的。你们关于这个作品的想法或者感受发生了什么改变吗？如果有的话，那么是怎样的改变？什么使得你们改变了想法？

你怎么想？

你关于这幅画的想法和感受发生了改变吗？如果有的话，是怎样的改变？什么使得你改变了想法？

徐逸飞：这幅画使我感到震惊。我在书本上看到过它的照片，但是真正看到它还是很不一样的——它带来的感受要强烈得多。但是我还不知道足够多的东西来真正地判断这个作品或者深入地理解它。现在我可以理解为什么它被认为是重要的，我可以在一个不同的层面上欣赏它了。

郑鑫：我得说，一开始，我真不能相信这就是那幅让人们那么看重的名画。它在我看来就好像是一堆涂鸦。但是经过我们的探究，我好像有点理解它了。我确实被我们在这幅画中看到的故事深深地吸引。围绕这幅画的历史也是令人惊叹的。我了解到了很多，现在也可以看到这幅画是关于什么的。我甚至还理解了为什么毕加索用这种古怪的风格来创作。我甚至开始有点喜欢它了——稍微有点吧。

姜瑶：对我来说，我第一次看到《格尔尼卡》的时候就被震惊了，但是我不认为你可以解释那种震惊。现在我仍然为它感到震惊，但是现在关于这幅画我发现了更多，对它为什么具有那种效果有了更多的理解。在知道了所有这些关于法西斯分子、战争以及轰炸村庄的恐怖事实之后，现在我感到更加震撼。

沈佩珊：我好像一直都是喜欢它的，尽管我在一开始并不是真的理解它。但是有些东西确实是重要的，我也学到了可以基于理由和证据来对艺术做出批判性判断。艺术并不仅仅是个人口味的问题。现在我意识到，我应该花点时间来好好地研究艺术，关于怎样去看以及看些什么，我现在有点眉目了。

宋俊涛：当我们一开始看这幅画的时候，我真的并不觉得它有什么了不起的。但是现在我可以看到为什么人们认为它是重要的。而且我得承认，对它进行观察和讨论是很有趣的。我甚至也可以看出为什么其他人喜爱它。但是我得说，我自己仍然不是太喜欢它。可能我应该喜欢，但是我就是不喜欢。

沈佩珊：有没有什么理由可以表明我们最终都应该认同这幅画，江阿姨?

江琪：没有，在这方面确实没有什么理由。重要的是，我们都经历了探究的过程，分享了我们的想法和判断。但是在最后，我们可能会有不同的判断，只要它们是基于相关的标准和证据，那么就可以了。而且，不管我们的批判性判断是什么，关于是否喜欢它，我们可能仍然具有不同的偏好。重要的是，我们的探究为我们欣赏这个作品打开了新的可能性。

艺术中探究的本质

《格尔尼卡》的例子向我们展示了一个在艺术领域中进行的探究。跟沈佩珊的原初观点——艺术只是个人口味的问题——相反，我们在这里看到艺术可以作为探究的主题。艺术中的探究与其他类型的探究具有很多相同的特征，而且也可以使用同样的指导性原则。

艺术中的探究过程和科学中的探究过程有一些有趣的类似之处。对于理由、论证的评价和权衡都是核心要素。而且，基于观察而产生假说、用证据来测试它们、寻求对于证据的最佳解释，这些在两者中都起作用。

不过，两者也存在很重要的不同。其中一个不同之处是与主观的偏好在探究过程中的作用相关的。在艺术的情形中，同学们对于绘画的反应构成了探究的一个重要的起点，也是在探究过程的结尾非常重要的考量因素。此外，人们对于一个艺术作品的共同反应被认为是一个相关的评价标准。这是因为，艺术意味着吸引人、被每个观察者欣赏。受到艺术作品的感染并不完全是主观的过程，它也包含了理由和论证，正如我们在这个探究中所看到的那样。批判性判断并不能被简化为主观的印象。不过，主观的反应还是起到重要的作用，它们同客观的因素相互起作用。

另一个不同之处是，在科学中，主观的因素并不被认为是可取的。尽管当代的理论家承认，科学实践并不能完全排除科学家的价值和个人的承诺，但是每一个努力都是要使得主观的影响最小化，而使得科学探究尽量客观。

艺术中的探究的目的跟其他类型探究的目的也可能不一样。在关于《格尔尼卡》的探究的例子中，关于两个问题中的任何一个，大家都并不必须要达成共识。这一探究并不是为什么后续的决定提供基础，它只是为了获得理解，并开启欣赏的可能性。不过，在其他的一些情形中，有些决定或者选择是基于审美探究的结果，比如，你是否应该去看一部电影，或者一个画廊是否应该购买某幅特定的画。在这些情形中，问题在于，某个作品是否值得花费资源（不管是时间还是金钱），是否值得人们认真地注意、努力去理解和欣赏它。

我们考察的例子包含了一个在视觉艺术中的探究。不过，同样类型的探究在艺术的其他领域中也是可能的。关于意义和诠释的探究在文学、戏剧和电影中是常见的，也可以在舞蹈和音乐中出现。诸如下面这样的问题都要求诠释性判断，从而可以通过探究来回答："《三体》中'黑暗森林'的意义是什么?""王小波的《黄金时代》这部小说的主题是什么?""哈姆雷特对于是否要杀克劳狄乌斯为什么犹豫不决?""在《天鹅湖》这个芭蕾舞剧中表达了什么样的思想?"要求评价性判断的问题也频繁地出现在所有的艺术中。例如："莫言最好的小说是什么?""《我不是药神》应该得金马奖最佳影片奖吗?""郎朗对于李斯特的《爱之梦》的诠释优于其他所有人吗?"

尽管很多人可能并不会花很多时间在艺术画廊或者音乐厅里面，但仍然可以通过各种媒体不断接触艺术。我们总是被视觉图像包围，受到音乐和听觉刺激的轰炸。在这个背景下，我们所研究的艺术的很多方面都变得相关。可以通过进行上述那种类型的探究，对视觉或者听觉媒体做出批判性判断。我们可以提出关于意义和解释的问题（比如，"这幅画所要传达的意义或者信息是什么?”“这个广告想要对观众起到什么样的效果?”),也可以提出评价性的问题(“这是一则有效的广告吗?”“这个广告真实吗?还是有误导?”),或者,我们可以关注形式方面的问题(“这个视觉图像是如何产生预期效果的?”)。从这些不同的角度,可能就视觉或者听觉媒介的一些方面得到一个评判性的立场。

检查你的理解

● 教艺术欣赏课的老师为什么倾向于让学生在查看其他人关于一件艺术作品的看法之前,先对其进行细致的观察?

● 判断对一件艺术作品的诠释是否有效的主要标准是什么?

● 郑鑫关于《格尔尼卡》描绘了外星人的说法有哪些长处?又存在哪些问题?

● 让一群人一起观察和讨论一件艺术作品都有哪些好处?

● 关于历史、政治以及艺术背景方面的知识如何帮助学生们解释《格尔尼卡》?

● 评价艺术作品有哪些标准?

● 艺术评论家的观点对我们就一件作品得出自己的批判性判断有什么作用?

● 艺术中的探究跟科学中的探究的相似之处和不同之处在哪里?

练习

1.(1)观察这幅绘画:克劳德·莫奈(Claude Monet)的《圣阿得列斯花园的阳台》(*Garden at Sainte-Adresse*)(http://www.artchive.com/artchive/M/monet/adresse.jpg.html)。尽可能细致地写出对于这幅画的描述,包括形式方面的细节(线条、颜色、风格等)以及内容方面的细节。然后,将你的描述跟你同学的描述进行对比,看看你们的描述在哪些方面是类似的,而哪些方面是对方遗漏的。

（2）找出一幅让你印象深刻、觉得有趣的画。向一个不能看到它的朋友描述这幅画，让对方试着基于你的描述画出这幅画。看看他所画的跟这幅画的相似程度。

2. 阅读诗人北岛的诗歌《回答》，完成练习。

回答

卑鄙是卑鄙者的通行证，
高尚是高尚者的墓志铭。
看吧，在那镀金的天空中，
飘满了死者弯曲的倒影。
冰川纪过去了，
为什么到处都是冰凌？
好望角发现了，
为什么死海里千帆相竞？
我来到这个世界上，
只带着纸、绳索和身影，
为了在审判之前，
宣读那些被判决了的声音：
告诉你吧，世界，
我——不——相——信！
纵使你脚下有一千名挑战者，
那就把我算作第一千零一名。
我不相信天是蓝的，
我不相信雷的回声；
我不相信梦是假的，
我不相信死无报应。
如果海洋注定要决堤，
就让所有的苦水都注入我心中；
如果陆地注定要上升，
就让人类重新选择生存的峰顶。

新的转机和闪闪的星斗，
正在缀满没有遮拦的天空，
那是五千年的象形文字，
那是未来人们凝视的眼睛。

为这首诗歌提出一个适当且言之有理的诠释，并对其进行论证。遵循下面的步骤：

（1）仔细地分析这首诗中的语言和图景，考虑可能的意义。

（2）基于上面的分析，对这首诗歌提出可能的解释。

（3）研究这首诗歌所产生的背景，包括历史和社会背景，以及关于作者的创作风格及观点方面的信息。

（4）提出一个对于这首诗歌的诠释，使之符合一个有效的诠释应当符合的标准，并为之论证。

3. 想想那些你认为好听的歌曲。列出你喜欢它的理由，将它和另一首风格类似但你觉得没有那么好的歌曲进行比较，说明你觉得这一首比另一首好的理由。你使用了什么样的标准？

4. 这是艺术吗？

1952年，作曲家约翰·凯奇（John Cage）写了一首曲子《4分33秒》，这首曲子由4分钟33秒的沉默所构成。直至它的三个乐章表演结束，竟没有演奏出任何一个音符（你可以在这里看到它的演奏：https：//www.bilibili.com/video/av2382344/）。这是音乐吗？这个问题在音乐界曾经极有争议。对于《4分33秒》是不是音乐这个问题进行一个探究。给出支持和反对的理由，判断应该使用什么样的标准。对那些跟判断这个问题相关的各方面背景进行调查。评价各种理由，从而就这个问题得出一个有充分理由支持的判断。

5. 就系列雕塑《故国·颂》是否为好的艺术作品展开探究（参见正文中对《故国·颂》的介绍）。

6. 仔细观察下面的美加净牙膏广告：

https：//img2.jiemian.com/jiemian/original/20160203/14544953076027800_a580xH.jpg。

https：//img2. jiemian. com/jiemian/original/20160203/145449534853744300_a580xH. jpg。

使用探究的指导性问题作为引导，回答下面这些问题：

（1）这则广告传达了什么样的意义或者信息?（使用在《格尔尼卡》的例子中应用的得出一个解释的策略，以及评价一个解释的标准。特别要注意这里的政治和历史背景）

（2）这则广告中的视觉图像是怎样传递信息的?（观察对于颜色、线条、形状以及模式的使用，这些图像如何连接、并置在一起，以及图像和文字的交错）

（3）评价这些信息的准确性和真实性（思考你将使用什么样的标准来评价一个广告的真实性。留意一些你在第四章中所学到的谬误）。

7. 参照本章中关于《格尔尼卡》的探究方式以及探究的指导性问题，对西班牙超现实主义画家萨尔瓦多·达利（Salvador Dalí）的绘画作品《记忆的永恒》（*The Persistence of Memory*）展开一个探究，回答这个问题：这幅画想要表达什么?

8. 就你最近看到的一部电影，写一则电影评论。使用在《格尔尼卡》的例子中所使用的探究的结构和过程来评价这部电影（参见第二章中的“关于好电影的争论”，以获得更多的参考标准）。

9. 莎士比亚的戏剧《驯悍记》讲述的是维罗纳的一位绅士彼特鲁乔向他的桀骜泼辣的准新娘凯瑟丽娜（标题里的“悍妇”）求婚的故事。一开始，凯瑟丽娜一点都不想接受这桩婚事，拒绝彼特鲁乔的求婚。但是他用各种各样心理上的“折磨”“驯服”了她，直到她最终屈服，成了一个温顺服帖的妻子。这部戏剧受到了严厉的批评，被认为是表现了对女性的压制，而且包含将女性作为男性附庸的陈规陋习。很多人认为，它不应该在课堂上讲授，甚至应该在学校系统中被禁止。

在这个练习中，设想一个当地的学校委员会正打算开会决定是否应该在当地中学中禁止讲授《驯悍记》。

（1）三人为一组，列出所有你们能想到的论证，既包括支持这一禁令的，也包括反对它的（你可以做一些研究来找出其他的论证）。包括对于论证的反驳，以及对于这些反驳的回应。

（2）以小组为单位，编写一个发生在下面三个人之间的对话：一位支持禁止这部戏剧的家长、一个反对禁止它的中学生，以及一个对这一问题尚未决定但是即将就这个问题在学校委员会会议上进行投票的成员。

10. 设想你们学校正在举行一个竞赛，要求设计一件放置在学校入口处的公共艺术作品，并且号召大家都来参与设计。以小组为单位，完成以下任务：

（1）决定你将使用什么样的程序来对不同设计做出选择，并给出你的理由（包括反对和支持你所选择的这个程序的论证，以及你对于这些论证的评价）。

（2）说明你选择的标准，并为这些标准进行辩护。

（3）描述并且/或者创作一件公共艺术作品来参加这个竞赛，说明为什么你的设计对于这个地点是适宜的。

第十五章　对异乎寻常的事件的探究

学习目标

在读完本章之后，你应该能够：

- 识别出异乎寻常的断言
- 应用探究的指导性问题来评价异乎寻常的断言
- 识别出阴谋论的常见特征
- 应用探究的指导性问题来评价阴谋论

《秘密》

姜瑶和温妮已经在一起为数学期中考试复习了好几天了。温妮正在拼命地啃教材，而姜瑶却一直盯着空中看。

温妮：我知道你觉得数学挺让人头大的。可是你难道不需要为考试做些准备吗？

姜瑶：我正在准备呢。

温妮：那你为什么不看书？

姜瑶：我找到了一种更好的准备方式。我找到了“秘密”。

温妮：我想考试成功的秘密是好好复习。

姜瑶：不是，我是说《秘密》[i]。它是一本神奇的书，它告诉你怎样仅仅通过想你想要的东西而得到它们。

温妮：姜瑶，告诉我你不是认真的。

姜瑶：不，我是认真的。你对你想要的东西做正面的思考，那么你的思想就可以将那些东西吸引来。这叫作“吸引定律”。所以，我在非常努力地想在考试中考好，那么我的思想就会使它实现。

温妮：是哦，呵呵。

姜瑶：但是我需要感受到它，而且真的相信它会发生。如果我可以在脑海中描绘出我在考试中得了A的场景，那么我就肯定能考好！

温妮：我说，姜瑶，我确实读过那本书——我觉得它非常可笑。不过我没想到我的哪位朋友还真的会相信。

姜瑶：温妮，你真是个怀疑论者！

温妮：我把这看作一种恭维。

姜瑶：我说，有各种各样的证据表明它有效。

温妮：比如说？

姜瑶：书里引用了很多专家的话，谈论《秘密》是多么有力，并且解释了它是怎样起作用的。还有很多通过使用它而使生活发生了改变的人的故事。另一点真正重要的是，历史上的众多名人——比如莎士比亚、贝多芬、牛顿以及耶稣——都知道“秘密”。

温妮：呵呵……

姜瑶：此外，还有另一点——你肯定会喜欢这个，温妮——它被科学证明了！“秘密”是基于自然律和科学原则的。

温妮：科学——得了吧！

姜瑶：不要这么负面嘛，温妮。它是完全讲得通的。每个人都谈论正面思考的力量。当我尝试它的时候，它确实起作用了！对我和很多其他的人都有效。这本书是本畅销书，他们甚至还根据它拍了电影呢。所以那些人必然是知道点什么的。

温妮：那种“证据”比漏勺的漏洞还要多呢。我都不知道从何说起。你难道没在我们的批判性思维课上学到点什么吗？

姜瑶：我所学到的一件事是，重要的是保持开放态度、认真地考虑其他观点。我并不觉得你是开放的，温妮。

温妮：好吧，有道理。所以我们要做的是，更为细致地审查这些证据，看看它们是不是真的有什么道理。

姜瑶：可以啊。

你怎么想？

通过对姜瑶所提供的证据的初步判断，你发现了什么问题？

在这个对话中，姜瑶对一本赢得了众多吹捧的书印象深刻，并且深受其影响。关于我们如何可以得到我们想要的东西，这本书语出惊人；关于这个世界的运作方式，它做出了不寻常的断言[ii]。尽管姜瑶被这本书描绘的图景吸引，并且毫无保留地相信它，温妮却采取了一种更具批判性的态度。

本章的关注点是对异乎寻常的事物的探究。“异乎寻常”指的是那些在我们通常的解释框架之外的现象，包括那些看起来很神秘或者令人困惑的现象、那些用“正常”的说法似乎无法做出适当解释的现象。这样的例子包括百慕大三角船只的神秘失踪、玉米田怪圈现象等。

对于这类现象的解释本身通常也是异乎寻常的断言。例如，在百慕大三角的失踪事件中，物理定律不起作用，而玉米田怪圈现象，则被认为可能是由外星生物造成的。此外，对“通常的”或者日常的现象也常常有不寻常的解释，比如，关于一个行星位置的占星术理论有时候被用来解释人类的行为，而对后者的解释通常是基于心理学理论。异乎寻常的信念经常很流行，得到很多人的信奉，比如，占星术、转世、第六感、外星人劫持以及各种各样的阴谋论。

然而，正是这些断言的非同寻常性应该引起我们的注意。这并不是说所有不寻常的断言都是缺乏事实根据的。有些在科学中被很好地确立的断言乍看起来也可能是奇怪的、反直观的。这里要强调的是，我们不能简单地对这种断言照单全收。我们得成为怀疑论者，就像温妮那样，用批判性的眼光来审查它们。对异乎寻常的断言需要进行探究。

这个问题是什么？包含什么样的断言和判断？

温妮：好吧，那么，第一步是识别问题。

姜瑶：我想这个问题是，我应不应该相信《秘密》里面所说的。

温妮：那太宽泛了。他们说了很多事情。

姜瑶：也对。那这个怎么样？“我一直想着在考试中考好，这是否可以使它发生？”

温妮：我们得让它更普遍化一些。这个怎么样？“思考什么东西就可以使它发生吗？”

姜瑶：听起来不错。

温妮：我想我们要弄清楚的是，这本书说的是仅仅通过关于某件事情的正面的想法，就可以真的将它变成现实。我们并不是在谈论一个比喻，也不是说我们的思想能间接地带来什么东西——基于我们因为一些想法而付诸行动。这里的意思是，思想确实能直接引出这个事件或者东西。对吗？

姜瑶：是的。

温妮：那么，在这种情形下，我们要做出什么样的判断呢？

姜瑶：事实性判断，我觉得。

温妮：确实。

弄清楚这个断言的确切本质，对姜瑶和温妮的探究来说是一个重要的步骤。尽管“思考什么东西就可以使它发生吗？”这个问题可能看起来是直截了当的，实际上却是有歧义的。它可以意味着思考某个东西能实实在在地直接使它成为现实，也可以在比喻的意义上使用，即具有一个想法对采取行动以促使事情发生来说是一个前奏。比如，我想到一个做云南农家黄焖鸡的新做法，这一想法可以促使我去买原料、做好所有做这道新菜所必需的准备工作。所以，我的想法是使得云南农家黄焖鸡变成现实的一个间接原因。这不等于说，我仅仅通过思考云南农家黄焖鸡就可以让它变成我面前的美食。

关于这个问题的各种立场，其相关的理由和论证是什么？

温妮：我们何不快速过一遍那些促使人们相信这个断言的原因呢？我会在一张正反方理由表上记下每个原因。这样，当我们进行评价的时候，就可以更为细致地检查每一个原因。

姜瑶：好的。嗯，当我第一次读到这本书的时候，我知道它是本畅销书。我想既然这么多的人都相信它，它必然有些值得相信的内容。

温妮："畅销书"。还有呢？

姜瑶：这本书里面引用了很多专家的观点来支持这个想法，而且他们之间也达成了共识。

温妮："专家"。接着说。

姜瑶：历史上很多重要人物都知道"秘密"，而且它存在于世界上所有重要的宗教中。我想这一点确实是个很有力的因素。

温妮："重要人物"。还有呢？

姜瑶：吸引定律产生了效果，这个事实得到了形形色色的人的证词的支持。

温妮："证词"。还有呢？

姜瑶：吸引定律是经由科学证实的。

温妮："科学"。嗯，下一个理由。

姜瑶：吸引定律符合很多人所说的关于正面思考的力量。

温妮："正面思考的力量"，好的。

姜瑶：而且——这是决定性的因素——我尝试过了，它确实起作用。

温妮："个人经验"。搞定。

这个问题的背景是什么？

温妮：下一步就是问题的背景。

姜瑶：我想这本书确实表达了人们现在所需要的东西。很多人觉得他们不能掌控自己的生活，想要寻求某种方式来改善他们的生活。

温妮：我想你是对的。这可能就是励志书如此畅销的原因。我也觉得我们生活在一个有着极端消费导向的社会中，这个事实也是很重要的。人们总是想要越来越多的东西，所以他们会很希望找到某种方式来得到他们想要的每样东西。

你怎么想？

列出你能想到的可能与评价这个断言相关的其他背景因素。

各个论证的效力有多强？

(1) 初步评价。

温妮：现在是评价了。我们何不一一考察一下这些形形色色的理由呢？

你怎么想？

就姜瑶提供的这些理由进行一个初步评价，找出你认为存在谬误的信息。

姜瑶：好。我的第一个理由是，这么多人似乎都相信它，因此它必然有点有价值的东西。它一出版大家就都在读，它甚至还得到了美国著名脱口秀主持人奥普拉的支持。

温妮：姜瑶，你还记不记得，当我们学习关于论证的初步评价的时候，有个叫诉诸流行性的谬误？

姜瑶：我记得。它不就是指用很多人都相信作为理由来为一个信念辩护吗？但是我们知道很多人会坚持愚蠢的甚至不道德的信念，所以……哦，我看到问题了……不过这本身并不意味着这个信念是错的。

温妮：确实。不过它确实意味着我们需要看看其他的原因。

姜瑶：好的。那么这个事实又怎么解释——《秘密》所基于的吸引定律被很多专家支持。他们不仅证实了它多么有用，而且也给出了关于它如何起作用的解释——通过“同类相吸”这个原则。所以，想着桃花运就来桃花运，想着钱就会来钱，以及，想着在考试中考得好就会带来考试成功。但是负面的想法也会吸引它们的同类，所以想着考不过就会导致失败。我记得我们学过，如果一个专家可以为他的断言给出一个言之有理的论证，那么就有更多的理由来相信他们所说的。

温妮：但是我们得问一问，这些专家是谁，以及他们是什么领域的专家。关于吸引定律的断言是事实性的科学断言，那么他们最好是科学领域的专家。但是这里所引用的大多数人都是作家、企业家、理财顾问（有好几个）、治疗师以及个人提升培训师。29 个人中只有两个人是科学家，并且都是量子物理学家。据我所知，这些人所共同具有的专业技能——如果能这么说的话，就只有“秘密”本身了。

姜瑶：但是在这些专家中存在共识，我们学过这对于评价专家断言的专业性是很重要的。

温妮：只有在他们真的是相关领域的专家的时候，共识才有意义，而这些人却不是。并且，这本书对于引用谁是非常有选择性的。至少可以说，它绝对不能代表了解这个领域的科学家。我想可以公平地说，绝大多数科学家会说吸引定律是荒谬的，因为它并没有任何科学根据（不过我们会讨论这一点的）。

姜瑶：好吧。

温妮：还有一件事。你有没有注意到，几乎所有被引用的人都开设过关于《秘密》或者相关主题的讲座或者讨论班，或者在这个领域出过书，或者是开发过项目？

姜瑶：我之前倒没有注意这一点。我之前没有考虑过这样的可能性——如果人们相信《秘密》中的观点，这些被引用的人可能得到利益。唔……他们听起来并不像是不带偏见的来源，是吧？

温妮：不错。

姜瑶：但是这个事实又怎么说？——历史上的那些著名人物，包括像莎士比亚和勃朗宁这样的诗人、贝多芬这样的音乐家、达·芬奇这样的艺术家，以及像苏格拉底、牛顿和雨果这样伟大的思想家，他们都在自己的作品中表达了吸引定律？还有基督教、犹太教、伊斯兰教、印度教和佛教都在它们的作品和故事中揭示了“秘密”。“秘密”甚至被记载在公元前3 000年的石头上！

温妮：那么对于一个这么笼统的断言，证据究竟是什么呢？

姜瑶：我……嗯……这本书的作者是这样说的。那不是太可信，是吧？

温妮：而且，除此以外，说莎士比亚、牛顿或者——这个是最荒谬的——贝多芬在他们的作品中表达了吸引定律，这究竟是什么意思呢？这个断言过于模糊了，以至于它简直不可能被证实。

姜瑶：好像是的。但是有很多证人的证言，称吸引定律改变了他们的生活。例如，有一个人，自从他想象收到邮寄的支票起，就开始收到邮寄的支票。另一个人通过想象那个他想要停车的位置就总是可以找到停车位。还有一个女人找到了她完美的另一半，当她开始以好像已经找到了他那样来做事之后。另一个女人说她是如何在没有接受任何化疗或手术的情况下就治好了自己的乳腺癌的，她只是想象自己已经被治愈了和看喜剧电影。还有一个男人，现在住在价值450万美元的豪华别墅里面，娶了一个“为她死也值得”的老婆，到奇妙的地方旅行，有着各种各样的冒险经历，所有这些都是从他在生活中应用“秘密”开始的！而且，看看这个——一个伯利兹石油勘探队发现了其他公司未能发现的蕴含丰富高质量石油的矿藏，只是通过想象伯利兹变成了一个成功的石油出产地。还有很多其他的故事，它们都是非常引人入胜的。这些总得说明点什么吧？

温妮：看看再说吧。

姜瑶：还有我使用吸引定律的个人经历。比如那一天，我想到我已经很久没有方晖的消息了。于是我就不断地想着方晖，想象我收到他的信，结果第二天——你猜怎么着？我收到了他的一封电子邮件！还有昨天，我的手腕因为打排球而疼得厉害。所以我就集中注意力想象我感觉好些了，想象我打球时手腕不疼了。而当我今天早上醒来的时候，我的手腕真的不疼了！

温妮：现在要说说另一个谬误了。你还记得逸闻证据的谬误吗？

姜瑶：记得。那是说，你想要基于一些故事或者逸闻做出一个很强的概括。嗯……好像这里就是这个问题？我是在基于一些故事做出关于整个宇宙怎样运转的断言。所以，即使这些故事是引人入胜的，它们也不能提供足够的证据来支持这样一个宽泛的概括。

温妮：确实如此。还有，除非那些故事都是完全真实的，否则并不能提供任何证明。但是我们知道，这本书的作者以及那些被引用的“专家”可以得到一些利益，如果我们相信他们的话……

姜瑶：所以我们有理由怀疑我们所读到的这些人的经历？

温妮：是的。而且，即使所有的故事都是完全真实的，我觉得还有另外一个问题也是相关的。我们的心理学教授给我们讲过确认偏误的问题。它是一种这样的倾向，寻求和注意那些肯定我们的信念的证据，不寻求、忽视或者低估那些跟我们的信念相冲突的证据。所以，如果人们有一个想着什么东西就可以使得它发生的想法，那么他们可能更容易注意他们所想的事情确实发生的情形，而不是那么注意它们没有发生的情形。你有没有注意那些你想到了方晖却并未得到他的消息的时候？

姜瑶：没有。不过我得承认那是有可能的，因为我确实很多时候都想到他。

温妮：或者是当你生病了，想要感觉好些却仍然觉得很难受的时候？或者是你觉得会在一个考试中取得好成绩而实际上却考砸了，因为你没有好好地复习？或者……

姜瑶：好吧，温妮，你说得有道理。

通过初步评价，温妮和姜瑶开始考察《秘密》中所列举的用来支持吸引定律的理由。她们检查了这些论证，以查看在推理中是否存在任何谬误或者问题。她们发现了诉诸流行性的谬误、不适当地诉诸权威、模糊性、轻率概括、逸闻证据、有问题的前提、带有偏见的来源以及确认偏误。在评价其实质内容之前就发现了这么多的问题，这给了我们足够的理由来拒斥这个观点，它可能不值得你花时间和精力来做进一步的考察。但是，因为这里牵涉到很多关于科学的本质和一般性探究的重要问题，所以我们的两位同学还是继续进行评价。

（2）对科学断言和因果推理的评价。

姜瑶：好吧，我可以看到在这些推理中有一些问题。但是，吸引定律是被科学证实的。它是一个自然律，就跟万有引力定律一样。我们都知道磁性，同类相吸。但是我以前所不知道的是，思想也是有磁性的，它有一个频率。当你想着一个想法的时候，它就到宇宙中去吸引那些具有同样频率的东西。这个想法得到了量子物理学的支持，量子物理学告诉我们整个宇宙都是从思想中产生的。你肯定被这个说动了吧？你那么推崇科学。

你怎么想？

你怎么看待吸引定律是科学的这一断言？

温妮：我对科学确实了解一点。而说那个吸引定律或者这本书中的任何其他断言是科学的，说得好听一点，实在是太牵强了。

姜瑶：你为什么这么说呢？

温妮：还记得我们学过科学的一个主要特质是什么吗？——我们可以测试它的理论，可以用反例来反对，有时甚至是推翻一个理论。但是吸引定律并不是那样。这个理论说，如果你正面地思考你想要的东西，那么那些东西就会出现在你面前；如果事情没有发生，那么就是因为你没有进行正面的思考（或者是思考得不够，或者没有带有足够的感情或信仰，或者是思考的时间不够长……）。所以，没有什么证据可以反对这个理论，即使是看起来像是反例的证据。它是一个循环论证，是同真正的科学相悖的。

姜瑶：那么磁性、思想具有频率、同类相吸以及那些在吸引定律背后的科学原则呢？

温妮：吸引定律做出了一个因果断言——思考某个东西可以让它们出现。那么我们何不根据我们所学过的那些评价因果断言的标准来测试一下，看看我们是怎么看待这些"科学"原则的呢？

姜瑶：好啊。我这里还有关于因果推理的笔记呢。

你怎么想？

回顾一下评价因果断言的标准。

姜瑶：这是第一条——在所声称的原因和结果之间是否存在相关性？

温妮：我们怎么能够证明，所有（即便是大多数）正面的例子，即人们得到了他们想要的东西，是不是跟具有正面的思想相关，而所有（即便是大多数）人们未能心想事成的例子，是不是跟负面的思想相关呢？

姜瑶：哦，我猜没有什么方法可以知道。

温妮：而且尤其成问题的是，这个断言是说，人们具有这些思想，不管他们自己有没有意识到。我们没有什么理由相信这点，除了说该理论中断言如此。

姜瑶：在我听起来好像是个循环。

温妮：确实。再说下一条标准吧。

姜瑶：原因发生在结果之前吗？

温妮：这里再次出现了一个我们无法确知的问题。在我看来，这里有很多以时间先后为因果的推理——一个好的事情发生了，所以那个人必然具有关于它的正面想法。

姜瑶：确实挺成问题。下一条标准：存在可信的因果联系吗？

温妮：你怎么看，姜瑶？

姜瑶：我想是有的。吸引定律是基于同类相吸这样的科学原则而起作用的。思想具有频率，会到宇宙中去吸引那些具有同样频率的东西。这解释了关于某件事情的思想是如何使得它发生的。

温妮：但是这里的关键词是"可信的"，姜瑶。这个解释跟我们关于科学所知道的每件事都相悖。一个严重的错误是关于磁性的，会互相吸引的并非相似的磁极，而是相反的磁极。

姜瑶：你肯定？同性相吸在我听起来好像是对的。我要上网查一下。"磁铁具有两极，分别叫作北极（N）和南极（S）。两个磁铁会被相反的磁极吸引，而每个磁铁都会排斥另一个磁铁的相同磁极。"[iii] 这里还有一句："相同的磁极相斥，相反的磁极相吸。"[iv] 天啊！所以这整个理论都是建立在一个严重的科学错误之上的。

温妮：不错。而且作为这个理论基础的其他想法，比如，思想具有频率、思想在我们身体之外传播（进入整个宇宙），或者思想自身可以将什么东西变成现实，都没有任何科学根据。你不必相信我，只要到一个权威的科学网站或者任何一本基础科学教材中查一下就可以了。这整本书充斥着各种各样的错误断言。例如，"不是食物让你发胖，而是关于食物的思想"。

姜瑶：要真是这样就好了！

温妮：再看诸如这样的断言："我们的生理机制创造出疾病，以让我们知道我们缺乏一个平衡的视角，或者我们没有心怀爱意和感激。""我们的身体里有足够的能量，可以照亮整个城市达一个星期之久。"这本书需要提供极多极有力的证据来证实这种跟广为接受的科学理论如此相悖的断言，而事实上它没有提供任何证据。

姜瑶：我现在可以看出这一点了。

温妮：它并未提供来自系统观察或者实验的科学证据，相反，它是通过类比进行论证的，比如我们的思想就像磁极，或者我们就像电视信号发射器。然而这些都不是很好的类比。

姜瑶：对，因为这些被拿来类比的事情在所进行比较的方面并不类似。我们已经看到这一点了。

温妮：但是使得这种推理方式更成问题的是，它把类比解释得好像是科学事实！所以，尽管书中的话看上去好像是科学的，实际上却与我们已经确立的科学理论完全冲突。

姜瑶：可是量子理论又怎么说？书里面说，量子理论告诉我们，宇宙是从思想中产生的。这听起来是支持吸引定律的。

温妮：不要让我再费口舌去解释那些对量子理论流行的误解了。那些误解简直让我抓狂！量子物理学是关于极端微观的现象以及度量它们的时候会出现的情形的。它跟突然出现了个停车位或者在伯利兹发现石油没有任何关系。你不能基于一些特定的科学理论就对整个世界提出一个理论，而它与我们关于世界的运作方式所知道的东西完全冲突。即使是顶尖物理学家也不清楚量子物理学对于世界的宏观层面可能有什么样的影响，如果真有这种影响的话。

姜瑶：我们何不看看下一个标准，或者后面两个标准呢，既然这两个标准是相关的？有没有其他与事实相符的言之有理的替代性解释，它们可以被消除吗？哪个是最简单的解释？

温妮：我们已经看到，有很多被很好地确立的科学理论来解释这个世界的运作方式以及事物之间的因果联系。它们都经受了充分的测试，它们是精妙的，基于这些科学理论我们可以做很多事情，比如制造出令人惊叹的电脑、在太空旅行、治愈疾病。你难道不认为，跟一个像吸引定律这样完全未经证实的、充斥着从科学角度看很可疑的因果断言和很多未经证实的假设的理论比起来，这些科学理论提供了好得多的解释？

在其评价的这个阶段，姜瑶和温妮关注吸引定律“思考什么东西就可以使它实现”这个断言是否科学。她们的评价包含两个方面，一是针对这个理论是否可以被认为是一个科学理论，二是针对这个理论所断定的东西是否可以得到辩护。在进行这些评价的时候，她们使用了很多我们在前面所学到的关于科学探究的本质（第十二章）、对科学断言的评价（第十二章）以及对因果断言的评价的概念和指导性原则（第五章）。

一个理论是不是科学的，这是一个极其重要的问题。正如温妮所指出的，科学的一个主要特征是，它的理论是可以测试的。理论必须得到证据的支持，但是这些也必须是可能的：证据可以反驳甚至有时候可以推翻一个理论，而支持另一个理由更加充分的替代性理论（参见第十二章）。如果任何相反的证据都被自动地排除了，那么以这样的方式构造出来的理论不能算是科学的。

在温妮和姜瑶对于吸引定律的评价中，评价因果推理的标准起到至关重要的作用。她们确定，在该书所声称的原因和结果之间没有什么关联，很多推理都是以时间先后为因果的，该书所声称的因果链条在科学上是可疑的。此外，很重要的是，对那些现象进行解释的现有科学理论都是被很好地确立了的，而且更为简单。重要的是记住，当一个解释是异乎寻常的，即同已被接受的科学理论相冲突的时候，举证责任是归于那个异乎寻常的解释的。在这个例子中，举证责任显然不能被忽视。

最后，当听到某个特定的、有争议的断言是由某个主要的科学理论支持的时候，我们必须很谨慎。诸如相对论或者量子理论被用来支持一些关于世界本质的非科学的断言的情形并不罕见。例如，相对论有时候被认为可以推出我们的感知创造了现象（正如这里的情形一样）。可是，科学理论是在特定科学问题的语境中发展起来的，即使是对科学家们而言，其推论过程通常也是非常复杂的，因此，试图从科学理论中得出这样的推论，至少可以说是可疑的，它经常表现为对科学理论的误用。

姜瑶：但是你忘记了一件真正重要的事情，温妮，那就是吸引定律跟很多人所说的正面思考的力量是多么契合。比如，如果我一直想我的数学要考不及格，那么我很可能真的会那样，即使是我的数学老师也告诉我要正面思考。当我上羽毛球课的时候，我的教练让我想象自己完成了一个完美的发球。他说，如果你想着自己会发球失误，那么很可能你真的会这样。这在人际关系中也是一样。我知道，如果我不断地想那些我表弟让我心烦的事情，他就好像是做了更多那样的事情。可是如果我一直想他是多么可爱，那么他就好像变得更可爱一点了。吸引定律解释了为什么这样的事情会发生。否则你怎么解释这些事情呢？

温妮：首先，我要说，我同意正面的想法有些效果。我想确实如此，跟那些不相信自己会成功的人比起来，那些具有正面态度的人在他们所做的事情上经常更成功，就像你的数学考试和打球一样。我同意，比起整天牢骚满腹、一身负能量的人，积极乐观的人可能会得到他人更好的回应。人们经常根据我们对他们的期望来回应我们，不管是正面的还是负面的，就像你的表弟那样。

姜瑶：哦，温妮，我真高兴你同意！很难得你这样一个怀疑论者会同意这一点。

温妮：但是，这个问题是，对于所有这些现象，比起说我们的思想让那些事情发生，有没有什么更好的解释？

姜瑶：比如说呢？

温妮：为什么当你相信你会在数学考试中考好的时候，你就可能考得更好？你能想出什么原因吗？

姜瑶：我猜它给我更多的自信。当我并不觉得我理解那些内容、担心我可能会不及格的时候，如果我看到一道很难的题目，我就很气馁。我变得有点恐慌，从而不能集中注意力。但是，如果我感到更加自信，就不会那么轻易地放弃。我想我就能更好地集中注意力，更加努力思考，因为我相信我可以做到。

温妮：那么关于打球呢？

姜瑶：我想这也是自信的问题。当我面对强劲的对手时就很紧张，发球失误就多。

温妮：我们在心理学课上学过，关于这个话题有很多研究，他们称之为“自我效能”（self-efficacy）。它基本上证实了你所说的——如果对你要完成的事情有一个强烈的信念，认为你能做到，就会使它的实现变得更有可能，而如果你强烈地感觉自己无法做到，则会起到相反的作用[v]。

阅读材料

如果你认为自己行或不行，你常常就会这样。——亨利·福特

姜瑶：哇！我没有想到关于这个还真的有研究。看来这个想法并不是《秘密》的作者发明的。那么关于想象又是怎么回事呢？我确实发现，想象一个完美的发球确实有点帮助。如果不是我的想象使得它发生的话，那又是什么？

温妮：我读过一些关于使用视觉想象来训练运动员的例子。显然，有研究显示它确实可以有所帮助，正如你所描述的。它的作用像是某种精神上的预演，从而有助于提高技能。它也使得运动员将注意力集中于运动上，而且它还增加了运动员的自信[vi]。我看不出这跟吸引定律有什么关系。

姜瑶：还有当我关注我表弟恼人的习惯时，他就变得更加讨厌，而当我关注他好的一面时，他就变得更加可爱，这有没有什么替代性的解释？

温妮：我想当你关注那些让你烦恼的方面时，你让他知道了他正在做的事情让你很烦。

姜瑶：那又怎么样呢？

温妮：当他变得乖巧的时候，你有没有表扬他，告诉他他很可爱？

姜瑶：当然。

温妮：你所做的是心理学上所说的“正面强化”。你关注他的某些行为，所以并不奇怪，他继续进行那些你所强化的行为。是你对待他的方式促生了他的行为，而不仅仅是你的思想[vii]。

姜瑶：我得承认，你所说的有道理。所以换句话说，我可以接受这本书里面所说的关于正面思考的力量，而不接受思想自身使得事情发生这个想法，我们已经看到这个想法漏洞百出。还有其他一些解释更有道理，而且还得到了心理学研究的证实。

显然，吸引定律对于姜瑶的吸引力很大程度上源于它似乎对正面思考

的力量提出了一个解释。尽管温妮显然不相信吸引定律，她也承认了这个理论中的这些方面似乎是对的或者言之有理。不过，她也提出，对于姜瑶所说的那些现象有其他更好的、受到心理学研究支持的、符合常识的解释。当处理似乎无法解释的现象的时候，常常存在简单的、言之有理的解释，只要你去查阅。

我们如何比较性地评价各种理由和论证，以得出一个有充分理由支持的判断？

温妮：我们考察了很多理由了。现在，在我们的论证表（见表 15－1）上加上评价，看看我们现在处于一个什么样的位置，可能会有帮助。

表 15－1　对于吸引定律的正反方论证的评价

辩论方	论证的名称	论证总结	评价
正方	畅销书	《秘密》很畅销，它必然有些吸引人的地方	流行性的谬误；对于流行性的其他解释
	专家	引用了很多专家的观点支持这一想法	不适当地诉诸权威；有偏见的信息来源；对于信息来源具有选择性
	重要人物	历史上的很多重要人物都表达了这一想法	模糊；不可能证实
	证词	很多证词证明了这个定律有效	逸闻证据的谬误；这些解释的可信性的问题
	它是科学的	思想具有频率，同类相吸；得到量子理论的支持	不可测试；达不到确立因果断言的任何一条标准；同已被很好地确立的科学理论相悖；从量子理论中无法得到辩护
	正面思考	受到了关于正面思考的力量的经验证实	真实的现象，但是有更为可信的替代性解释
	个人经验	受到了个人经验的证实	确认偏误
反方	已经被接受的科学理论	已经被很好地确立的理论可以解释因果联系	
	其他替代性的解释	可靠的心理学理论可以解释正面思考的力量	

姜瑶：我说，这就很清楚了，不是吗？用来支持吸引定律的论证在推理中充满了谬误和问题。声称这个理论是科学的，这个断言显得非常无力。他们关于正面思考的说法确实有些有价值的东西，但是对此还有其他更为可信的解释。总之，吸引定律并不是很站得住脚，对吧？

温妮：你说得很对。尤其是，我们有大量的证据表明，世界并不是像吸引定律所说的那样来运转的。对于人们为什么得到或者没能得到他们想要的东西，存在合理的因果解释，通常这是努力、态度、能力和机遇综合作用的结果。

姜瑶：当看到这个表格的时候，有一些事情确实令我吃惊，比如写《秘密》的人并没有对这些批评提供任何回应。事实上，他们甚至不承认对于他们的理论可能有批评或者替代性的观点。我们学过，承认和回应批评以及替代性的观点，对真正的探究来说是一个重要的方面。但是他们表述观点的口吻好像在说颠扑不破的真理。我想这一点应该使我一开始就保持警惕。

温妮：你这点说得非常好，姜瑶。

姜瑶：我还有一个深刻的体会，我意识到替代性的观点和解释是多么重要，否则就太容易相信自己所读到或者听到的观点了。它们听起来可能很有道理，直到你意识到可能还有比它们好得多的解释。

在比较性评价支持和反对吸引定律的论证的时候，温妮和姜瑶发现，总体上看，证据是压倒性地反对这个理论的，强到足以确立一个非常确信的判断。在关于特定论证的问题之外，姜瑶还注意到，吸引定律的提倡者没有能够回应批评或者承认替代性的观点，由此构成了反对这一观点的另外一个理由。在反思这个探究过程的时候，姜瑶认识到，了解替代性的观点对于指出所考虑的观点中存在的问题是极其重要的。

姜瑶：这里还有一些事情我不太理解，温妮。如果吸引定律明显地漏洞百出，那为什么还有这么多人相信它呢？

温妮：这真是一个很好的问题，姜瑶。我也在问自己同样的问题。你有没有什么解释呢？

姜瑶：呃，正如我前面说过的，我想很多人不是很满意他们的生活。他们有经济上的压力，或者他们的情感生活不是太顺利，或者工作或学习出现了一些问题。他们并不觉得他们可以改变现状。《秘密》所传达的信息可能给予人们这样的感觉——他们可以做一些事情，他们可以掌控他们的生活。

温妮：我也看到了这些。它使得人们相信他们可以得到他们想要的任何东西——钱、车子、爱情、钱、停车位、钱、健康、钱……你看，“钱”在这本书中出现了很多次。

姜瑶：经你这么一说……

温妮：我想这个想法拨动了人们总是欲求不满的那根神经。它是关于得到你想要的东西却不用做出必要的努力的。

姜瑶：你在很多地方都可以看到这样的想法，比如人们相信那些不用节食就能减肥之类的承诺。

温妮：或者是不用复习就能得到 A。

姜瑶：好了啦。但是这本书确实有一些正面的信息，比如你应该具有正面的想法，对于你所拥有的（或将要得到的）东西表示感激、感到愉快，对于他人表现出爱。这些都是好的、真正打动人的——可能他们只是忽视了其他的。

温妮：我还在想，将这本书的框架定在一个古老的“秘密”而不只是一个有趣的想法之上，这满足了人们对于神秘的向往。人们似乎喜爱那些不可思议的或者神秘的事情，比如占星术或者飞碟。

姜瑶：或者《达·芬奇密码》（我得承认我真是很喜欢它）。阅读《秘密》那本书就好像是被带进了一个特殊而神奇的世界。那本书的装帧甚至也做成了古老的手稿的样子，黄色的纸，字也像是手写的。

温妮：但是那本书也试图通过声称它的观点是科学的以使这个想法更可信。人们认为科学是某种终极的权威，所以，声称吸引定律得到了科学的证明，使得很多人不加质疑地接受了它。

姜瑶：那本书以一种可以理解的方式解释了科学的那部分。我想很多人都觉得科学令人敬畏。但是他们听说过磁性和电视信号发射器的频率，所以这些解释似乎可以理解。

温妮：唯一的问题是，这些是错的。我想这本书的“畅销”依赖的是很多人缺乏对于科学真正的理解。

姜瑶：是的。你知道吗？进行这个探究才使我意识到我的科学知识实在是太贫乏了，所以它才那么容易地忽悠了我。我真的需要查一查那些事情，比如，磁性是异性相吸而不是同性相吸——上网查几分钟就搞定了。

温妮：很多人听到科学就感到畏惧或者不喜欢它，这确实很糟糕。如果你想要神秘或者奇迹，在科学中你可以找到很多，比如黑洞、夸克以及其他看起来奇怪的现象。跟这本书声称所发现的“秘密”比起来，科学家所发现的宇宙的奥秘是令人激动得多也敬畏得多的。

姜瑶：这可能只不过是因为缺乏足够的批判性精神。很多人不想对他们所读到或者听到的东西进行批判性的思考，或者可能不知道怎么去做。所以，他们看不到所有这些谬误和问题，他们被那些修辞策略欺骗了。

温妮：我们也不能忽略媒体。这本书受到这样的吹捧，被改编成电影和视频，还有相关的网站、电视节目和讨论班，市场起到了很大的作用。

吸引定律缺乏证据，一旦这一点变得明显，那么这个观点为何如此流行的问题就变得突出了。温妮和姜瑶认为，这个观点的流行并不能作为支持它的一个理由，因为人们经常相信站不住脚的观点。但是姜瑶想要知道，为什么即使它不可信，还是有这么多的人相信它。她们猜测，这一观点的吸引人之处在于书中呈现的正面信息、神秘气氛、科学光环以及修辞策略。这本书会流行也是因为它诉诸社会中的一些通常特征，比如人们对其生活的不满、占有欲、想要不劳而获的愿望。它还表明了人们缺乏科学知识，也缺乏批判性思考的能力和意愿。关于这个观点的流行，存在言之有理的替代性解释，这一事实进一步反驳了关于它的流行性论证。

姜瑶：温妮，我得承认《秘密》里所说的很多都是错的。只是我在想，人们相信它又有什么害处呢，如果它使得人们正面思考、心怀感激、充满快乐和爱意的话——即便它严格来说并不是真的？

温妮：我同意有些信息是有建设性的。正面思考、心怀感激、充满快乐和爱意，这些都是很好的事情。但是这些并不是什么新的想法。它们很久之前就已经在很多哲学和宗教中被表述过了。我肯定，你妈妈、你的思想品德课老师或者你的一年级老师都告诉过你，应该对你生命中所拥有的东西心怀感激、应该爱你的家人。正如我们已经看到的，这些想法中有些得到了心理学研究很好的支持。你并不需要这种充满谬误的理论来告诉你，正面思考和充满爱意要好过消极悲观、内心阴暗。

姜瑶：但是好像这对很多人来说是全新的。那么，如果这本书向更多的人传达了这些信息，这又有什么不对的呢？

你怎么想？

如果相信一些错误的事情也能带来一些好处的话，那么相信它们有什么不对呢？

温妮：我该从什么地方说起呢？首先，相信假的东西显然是不好的。作为一个负责任、有思想的人，我们要对理性和真知抱有尊重。这是很基本的准则。

姜瑶：探究的精神意味着，坚持将我们的想法和行动建立在很好的理由基础之上——我记得这一点。否则的话，我们就很容易被操纵，我们也可能做出有问题的决定和判断。

温妮：我想，相信吸引定律也可能助长自我中心主义。还记得那本书是怎么反复不停地说宇宙就像一个巨大的目录册——你把它翻来翻去，选购那些你想要的经历和产品？这种言论迎合了消费主义和人性的贪婪。而且，即便是正面的感情，比如感激和爱，书里给出的理由也是错误的。你怀有这些情感，不过是为了得到回报。而我一直觉得这些情感是因为其本身而弥足珍贵。

姜瑶：这个目录册的比喻是有点过头了。

温妮：另外一个主要的问题是，这个理论会导致不作为。如果你真的相信单靠你的思想就可以使得事情发生，那么你可能就不会去做那些为了实现一些事情而真正需要做的事情，比如，努力工作提高你的技能，或者真正去努力维持一个好的关系。

姜瑶：或者为考试而复习，而不是仅仅想要得一个 A。

温妮：或者是就这个世界上的问题试图做些什么事情。就像书中所引用的，一个人说他不看新闻，因为那使得他感觉不好。事实上，这本书里的一些人好像是在建议，我们甚至不应该试图处理这个世界上的问题。他们说，改变世界不是我们要做的，跟那些我们不想要的东西做斗争，比如癌症、贫困或者战争，只不过是会导致更多的问题。

姜瑶：那是很恐怖的。

温妮：还有更糟糕的呢。如果你真的相信，发生在人们身上的好事情是他们正面思考的结果，而坏事情是他们负面思考的结果，那么你就会相信，发生在人们身上的所有悲剧和坏的事情都是他们自己的过错导致的。把这一点告诉那些大屠杀的受害者、那些在非洲快要饿死的孩子或者是受到癌症折磨的人，老实说，我觉得这在道德上是令人憎恶的。

姜瑶：所以它可能并非真的那么无害。

阅读材料

W. K. 克利福德（W. K. Clifford），“信念的伦理”[viii]

对社会造成危险的不只是人们相信错误的事情，尽管那已经够显著的了，而是人们变得轻信，丢掉了检验事情和对它们进行探究的习惯，这样一来，人们必然又重新陷入野蛮……沉浸在我那甜蜜的幻觉和迷人的谎言所构成的空中楼阁中，这对于我可能不是那么危险，但是它对人类来说是非常危险的——如果这导致我周围的人总想着骗人的话。易轻信者是说谎者和欺骗者之父。

这里，姜瑶和温妮处理了一个非常重要的问题：相信并不为真的事情有什么害处呢？这个问题深入了整个探究努力的核心。探究是基于对于真理的承诺，要找出最能被辩护的观点作为接近真理的最佳方式。如果我们放弃了这样的承诺，就是放弃了做出好的决定以及健全的判断以使我们自己和周围人的生活得到改观的希望。我们也放弃了我们作为个体的自主性，从而将我们的权利交给了那些想要操纵我们、利用我们的轻信的人。

阴谋论

徐逸飞刚刚从美国旧金山旅游回来。

徐逸飞：真是麻烦。自从那些飞机撞了世贸大厦之后，美国的安检就变得这么麻烦。

郑鑫（平静地）：飞机并没有撞倒世贸大厦。

徐逸飞：你说什么？

郑鑫：我说，飞机并没有撞倒世贸大厦，也没有撞五角大楼。

徐逸飞：你在说什么呀，郑鑫？

郑鑫：我说这个沃尔特发布在 YouTube 上的视频。它告诉我们“9·11”的真相。

徐逸飞：你说的“真相”是什么意思？

郑鑫：美国政府官方关于“9·11”所说的故事并不是真实发生的事情。这个视频显示了所有这些证据，并不是飞机把双子大厦撞倒的，也没有飞机撞击五角大楼，官方关于那第四架飞机的说法也是错的。不过，我们学过不要轻易地相信什么事情，而是要进行探究。所以我自己做了一些调查。这是真的！官方的解释有很多不一致之处——很多目击证人的说法和各种证据都跟飞机撞倒大楼的说法相冲突。在你看了所有这些信息之后，你就不会再相信这个“官方的”版本了。

徐逸飞：但是我们知道真正发生了什么。一伙由本·拉登所领导的基地组织恐怖分子劫持的两架飞机故意撞击双子大厦，还有一架撞向五角大楼。还有一架飞机也被劫持了，但是由于乘客的反抗而坠毁了。还有正式的调查，以及各种各样的证据……

郑鑫（视线越过他的肩膀）：真实的信息是我们看不到的。这是一个巨大的阴谋。

徐逸飞：谁的阴谋？

郑鑫：美国政府，为了入侵伊拉克。

徐逸飞：郑鑫，这是绝对荒谬的。

郑鑫：不，它不荒谬。如果你想一想来龙去脉，它实际上很有道理。它解释了很多没有得到解释的细节和巧合，而且表明了不同的事件是怎样在一个巨大的计划中被连接在一起的。

徐逸飞："牵强"恐怕都不足以形容这个说法了。

郑鑫：那恰恰就是他们想要你相信的。看，这种掩盖多么有效！

徐逸飞：你究竟是怎么做这个调查的？

郑鑫：我在不同的网站以及视频上找到了很多证据。我查看了很多不同的站点，并非只是一个。

徐逸飞：那你有没有看看官方关于各种调查的报告和结果？或者，对这些断言的批评？或者，对于这些"数据"的替代性解释？

郑鑫：没有，但是……

徐逸飞：我想你的探究有些局限，郑鑫。我们需要做的是评价这些论证和信息来源，查看替代性的论证。然后再看我们是怎么想的。

郑鑫：当然——我喜欢对此做更多的探究。它很令人兴奋，好像一部侦探电影！

你怎么想？

你对郑鑫提出的关于"9·11"事件的阴谋论的反应是什么？

阴谋论在今天的社会中十分流行。诸如"猫王"的死是伪造的、"阿波罗"登月是一场骗局、戴安娜王妃是被谋杀的、"地球空心论"（在中国西藏有一个入口可以通过秘密通道通往地球内部）、西方国家使用转基因食品来毒害中国人等，这些理论以及其他类似的理论都赢得了众多追随者，声称能证明这些理论的网站也到处都是。认为官方对于"9·11"的解释是虚构的、真相被掩盖了，就是一个这样的理论，也是最流行的阴谋论之一[ix]。

你怎么想？

列出其他你能够想到的阴谋论。

这个关于“9·11”的阴谋论至少可以说是有争议的，与所有有争议的问题或者断言一样，我们需要对其进行探究，而不是照单全收。对于阴谋论尤其如此。**阴谋**是指“由一个团体所做出的秘密的计划，在某种程度上通过秘密的行动来对事件产生影响”[x]，而**阴谋论**是一个用这样的阴谋对某个或某些历史事件所做的解释[xi]。

当然，真正的阴谋是存在的。到目前为止，我们已经能够确立的事件包括美国前总统理查德·尼克松的情报人员密谋闯入民主党全国委员会总部，而尼克松自己则企图掩盖水门事件。美国中央情报局密谋刺杀古巴领导人菲德尔·卡斯特罗的大量计划也被详细地记录在案[xii]。关于“9·11”事件的官方版本——一伙由基地组织所领导的恐怖分子阴谋策划和执行了这次袭击——本身也是对一个阴谋的描述。这些只是其中的一些例子。

然而，使得阴谋论潜在地成为问题的地方在于，它们常常反对关于该事件已被接受的或者官方的解释。它们在本质上通常是异乎寻常的解释。例如，“猫王”的死是假的，这个理论跟明显而直接的解释相反，即他的死就是事情所显现出来的样子——一个正常死亡。而说“阿波罗”登月是一场骗局，这与依据所有数据和证据所做出的明显而简单的解释——登月确实发生了——相冲突。当然，把有些事件解释成阴谋是适当的，而官方的解释有时也会指称其中涉及一个阴谋，例如基地组织的例子。但是当它们反对已被接受的理论以及大量可信的证据，从而构成了一个异乎寻常的解释的时候，那么它们就具有举证责任——很大的举证责任。

关于阴谋论的另外一个需要注意的方面是，该理论宣称，实施阴谋者会采用各种方法来掩盖真相。这给予了阴谋论一种特定的逻辑，而它则为评价带来了挑战，正如我们在下面将要看到的。

重要的是，当有确凿的证据表明阴谋存在的时候，要能够认识到它们。然而，认为每个事件背后都存在阴谋则是有问题的。重点是如何区分虚假的阴谋和真正的阴谋。关于“9·11”事件，郑鑫和徐逸飞正忙着调查这个问题。

这个问题是什么？包含什么样的断言和判断？

徐逸飞：让我们首先弄清楚问题是什么。

郑鑫：我想这个问题是，是不是飞机撞倒了双子大厦，以及有没有一架飞机撞击了五角大楼。

徐逸飞：那是其中的一部分。但是说那些事情都不曾发生，这个断言是与一个更大的断言联系在一起的——全部事情都是一个阴谋的一部分。在我看来，这个问题似乎才是我们应该关注的。关于飞机的问题会引向这个问题。

郑鑫：好吧。这个怎么样？是不是有人阴谋策划并执行了“9·11”的事件，然后又想要掩盖它们？

徐逸飞：没有人要否认这次袭击是一个阴谋，但是官方的解释是，这是由基地组织干的。

郑鑫：不错。那么这个怎么样？美国政府是否阴谋策划并执行了“9·11”事件，然后又试图掩盖它？

徐逸飞：听起来可以。我们都同意它包含了一个事实性判断？

郑鑫：同意。

关于这个问题的各种立场，其相关的理由和论证是什么？

徐逸飞：或许我们应该从总结官方解释的证据和论证开始——这次袭击是由一伙基地组织恐怖分子精心策划和执行的。首先，目击证人看到飞机撞向世贸中心，有照片和视频为证。其次，还有关于两次袭击的物理证据——飞机的残骸、受害者的遗体、对于大楼的破坏。还有委托报告，最著名的是《“9·11”报告》(9/11 *Report*)，它调查了这些事件，还有专家做出的关于大楼怎样倒塌的科学调查，比如美国国家标准与技术研究所(NIST）和美国联邦紧急事务管理署（FEMA）做出的报告。最后，还有被拦截的通话和文件将基地组织跟这个袭击联系在一起，以及联邦调查局的调查，证实了他们对此次袭击负有责任。基地组织自己也声称对这起袭击事件负责。

郑鑫：那些相信阴谋论的人可以在大多数这些所谓的证据里面找出漏洞。有很多证据表明，双子大厦是因为控制爆破而倒塌的，不是由于飞机的撞击（尽管大多数阴谋论者都不否认飞机确实撞向了双子大厦)。飞机的撞击不可能导致这样巨大的破坏，也不可能造成足以熔化钢铁的大火。而且，大楼直接向下倒塌的方式以及喷出的灰尘也是爆炸的标志。

徐逸飞：那么五角大楼呢？

郑鑫：是导弹而不是飞机撞击了五角大楼。因为，这个大楼上的洞那么小，不可能是飞机造成的。大的那个只有23米宽，而波音757飞机的机翼长度大概是38米。而当局又没收或者摧毁了物理证据。

徐逸飞：他们为什么那么做呢？

郑鑫：这就是存在阴谋的地方。对此存在相当有分量的证据。首先，只有“内部人士”才有机会设置爆炸。其次，没有任何确实的证据表明任何一个官方公布的劫机者确实在那些飞机上——事实上，有证据表明他们中的一些人并不在上面。而且难以相信竟没有一位机组人员可以阻止他们。

徐逸飞：接着说。

郑鑫：然后还有各种各样的证据表明，至少有一些人事先知道袭击。比如，政府官员们在9月11日避开了那些受攻击的地区。而涉事的两个航空公司的股票交易反映出预先知道股价将会下跌。更难以置信的是，对于袭击缺乏军事回应。实在很难相信，飞机没有被空军探测到。但是最有力的证据是，调查人员不断地掩盖证据，例如，移除和回收世贸大厦原址的钢铁、移除证据并销毁文件，并对这些事件做出了相互冲突、前后不一致的解释。

徐逸飞：但是本·拉登的录像带又怎么说？

郑鑫：那些显然是假的。

徐逸飞：这么说，那些人是要我们相信，美国政府实际上实施了对它自己公民的袭击。政府究竟为什么要做这样的事情呢？

郑鑫：这次袭击使得美国人变得如此害怕恐怖分子，由此政府便可以自由地做他们想做的事了。这次袭击为入侵伊拉克（它的真正目的是控制中东的石油）、为不断增长的军费开支以及压制个人权利和自由都提供了正当理由。

徐逸飞：听起来好像他们什么都考虑到了。

郑鑫：确实。这个理论解释了所有事情。

你怎么想？

在正反方论证表中列出对话中所给出的关于“9·11”阴谋论这一问题正反双方的各种论证。

在给出这些理由和论证的时候，我们的探究者们考察了支持和反对官方解释的证据。关于阴谋论对于这些事件的解释，郑鑫和徐逸飞遇到了两种证据：关于这些事件的事实性断言的证据，例如大楼是怎样被摧毁的；关于阴谋的证据，例如谁有机会设置爆炸、事先知情、军事回应、掩盖证据和这一事件的动机。

这个问题的背景是什么？

徐逸飞：我想重要的是，记住“9·11”袭击对于美国乃至整个西方世界是一个重大的灾难性事件。在历史上第一次，北美洲的人们感到了来自其他国家的恐怖主义者的威胁。它造成了极大的恐惧、愤怒和困惑，我想那跟人们对此有何种反应是相关的。

郑鑫：政治背景在这里也是很重要的。例如，在美国的外交政策中的帝国主义意识形态，特别是美国政府甚至在“9·11”之前就表达出推翻萨达姆·侯赛因的意愿。此外还有美国国内的政治状况，以及在“9·11”之前布什政府的不受欢迎。

徐逸飞：而且，在我看来，随着对伊拉克战争和布什总统的批评不断增多，以及对政府新的安全措施的不满情绪日益高涨，在这样的背景下，“9·11”阴谋论变得更加流行了，很多人觉得那限制了他们的权利和自由。

郑鑫：此外，美国政府在其他场合中含糊其词——比如关于伊拉克是否存在大规模杀伤性武器，以及之前曾经参与过阴谋——比如伊朗门事件[xiii]。那些事实赋予了阴谋论更大的可信性。

在一个像“9·11”这样的事件中，其背景是非常情绪化和意识形态化的。这对于事件怎样被呈现和感知是一个重要的因素。事件所处的政治环境对于理解和评价这个问题也起到了重要的作用。

各个论证的效力有多强？

郑鑫：那好，让我们开始评价吧。世贸中心是被控制爆破而不是被飞机摧毁的，关于对此的所有这些证据，你能说什么呢？

徐逸飞：这是与由工程专家、像美国消防协会这样的非政府组织、普渡大学和西北大学的科学家们所撰写的NIST和FEMA的报告相冲突的[xiv]。普渡大学的科学家们甚至用电脑模拟了坍塌，证实了大家所接受的解释。我还在同行评审的杂志上找到了一组相关的文章。其中一篇是由麻省理工学院的一位工程学教授托马斯·伊戈（Thomas Eagar）和克里斯托弗·穆索（Christopher Musso）发表在《矿业与矿物加工行业杂志》上的[xv]，它解释了飞机燃料以及其他可燃物的燃烧如何会产生足够大的热量来熔化钢铁，以及温度的差异如何导致了钢铁下垂和横梁塌陷，从而造成了一个蛋糕效应，引起地板楼层发生连锁性坍塌。另外一篇发表在《工程力学》期刊上的文章[xvi]表明："如果持续的高温导致了一层地板的大多数支柱失去其支撑能力，那么整个大楼就岌岌可危了。"我还找到了一些更为流行的致力于"拆穿阴谋论"的文章，发表在《大众机械》（*Popular Mechanics*）、《科学美国人》以及《时代周刊》上。它们普遍重申了报告中的论证。持阴谋论的那些人指责它们犯了稻草人的谬误（抨击这些阴谋论论证中最愚蠢的一个版本）。我同意那一点，但是它们还是对大多数流行的论证提供了一些有力的反驳。

郑鑫：NIST和FEMA都是政府机构，所以我对他们的报告存有怀疑。不过我需要承认，其他那些看起来则像是可信的、不带偏见的信息来源。

徐逸飞：我们待会再看所谓的阴谋。你找到的那些论证的来源是什么？

郑鑫：大多数都是来自这些网站："9·11真相"（9·11truth.org）、"9·11调查"（9·11research.com）、"最高机密"（abovetopsecret.com）以及"追求9·11真相的建筑师和工程师们"，我所找到的飞机撞向五角大楼的论证，以及关于第四架飞机发生了什么，也主要来源于此。

徐逸飞：那么你关于这些信息来源发现了什么问题没有，郑鑫？

郑鑫：呃，现在我想它们都有一个支持阴谋论的宗旨。

徐逸飞：关于它们的创建人的背景，你知道什么吗？

郑鑫：我看了他们的一些个人简历。他们中的大多数好像都不是科学家，而是“独立调查者”。很多是批评政府的政治活动家。

徐逸飞：你觉得他们有相关的专业知识来对科学界的共识提出严肃的挑战吗？

郑鑫：可能没有。但是有一些文章是由科学家写的，发表在同行评审的出版物上，比如《9·11 研究》（*Journal of 9/11 Studies*）杂志。

徐逸飞：你说《9·11 研究》是一个同行评审的期刊？

徐逸飞：呃，他们说它是同行评审的，它的宗旨是发表那些在其他地方因为其他机构的抵制而不能发表的研究。他们也说，他们相信官方解释的不实已经得到了很好的证明。

徐逸飞：很难说它是一个没有偏见的学术出版物。

郑鑫：我注意到的另一件事是，同样的作者在很多甚至是大多数文章中不断重复地出现。

徐逸飞：另一个值得怀疑的理由。

你怎么想？

正反方论证的信息来源的可信度如何？

郑鑫：我说，这里有太多自相矛盾的断言和论证了。我觉得他们可能真的是对的。毕竟，这是科学。

徐逸飞：我们需要记住这个事件是史无前例的。所以，它并不是那种科学家可以确信地说“一座这样的建筑被一架这样的飞机以这样的速度撞击的话，将会发生这样……”的事情。以前从没有发生过这样的事情。因此，科学家们所能做的至多是，将他们所有的工程和物理知识应用于他们关于这一事件所知道的每一个细节上，得出有充分理由支持的判断、得出最佳解释。当任何一个阴谋论者断然声称，大楼不可能这样坍塌或者只能以另一种方式坍塌，我们需要谨慎地看待这些断言。

郑鑫：我说不准。两边都有太多复杂的科学论证。我怎么可能评价谁是对的呢？关于科学我又不知道那么多。

徐逸飞：确实，我们无法比较性地评价这些科学论断的细节。我们并没有相关的专业知识。所以我们最好是试图找到可信的、不带偏见的信息来源，听从专家之间的共识。

郑鑫：但是有时候专家是错的。我们在历史上已经看到，被接受的观点如何经常被推翻。所以我们不能简单地拒绝那些与现有的共识相反的观点。

徐逸飞：你说得很对。但是那得有非常强的论证和证据来支持这个新观点。不要忘了，一个反对既有观点的观点负有主要的举证责任。你认为关于世贸中心坍塌的理由，持阴谋论的那些人所给出的证据达到了举证责任的要求了吗？

郑鑫：看起来好像没有，对吧？

徐逸飞：还有一点，想想我们所知道的那些实际的阴谋，比如水门事件或者中央情报局密谋刺杀卡斯特罗。我们是怎么发现它们的？是通过那些阴谋论者的“揭露”吗？

郑鑫：不是。它是通过调查报告和被披露的文件，诸如此类。

徐逸飞：换句话说，是通过更传统的、更可信的探究方法。

调查世贸中心坍塌的原因涉及评价那些在本质上属于科学领域的断言，支持各种理论的证据是复杂而浩瀚的。论证遇到了反驳，反驳又有回应，回应又遇到相反论证，一环套一环，细节越挖越丰富。能否看清这些数量众多的复杂的科学细节，为试图评价阴谋论论证的外行人士提出了一个特别的挑战。其中涉及的科学问题的复杂和精密程度，使得这个问题很难由并非专家的人士来评价，其中包含大多数在郑鑫所引用的网站上发表文章的人。最好的也是我们之前经常看到的指导原则，是专家共识。依赖专家共识对于评价信息来源的可信性至关重要。同行评审的期刊是一个看上去可信的信息来源，但是，即使是对于它们，你也要检查其可信性，正如《9·11 研究》杂志所表明的。

徐逸飞所指出的飞机撞击和接下来的大楼坍塌是史无前例的这一点是很重要的。它也揭示了科学探究的一个重要方面。科学并不证明理论是对还是错。相反，它通过论证得出最佳解释。因此，缺乏对于一个断言的确定性证据，并不构成反对那个断言的证据，而对于任何声称某个特定的理论已经毫无疑义地得到了证明的断言，我们都必须对其抱有怀疑。

郑鑫：但是这样的证据又怎么解释，并不是一架飞机撞击了五角大楼，比如说这一事实——大楼上的洞太小了，不可能是由飞机造成的。

徐逸飞：郑鑫，当一架飞机撞向一座混凝土的建筑时，你觉得它的机翼会怎么样？你觉得它们会在大楼上打个洞吗？

郑鑫：唔……可能不会。我猜它们会被折断。

徐逸飞：那么大楼上的洞应该有多大呢？

郑鑫：机身的宽度？那是……我猜大概是 23 米？

徐逸飞：正是。再说，如果不是飞机撞击了五角大楼，那么美国航空 77 号班机究竟发生了什么呢？

郑鑫：一个理论是，这架飞机被损毁了，而乘客被政府人员谋杀了。

徐逸飞：即使是你，也得承认这是非常牵强的。

郑鑫：如果你理解了这个阴谋的话就不是。

徐逸飞：好吧。现在是处理这些阴谋论论证的时候了。

郑鑫：现在我们有一些坚实的基础。毕竟，所有那些证据都是存在的。

徐逸飞：大多数“证据”在我看来就像是一些零零碎碎的数据，而且它们很多都是成问题的。比如说只有内部人士才能放置这些炸药，可是如果没有爆炸的话，这就根本无从谈起。而认为飞机机组人员应该可以制止劫机，这不过是猜测罢了。还有很多断言都是没有什么实质性基础的。我们怎么能知道政府官员在 9 月 11 号避开了那些受攻击的地区？有什么确实的证据表明劫持者不在飞机上或者本·拉登的录像带是假的？

郑鑫：但是关于这个事实又如何解释——股票市场上好像有内幕交易，看上去有人预先知道了袭击？

徐逸飞：我读过，事实上“9·11”委员会确实发现了关于一些不寻常的股票交易行为的证据，但是认为它可以被归结为预先知道袭击之外的一些原因。在我看来，对于很多所谓的证据都可以说类似的话——有其他更为合理的解释。例如，调查者将没有立即对袭击采取军事回应归结为交流的失败、缺乏效率，或者仅仅是没有能力。

郑鑫：但是有明显的证据表明，美国政府压制证据且阻碍调查，就像布什要求参议院多数党领袖限制国会调查[xvii]，反对建立一个特别委员会来调查政府在“9·11”之前是如何处理防恐警告的[xviii]。还有一些指责联邦调查局妨碍调查[xix]。而这些都只是其中的一些例子。

徐逸飞：我所发现的材料也说了同样的事情。

郑鑫：哈！现在我们终于形成共识了！

徐逸飞：不过，这个问题是，所有那些意味着什么，以及它是不是证明美国政府知情并精心策划了袭击的证据。

郑鑫：不然的话，它还能意味着什么呢？

你怎么想？

对于政府这些压制证据的做法，你能想到一个替代性的解释吗？

徐逸飞：我认为这只是美国政府惯常的做法罢了。美国政府并非一向开诚布公。而且问题事关国家安全和政府效率，那些显然不是他们想要公开的东西。

郑鑫：不过你得同意，布什政府完全有动机来导演这次袭击。

徐逸飞：我确实同意有一些理由表明这些事件契合他们的日程，他们确实成功利用了这次袭击。但是这些理由本身并不能为称布什政府要对事件负责的断言辩护。上次英语老师弄丢了我们的作业，你好像并没有那么不高兴——你跟我说过你觉得那次作业写得不好——但是那并不意味着你“导致”作业消失了。

郑鑫：呃，一些证据可能是存在一些问题。但是仍然有大量的事实不是你可以轻易解释的。阴谋论使得所有那些没有得到解释的证据变得有意义，否则的话，就没有办法解释它们。

徐逸飞：记住，科学并不提供证明，而只是对于数据的最佳解释。科学探究是一个不断进行着的追求提供更好、更丰富的解释的过程。但是在任何一个特定的时期，都存在即使是最好的理论也无法解释的数据。所以科学探究才得以继续下去。我们应该对任何声称解释了所有数据的理论保持怀疑。

郑鑫：唔……我得想一想这一点。我还是不太满意你就这样驳回了这么多的证据。我觉得那有点仓促。当然，所有政府资助的报告以及专家都支持官方解释。可是你从一个阴谋中还能指望别的什么呢？所有的事情就是掩盖。

徐逸飞：郑鑫，想想你刚才所说的。如果你发现了支持阴谋论的证据，那么它证实了阴谋论；如果你没有发现什么证据，那么这也被认为是证据，证明他们进行了掩盖，从而也是支持阴谋论。你从这种逻辑里面看到什么问题了吗？

郑鑫：好吧，我想那意味着，很难得到什么反对阴谋论的证据。

徐逸飞：正是如此。

评价阴谋论需要用我们学过的评价其他类型的断言的那些方式来评价证据和论证。阴谋论倾向于使用有选择性的材料，经常是间接推测的证据，而且常常是未经证实的。它们通常并不考虑替代性的解释。这类问题可以通过评价这些特定的断言而发现，正如徐逸飞所做的。

然而，阴谋论的一些构造特征带来了特定的问题。它们经常建立在有矛盾的或者**异常的材料**（discrepant or anomalous data）之上。异常的材料指的是，根据已被接受的理论对其没有（或者尚未获得）满意的解释。探究的本质就包含了总会有这样的材料。这是因为这些事件和环境的复杂而模糊的本质，以及人类探究的可错性和不完整的特点。异常总是存在的，而且为进一步的探究提供了材料。阴谋论中存在的错误是这样的信念，即一些异常可以推翻一个被很好地确立的理论。科学理论并不是建立在孤立的材料之上的（正如我们在第十二章中所看到的）。相反，它们是建立在多个探究所得到的证据之上，一起构成对所考察的事件的最佳解释。

阴谋论论证的**循环性**是另一个常见的特征。因为阴谋论建立在关于秘密和掩盖的前提下，因而缺乏证据也被认为是构成了证据。这使得阴谋论变得不可测试，正如徐逸飞所指出的。阴谋论一个常见的策略是，搜集所有看上去是支持这个理论的零星的材料，忽视或者解释、排除掉所有其他那些不符合这个理论的材料，然后将这个理论作为对这些事件唯一可能的解释。

因为阴谋可以作为一个包罗万象的解释机制来解释所有这些材料，即使反例和反面论证也可以由这个理论来解释，因此，阴谋论显得具有很强大的解释力。它们通常看上去比官方观点具备更多的证据，因为它们把所有经由官方整理的事实都解释成一种掩盖，再加上官方观点所不能解释的所有那些异常，这样一来，它们就好像解释了所有可能的材料。然而，正如我们刚才所看到的，说一个理论可以解释所有的材料，这是极其不可能的。阴谋论在表面上做到了这一点，因为它们排除了不符合它们的理论的材料，将它们解释为阴谋的一部分。因此，具有强大解释力的表象是误导性的。

总结：阴谋论的常见特征

- 建立在有矛盾或者异常的材料之上。
- 论证是循环的：缺乏证据也被认为是支持其理论的证据。
- 显得具有很强大的解释力，然而这种表象是误导性的。

阅读材料

猫王还活着吗？[xx]

对1977年42岁的猫王埃尔维斯·普雷斯利（Elvis Presley）之死的正统解释缺乏事实性基础，该解释诉诸猫王的生活方式，认为猫王的死因是心脏病。布鲁尔·乔治（Brewer-Giorgio）[xxi]的与之相抗衡的阴谋论解释，则在细节上更为丰富，它尤其解释了为什么墓碑上猫王的中间名拼错了（猫王是迷信的，他不想当他仍然活着的时候将他的名字正确地刻在墓碑上），以及为什么猫王的棺材重得异乎寻常（它里面装着一个蜡像，还有一个空调来防止蜡像熔化）。布鲁尔·乔治也可以排除对猫王之死的正统解释表面上的道理。考虑到猫王希望对他自己的死亡造假，有意表现出健康状况很差的样子，这样就增加了他所做的掩盖的可信性。

我们如何比较性地评价各种理由和论证，以得出一个有充分理由支持的判断？

郑鑫：好吧，我们考察了整个评价。现在我们得到些什么呢？

徐逸飞：我们试图发现对于“9·11”事件的最佳解释。所以，我们何不总结一下我们的评价结果，然后看看哪一边提供了更好的解释？

郑鑫：听起来不错。我们有些什么？

徐逸飞：首先，关于在这起袭击中事实上发生了什么，存在科学证据，我显然会说支持官方说法的证据是要有力得多的。你同意吗？

郑鑫：看起来确实是这样。当然，除非这里有一个阴谋……

徐逸飞：关于这个所谓的阴谋，在我看来，似乎我们并没有发现任何可信的证据来表明是政府实施了这起袭击，尽管阴谋论者会辩称，没有证据也是证据。但是我们确实发现了一些证据，说明政府在试图掩盖实际上发生了什么，或者至少对调查者蓄意阻挠。

郑鑫：阴谋论也得到了政府在“9·11”之后所采取的所有行动的支持，如果没有一个恐怖袭击的借口的话，他们可能无法做那些事，比如入侵伊拉克，以及采取那些新的安全举措，还有对于个人自由的限制。

徐逸飞：并非每个人都会同意你这一点，郑鑫。我所知道的一些人，包括刘宇轩，认为入侵伊拉克以及采取安全措施是可以被辩护的。但是那些是另外的问题了。这里的要点是，即使一个人同意你关于政府在“9·11”之后的行动的观点，其解释也并非只有阴谋论。它除了被解释为表明了政府实施这项袭击然后又进行掩盖的阴谋，还可能是政府部门严重的无效率、无能甚至是过失犯罪，再加上一个想要掩盖所有这一切的意图——而这又跟企图利用这些事件的机会主义结合在一起。

郑鑫：我们怎么知道哪个是更好的解释呢？

徐逸飞：我们何不列一下，对于每个版本，如果它是事实的话，我们得相信些什么？首先看官方版本。

郑鑫：好的。我们得相信科学家的共识是可信的、不带有政治动机。我们得相信美国政府及其部门是极端无能或者玩忽职守的，或者两者皆有，而且他们试图掩盖他们的无能。我们也得相信，美国政府是极端机会主义的，利用这些事件来为政治图利。

徐逸飞：现在来看阴谋论。我们得相信，科学家和工程师之外的人——他们大多数都显得是有政治动机的——可以给出比那些经过很好训练的专家更为可信的技术分析。我们也得相信，大多数专家都是在说谎，大多数的证据都是假的，或者是被歪曲了。我们还得相信，那些将要卷入这样一个阴谋的几千个人中没有一个会站出来揭露这一阴谋，即使他们可以变得很有名，而且还可能会赚一大笔钱。我们还得相信，美国政府蓄意谋杀了它的公民。看，我用正反方论证表格做了一个总结（见表 15-2）。

表 15-2 关于“9·11”阴谋论的正反双方的论证

辩论方	论证的名称	论证总结	评价
正方	科学证据	关于世贸大楼并非由飞机撞倒的科学证据	信息来源并不可信
	阴谋	在官方解释中的异常	很多都是未经证实的；错误地使用了异常数据
		有人预先知道	有替代性的、更为合理的解释
		掩盖证据、阻挠调查	更有道理的解释是美国政府试图掩盖政府工作的无效或者无能
		符合美国政府的日程	只不过意味着美国政府是机会主义的，但并不表示他们需要对此事负责
			阴谋论的论证是循环的
			认为专家提出的证据存在大量的错误，这似乎很难说得通
			说美国政府蓄意谋杀其公民，这似乎不大可信
反方	科学证据	科学证据表明世贸大楼是由飞机摧毁的	可信的信息来源；专家共识
		表明基地组织策划了这次袭击的证据	他们声称对此事负责；录像带；被截获的情报

徐逸飞：你觉得哪种解释更有道理一点呢？

郑鑫：好吧，经你这么一比较……

徐逸飞和郑鑫现在到达了他们探究的最后一步，权衡各种各样的论证，以得出一个最终的判断。评价所有论证的过程有时候可能是非常艰巨的，因为需要消化吸收所有这些丰富的细节。这里尤其成问题的是，阴谋论试图建立在大量零碎的、关于异常状况的材料之上，而对于这样大量的材料的整理，是阴谋论经常使用的一个修辞策略。因此，总结评价过程中的主要发现，将有助于澄清那些**突出的**（最有意义和最重要的）、在做出一个判断的时候需要被考虑的要点。总结为了使得每种解释为真将需要什么样的事实，也是一个重要的步骤，可以帮助郑鑫和徐逸飞看到每种解释的假设和推论是什么，从而判断哪种解释是更好的、更有道理的。

郑鑫：我开始看到“9・11”阴谋论中的问题了。可是这么多人好像都相信它。还有其他的阴谋论，比如猫王之死是假的，或者登月是假的。为什么阴谋论很明显充满了问题，它们还是那么流行呢?

徐逸飞：“9・11”袭击是一个巨大的灾难性事件。我想人们想要相信，重大的灾难性事件必然有着重大的、意义深远的原因。认为这样的重要事件只是一小拨人的所作所为，这可能在情感上不能使人满足。而由政府策划的一个阴谋则很不得了。它是意义重大的。

郑鑫：说得有道理。

徐逸飞：我也在想，一个像“9・11”这样的事件使人们感到无助，阴谋论可能给他们一种有力的感觉，感到他们可以掌控事实。你为什么觉得阴谋论这么有说服力呢?

郑鑫：我想我只是不想成为一个任人摆布的傻瓜，接受官方想要让我相信的那些东西。我想要自己去思考，找出幕后真相，想要显得叛逆不羁。不过，我想可能我并没有像我应该做到的那样去独立思考。

在面对阴谋论的时候，什么是适当的态度?一方面，阴谋论通常具有各种各样的问题，正如我们在“9・11”的例子中所看到的，而不加批判地接受它们将是一个错误。另一方面，也存在着真正的阴谋，如果总是不加批判地接受对于一个事件的官方解释，也将是错误的。过于偏向一边就是妄想狂或者太容易怀疑，而过于偏向另一边又是太天真或轻信。正如其他的问题一样，我们必须要一直追问，各方的理由和论证是什么？而在这个比较性评价的过程中，重要的是记住阴谋论所带来的特殊的挑战。

检查你的理解

- 列出并解释温妮和姜瑶在对支持吸引定律的论证的初步评价中找到的谬误。
- 支持吸引定律的论证如何违背了科学原则？
- 根据判定因果断言的标准来评价吸引定律。
- 对于正面思考的力量，在吸引定律之外还有什么解释？
- 你认为《秘密》中的想法为什么如此流行？
- 人们相信虚假的东西有什么危害？
- 你如何定义阴谋以及阴谋论？
- 阴谋论为什么潜在地存在问题？
- 围绕着“9·11”事件的哪些背景在理解和评价关于这起事件的各种解释时是尤其重要的？
- 对于郑鑫所发现的支持阴谋论的论证，其来源存在什么样的问题？
- 在评价复杂的、技术化的科学论证时，对外行人来说最好的指导性原则是什么？
- 列出阴谋论的三个共同特征。
- “9·11”阴谋论如此流行的原因都有哪些？

练习

1. 从下面这些异乎寻常的断言中选择两个，对它们进行探究。

（1）横梁压顶在风水上非常不好！

（2）根据坐月子的传统，产妇在生产完之后，应该“坐月子”：一个月不洗澡、不洗头、不要吹冷风、不要喝凉的东西。

（3）一个人的星座可以提供关于其未来的可靠信息。

（4）疟原虫可以治疗癌症。

2. 有些理论家对“正面的思考将导向成功”这一想法持批评态度。在这方面，科罗拉多大学的儿科教授詹姆士·希尔（James Hill）博士建议，与其说一个人应该相信自己会成功，不如说他应该具备这样的态度：“准备好失败，但是坚持尝试。”基于希尔教授的断言，对这个问题进行探究：正面的思考是否可能导向成功。

3. 下面这些练习是关于飞碟和外星人的断言的。

（1）“贵州空中快车事件”：1994 年 11 月 30 日凌晨在中国贵州省贵阳市白云区都溪林场发生的一场疑似 UFO 事件。根据贵阳车辆厂的调查报告，当天凌晨三点左右，两位值班的警察罗维俊和王军在物资处道口附近突然听到身后有巨大的声响，并且出现了一股狂风，感觉被风吹离了地面。据都溪林场的副场长陈连友所述，当天凌晨两点半之后，天空中出现了闪电，下了一点小雨，并且出现了黄豆大小的冰雹。三点半时出现了类似火车的很大的声响，并且房间外出现了白光。闪光的目击者还有靳富合、王明英。部分当地居民声称听见了从天而降的巨大轰鸣声，目击者说看见发出红色和绿色强光的不明物体从空中呼啸而过，当时值夜班巡逻保卫人员也报告说看到低空中有两个移动的火球。现场还发现了爪形灼烧印记。记者调查与照片显示现场大量树木被折断，还有一部分树木被连根拔起。400 多亩森林被毁。现场有四片断断续续的破坏区域。有人发现一辆自重 24 吨、总重近 70 吨的载货车厢似乎移动了 20 米（更多描述参见：https：//baike.baidu.com/item/%E7%A9%BA%E4%B8%AD%E6%80%AA%E8%BD%A6）。对这一报告的可信性进行探究。

（2）“黄延秋事件”：黄延秋，20 世纪 50 年代生人，家住河北省邯郸市肥乡县旧店乡东北高村，农民。事件发生在 1977 年，黄延秋先后三次神秘失踪，睡了一个晚上突现千里外的上海，被送回家一月后又有两次神秘失踪，三次都离奇生还，黄延秋本人认为有两个神秘人物在他熟睡之际背他飞行。这三次离奇的事件北京 UFO 研究会有文字记录（详细描述参见 http：//www.chinadaily.com.cn/interface/liebao/53002523/2016 - 05 - 10/cd_25184299.html）。对这一报告的可信性进行探究。

（3）阅读下面这个声称看到飞碟的报告的总结，对这一报告的可信性进行探究（完整的报告可以在这里看到：http：//www. ufoevidence. org/cases/case376. htm）。

UFO 报告

斯蒂芬·米哈拉克，猎鹰湖

总结：加拿大温尼伯的斯蒂芬·米哈拉克（Stephen Michalak）在马尼托巴省的猎鹰湖附近探矿时遇到了两个不明飞行物，其中一个落在离他约50米的一块大而平坦的岩石上。他接近该物体并看向内部之后，该物体移动了，类似尾气排放孔的装置转到他的面前。一股热气从这些孔喷到他的胸口，点燃了他的衬衫和汗衫，使他感到剧烈疼痛，并留下了网格状的烧伤痕迹。

（4）关于所谓的政府掩盖了发现飞碟和外星人的事实，下面这两个网站提供了相互冲突的论证：http：//www. ufoevidence. org/documents/doc98. htm，http：//www. ufoevidence. org/documents/doc2027. htm。比较性地评价这两个论证。

（5）美国前总统吉米·卡特是在成为总统之前报告说看到了飞碟的两位美国总统之一。阅读他的描述：http：//www. ufoevidence. org/cases/case297. htm。

a. 对将卡特的报告作为支持飞碟存在的证据进行评价。

b. 对将卡特的报告作为支持外星生物存在的证据进行评价。

4. 从下面流行的阴谋论中选择一个，对其进行探究，注意评价阴谋论所面临的那些特殊的挑战。然后自己再找出另外一个阴谋论的例子，对它进行探究。

（1）猫王之死是假的。

（2）“阿波罗”登月是假的。

（3）转基因食品是西方国家尤其是美国用来毒害中国人的。

（4）戴安娜王妃是被谋杀的。

（5）保罗·麦卡特尼（Paul McCartney，前披头士乐队成员）在1966年死于车祸，在披头士乐队中被一位长相相似、声音相似的人顶替了。

注释

[ⅰ] Rhonda Byrne, *The Secret* (New York: Atrium Books, 2006).

[ⅱ] 在这里可以观看一个包含《秘密》一书的主要论断的视频：http://www.youtube.com/watch?v=_b1GKGWJbE8。

[ⅲ] Ron Kurtus, "Basics of Magnetism," *School for Champions*, Oct. 6, 2006, http://www.school-for-champions.com/science/magnetism.htm.

[ⅳ] Magnet Man, "Ten Facts about Magnets," http://www.coolmagnetman.com/magbasic.htm (2010 年 6 月 3 日访问).

[ⅴ] Albert Bandura, *Self-efficacy: The Exercise of Control* (New York: Freeman, 1997).

[ⅵ] Anees A. Sheikh and Errol R. Korn, eds., *Imagery in Sportsand Physical Performance* (Amityville, NY: Baywood Publishing Company, Inc., 1994).

[ⅶ] B. F. Skinner, *Science and Human Behavior* (New York: Macmillan, 1953); John E. R. Staddon and Yael Niv, "Operant Conditioning," *Scholarpedia.org* 3, No. 9 (2008): 2318.

[ⅷ] W. K. Clifford, *Lectures and Essays* (London: Macmillan and Co., 1879), 2: 185-186.

[ⅸ] 2008 年，"9·11 阴谋论"在《每日电讯报》刊载的"最重要的阴谋论"排行榜上位居榜首，参见 wikipedia.org, "9/11 Conspiracy Theories," http://en.wikipedia.org/wiki/9/11_conspiracy_theories。根据《大众机械》杂志在 2005 年 3 月所做的估算，关于这一话题大概有 628 000 个网站。

[ⅹ] Charles Pidgen, "Popper Revisited, or What Is Wrong with Conspiracy Theories?," *Philosophy of the Social Sciences*, 25 (1995): 5.

[ⅺ] Brian Keeley, "Of Conspiracy Theories," *The Journal of Philosophy*, 96, No. 3 (1999): 116.

[ⅻ] The National Security Archive, "The CIA's Family Jewels," http://www.gwu.edu/~nsarchiv/NSAEBB/NSAEBB222/index.htm (2010 年 6 月 8 日访问).

[xiii] 伊朗门事件是在 1986 年 11 月被发现的一桩美国政治丑闻。在里根执政时期，包括里根在内的美国高层人士，同意向伊朗秘密出售武器（当时美国国会禁止向其出售武器）……从而获得人质的释放……以及为尼加拉瓜的反政府武装提供援助。参见 wikipedia.com, "Iran-Contra Affair," http://en.wikipedia.org/wiki/Iran-Contra_affair。

[xiv] Larry Dignan, "Behind Purdue's Computing Simulation on the 2001 World Trade Center Attack," ZDNet, June 20, 2007.

[xv] Thomas Eagar and Christopher Musso, "Why Did the World Trade Center Collapse: Science, Engineering, and Speculation," *Journal of the Minerals, Metals, and Materials Society*, 52, No. 12 (Dec. 2001).

[xvi] Zdeněk P. Bažant and Yong Zhou, "Why Did World Trade Center Collapse? —Simple Analysis," *Archive of Applied Mechanics* 71, No. 12 (Dec. 2001): 802 - 806.

[xvii] CNN. com, "Bush Asks Daschle to Limit Sept. 11 Probes," Jan. 29, 2002.

[xviii] CBSNews. com, "Bush Opposes 9/11 Query Panel," May 23, 2002.

[xix] FOXNews. com, "Whistleblower Complains of FBI Obstruction," May 30, 2002.

[xx] Steve Clarke, "Conspiracy Theories and Conspiracy Theorizing," in David Coady, ed., *Conspiracy Theories: The Philosophical Debate* (Hampshire, U. K.: Ashgate PublishingLtd., 2006).

[xxi] Gail Brewer-Giorgio, *Elvis Alive?* (New York: Tudor, 1988).

图书在版编目（CIP）数据

权衡：批判性思维的探究与应用：修订版/（加）莎伦·白琳（Sharon Bailin），（加）马克·巴特斯比（Mark Battersby）著；仲海霞译．-- 北京：中国人民大学出版社，2021.12

（明德经典人文课）

ISBN 978-7-300-29791-0

Ⅰ.①权… Ⅱ.①莎… ②马… ③仲… Ⅲ.①批判一思维方法一通俗读物 Ⅳ.①B80-49

中国版本图书馆 CIP 数据核字（2021）第 171292 号

明德经典人文课

权衡

批判性思维的探究与应用（修订版）

［加］ 莎伦·白琳（Sharon Bailin）
马克·巴特斯比（Mark Battersby） 著

仲海霞 译

Quanheng

出版发行	中国人民大学出版社		
社　　址	北京中关村大街 31 号	**邮政编码**	100080
电　　话	010－62511242（总编室）		010－62511770（质管部）
	010－82501766（邮购部）		010－62514148（门市部）
	010－62515195（发行公司）		010－62515275（盗版举报）
网　　址	http://www.crup.com.cn		
经　　销	新华书店		
印　　刷	涿州市星河印刷有限公司		
规　　格	170 mm×240 mm　16 开本	**版　　次**	2021 年 12 月第 1 版
印　　张	30.5 插页 2	**印　　次**	2023 年 12 月第 3 次印刷
字　　数	448 000	**定　　价**	89.00 元